"十四五"普通高等教育本科部委级规划教材

食品理化分析

（第2版）

张华　闫溢哲　许海旭◎主编

U0241574

中国纺织出版社有限公司

图书在版编目（CIP）数据

食品理化分析/张华，闫溢哲，许海旭主编. --2
版. --北京：中国纺织出版社有限公司，2023.4
"十四五"普通高等教育本科部委级规划教材
ISBN 978-7-5180-9815-6

Ⅰ. ①食… Ⅱ. ①张… ②闫… ③许… Ⅲ. ①食品分
析—物理化学分析—高等学校—教材 Ⅳ. ①TS207. 3

中国版本图书馆 CIP 数据核字（2022）第 158134 号

责任编辑：闫 婷 责任校对：王花妮 责任印制：王艳丽

中国纺织出版社有限公司出版发行
地址：北京市朝阳区百子湾东里 A407 号楼 邮政编码：100124
销售电话：010—67004422 传真：010—87155801
http://www.c-textilep.com
中国纺织出版社天猫旗舰店
官方微博 http://weibo.com/2119887771
三河市宏盛印务有限公司印刷 各地新华书店经销
2023 年 4 月第 1 版第 1 次印刷
开本：787×1092 1/16 印张：19
字数：456 千字 定价：58.00 元

凡购本书，如有缺页、倒页、脱页，由本社图书营销中心调换

普通高等教育食品专业系列教材
编委会成员

《食品理化分析》编委会成员

第1版前言

"民以食为天"，食品与人类有着密切的关系。食品的质量不仅关系到企业的经济效益，更关系到人们的健康。食品理化分析是研究各种食品组成成分的分析检测原理、分析方法，进而评价食品品质的技术性学科。近年来，食品理化分析发展迅速，并在食品科学、食品工程、食品质量与安全等领域里的应用越来越广泛，是一门食品科学与工程专业、食品质量与安全专业本科生必修的专业基础课。

本书由徐州工程学院刘辉、郑州轻工业学院张华和徐州工程学院唐仕荣担任主编，郑州轻工业学院闫溢哲、天津农学院尤玲玲、淮阴工学院赵详杰和徐州工程学院张建萍共同编写。本书内容共分为八章，主要针对食品物理性质、食品营养成分、食品功能成分、食品成分功能特性、食品添加剂、食品中有毒有害物质等进行分析。全书各章节编写人员如下：徐州工程学院刘辉编写第一章、第二章、第三章；郑州轻工业学院闫溢哲编写第四章第一节至第三节；郑州轻工业学院张华编写第四章第四节至第七节；淮阴工学院赵详杰编写第五章、第八章；天津农学院尤玲玲编写第六章；徐州工程学院唐仕荣编写第七章。徐州工程学院张建萍老师在资料收集、插图制作方面提供了素材。

本书编写及时贯彻新版食品安全国家标准，同时紧跟食品科学研究前沿，具有"实用、规范、新颖"的特点。内容上着重介绍测定原理、操作方法及操作中的注意事项，同时注重知识结构的系统完整性和合理性。为了提高读者的理解和掌握能力，本书在各章节前有重点知识点，各章节后有思考题。书中既详细介绍了传统的食品分析方法，也介绍了最新的检测技术和发展趋势，有助于读者更好地了解食品检测科学前沿技术。本书可作为高等院校食品类相关专业本科教材用书，也可作为相关专业生产、技术、管理人员参考用书。

食品分析内容广泛，方法多种多样，我们尽可能选取具有代表性的分析方法进行介绍，书中难免有错误和疏漏之处，敬请谅解。

编　者
2017 年 2 月

前　　言

"民以食为天，食以安为先"，食品与人类有着密切的关系，食品的质量不仅关系到企业的经济效益，更关系到人们的健康。食品理化分析是研究各种食品组分的分析检测原理、分析方法，进而评价食品品质的技术性学科。近年来，食品理化分析发展迅速，并在食品科学与工程、食品质量与安全等领域里的应用越来越广泛，是一门食品科学与工程专业、食品质量与安全专业本科生必修的专业基础课。

本书由郑州轻工业大学张华、闫溢哲，徐州工程学院许海旭担任主编，河南农业大学牛斌，徐州工程学院刘辉、唐仕荣，南阳理工学院李翠翠，郑州轻工业大学冀晓龙共同编写。本书内容共分为七章，主要针对食品物理性质、食品营养成分、食品成分功能特性、食品添加剂、食品中有毒有害物质等进行分析。全书各章节编写人员如下：郑州轻工业大学张华编写第一章；徐州工程学院刘辉编写第二章第一节至第二节；徐州工程学院许海旭编写第二章第三节至第四节、第三章和第五章；郑州轻工业学院大学冀晓龙编写第四章第一节至第三节；郑州轻工业大学闫溢哲编写第四章第四节至第七节；徐州工程学院唐仕荣编写第六章第一节；河南农业大学牛斌编写第六章第二节至第八节；南阳理工学院李翠翠编写第七章。

本书是在第一版的基础上进行修订，及时贯彻新版食品安全国家标准，同时紧跟食品科学研究前沿，具有"实用、规范、新颖"的特点。在第一版基础上，本书融入了以学生为中心，以成果为导向的工程教育专业认证理念，在各章节前都有本章节的教学目标及学生所要达到的能力要求。同时，本书还将课程思政融入其中，在各章节后提供了课程思政案例，并明确了课程思政育人目标，供使用者参考。本书中各章节均设有思考题、课后习题，供使用者练习。书中既详细介绍了传统的食品分析方法，也介绍了最新的检测技术和发展趋势，有助于读者更好地了解食品检测科学前沿技术。本书可作为高等院校食品类相关专业本科教材用书，也可作为相关专业生产、技术人员参考用书。

食品分析内容广泛，方法种类繁多，我们尽可能选取具有代表性的分析方法进行介绍，书中难免有错误和疏漏之处，敬请谅解。

编　者
2022 年 5 月

目　　录

《食品理化分析》（第2版）总码

第一章　绪论

教学目标和要求：

1. 掌握食品理化分析的任务、内容及分析方法。
2. 熟悉国内外食品分析相关标准。
3. 了解食品理化分析技术的发展趋势。

第一节　食品理化分析的任务及内容

食品理化分析依据食品的物理、化学、生物等学科的基本理论和国家食品安全标准，运用各种分析检测手段，对食品工业生产中的原辅料、半成品、成品、副产品等物料的主要成分及含量进行检测分析，进而控制和管理生产过程，监督和保障食品品质，是食品生产和安全监管不可缺少的环节。同时，食品理化分析为食品新资源及新产品的开发、新技术和新工艺的探索等未来发展提供可靠依据。

一、食品理化分析的任务

食品理化分析在保证食品营养与卫生、防止食物中毒及食源性疾病、确保食品的品质及食用安全、研究和控制食品污染等方面都有着十分重要的意义。其主要任务是：①控制和管理生产。食品生产企业可通过对食品原料、辅料、半成品的检测，确定工艺参数、工艺要求，以控制生产过程，降低产品不合格率，减少经济损失，保证出厂产品的质量；②监督食品安全与质量。检验机构根据政府质量监督行政部门的要求，对市场上流通产品进行检验，为政府对食品安全与质量进行监控提供依据；③为解决食品质量纠纷提供技术依据。当发生产品质量纠纷时，第三方检测机构可依有关机构委托，对有争议产品做出仲裁检验，为解决产品质量纠纷提供技术依据。

食品理化分析贯穿于产品开发、研制、生产和销售的全过程。作为分析检验工作者，应根据待测样品的性质和项目的特殊要求选择合适的分析方法，分析结果的成功与否取决于分析方法的合理选择、样品的制备、分析操作的准确以及对分析数据的正确处理和合理解释。而要正确地做到这一切，必须依赖于食品分析工作者扎实的理论基础知识，对分析方法的全面了解，熟悉各种法规、标准和指标，还有熟练的操作技能和高度的责任心。

二、食品理化分析的内容

由于食品种类多，组成复杂，污染各异，与食品营养成分和食品安全有关的检测项目各不相同，所涉及的检验方法繁多，因此，食品理化检验的内容十分丰富，涉及的范围十分广泛。食品理化检验的内容主要包括以下 4 个方面。

（一）食品感官检验

各种食品都具有其内在和外在特征，人们在长期的生活实践中对各类食品的特征形成了固有的概念。食品感官性状包括食品的外观、品质和风味，即食品的色、香、味、形、质，是食品质量的重要组成部分。感官检查是指利用人体的感觉器官（眼、耳、鼻、口、手等）的感觉，即视觉、听觉、嗅觉、味觉和触觉等，对食品的色、香、味、形和质等进行综合性评价的一种检验方法。如果食品的感官检查不合格，或者已经发生明显的腐败变质，则不必再进行营养成分和有害成分的检验，直接判定为不合格食品，因此，感官检查必须首先进行。感官检查简便易行、直观实用，具有理化检验和微生物检验方法所不可替代的功能。

（二）食品营养成分分析

营养成分的分析是食品理化分析的主要内容，包括对常见的六大营养要素：碳水化合物、蛋白质、脂肪、矿物质、维生素和水的分析，以及食品营养标签所要求的所有项目的检测。按照《食品安全国家标准 预包装食品营养标签通则》（GB 28050—2011）要求，所有的食品商品标签上都应注明该食品的主要配料、营养要素和热量。对食品中营养成分的分析还可以了解食品在生产、加工、贮存、运输、烹调等过程中营养成分的损失情况和人们实际的摄入量，通过改进这些环节，以减少造成营养素损失的不利因素。此外，分析食品营养成分还能对食品新资源开发、新产品研制、生产工艺改进及食品质量标准制订提供科学依据。

（三）食品添加剂分析

食品添加剂是指在食品生产中，为改善食品品质和色、香、味，以及为防腐保鲜和加工工艺所需而加入食品中的某些人工合成或天然物质。我国食品安全国家标准（GB 2760）对食品添加剂的使用原则、允许使用的品种、使用范围及最大使用量或残留量均做了严格的规定。因此，必须对食品中食品添加剂进行检测，监督在食品生产和加工过程中是否按照食品添加剂使用标准执行，以保证食品的安全性。

（四）食品中有毒有害成分分析

合格的食品应无毒无害，含有相应的营养素以及应有的色、香、味、质地等感官性状。但食品在从原料生产（包括农作物种植、动物饲养）、加工、包装、贮存、运输、销售等过程中，由于种种原因，可能会产生、引入或污染一些对人体有毒有害的成分。按污染源可分成生物性污染和化学性污染，按有害物的性质可分成有害无机元素污染，如铅、砷、镉、汞等，有害有机物污染，如农药（有机磷、有机氯农药等）、兽药和动植物天然毒素，以及致病微生物及其毒素等。对食品中有害物质种类和含量的分析检测是保证食品安全性的技术基础，大多数有害成分的分析检验和食品其他成分的分析检验的方法彼此相通。检测这些有害成分，对确保食品安全具有重要的作用。

第二节　食品理化分析的方法及选择

食品理化分析的方法随着技术的发展不断进步。食品理化分析的特性在于样品是食品，对样品的预处理为食品理化分析的首要步骤，如何将其他学科的分析手段应用于食品样品的分析是食品理化分析学科要研究的内容。根据食品理化分析的指标和内容，通常有物理检验法、化学分析法、仪器分析法、生物化学分析法等。

一、食品理化分析方法

（一）物理检验法

食品物理性质测定是应用一定的仪器设备在不破坏食品成分分子结构的状态下对食品的多种物理性质进行测定，甚至不用破坏食品的整体或组成，就能完成物理性质乃至化学组成的测定。有些物理性质的测定结果与感官评定结果很匹配，但是这种结果是一个客观和量化结果，可以更好地反映食品的质量指标。

（二）化学分析法

以物质的化学反应为基础的分析方法称为化学分析法，它是比较古老的分析方法，常被称为"经典分析法"。化学分析法主要包括重量分析法和滴定分析法（容量分析法），以及试样的处理和一些分离、富集、掩蔽等化学手段。化学分析法是分析化学学科重要的分支，由化学分析演变出后来的仪器分析法。化学分析法通常用于测定相对含量在1%以上的常量组分，准确度高（相对误差为0.1%~0.2%），所用仪器设备简单如天平、滴定管等，是解决常量分析问题的有效手段。随着科学技术的发展，化学分析方法向着自动化、智能化、一体化、在线化的方向发展，可以与仪器分析紧密结合，应用于许多实际生产领域。

化学分析有定性和定量分析两种，一般情况下食品中的成分及来源已知，不需要做定性分析。化学分析法能够分析食品中的大多数化学成分，目前食品中水分、灰分、果胶、纤维素、脂肪、蛋白质、维生素等的常规测定仍然主要采用化学分析法。

（三）仪器分析法

仪器分析法是利用能直接或间接表征物质的特性（如物理、化学、生理性质等）的实验现象，通过探头或传感器、放大器、转化器等转变成人可直接感受的并认识的关于物质成分、含量、分布或结构等信息的分析方法。通常可分为物理和物理化学分析法。根据被测物质的某些物理性质（如光学、热量、电化、色谱、放射等）与组分之间的关系，不经化学反应直接进行鉴定或测定的分析方法，叫物理分析法。根据被测物质在化学变化中的某些物理性质和组分之间的关系进行鉴定或测定的分析方法，叫物理化学分析方法。进行物理或物理化学分析时，大都需要精密仪器进行测试，此类分析方法叫仪器分析法。

与化学分析相比，仪器分析灵敏度高，检出限量可降低，如样品用量由化学分析的毫升、毫克级降低到仪器分析的微克、微升级或纳克、纳升级，甚至更低，适合微量、痕量和超痕量成分的测定；选择性好，很多仪器分析方法可以通过选择或调整测定的条件，使共存的组分测定时，相互间不产生干扰；操作简便，分析速度快，容易实现自动化。

仪器分析是在化学分析的基础上进行的，如试样的溶解、干扰物质的分离等，都是化学分析的基本步骤。同时仪器分析大都需要化学纯品做标准，而这些化学纯品的成分，多需要化学分析方法来确定。因此，化学分析法和仪器分析法是相辅相成的。另外仪器分析法所用的仪器往往比较复杂、昂贵，操作者需进行专门培训。

（四）生物化学分析法

生物化学分析法在食品理化检验中应用较多的主要是酶分析法和免疫学分析法。酶分析法是利用酶作为生物催化剂，具有高效和专一的特征，进行定性或定量的分析方法。在食品理化检验中，酶分析法对于基质复杂的食品样品抗干扰能力强，具有简便、快速、灵敏等优点。可用于食品中维生素及有机磷农药的快速检验。免疫学分析法是利用抗原与抗体之间的特异性结合来进行检测的一种分析方法。在食品理化检验中，可制成免疫亲和柱或试剂盒，用于食品中霉菌毒素、农药残留的快速检测。

上述各种分析方法都有各自的优点和局限性，并有一定的适用范围。在实际工作中，需要根据检验对象、检验要求及实验室的条件等选择合适的分析方法。随着科学技术的发展和计算机的广泛应用，食品理化检验所采用的分析方法将会不断完善和更新，以达到灵敏、准确、快速、简便和绿色环保的要求。

二、方法选择

食品理化检验中经常性的工作主要是进行定性和定量分析，几乎所有的化学分析和现代仪器分析方法都可以用于食品理化检验，但是每种分析方法都有其各自的优缺点。食品理化检验中选择分析方法的原则是：应选用中华人民共和国国家标准（GB）和国际上通用的标准分析方法。标准方法中如有两个以上检验方法时，可根据所具备的条件选择使用，以第一法为仲裁方法，未指明第一法的标准方法，与其他方法属并列关系。根据实验室的条件，尽量采用灵敏度高、选择性好、准确可靠、分析时间短、经济实用、适用范围广的分析方法。

食品理化分析方法的选择通常要考虑到样品的分析目的、分析方法本身的特点，如专一性、准确度、精密度、分析速度、设备条件、成本费用、操作要求等，以及方法的有效性和适用性。用于生产过程指导或企业内部的质量评估，可选用分析速度快、操作简单、费用低的快速分析方法，而对于成品质量鉴定或营养标签的产品分析，则应采用法定分析方法。

食品理化分析的过程包括下列步骤：确定分析项目和内容，科学取样与样品制备，选择合适的分析技术，建立适当的分析方法，进行分析测定，取得分析数据，统计处理分析数据提取有用信息，将分析结果表达为分析工作者所需要的形式，对分析结果进行解释、研究和应用。

第三节　食品理化分析采用的标准

国内外食品分析与检测标准是食品理化检验的依据。食品标准是经过一定的审批程序，在一定范围内必须共同遵守的规定，是企业进行生产技术活动和经营管理的依据。根据标准性质和使用范围，食品标准可分为国际标准、国家标准、行业标准、地方标准、团体标准和企业标准等。

一、国际标准

国际标准是由国际标准化组织（ISO）制定的，在国际通用的标准。ISO 是目前世界上最大的最有权威的国际性标准化专门机构，其中与食品分析有关的组织有联合国粮农组织（FAO）/世界卫生组织（WHO）共同设立的食品法典委员会（CAC），该委员会是 20 世纪 60

年代由 FAO 和 WHO 共同设立的一个国际机构，其主要职能是 FAO/WHO 联合国国际食品标准规划及各种食品的国际统一标准和标准分析方法的制定。

目前食品分析国际标准方法多采用食品法规委员会制定的标准。除食品法规委员会外，在国际上影响较大的组织还有美国分析化学家协会（AOAC）制定的食品分析标准方法，在国际食品分析领域有较大的影响，被许多国家所采纳。

二、中国标准

根据国务院印发的《深化标准化工作改革方案》（国发〔2015〕13 号），改革措施中指出，政府主导制定的标准由 6 类整合精简为 4 类，分别是强制性国家标准和推荐性国家标准、推荐性行业标准、推荐性地方标准；市场自主制定的标准分为团体标准和企业标准。

（一）国家标准

国家标准是全国范围内的统一技术要求，由国务院标准化行政主管部门编制。强制性国家标准由国务院批准发布或者授权批准发布。推荐性国家标准由国务院标准化行政主管部门统一批准、编号，以公告形式发布。

国家标准的代号由大写汉语拼音字母构成。强制性国家标准的代号为"GB"，推荐性国家标准的代号为"GB/T"，国家标准的编号由国家标准的代号、国家标准发布的顺序号和国家标准发布的年份号构成。示例：强制性国家标准 GB ×××××—××××；推荐性国家标准 GB/T ×××××—××××。

（二）推荐性行业标准

行业标准是指没有推荐性国家标准、需要在全国某个行业范围内统一的技术要求，可以制订行业标准。行业标准均为推荐性标准。标准格式为：行业标准代号/T，如中国轻工业联合会颁布的轻工行业标准为 QB；中国商业联合会颁布的商业行业标准为 SB；农业部颁布的农业行业标准为 NY 等。

（三）推荐性地方标准

地方标准是指在国家的某个地区通过并公开发布的标准。在没有国家标准和行业标准而又需要为满足地方自然条件、风俗习惯等特殊技术要求的情况下，可以制定地方标准。地方标准由省、自治区、直辖市人民政府标准化行政主管部门编制计划，组织草拟，统一审批、编号、发布，并报国务院标准行政主管部门和国务院有关行政主管部门备案。地方标准在本行政区域内适用。在相应的国家标准或行业标准实施后，地方标准应自行废止。

地方标准代号为：DB+省、自治区、直辖市的行政区划代码前两位，如北京市推荐性地方标准代号：DB11/T。

（四）团体标准

团体标准是由团体按照团体确立的标准制定程序自主制定发布，由社会自愿采用的标准。团体标准编号为：T+社会团体代号+团体标准顺序号+年代号。

（五）企业标准

企业标准是对企业范围内需要协调、统一的技术要求、管理要求和工作要求所制定的标准。对企业生产的产品，尚没有国际标准、国家标准、行业标准及地方标准的，如某些新开发的产品，企业必须自行组织制订相应的标准，作为企业组织生产的依据。企业标准应在发布后 30 日内向政府备案。

企业标准首位字母为 Q，其后再加本企业及所在地拼音缩写、备案序号等。对已有国家标准、行业标准或地方标准的，鼓励企业制订严于国家标准、行业标准或地方标准要求的企业标准。

第四节　食品理化分析发展趋势

随着科学技术的发展和食品工业化水平的提高，对食品理化分析方法提出了更高的要求，检测技术正在向着快速、灵敏、在线、无损和自动化方向发展。为发展快速和简便的检测方法，就要实现检验方法的仪器化和自动化，不仅可以快速检测食品中的某种成分，也可以同时检测多种成分，降低了检测成本，提高了经济效益。

一、食品理化分析技术的仪器化、快速化

现在许多先进的仪器分析方法，如气相色谱法、高效液相色谱法、原子吸收光谱法、毛细管电泳法、紫外-可见分光光度法、荧光分光光度法以及电化学方法等已经在食品分析中得到了广泛应用，在我国的食品标准检验方法中，仪器分析方法所占的比例也越来越大。样品的前处理方面也采用了许多新型分离技术，如固相萃取、固相微萃取、加压溶剂萃取、超临界萃取以及微波消化等，较常规的前处理方法节省时间、精力，分离效率高。以上种种技术和方法的使用，为提高食品分析的精度和准确度奠定了坚实的基础，并大大地节省了分析时间。

二、自动化、智能化的分析技术

随着计算机技术的发展和普及，分析仪器自动化也是食品理化检验的重要发展方向之一。自动化和智能化的分析仪器可以进行检验程序的设计、优化和控制，实验数据的采集和处理，使检验工作大大简化。例如，蛋白质自动分析仪等可以在线进行食品样品的消化和测定。近年来发展起来的多学科交叉技术可以实现化学反应、分离检测的整体微型化、高通量和自动化，过去需在实验室中花费大量样品、试剂和长时间才能完成的分析检验，在几平方厘米的芯片上仅用微升或纳升级的样品和试剂，在很短的时间（数十秒或数分钟）即可完成大量检测工作。目前，DNA 芯片技术已经用于转基因食品的检测，以激光诱导荧光检测-毛细管电泳分离为核心的微流控芯片技术也将在食品分析中逐步得到应用，将会大大缩短分析时间和减少试剂用量，成为低消耗、低污染、低成本的绿色检验方法。

三、原位、实时的分析技术

传统离线的、破坏性的或侵入式的分析测试方法将逐步被淘汰，而在线的、非破坏的、非侵入式的、可以进行原位和实时测量的方法将备受青睐。例如，测定食品营养成分时，可以采用近红外自动测定仪，样品不需进行预处理，直接进样，通过计算机系统即可迅速给出食品中蛋白质、氨基酸、脂肪、碳水化合物、水分等成分的含量。装载了自动进样装置的大

型分析仪器，可以昼夜自动完成检验任务。近红外光谱法、超光谱成像、正电子成像等实时在线、非侵入、非破坏的食品检测技术，也是现代食品检测技术发展的主要趋势。

总之，随着科学技术的进步和食品工业的发展，许多学科的先进技术不断渗透到食品分析中来，形成了日益增多的分析检验方法和分析仪器设备。许多自动化分析检验技术在食品分析中已得到普遍的应用。这些不仅缩短了分析时间，减少了人为误差，而且大大提高了测定的灵敏度和准确度。同时，随着人们生活和消费水平的不断提高，人们对食品的安全、品质等要求越来越高，相应地要求分析的项目也越来越多，食品分析由单一组分的分析检验发展为多组分的分析检验，食品纯感官项目的评定方法正发展为与仪器分析结果相结合的综合评定方法。

本章思考题

（1）什么是食品理化分析？食品理化分析的内容主要有哪些？
（2）食品理化分析常用的方法有哪些？
（3）简述国内外食品理化分析标准种类及使用范围。

第二章 食品理化分析的基础知识

教学目标和要求：

1. 要求学生熟练掌握各种采样的方法和技能及各种样品的处理方法，能正确、细致、独立、安全地操作。

2. 能够根据检测目的和要求正确地选择分析方法。

3. 掌握数据处理方法，理解误差的概念，能够根据检测需求正确地进行检测样本的预处理，能够对检测数据进行准确地处理与误差计算，并准确地报告检测结果。

第一节 食品样品的采集与保存

一、样品的采集

分析检验的第一步就是样品的采集，从待测样品中抽取其中一部分来代表被测整体的方法称为采样。被研究对象的全体或其某个数量指标所有可能取值的集合称为总体（或母体），总体通常是一批原料或一批食品。从总体中经过一定的方法再随机抽取的一组有限个体的集合或测定值称为样本（或子样），样本中所包括的测定值的数量或个数称为样本容量（或样本大小）。样本测定的平均值仅仅是对总体测定平均值的评估，而总体测定平均值也并非就是待测样品的真实值，不过，只要采样技术和方法恰当，样本测定的平均值可能是非常准确的结果，与待测样品的真实值并无显著性的差异。

食品分析工作中，常通过样本极少量试样所测定的数据来判断待测样品的总结果，如判断产品质量是否合格，判断自然资源是否可以开发利用等。要从一大批被测产品中，采集到能代表整批被测样品的少量试样，必须遵守一定的规则，掌握适当的方法，并防止在采样过程中，造成某种成分的损失或外来成分的污染，不合适的或非专业的采样会使可靠正确的测定方法得出错误的结果。被检物品可能有不同形态，如固态、液态或固液混合等。固态样品可能因颗粒大小、堆放位置不同而带来差异，液态样品可能因混合不均匀或分层而导致差异，采样时都必须予以高度注意。

正确采样必须遵循的原则是：①采集的样品必须具有代表性；②采样方法必须与分析目的保持一致；③采样及样品制备过程中设法保持原有的理化指标，避免预测组分发生化学变化或丢失；④要防止和避免预测组分的污染；⑤样品的处理过程尽可能简单易行，所用样品处理装置尺寸应当与处理的样品量相适应。

采样之前，有必要对样品的环境和现场进行充分调查，需要弄清的问题如下：①采样的地点和现场条件如何；②样品中的主要组分是什么，含量范围如何；③采样完成后要做哪些分析测定项目；④样品中可能会存在的物质组成是什么。

二、样品的分类

按照样品采集的过程，依次得到检样、原始样品和平均样品 3 类。

检样：由组批或货批中所抽取的样品称为检样。检样的多少，按该产品标准中检验规则所规定的抽样方法和数量执行。

原始样品：将许多份检样综合在一起称为原始样品。原始样品的数量是根据受检物品的特点、数量和满足检验的要求而定。

平均样品：将原始样品按照规定方法经混合平均，均匀地分出一部分，称为平均样品。从平均样品中分出 3 份，一份用于全部项目检验；一份用于在对检验结果有争议或分歧时作复检用，称复检样品；另一份作为保留样品，需封存保留一段时间（通常 1 个月），以备有争议时再做验证，但易变质食品不做保留。

三、采样的一般方法

样品的采集一般分为随机抽样和代表性取样两类。随机抽样，即按照随机原则，从大批物料中抽取部分样品。操作时，应使所有物料的各个部分都有被抽到的机会。代表性取样，是用系统抽样法进行采样，根据样品随空间（位置）、时间变化的规律，采集能代表其相应部分的组成和质量的样品，如分层取样、随生产过程流动定时取样、按组批取样、定期抽取货架商品取样等。随机取样可以避免人为倾向，但是对不均匀样品，仅用随机抽样法是不够的，必须结合代表性取样，从有代表性的各个部分分别取样，才能保证样品的代表性。

四、采样要求与注意事项

为保证采样的公正性和严肃性，确保分析数据的可靠，国家标准《食品卫生检验方法理化部分总则》（GB/T 5009.1—2003）对采样过程提出了以下要求，对于非商品检验场合，也可供参考。

（1）采样必须注意生产日期、批号、代表性和均匀性（掺伪食品和食物中毒样品除外）。采集的数量应能反映该食品的卫生质量和满足检验项目对样品量的需要，一式三份，供检验、复验、备查或仲裁，一般散装样品每份不少于 0.5 kg。

（2）采样容器根据检验项目，选用硬质玻璃瓶或聚乙烯制品。

（3）外埠食品应结合索取卫生许可证、生产许可证及检验合格证或化验单，了解发货日期、来源地点、数量、品质及包装情况。如在食品厂、仓库或商店采样时，应了解食品的生产批号、生产日期、厂方检验记录及现场卫生情况，同时注意食品的运输、保存条件、外观、包装容器等情况。要认真填写采样记录，无采样记录的样品不得接受检验。

（4）液体、半流体食品如植物油、鲜乳、酒或其他饮料，如用大桶或大罐盛装者，应先充分混匀后再采样。样品分别盛放在 3 个干净的容器中。

（5）粮食及固体食品应自每批食品上、中、下 3 层中的不同部位分别采取部分样品，混合后按四分法得到有代表性的样品。

（6）肉类、水产等食品应按分析项目要求分别采取不同部位的样品或混合后采样。

（7）罐头、瓶装食品或其他小包装食品，应根据批号随机取样。同一批号取样件数，250 g 以上的包装不得少于 6 个，250 g 以下的包装不得少于 10 个。

（8）掺伪食品和食品中毒的样品采集，要具有典型性。

（9）检验后样品的保存，一般样品在检验结束后，应保留 1 个月以备需要时复检。易变质食品不予保留。检验取样一般皆指取可食部分，以所检验的样品计算。

（10）感官不合格产品不必进行理化检验，直接判为不合格产品。

五、样品的保存

采集来的样品应尽快分析，如不能马上分析，则需妥善保存。保存的目的是防止样品发生受潮、挥发、风干、变质等现象，确保其成分不发生任何变化。保存的方法是将制备好的样品装入具磨口塞的玻璃瓶中，置于暗处；易腐败变质的样品应保存在 0~5℃ 的冰箱中；易失水的样品应先测定水分。

一般检验后的样品还需保留一个月，以备复查。保留期限从签发报告单算起，易变质食品不予保留。对感官不合格样品可直接定为不合格产品，不必进行理化检验。存放的样品应按日期、批号、编号摆放，以便查找。

第二节　样品的制备与预处理

一、样品的制备

按采样规程采取的样品一般数量较多、颗粒大、组成不均匀。样品制备是对上述采集样品进一步粉碎、混匀、缩分，以保证样品完全均匀，取任何部分都具代表性。具体制备方法因产品类型不同有以下几种：

（1）液体、浆体或悬浮液体：样品可摇匀也可用玻璃棒或电动搅拌器搅拌使其均匀，采取所需要的量。

（2）互不相溶的液体：如油与水的混合物，应先使不相溶的各成分彼此分离，再分别进行采样。

（3）固体样品：先将样品制成均匀状态，具体操作可切细（大块样品）、粉碎（硬度大的样品如谷类）、捣碎（质地软含水量高的样品如果蔬）、研磨（韧性强的样品如肉类）。常用工具有粉碎机、组织捣碎机、研钵等。然后用四分法采取制备好的均匀样品。

（4）罐头：水果或肉禽罐头在捣碎之前应清除果核、骨头及葱、姜、辣椒等调料。可用高速组织捣碎机捣碎。

上述样品制备过程中，还应注意防止易挥发成分的逸散及有可能造成的样品理化性质的改变。

二、样品预处理的目的与要求

食品的成分复杂，既含有如糖、蛋白质、脂肪、维生素、农药等有机大分子化合物，也有许多如钾、钠、钙、铁、镁等无机元素。它们以复杂的形式结合在一起，当以选定的方法对其中某种成分进行分析时，其他组分的存在常会产生干扰而影响被测组分的正确检出。为此，在分析检测之前，必须采取相应的措施排除干扰。另外，有些样品（特别是有毒、有害污染物）在食品中的含量极低，但危害很大，完成这样组分的测定，有时会因为所选方法的灵敏度不够而难于检出，这种情形下往往需对样品中的相应组分进行浓缩，以满足分析方法的要求，这些过程称作样品的预处理。而且，食品样品中有些预测组分常有较大的不稳定性（例如微生物的作用、酶的作用或化学活性等），需要经过样品的预处理才能获得可靠的测定结果。样品预处理的原则是：①消除干扰因素；②完整保留被测组分；③浓缩被测组分。

三、样品预处理的方法

样品预处理的方法，应根据项目测定的需要和样品的组成及性质而定。在各项目的分析检验方法标准中都有相应的规定和介绍。常用的方法有以下几种：

（一）有机物破坏法

当测定食物中无机物含量时，常采用有机物破坏法来消除有机物的干扰。因为食物中的无机元素会与有机质结合，形成难溶、难离解的化合物，使无机元素失去原有的特性，而不能依法检出。有机物破坏法是将有机物在强氧化剂的作用下经长时间的高温处理，破坏其分子结构，有机质分解呈气态逸散，而被测无机元素得以释放。该法除常用于测定食品中微量金属元素之外，还可用于检测硫、氮、氯、磷等非金属元素。根据具体操作不同，又分为干法和湿法两大类。

1. 干法（又称灰化）

通过高温灼烧将有机物破坏，除汞外的大多数金属元素和部分非金属元素的测定均可采用此法。具体操作是将一定量的样品置于坩埚中加热，使有机物脱水、炭化、分解、氧化，再于高温电炉中（500~550℃）灼烧灰化，残灰应为白色或浅灰色。否则应继续灼烧，得到的残渣即为无机成分，可供测定用。干法特点是破坏彻底，操作简便，使用试剂少，空白值低。但灰化时间长、温度高，尤其对汞、砷、锑、铅易造成挥散损失。对有些元素的测定必要时可加助灰化剂。

2. 湿法（又称消化）

湿法是在酸性溶液中，向样品中加入硫酸、硝酸、高氯酸、过氧化氢、高锰酸钾等氧化剂，并加热消煮，使有机质完全分解、氧化，呈气态逸出，待测组分转化成无机状态存在于消化液中，供测试用。湿法是一种常用的样品无机化法，其特点是分解速度快，时间短；因加热温度低可减少金属的挥发逸散损失。缺点是消化时易产生大量有害气体，需在通风橱中操作；另外消化初期会产生大量泡沫外溢，需随时照看；因试剂用量较大，空白值偏高。湿法破坏根据所用氧化剂不同分为以下几类：

（1）硫酸-硝酸法：将粉碎好的样品放入250~500 mL凯氏瓶中（样品量可称10~20 g），加入浓硝酸20 mL，小心混匀后，先用小火使样品溶化，再加浓硫酸10 mL，渐渐加强火力，保持微沸状态并不断滴加浓硝酸，至溶液透明不再转黑为止。每当溶液变深时，立即添加硝酸，否则会消化不完全。待溶液不再转黑后，继续加热数分钟至冒出浓白烟，此时消化液应澄清透明。消化液放冷后，小心用水稀释，转入容量瓶，同时用水洗涤凯氏瓶，洗液并入容量瓶，调至刻度后混匀供待测用。

（2）高氯酸-硝酸-硫酸法：称取粉碎好的样品 5~10 g 放入 250~500 mL 凯氏烧瓶中，用少许水湿润，加数粒玻璃珠，加 3:1 的硝酸-高氯酸混合液 10~15 mL，放置片刻，小火缓缓加热，反应稳定后放冷，沿瓶壁加入 5~10 mL 浓硫酸，继续加热至瓶中液体开始变成棕色时，不断滴加硝酸-高氯酸混合液（3:1）至有机物分解完全。加大火力至产生白烟，溶液应澄清，无色或微黄色。操作中注意防爆。放冷后，转入容量瓶定容。

（3）高氯酸（过氧化氢）-硫酸法：称取适量样品于凯氏瓶中，加适量浓硫酸，加热消化至呈淡棕色，放冷，加数毫升高氯酸（或过氧化氢），再加热消化，重复操作至破坏完全，放冷后以适量水稀释，小心转入容量瓶定容。

（4）硝酸-高氯酸法：称取适量样品于凯氏瓶中，加数毫升浓硝酸，小心加热至剧烈反应停止后，再加热煮沸至近干。加入 20 mL 硝酸-高氯酸（1:1）混合液，缓缓加热，反复添加硝酸-高氯酸混合液至破坏完全，小心蒸发至近干，加入适量稀盐酸溶解残渣。若有不溶物过滤，滤液于容量瓶中定容。消化过程中注意维持一定量的硝酸或其他氧化剂，破坏样品时做空白，校正消化试剂引入的误差。

近年来，高压消解罐消化法得到广泛应用。此法是在聚四氟乙烯内罐中加入样品和消化剂，放入密封罐内并在 120~150℃ 烘箱中保温数小时。此法克服了常压湿法消化的一些缺点，但要求密封程度高，高压消解罐的使用寿命有限。

3. 紫外光分解法

紫外光分解法是一种消解样品中的有机物从而测定其中的无机离子的氧化分解法。紫外光由高压汞灯提供，在（85±5）℃ 的温度下进行光解。为了加速有机物的降解，在光解过程中通常加入双氧水。光解时间可根据样品的类型和有机物的量而改变。

4. 微波消解法

微波消解法（Microwave Digestion）是一种利用微波为能量对样品进行消解的技术，包括溶解、干燥、灰化、浸取等，该法适用于处理大批量样品及萃取极性与热不稳定的化合物。微波消解法以其快速、溶剂用量少、节省能源、易于实现自动化等优点而广泛应用，已用于消解废水、废渣、淤泥、生物组织、流体、医药等多种试样，被认为是"理化分析实验室的一次技术革命"。

经典的氨基酸水解需在 110℃ 水解 24 h，而用微波消解法只需 150℃、10~30 min。该方法既能够切断大多数的肽键，又不会造成丝氨酸和苏氨酸的损失。标准酸水解消化液常用 30%HCl。此法不能定量测定胱氨酸和色氨酸。如欲测定蛋白质样品中的所有氨基酸，需采用 3 种不同的水解方式：标准水解法、氧化后再水解（甲酸双氧水氧化）及碱性条件下水解。不管用何种水解方式，在微波炉内水解蛋白质都可极大地减少水解时间。

（二）溶剂提取法

同一溶剂中，不同的物质有不同的溶解度；同一物质在不同的溶剂中溶解度也不同。利用样品中各组分在特定溶剂中溶解度的差异，使其完全或部分分离的方法即为溶剂提取法。常用的无机溶剂有水、稀酸、稀碱；有机溶剂有乙醇、乙醚、氯仿、丙酮、石油醚等。上述物质可用于从样品中提取被测物质或除去干扰物质，在食品分析中常用于维生素、重金属、农药及黄曲霉毒素等的测定。溶剂提取法可用于提取固体、液体及半流体，根据提取对象不同可分为浸取法和萃取法。

1. 浸取法

用适当的溶剂将固体样品中的某种被测组分浸取出来称浸取法，也称液-固萃取法。该法应用广泛，如测定固体食品中脂肪的含量，用乙醚反复浸取样品中的脂肪，而杂质不溶于乙醚，再使乙醚挥发掉，称出脂肪的质量。

（1）提取剂的选择：提取剂应根据被提取物的性质来选择，对被测组分的溶解度应最大，对杂质的溶解度最小，提取效果遵从相似相溶原则。通常对极性较弱的成分（如有机氯农药）可用极性小的溶剂（如正己烷、石油醚）提取；对极性强的成分（如黄曲霉毒素 B_1）可用极性大的溶剂（如甲醇与水的混合液）提取。所选择溶剂的沸点应适当，过低易挥发，过高又不易浓缩。

（2）提取方法：常用的方法有振荡浸渍法、捣碎法、索氏提取法等。将切碎的样品放入选择好的溶剂系统中，浸渍、振荡一定时间使被测组分被溶剂提取的方法为振荡浸渍法，该法操作简单但回收率低。捣碎法是将切碎的样品放入捣碎机中，加入溶剂，捣碎一定时间，被测成分被溶剂提取，该法回收率高，但选择性差，干扰杂质溶出较多。索氏提取法是将一定量样品放入索氏提取器中，加入溶剂，加热回流一定时间，被测组分被溶剂提取，该法溶剂用量少、提取完全、回收率高，但操作麻烦，需专用索氏提取器。

2. 溶剂萃取法

利用适当的溶剂（常为有机溶剂）将溶液中的被测组分（或杂质）提取出来称为萃取。其原理是被提取的组分在两互不相溶的溶剂中分配系数不同，从一相转移到另一相中而与其他组分分离。本法操作简单、快速，分离效果好，使用广泛。其缺点是萃取剂易燃，有毒性。

（1）萃取剂的选择。萃取剂应对被测组分有最大的溶解度，对杂质有最小的溶解度，且与原溶剂不互溶，两种溶剂易于分层，无泡沫。

（2）萃取方法。萃取常在分液漏斗中进行，一般需萃取 4~5 次方可分离完全。若萃取剂比水轻，且从水溶液中提取分配系数小或振荡时易乳化的组分时，可采用连续液体萃取器，如图 2-1 所示。

三角瓶内的溶剂经加热产生蒸汽后沿导管上升，经冷凝器冷凝后，在中央管的下端聚为小滴，并进入欲萃取相的底部，上升过程中发生萃取作用，随着欲萃取相液面不断上升，上层的萃取液流回三角瓶中，再次受热汽化后的纯溶剂进入冷凝管又被冷凝返回欲萃取相底部重复萃取，如此反复，使被测组分全部萃取至三角瓶内的溶剂中。

在食品理化检验中常用提取法分离浓缩样品，浸取法和萃取法既可以单独使用也可联合使用。如测定食品中的黄曲霉毒素 B_1，先将固体样品用甲醇-水溶液浸取，黄曲霉毒素 B_1 和色素等杂质一起被提取，再用氯仿萃取甲醇-水溶液，色素等杂质不被氯仿萃取仍留在甲醇-水溶液层，而黄曲霉毒素 B_1 被氯仿萃取，以此将黄曲霉毒素 B_1 分离。

3. 加速溶剂提取（ASE）

此法是一种全新的处理固体和半固体样品的方法，在较高的温度（50~200℃）和压力（10.3~20.6 MPa）下用有机溶剂萃取样品。其突出优点是有机溶剂用量少（1 g 样品仅需1.5 mL 溶剂）、快速（约 15 min）和回收率高，已成为样品前处理最佳方式之一，广泛用于

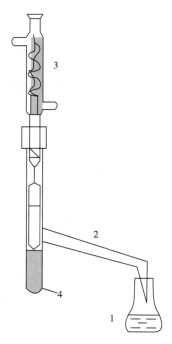

图 2-1　萃取操作示意图

1—三角瓶　2—导管　3—冷凝管　4—欲萃取相

环境、药物、食品和高聚物等样品的前处理，特别是残留农药的分析。市面已有加速溶剂萃取仪商品供应。

4. 超临界流体萃取（SFE）

此法是 20 世纪 70 年代开始用于工业生产中有机化合物萃取的，它是用超临界流体（最常用的是 CO_2）作为萃取剂，从各组分复杂的样品中，把所需要的组分分离提取出来的一种分离提取技术。已有人将其用于色谱分析样品处理中，也可以与色谱仪实现在线联用，如 SFE-GC、SFE-HPLC 和 SFE-MS 等。

5. 微波萃取（MAE）

此法是一种萃取速度快、试剂用量少、回收率高、灵敏以及易于自动控制的新的样品制备技术，可用于色谱分析的样品制备，特别是从一些固态样品，如蔬菜、粮食、水果、茶叶、土壤以及生物样品中萃取六六六、DDT 等残留农药。

（三）蒸馏法

蒸馏法是利用液体混合物中各组分挥发度不同进行分离的方法，既可将干扰组分蒸馏除去，也可将待测组分蒸馏逸出收集馏出液进行分析。根据样品组分性质不同，蒸馏方式有常压蒸馏、减压蒸馏、水蒸气蒸馏。

1. 常压蒸馏

当样品组分受热不分解或沸点不太高时，可进行常压蒸馏（图 2-2）。加热方式可根据被蒸馏样品的沸点和性质确定：如果沸点不高于 90℃，可用水浴；如果超过 90℃，则可改用油浴；如果被蒸馏物不易爆炸或燃烧，可用电炉或酒精灯直接加热，最好垫以石棉网；如果是有机溶剂则要用水浴，并注意防火。

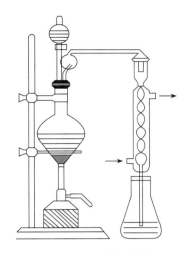

图 2-2　常压蒸馏装置

2. 减压蒸馏

样品待蒸馏组分易分解或沸点太高时，可采取减压蒸馏（图 2-3），该法装置较复杂。

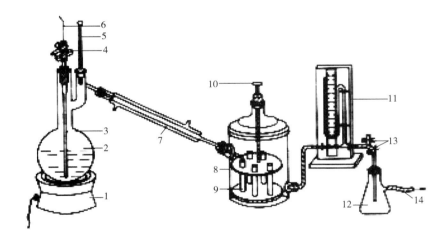

图 2-3　减压蒸馏装置

1—电炉　2—克莱森瓶　3—毛细管　4—螺旋止水夹　5—温度计　6—细铜丝　7—冷凝管
8—接收瓶　9—接收管　10—转动把　11—压力计　12—安全瓶　13—三通管阀门　14—接抽气机

3. 水蒸气蒸馏

将含有挥发性成分的植物材料与水共蒸馏，使挥发性成分随水蒸气一并馏出，经冷凝后得挥发性成分的方法。该法适用于具有挥发性、能随水蒸气蒸馏而不被破坏、在水中稳定且难溶或不溶于水的植物活性成分的提取。水蒸气蒸馏装置如图 2-4 所示。

操作初期，蒸汽发生瓶和蒸馏瓶先不连接，分别加热至沸腾，再用三通管将蒸汽发生瓶连接好开始蒸汽蒸馏。这样避免了蒸汽发生瓶所产生蒸汽遇到蒸馏瓶中的冷溶液后，凝结出大量的水，增加蒸馏液体积，从而延长蒸馏时间。蒸馏结束后应先将蒸汽发生瓶与蒸馏瓶连接处拆开，再撤掉热源。否则会发生回吸现象而将接收瓶中蒸馏出的液体全部抽回去，甚至

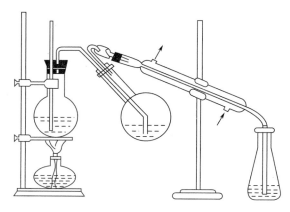

图 2-4　水蒸气蒸馏装置

回吸到蒸汽发生瓶中。

蒸馏操作应注意以下几个方面：①蒸馏瓶中装入的液体体积最大不超过蒸馏瓶的 2/3。同时加瓷片、毛细管等防止暴沸，蒸汽发生瓶也要装入瓷片或毛细管；②温度计插入高度应适当，以与通入冷凝器的支管在一个水平上或略低一点为宜。温度计的需查温度应在瓶外；③有机溶剂的液体应使用水浴，并注意安全；④冷凝器的冷凝水应由低向高逆流。

（四）色层分离法

色层分离法是将样品中的组分在载体上进行分离的一系列方法，又称色谱分离法。根据分离原理不同分为吸附色谱分离、分配色谱分离和离子交换色谱分离等。该类分离方法效果好，在食品检验中广为应用。

1. 吸附色谱分离

该法使用的载体为聚酰胺、硅胶、硅藻土、氧化铝等，经活化处理后具有一定的吸附能力。样品中的各组分依其吸附能力不同被载体选择性吸附，使其分离。如食品中色素的测定，将样品溶液中的色素经吸附剂吸附（其他杂质不被吸附），经过过滤、洗涤，再用适当的溶剂解吸，得到比较纯净的色素溶液。吸附剂可以直接加入样品中吸附色素，也可将吸附剂装入玻璃管制成吸附柱或涂布成薄层板使用。

2. 分配色谱分离

此法依据样品中的组分在固定相和流动相中的分配系数不同而进行分离。分配色谱的固定相一般为液相的溶剂，依靠图布、键合、吸附等手段分布于色谱柱或者担体表面，当溶剂渗透于固定相中并向上渗展时，分配组分就在两相中进行反复分配，进而分离。如多糖类样品的纸上层析，样品经酸水解处理，中和后制成试液，滤纸上点样，用苯酚-1%氨水饱和溶液展开，苯胺邻苯二酸显色，于105℃加热数分钟，可见不同色斑：戊醛糖（红棕色）、己醛糖（棕褐色）、己酮糖（淡棕色）、双糖类（黄棕色）。

3. 离子交换色谱分离

此法是利用离子交换剂与溶液中的离子发生交换反应实现分离的方法。根据被交换离子的电荷分为阳离子交换和阴离子交换。凡在溶液中能够电离的物质通常都可以用离子交换色谱法进行分离，该法可用于从样品溶液中分离待测离子，也可从样品溶液中分离干扰组分。分离操作可将样液与离子交换剂一起混合振荡或将样液缓缓通过事先制备好的离子交换柱，使被测离子与交换剂上的 H⁺或 OH⁻发生交换，或是被测离子上柱，或是干扰组分上柱，从而将其分离。现在它不仅适用于无机离子混合物的分离，也可用于有机物的分离，例如氨基酸、核酸、蛋白质等生物大分子，因此应用范围较广。

（五）化学分离法

1. 磺化法和皂化法

磺化法和皂化法是去除油脂的常用方法，可用于食品中农药残留的分析。

（1）磺化法：以硫酸处理样品提取液，硫酸使其中的脂肪磺化，并与脂肪和色素中的不饱和键起加成作用，生成溶于硫酸和水的强极性化合物，从有机溶剂中分离出来。使用该法进行农药分析时只适用强酸介质中稳定的农药。如有机氯农药中的六六六、DDT 回收率在 80%以上。

（2）皂化法：以热碱溶液（KOH-乙醇溶液）与脂肪及其杂质发生皂化反应而将其除去，本法只适用于对碱稳定的农药提取液的净化。

2. 沉淀分离法

该法是向样液中加入沉淀剂，利用沉淀反应使被测组分或干扰组分沉淀下来，再经过滤或离心实现与母液分离。该法是常用的样品净化方法，如饮料中糖精钠的测定，可加碱性硫酸铜将蛋白质等杂质沉淀下来，过滤除去。

3. 掩蔽法

该法是向样液中加入掩蔽剂，使干扰组分改变其存在状态（被掩蔽状态），以消除其对被测组分的干扰。掩蔽法一个最大的好处是可以免去分离操作，大大简化分析步骤，因此在食品检验中广泛用于样品的净化，特别是测定食品中的金属元素时，常加入配位掩蔽剂消除共存的干扰离子的影响。

（六）浓缩法

样品在提取、净化后，往往因样液体积过大、被测组分的浓度太小影响其分析检测，此时则需对样液进行浓缩，以提高被测成分的浓度。常用的浓缩方法有常压浓缩和减压浓缩。常压浓缩只能用于待测组分为非挥发性的样品试液的浓缩，否则会造成待测组分的损失；其操作可采用蒸发皿直接挥发，若溶剂需回收，则可用一般蒸馏装置或旋转蒸发器，操作简便、快速。若待测组分为热不稳定或易挥发的物质，则宜采用减压浓缩，以便在较低的温度下进行减少被测组分的损失，且速度快；样品净化液的减压浓缩可采用 K-D 浓缩器，食品中有机磷农药的测定（如甲胺磷、乙酰甲胺磷含量的测定）多采用此法浓缩样品净化液。

第三节　食品理化分析方法的选择

一、正确选择分析方法的重要性

食品理化分析的目的在于为生产部门和市场管理监督部门提供准确、可靠的分析数据，以便生产部门根据这些数据对原料的质量进行控制，制定合理的工艺条件，保证生产正常进行，以较低的成本生产出符合质量标准和卫生标准的产品。市场管理和监督部门则根据这些数据对被检食品的品质和质量做出正确客观的判断和评定，防止质量低劣食品危害消费者的身心健康。为达到上述目的，除了需要采取正确的方法采集样品，并对采取的样品进行合理的制备和预处理外，在现有众多分析方法中，选择正确的分析方法是保证分析结果准确的又一关键环节。如果选择的分析方法不恰当，即使前序环节非常严格、正确，得到的分析结果也可能是毫无意义的，甚至会给生产和管理带来错误的信息，造成人力、物力的损失。

二、选择分析方法应考虑的因素

样品中待测成分的分析方法往往很多，怎样选择最恰当的分析方法是需要周密考虑的。一般地说，应该综合考虑下列各因素，优先选择准确、稳定、简便、快速和经济的分析方法。

（一）分析要求的准确度和精密度

不同分析方法的灵敏度、选择性、准确度、精密度各不相同，要根据生产和科研工作对分析结果要求的准确度和精密度来选择适当的分析方法。

（二）分析方法的繁简和速度

不同分析方法操作步骤的繁简程度和所需时间及劳力各不相同，每样次分析的费用也不同。要根据待测样品的数目和要求、取得分析结果的时间等来选择适当的分析方法。同一样品需要测定几种成分时，应尽可能选用能用同一份样品处理液同时测定该几种成分的方法，以达到简便、快速的目的。

（三）样品的特性

各种样品中待测成分的形态和含量不同；可能存在的干扰物质及其含量不同；样品的溶解和待测成分提取的难易程度也不相同。要根据样品的这些特征来选择制备待测液、定量某成分和消除干扰的适宜方法。

（四）现有条件

分析工作一般在实验室进行，各级实验室的设备条件和技术条件也不相同，应根据具体条件来选择适当的分析方法。

三、分析方法的评价

具体究竟选用哪一种方法，必须综合考虑上述各项因素，但首先必须了解各类方法的特点，如方法的精密度、准确度、灵敏度等，以便加以比较。

（一）精密度

精密度是指多次平行测定结果相互接近的程度，它代表着测定方法的稳定性和重现性。精密度的高低可用偏差来衡量。在考虑一种分析方法的精密度时，通常用标准偏差和变异系数来表示。

单次测定的标准偏差（s）可按下列公式计算：

$$s = \sqrt{\frac{d_1^2 + d_2^2 + \cdots + d_n^2}{n - 1}} = \sqrt{\frac{\sum d_i^2}{n - 1}} \tag{2-1}$$

式中：d——样本值与平均值之差；

n——样本数。

单次测定结果的相对标准偏差称为变异系数，即：

$$变异系数 = \frac{s}{\bar{x}} \times 100\% \qquad (2-2)$$

（二）准确度

准确度是指测定值与真实值的接近程度，测定值与真实值越接近，则准确度越高。准确度高低可用误差来表示，它反映了测定结果的可靠性。在选择分析方法时，为了便于比较，通常用相对误差表示准确度。某一分析方法的准确度，可通过测定标准试样的误差，或做回收试验计算回收率，以误差或回收率来判断。

在回收试验中，加入已知量的标准物的样品，称为加标样品。未加标准物质的样品称为未知样品。在相同条件下用同种方法对加标样品和未知样品进行预处理和测定，按下列公式计算出加入标准物质的回收率：

$$p = \frac{x_1 - x_0}{m} \times 100\% \qquad (2-3)$$

式中：p——加入标准物质的回收率；

$\quad\quad m$——加入标准物质的量；

$\quad\quad x_1$——加标样品的测定值；

$\quad\quad x_0$——未知样品的测定值。

（三）灵敏度

灵敏度是指分析方法所能检测到的最低量。不同的分析方法有不同的灵敏度，一般仪器分析法具有较高的灵敏度，而化学分析法（重量分析和容量分析）灵敏度相对较低。

在选择分析方法时，要根据待测成分的含量范围选择适宜的方法。一般地说，待测成分含量低时，须选用灵敏度高的方法；含量高时宜选用灵敏度低的方法，以减少由于稀释倍数太大所引起的误差。由此可见，灵敏度的高低并不是评价分析方法好坏的绝对标准，一味追求选用高灵敏度的方法是不合理的。表 2-1 列出了一般食品分析中允许的相对误差范围，以供选择分析方法时参考。

表 2-1　一般食品分析的允许相对误差

含量/%	允许相对误差/%	含量/%	允许相对误差/%
80~90	0.4~0.1	1~5	5.0~1.6
40~80	0.6~0.4	0.1~1	20~5.0
20~40	1.0~0.6	0.01~0.1	50~20
10~20	1.2~1.0	0.001~0.01	100~50
5~10	1.6~1.2		

第四节　食品理化分析的数据处理与误差分析

一、分析结果的表示方法

分析结果的表示方法，常用的是被测组分的相对量，如质量分数（ω_B）、体积分数（φ_B）和质量浓度（ρ_B）。质量单位可以用 g，也可以用它的分数单位如 mg、μg；体积单位可以用 L，也可以用它的分数单位如 mL、μL；浓度应分别表示为 mg/kg 或 mg/L 以及 μg/kg 和 μg/L。

二、有效数字

在分析数据的记录、计算和报告时，要注意有效数字问题。有效数字就是实际能测量到的数字，它表示了数字的有效意义及准确程度。认为在一个数值中小数点后面的位数越多就越精确，或者在结果计算中，保留的位数越多准确度就越高的想法都是错误的，因此，在处理数据时要遵守下列基本法则：

（1）记录测量数据时，只保留一位可疑数字，在结果报告中，也只保留一位可疑数，不能列入后面无意义的数字。可疑数后面的数字可根据"四舍五入"和"奇进偶舍"的原则修约。

（2）数据加减时，各数所保留的小数点后的位数，应与所给各数中小数点后位数最少的相同。在乘除运算中，各数保留的位数应以有效数字位数最少的为标准。

（3）在计算平均值时，若为 4 个或超过 4 个数相平均时，则平均值的有效数字可增加一位。在所有计算式中，常数、稀释倍数，以及乘数为 1/3 等的有效数字，可认为无限制。

（4）表示分析方法的精密度和准确度时，大都取 1~2 位有效数字。

（5）对于高含量组分（>10%）的测定，一般要求分析结果为 4 位有效数字，对于中含量组分（1%~10%）的测定，一般要求分析结果为 3 位有效数字；对于低含量组分（<1%）的测定，一般只要求分析结果为两位有效数字。通常以此报出分析结果。

三、食品分析的误差

误差按其性质的不同可分为两类：系统误差（或称可测量误差）和偶然误差（或称未定误差）。

（一）系统误差

由于测定过程中某些经常性的原因所造成的误差称为系统误差。它对分析结果影响比较恒定，会在同一条件下的重复测定中重复地显示出来，使测定结果系统地偏高或系统地偏低（能有高的精密度而不会有高的准确度）。例如，用未经校正的砝码进行称量时，在几次称量中用同一个砝码，误差就会重复出现，而且误差的大小也不变。此外，系统误差中也有对分析结果的影响并不恒定，甚至在实验条件变化时误差的正负值也有改变的情况。例如，标准溶液因温度变化而影响溶液的体积，从而使其浓度变化，这种影响属于不恒定的影响。但如果掌握了溶液体积因温度变化而变化的规律，就可以对分析结果做适当的校正，使这种误差近乎消除。由于这类误差无论是否恒定，都可找出产生误差的原因和估计误差的大小，所以它又称为可测误差。系统误差按其产生的原因不同，可分为以下几种：

（1）方法误差。由于分析方法本身不够完善而引入的误差，例如，重量分析中由于沉淀溶解损失而产生的误差；在滴定分析中由于指示剂选择得不够恰当而造成的误差等。

（2）仪器误差。仪器本身的缺陷造成的误差，如天平两臂不相等，砝码、滴定管、容量瓶等未经校正，在使用过程中就会引入误差。

（3）试剂误差。如果试剂不纯或者所用的去离子水不合格，引入微量的待测组分或对测定有干扰的杂质，就会造成误差。

（4）主观误差。由于操作人员主观原因的误差，例如，对终点颜色的判别不同，有人偏深，有人偏浅；又如用吸管取样进行平行滴定时，有人总是想使第二份滴定结果与前一份滴定结果相吻合，在接近终点时，就不自觉地受这种"先入为主"的影响，从而产生主观误差。

（二）偶然误差

虽然操作者仔细进行操作，外界条件也尽量保持一致，但测得的一系列数据往往仍有差别，并且所得数据误差的正负不定，有的数据包含正误差，也有些数据包含负误差，这类误差属于偶然误差。这类误差是由某些偶然原因造成的，例如，可能由于室温、气压、湿度等的偶然波动的引起，也可能由于个人的小数点后的第二位的数值，几次读数不一致。这类误差在操作中不能完全避免。偶然误差的大小可由精密度表现出来，一般来说，测定结果的精密度越高，说明其偶然误差越小；反之，精密度越差，说明测定中的偶然误差越大。

对于初学者，除了会产生上述两类误差外，往往还可能由于工作上的粗枝大叶、不遵守操作规程等而造成过失误差，例如器皿不洁净、丢失试液、用错试剂、看错砝码、记录及计算错误等，这些都属于不应有的过失，会对分析结果带来严重影响，必须注意避免。为此，必须严格遵守操作规程，一丝不苟，耐心细致地进行实验，在学习过程中养成良好的实验习惯。如已发现错误的测定结果，应剔除，不能参加计算平均值。

四、控制和消除误差的方法

从误差的分类和各种误差产生的原因来看，只有熟练操作并尽可能地减少系统误差和随机误差，才能提高分析结果的准确度。减免误差的主要方法分述如下：

（一）对照试验

这是用来检验系统误差的有效方法。进行对照试验时，常用已知准确含量的标准试样（或标准溶液），按同样方法进行分析测定以便对照，也可以用不同的分析方法，或者由不同单位的化验人员分析同一试样来互相对照。在生产中，常常在分析试样的同时，用同样的方法做标样分析，以检查操作是否正确和仪器是否正常，若分析标样的结果符合"公差"规定，说明操作与仪器均符合要求，试样的分析结果是可靠的。

（二）空白试验

在不加试样的情况下，按照试样的分析步骤和条件而进行的测定叫作空白试验，得到的结果称为"空白值"。从试样的分析结果中扣除空白值，就可以得到更接近于真实含量的分析结果。由试剂、蒸馏水、实验器皿和环境带入的杂质所引起的系统误差，可以通过空白试验来校正。空白值过大时，必须采取提纯试剂或改用适当器皿等措施来降低。

（三）校准仪器

在日常分析工作中，因仪器出厂时已进行过校正，只要仪器保管妥善，一般可不必进行校准。在准确度要求较高的分析中，对所用的仪器如滴定管、移液管、容量瓶、天平砝码等必须进行校准，求出校正值，并在计算结果时采用，以消除由仪器带来的误差。

（四）方法校正

某些分析方法的系统误差可用其他方法直接校正。如在重量分析中，不可能使被测组分完全沉淀，必须采用其他方法对溶解损失进行校正。如在沉淀硅酸后，可再用比色法测定残留在滤液中的少量硅，在准确度要求高时，应将滤液中该组分的比色测定结果加到重量分析结果中去。

（五）多次平行测定

这是减小随机误差的有效方法，随机误差初看起来似乎没有规律性，但事实上偶然中包含有必然性，经过人们大量的实践发现，当测量次数很多时，随机误差的分布服从一般的统计规律：大小相近的正误差和负误差出现的机会相等，即绝对值相近而符号相反的误差是以同等的机会出现的；小误差出现的频率较高，而大误差出现的频率较低。可见在消除系统误差的情况下，平行测定的次数越多，则测得值的算术平均值越接近真值。显然，无限多次测定的平均值，在校正了系统误差的情况下，即为真值。因此适当增加测定次数，取其平均值，可以减小偶然误差。

由于存在着偶然误差和系统误差两大类误差，所以在分析和计算过程中，如未消除系统误差，则分析结果虽然有很高的精密度，也并不能说明结果准确。只有在消除了系统误差之后，精密度高的分析结果才既准确又精密。

应该指出，由于操作者的过失，如器皿不洁净、溅失试液、读数或记录差错等而造成的错误结果，是不能通过上述方法减免的，因此必须严格遵守操作规程，认真仔细地进行实验，如发现错误测定结果，应予以剔除，不能用来计算平均值。

五、误差的检验

在一般的分析工作中，多采用简便的算术平均偏差或标准偏差表示精密度。而在需要对一组分析结果的分散程度进行判断，或对一种分析方法所能达到的精密程度进行考察时，就需要对一组分析数据进行处理。校正系统误差，按一定的规则剔除可疑数据，计算数据的平均值和各数据对平均值的偏差和平均偏差，最后按要求的置信度求出平均值的置信区间。

（一）置信度与平均值的置信区间

对于无限次测定，单次测定值出现在 $u \pm 2\sigma$（σ 为标准差，也用标准偏差 s 表示）之间的概率（这一概率也称为置信度，$u \pm 2\sigma$ 称为置信区间），也就是说偏差 $>2\sigma$ 的出现概率为 5%（也称为显著概率或显著水平）；而偏差 $>3\sigma$ 的概率更小，只有 0.3%。在实际分析工作中，不可能对一试样做无限多次测定，而且没有必要做无限多次测定，u 和 σ 是不知道的。进行有限次测定，只能知道平均值 $\bar{x}$ 和标准偏差 s。由统计学可以推导出有限次数测定的平均值 $\bar{x}$ 和总体平均值（真值）u 的关系：

$$u = \bar{x} \pm \frac{ts}{\sqrt{n}} \qquad\qquad (2-4)$$

式中：s——标准偏差；

$\quad\quad$ n——测定次数；

$\quad\quad$ t——在选定的某一置信度下的概率系数，可根据测定次数从表 2-2 中查得。

由表可知，t 值随测定次数的增加而减小，也随置信度的提高而增大。由此可以估算出选定的置信度下，总体平均值在以 $\bar{x}$ 为中心的多大范围内出现，这个范围就是平均值的置信区间。

表 2-2　对于不同测定次数及不同置信度的 t 值

测定次数	置信度				
	50%	90%	95%	99%	99.5%
2	1.000	6.314	12.706	63.657	127.32
3	0.816	2.920	4.303	9.925	14.089
4	0.765	2.353	3.182	5.841	7.453
5	0.741	2.132	2.776	4.604	5.598
6	0.727	2.015	2.571	4.032	4.773
7	0.718	1.943	2.447	3.707	4.317
8	0.711	1.895	2.365	3.500	4.029
9	0.706	1.860	2.306	3.355	3.832
10	0.703	1.833	2.262	3.250	3.690
11	0.700	1.812	2.228	3.169	3.581
21	0.687	1.725	2.086	2.845	3.153
∞	0.674	1.645	1.960	2.576	2.807

（二）可疑数据的取舍

在一系列的分析数据中，经常重复地对试样进行测定，然后求出平均值。但多次测出的数据是否都参加平均值的计算，需要进行判断。如果在消除了系统误差之后，所测出的数据出现显著的大值与小值，这样的数据是值得怀疑的，称之可疑值。对可疑值应做如下判断：

（1）确知原因的可疑值应弃去不用。操作过程中有明显的过失，如称样时的损失、溶样有溅出、滴定时滴定剂有泄漏等，则该次测定结果必是可疑值。在复查分析结果时，对能找出原因的可疑值应弃去不用。

（2）不知原因的可疑值，应按 Q 检验法和 $4\bar{d}$ 检验法进行判断，决定取舍。

①Q 检验法：当测定次数 $3 \leqslant n \leqslant 10$ 时，根据所要求的置信度，按照下列步骤，检验可疑数据是否应弃去。

a. 将各数据按递增的顺序排列：x_1，x_2，$\cdots$，x_n；

b. 求出最大值与最小值之差 $x_n - x_1$；

c. 求出可疑数据与其最邻近数据之间的差 $x_n - x_{n-1}$，或 $x_2 - x_1$；

d. 求出 $Q = \dfrac{x_n - x_{n-1}}{x_n - x_1}$ 或 $Q = \dfrac{x_2 - x_1}{x_n - x_1}$；

e. 根据测定次数 n 和要求的置信度，查表 2-3，得 $Q_表$；

f. 将 Q 与 $Q_表$ 相比，若 $Q>Q_表$，则舍去可疑值，否则应予保留。

表 2-3　舍弃可疑数据的 Q 值（置信度 90% 和 95%）

测定次数	3	4	5	6	7	8	9	10
$Q_{0.90}$	0.94	0.76	0.64	0.56	0.51	0.47	0.44	0.41
$Q_{0.95}$	1.53	1.05	0.86	0.76	0.69	0.64	0.60	0.58

注：在三个以上数据中，需要对一个以上的数据用 Q 检验法决定取舍时，首先检查相差较大的数。

【例 1】标定 NaOH 标准溶液得到 4 个数据是 0.1014、0.1012、0.1019、0.1016，用 Q 检验法确定 0.1019 是否应舍去（置信度为 90%）？

解：（1）首先将各数按递增顺序排列：

0.1012、0.1014、0.1016、0.1019

（2）求出最大值与最小值之差：$x_n-x_1 = 0.1019-0.1012 = 0.0007$

（3）求出可疑数据与最邻近数据之差：$x_n-x_{n-1} = 0.1019-0.1016 = 0.0003$

（4）计算 Q 值：$Q = \dfrac{x_n-x_{n-1}}{x_n-x_1} = \dfrac{0.0003}{0.0007} = 0.43$

（5）查表，$n=14$ 时 $Q_{0.90}=0.76$，$Q<Q_表$，所以 0.1019 不能弃去。

②$4\bar{d}$ 检验法：对于一些实验数据也可用 $4\bar{d}$ 法判断可疑值的取舍。首先求出可疑值除外的其余数据的平均值 $\bar{x}$ 和平均偏差 $\bar{d}$，然后将可疑值与平均值进行比较，如绝对差值大于 $4\bar{d}$，则可疑值舍去；否则保留。

【例 2】用 EDTA 标准溶液滴定某试液中的 Zn，进行 4 次平行测定，消耗 EDTA 标准溶液的体积（mL）分别为：26.32、26.40、26.44、26.42，试问 26.32 这个数据是否保留？

解：首先不计可疑值 26.32，求得其余数据的平均值 $\bar{x}$ 和平均偏差 $\bar{d}$ 为：

$$\bar{x} = 26.42 \qquad \bar{d} = 0.01$$

可疑值与平均值的绝对差值为：

$$|26.32 - 26.42| = 0.10 > 4\bar{d}$$

故 26.32 这一数据应舍去。

用 $4\bar{d}$ 法处理可疑数据的取舍是存有较大误差的，但是，由于这种方法比较简单，不必查表，故至今仍为人们所采用。显然，这种方法只能用于处理一些要求不高的实验数据。

六、分析结果的报告及结论

一份简明、严谨、整洁的实验报告不仅说明一个数据的数值，而是某一实验的记录和总结的综合反映，而且还能表示分析方法、仪器精度及数据的准确度，因此，分析结果的报告要准确、科学。食品分析实验报告一般包括：①实验名称、完成日期、实验者姓名及合作者姓名；②实验目的；③实验简明原理；④主要仪器（生产厂家、型号）及试剂（浓度、配制方法）；⑤主要实验步骤；⑥实验数据的原始记录及数据处理；⑦实验结果或结论；⑧有关实验的问题讨论等内容。

分析（实验）数据的处理是指对原始实验数据的进一步分析计算，包括绘制图形或表格、数理统计、计算分析结果等，必要时应该用简要文字说明。在数据处理中，计算、做图与实验测定数据的误差必须一致，以免在数据处理中带来更大的结果误差。实验数据用图形表示，可以使测量数据间的相互关系表达得更简明直观，易显出最高点、最低点、转折点等，利用图形可直接或间接求得分析结果，便于应用。因此，正确的标绘图形是实验后数据处理的重要环节，必须十分重视做图的方法和技术。

课程思政案例

课程思政案例 1

本章思考题

（1）采样的原则是什么，采样的步骤有哪些？

（2）样品预处理的方法有哪些？

（3）什么是浸取，浸取的操作有哪些？

（4）蒸馏的原理是什么，什么情形下采取常压蒸馏、减压蒸馏、水蒸气蒸馏？

（5）磺化法和皂化法可去除样品中何组分，怎样去除，食品中什么成分的测定可用此法？

（6）说明准确度与精密度的概念。在分析测定中如何提高分析结果的准确度与精密度？

（7）如何衡量或检验一种分析方法的准确程度？

（8）对一项精密分析如何进行数据处理并报出分析结果？

第三章　食品物理性质分析

教学目标和要求：

1. 掌握食品物理性质分析的重要意义。

2. 熟练掌握密度、折光率、旋光度、黏度、色度、质构的测定意义、原理以及测定方法。

3. 通过本章学习，学生应能在理解食品物理性质的基础上掌握其检测原理及方法，并能根据检测需求设计相关实验对食品的物理性质进行检测，并分析整理数据。

食品物理性质分析是根据食品的一些物理常数与食品的组分和含量之间的关系进行检测的方法。物理检验法是食品分析及食品工业生产中常用的检测方法。

食品物理性质测定可分两种类型：一种是食品的物理常数（或参数）测定，它是测定食品相对密度、折光率、旋光度等物理常数（或参数）并根据它们与食品的组成及含量之间的定量关系进行成分分析的方法；另一种是食品物理指标测定，它是直接测定食品的一些物理量如色度、黏度、质构等来检验食品的某些质量指标的方法。

第一节　食品物理常数的测定

一、密度的测定

密度是指物质在一定温度下单位体积的质量，以符号 ρ 表示，其单位为 g/cm^3。相对密度是指某一温度下物质的质量与同体积某一温度下水的质量之比，以符号 $d_{t_2}^{t_1}$ 表示，无单位。因为物质热胀冷缩的性质，所以密度和相对密度的值都随温度的改变而改变，故密度应标示出测定时物质的温度，表示为 ρ_t，而相对密度应标示出测定时物质的温度及水的温度，表示为 $d_{t_2}^{t_1}$，其中 t_1 表示物质的温度，t_2 表示水的温度。

各种液态食品都有其一定的相对密度，当其组成成分及其浓度发生改变时，其相对密度也发生改变，故测定液态食品的相对密度可以检验食品的纯度和浓度，帮助了解食品品质、纯度、掺假情况。蔗糖、酒精等溶液的相对密度随溶液质量浓度的增加而增高，通过实验已经制定了溶液质量浓度与相对密度的对照表，只要测得了相对密度就可以在专用的表格上查出其对应的质量浓度。对于某些液态食品（如果汁、番茄酱等），测定相对密度并通过换算或查专用经验表格可以确定可溶性固形物或总固形物的质量分数。密度测定可以了解食品（包括食品原料）的品质和纯净度正常的液态食品，其相对密度都在一定范围内，当因掺杂、变质等原因引起这些液体食品的组成成分发生变化时，均可出现相对密度的变化。但需要注意的是，当食品的相对密度异常时，可以肯定食品的质量有问题，而当相对密度正常时，并不能肯定食品质量无问题，必须配合其他理化分析才能确定食品的质量。总之，相对密度是食品生产过程中常用的工艺和质量控制指标。

（一）密度瓶法

1. 原理

密度瓶是测定液体相对密度的专用仪器，是容积固定的玻璃称量瓶，其种类和规格有多种。常用的有带温度计的精密密度瓶和带毛细管的普通密度瓶，如图 3-1 所示。在一定温度下，同一密度瓶分别称取等体积的样品溶液和蒸馏水的质量，两者之比即为该样品溶液的相对密度。

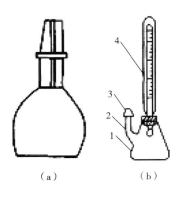

（a）　　　　（b）

图 3-1　密度瓶

（a）带毛细管的普通密度瓶　　（b）带温度计的精密密度瓶

1—密度瓶　2—支管　3—支管上小帽　4—附温度计的瓶盖

2. 操作步骤

先用水洗净密度瓶，再依次用乙醇、乙醚洗涤，烘干并冷却后，精密称重。装满样液盖上盖，瓶置 20℃水浴内浸 0.5 h，使内容物的温度达到 20℃，用滤纸吸去支管标线上的样液，盖上侧管帽后取出。用滤纸把瓶外擦干，置天平室内 30 min 后称重。将样液倾出，洗净密度瓶，装入煮沸 30 min 并冷却到 20℃以下的蒸馏水，按上法操作，测出同体积 20℃蒸馏水的质量。

3. 结果计算

相对密度按式（3-1）和式（3-2）计算：

$$d_{20}^{20} = \frac{m_2 - m_0}{m_1 - m_0} \tag{3-1}$$

$$d_4^{20} = d_{20}^{20} \times 0.99823 \tag{3-2}$$

式中：m_0——空密度瓶质量，g；

　　　m_1——密度瓶和水的质量，g；

　　　m_2——密度瓶和样品的质量，g；

0.99823——20℃时水的密度，g/cm^3。

4. 注意事项

（1）本法适用于测定各种液体食品的相对密度，特别适合于样品量较少的情况，对挥发性样品也适用，结果准确，但操作较烦琐。

（2）测定较黏稠样液时，宜使用具有毛细管的密度瓶。

（3）水及样品必须装满密度瓶，瓶内不得有气泡。

（4）拿取已达恒温的密度瓶时，不得用手直接接触密度瓶球部，以免液体受热流出。应带隔热手套取拿瓶颈或用工具夹取。

（5）水浴中的水必须清洁无油污，防止瓶外壁被污染。

（6）天平室温度不得高于 20℃，以免液体膨胀流出。

（二）密度计（比重计）法

1. 原理和结构

根据阿基米德原理（液体浮力原理）制成，从密度计的刻度就可以直接读取相对密度的数值或某种溶质的质量。食品工业中常用的密度计按其标度方法的不同，可分为普通密度计、波美密度计、锤度密度计等（图3-2）。

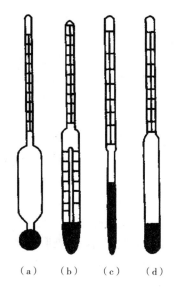

（a）　（b）　（c）　（d）

图 3-2　各种密度计

（a）普通密度计　（b）附有温度计的糖锤度计　（c）和（d）波美密度计

（1）普通密度计：直接以 20℃ 时的相对密度值为刻度，由几支刻度范围不同的密度计组成一套。相对密度值小于 1 的（0.700~1.000）称为轻表，用于测定比水轻的液体；相对密度值大于 1 的（1.000~2.000）称为重表，用于测定比水重的液体。

（2）锤度计：专用于测定糖液浓度，是以蔗糖溶液的质量分数为刻度，以 °Bx 表示。标示方法：20℃ 时，1%、2% 纯蔗糖溶液分别为 1°Bx、2°Bx，以此类推。对于不纯糖液来说，其读数则是溶液中固形物的质量分数。若实测温度不是 20℃，则应进行温度校正。

（3）乳稠计：专用于测定牛乳相对密度，测量相对密度的范围为 1.015~1.045。刻度是将相对密度值减去 1.000 后再乘以 1000，以乳稠度来表示，刻度范围即为 15°~45°。若实测温度不是 20℃ ，则应进行温度校正。

（4）波美计：以波美度（°Bé）来表示液体浓度大小。按标示方法的不同分为多种类型，常用的波美计刻度刻制的方法是以 20℃ 为标准，以在蒸馏水中为 0°Bé，在 15%NaCl 溶液中为 15°Bé，在纯 H_2SO_4（相对密度为 1.8427）中为 66°Bé，其余刻度等距离划分。波美计亦有轻表和重表之分，分别用于测定相对密度小于 1 和大于 1 的液体。

2. 操作步骤

将密度计洗净擦干，缓缓放入盛有待测试液的适当量筒中，勿碰及容器四周及底部，保持试液温度 20℃ ，待其静置后，再向下轻按入，然后待其自然上升静置至无气泡冒出后，从水平位置观察与液面相交处的刻度，即为试样的相对密度。如测定温度不是 20℃ ，应对测得值加以校正。

3. 注意事项

（1）读数时应以密度计与液体形成的弯月向下缘为准；若液体颜色较深，不易看清弯月面下缘时，则以弯月面上缘为准。

（2）操作时应注意不要让密度计接触量筒壁及底部，待测液中不得有气泡。

（3）该法操作简便迅速，但准确性较差，需要试液量多，且不适用于极易挥发的试液。

二、折射率的测定

当光线从第 1 种介质射入第 2 种介质时，由于光在两种介质中的传播速度不同，光的方向就发生改变，即光被折射（图 3-3）。折射率是物质的一种物理性质，是食品生产中常用的工艺控制指标，通过测定液态食品的折射率，可以鉴别食品的组成、确定食品的浓度、判断食品的纯净程度及品质。蔗糖溶液的折射率随浓度增大而升高，通过测定折射率可以确定糖液的浓度及饮料、糖水罐头等食品的糖度，还可以测定以糖为主要成分的果汁、蜂蜜等食品的可溶性固形物的含量。番茄酱、果酱等食品可通过折光法测定其可溶性固形物含量后，再查特制的经验表得到总固形物含量。另外，通过测定生长期果蔬的折射率，还可判断果蔬的成熟度，以进行田间管理。每种脂肪酸均有其特定的折射率，含碳原子数目相同时，不饱和脂肪酸的折射率比饱和脂肪酸的折射率大得多；不饱和脂肪酸的相对分子质量越大，折射率越大；油脂酸度越高，折射率越小。因此测定折射率可以用来鉴别油脂的组成和品质。

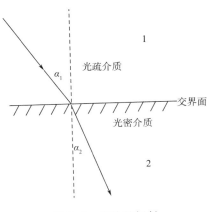

图 3-3 光线的折射

正常情况下，某些液态食品的折射率有一定的范围，例如正常牛乳乳清的折射率为1.34199~1.34275（20℃），芝麻油的折射率为1.4692~1.4791（20℃），蜂蜡的折射率为1.4410~1.4430（75℃）。当这些液态食品因掺杂、浓度改变或品种改变等原因而引起食品的品质发生变化时，折射率常常会发生变化。所以测定折射率可以初步判断某些食品是否正常。必须指出的是，折光法测得的只是可溶性固形物含量，因为固体粒子不能在折光仪上反映出它的折射率。含有不溶性固形物的样品，不能用折光法直接测出总固形物。但对于番茄酱、果酱等个别食品，已通过实验编制了总固形物与可溶性固形物关系表，先用折光法测定可溶性固形物含量，即可查出总固形物的含量。

（一）原理

阿贝折射计是测定植物油折射率的常用仪器，适用于测定折射率为1.3~1.7的物质的折射率（图3-4）。当光线从折射率较大的介质1（光密介质）射入折射率较小的介质2（光疏介质）时，折射角 α_2 将大于入射角。入射角逐渐增大，折射角也将增大。当入射角增大至某一角度时，折射角 α_2 将有一最大值90°。如再增大入射角，则光线将不会进入介质2，而全部反射回介质1，这种现象称为全反射。发生全反射时的入射角 α 称为临界角。在这种情况下，计算公式如式（3-3）所示：

$$n_2 = n_1 \times \sin\alpha \qquad\qquad (3-3)$$

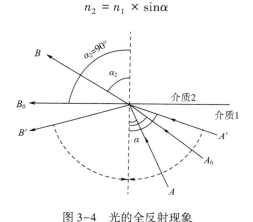

图3-4　光的全反射现象

如果介质1是固定的，即折射率 n_1 为已知数，临界角 α 可直接测得，由此就可以算出介质2的折射率 n_2。阿贝折射计就是根据全反射现象制成的一种光学仪器。通过折射计的镜筒测量各种折光物质的临界角，由仪器各常数算出其折射率，刻于读数标尺上。

（二）试剂与仪器

1. 试剂

乙醚、乙醇。

2. 仪器

阿贝折射计、小烧杯、擦镜纸、镊子、脱脂棉、玻璃棒（一头烧成圆形）。

（三）操作步骤

1. 校正仪器

用已知折射率的物质校正仪器，校正仪器常用的物质有纯水、α-溴代萘和标准玻璃片。

（1）用标准玻璃片校正。在折射计上带有已知折射率的标准玻璃片。校正时，打开上下棱镜金属匣，拉开下棱镜，在上面铺一层脱脂棉（避免标准玻璃片从上棱镜滑下时击碎），把上棱镜的表面调整至水平位置（仪器倒转），用少量 α-溴代萘润湿标准玻璃片的磨光面，将其贴于上棱镜（棱镜与标准玻璃片之间不得有气泡），转动棱镜，使读数与标准玻璃片的折射率相同，再转动补偿器旋钮，消除色散干扰，如果明暗分界线正好位于十字交叉点上，说明仪器正常。如不符合标准玻璃片的折射率时，应用仪器配备的小钥匙插入目镜下方小螺丝孔中，旋转螺丝，将明暗分界线调整至正切在十字交叉线的交叉点上。校正时仪器的放置如图 3-5 所示。

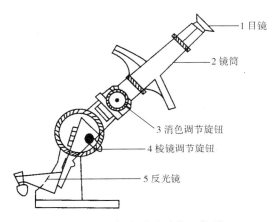

1 目镜
2 镜筒
3 消色调节旋钮
4 棱镜调节旋钮
5 反光镜

图 3-5　用标准玻璃片校正仪器

（2）用蒸馏水校正。不含二氧化碳的蒸馏水在一定温度下有恒定的折射率（表 3-1），可用以校正折射计。校正时，放平仪器，用脱脂棉蘸乙醚揩净上下棱镜。在温度计座处插入温度计。待乙醚挥干后，在下棱镜的毛玻璃面上滴 2 滴新制蒸馏水，关紧上下棱镜，约经 3 min 待温度稳定后，按上述方法进行校正。若温度不是整数，则用内插法求对应温度下的折射率。例如测定温度为 22.4℃，测得水的折射率应介于 1.33281 与 1.33272 之间，用内插法求得：

$$n^{22.4} = 1.33281 + \frac{1.33272 - 1.33281}{23.0 - 22.0} \times (22.4 - 22.0) = 1.33281 - 0.00004 = 1.33277$$

表 3-1　蒸馏水折射率

温度/℃	折射率	温度/℃	折射率
10	1.33371	16	1.33332
11	1.33363	17	1.33324
12	1.33359	18	1.33316
13	1.33353	19	1.33307
14	1.33346	20	1.33299
15	1.33339	21	1.33290

温度/℃	折射率	温度/℃	折射率
22	1.33281	27	1.33231
23	1.33272	28	1.33220
24	1.33263	29	1.33208
25	1.33253	30	1.33196
26	1.33242		

2. 测定

经校正后的仪器用乙醚将上下棱镜揩净后，用圆头玻璃棒取混匀、过滤的试样 2 滴，滴在下棱镜上（玻璃棒不要触及镜面），转动上棱镜，关紧两块棱镜，约经 3 min 待试样温度稳定后，转动阿米西棱镜手轮和棱镜转动手轮，使视野分成清晰可见的两个明暗部分，其分界线恰好在十字交叉上，记下标尺读数和温度。

（四）结果计算

标尺读数即为测定温度条件下的折射率值。如测定温度不在 20℃时，必须按公式换算为 20℃时的折射率（n^{20}）如式（3-4）所示。

$$n^{20} = n^t + 0.00038 \times (t - 20)$$ (3-4)

式中：n^t——样品温度 t 时测得的折射率；

　　　t——测定折射率时样品的温度；

0.00038——样品温度在 10～30℃ 范围内每差 1℃时折射率的校正系数。

（五）注意事项

（1）测量前必须先用标准玻璃片校正。

（2）棱镜表面擦干净后才能滴加被测液体，洗棱镜时，不要把液体溅到光路凹槽中。

（3）滴在进光棱镜面上的液体要均匀分布在棱镜面上，并保持水平状态合上两棱镜，保证棱镜缝隙中充满液体。

（4）手上沾有被测液体时不要触摸折光仪各部件，以免清洗困难。

（5）测量完毕，擦干净各部件后放入仪器盒中。

三、旋光度的测定

光是一种电磁波，是横波，即光波的振动方向与其前进方向互相垂直。自然光有无数个与光线前进方向互相垂直的光波振动面。由于尼克尔棱镜只能让振动面与尼克尔棱镜光轴平行的光波通过，所以通过尼克尔棱镜的光只有一个与光线前进方向垂直的光波振动面，这种只在一个平面上振动的光叫偏振光。分子结构中凡有不对称碳原子，能把偏振光的偏振面旋转一定角度的物质称为光学活性物质。许多食品成分都具有光学活性，如单糖、低聚糖、淀粉以及大多数氨基酸等。其中能把偏振光的振动面向右旋转的，称为"具有右旋性"，以（+）号表示；反之，称为"具有左旋性"，以（-）号表示。偏振光通过光学活性物质的溶液时，其振动平面所旋转的角度叫作该物质溶液的旋光度。旋光度的大小与光源的波长、测定温度、光学活性物质的种类、浓度及液层的厚度有关。

某些食品的比旋光度值在一定的范围内，如谷氨酸钠的比旋光度 $[\alpha]_D^{20}$ 在 +24.8°~+25.3°，通过测定它的旋光度，可以控制产品质量。蔗糖的糖度、味精的纯度和某些氨基酸的含量与其旋光度成正比，通过测定旋光度可知道产品相应的浓度。

（一）普通旋光计

1. 原理和结构

最简单的旋光计由两个尼克尔棱镜构成：一个用于产生偏振光，称为起偏器；另一个用于检验偏振光振动平面被旋光质旋转的角度，称为检偏器。当起偏器与检偏器光轴互相垂直时，即通过起偏器产生的偏振光的振动平面与检偏器光轴互相垂直时，偏振光不能通过，故视野最暗，此状态为仪器的零点。若在零点情况下，在起偏器和检偏器之间放入旋光质，则偏振光振动平面被旋光物质旋转，从而与检偏器光轴互成某一角度，使偏振光部分地或全部地通过检偏器，结果视野明亮。此时若将检偏器旋转一角度使视野最暗，则所旋角度即为旋光物质的旋光度。实际上这种旋光计并无实用价值，因为用肉眼难以准确判断什么是"最暗"状态。为克服这个缺点，通常在旋光计内设置一个小尼克尔棱镜，使视野分为明暗两半，这就是半影式旋光计。此仪器的终点不是视野最暗，而是视野两半圆的照度相等。由于肉眼较易识别视野两半圆光线强度的微弱差异，故能正确判断终点。

2. 操作步骤

（1）用蒸馏水校正。旋光仪接通电源，钠光灯发光稳定后（约 5 min），将装满蒸馏水的测定管放入旋光计中，校正目镜的焦距，使视野清晰。旋转手轮，调整检偏镜刻度盘，使视场中三分视场的明暗程度一致，读取刻度盘上所示的刻度值。反复操作两次，取其平均值作为零点（零点偏差值）。

（2）溶液样品配制。称取适量样品用水溶解并定容至 100 mL，摇匀。溶液配好后必须透明无固体颗粒，否则须经干滤纸过滤，弃去初始滤液 25 mL，收集以后的滤液 50~60 mL。

（3）精确称取适量样品，溶解，置于 25 mL 的容量瓶中定容，溶剂常选水、乙醇、氯仿等，当用纯液体直接测量其旋光度时，若旋光角度太大，则可用较短的样品管。

（4）样品测定。选取长度适宜的试管，注满待测试液，装上橡皮圈，旋上螺帽，直至不漏水为止。螺帽不宜旋得太紧，否则护片玻璃会引起应力，影响读数正确性。然后将试管两头残余溶液揩干，以免影响观察清晰度及测定精度。转动度盘、检偏镜、在视场中觅得亮度一致的位置，再从度盘上读数。读数是正的为右旋物质，读数是负的为左旋物质。

（5）计算（温度校正）。普通旋光计标尺的刻度是以角度表示的，标尺读数即为测定温度条件的旋光度值。如测定温度不在20℃时，必须按式（3-5）换算为20℃时的旋光度。

$$[\alpha]_\lambda^t = \frac{\alpha}{Lc} \tag{3-5}$$

式中：$[\alpha]_\lambda^t$——查手册得到的不同物质的比旋光度；

　　　α——测定试样的旋光度；

　　　L——旋光管长度，dm；

　　　c——样品浓度（所求值）；

　　　t——测定温度（20℃）；

　　　λ——光源波长，通常为钠黄光 D 线 589.3 nm。

3. 注意事项

（1）旋光仪应放在通风干燥和温度适宜的地方，以免受潮发霉。

（2）每次测定前应以溶剂做空白校正，测定后，再校正 1 次，以确定在测定时零点有无变动；如第 2 次校正时发现零点有变动，则应重新测定旋光度。

（3）配制溶液及测定时，均应调节温度至（20±0.5）℃（或规定的温度）。供试的液体或固体物质的溶液应不显浑浊或含有混悬的小粒。如有上述情形时，应预先滤过，并弃去初滤液。

（4）旋光仪连续使用不能超过 2 h，如需长时间测定，应在中间关熄仪器 10~15 min，并给予降温条件使钠光灯冷却，以免钠光亮度降低，寿命减短。

（5）旋光管用完后，一定要及时倾出被测液，用蒸馏水洗涤干净，揩干存好。所有镜片均不能用手直接揩擦，应用柔软绒布揩擦。镜面要注意防污，用二甲苯擦净后放入布套内保存。

（二）检糖计

1. 原理和结构

检糖计是测定糖类的专用旋光计，旋光度的大小与蔗糖含量成正比，其测定原理与半影式旋光计基本相同。检糖计是以白日光作为光源，利用石英和糖液对偏振白光的旋光色散程度相近这一性质。偏振白光通过左（或右）旋性糖液发生旋光色散后，再通过右（或左）旋性石英补偿器时又发生程度相近但方向相反的旋光色散。这样又产生了原来的偏振白光，尚存的轻微色散采用滤光片即可消除。各种糖类都有其特定的比旋度，例如蔗糖水溶液的比旋度 $[\alpha]_D^{20}$ 是+66.5，葡萄糖是+52.8，果糖是-92.8，麦芽糖是+118 等。

2. 操作步骤

（1）检糖计的校正，即石英管旋光度的温度校正。

（2）溶液配置。称取适量样品用水溶解并定容至 100 mL，摇匀，用干滤纸过滤，弃去初始滤液 25 mL。

（3）旋光度测定。用待测的溶液将旋光观测管至少冲洗 2 次，装满观测管，注意观测管中不能夹带空气泡。将旋光观测管置于检糖计中，目测检糖计测定 5 次，读数至 0.05°S；如用自动检糖计，在测定前，应有足够的时间使仪器达到稳定。测定旋光度数后，立即测定观测管中溶液的温度，并记录至 0.1℃。

（4）计算（温度校正）。测定旋光度时环境及糖液的温度尽可能接近 20℃，应在 15~20℃的范围内。在实际测定温度 t℃下读数为 S_t（国际糖度°S），将 S_t 对温度进行校正得到校正糖度 S_{20}（即测定结果），经计算可求出白砂糖中蔗糖的含量，如式（3-6）所示。

$$蔗糖含量（蔗糖克数/100g 白砂糖）= 2 \times S_{20} = 2 \times S_t[1+0.00034(t-20)] \tag{3-6}$$

式中：S_{20}——校正到 20℃时检糖计读数；

　　　S_t——t℃时检糖计读数；

　　　t——测定时样液的温度，℃。

3. 糖度换算

检糖计读数尺的刻度是以糖度表示的。最常用的是国际糖度尺，以°S 表示。其标定方法是：在 20℃时，把 26.000 g 纯蔗糖配成 100 mL 的糖液，在 20℃用 200 mm 观测管以波长 $\lambda =$

589.4400 nm 的钠黄光为光源测得的读数定为 100°S。1°S 相当于 100 mL 糖液中含有 0.26 g 蔗糖。读数为 x°S。表示 100 mL 糖液中含有 0.26xg 蔗糖。

国际糖度与旋光度之间的换算关系如下：1°S = 0.346260° 1° = 2.888°S

第二节　食品的物性测定

一、黏度的测定

黏度是流体在外力作用下发生流动时内摩擦阻力的度量。黏度的大小是判断液态食品品质的一项重要物理指数，主要用于啤酒、淀粉的分析。黏度测定有动力黏度、运动黏度和条件黏度 3 种测定方法。

液体以 1 cm/s 的速度流动时，在每 1 cm^2 平面上所需剪应力的大小，称为动力黏度 η，以 Pa·s 为单位。在相同温度下，液体的动力黏度与同温度下该流体的密度（kg/m^3）的比值，即得该液体的运动黏度 ν，以 m^2/s 为单位。过去使用的动力黏度测定单位为泊或厘泊，泊（poise）或厘泊为非法定计量单位，1 Pa·s = 1 N·s/ = 10 P = 10^{3}cp；运动黏度过去常使用厘斯（cst）作运动黏度测定的单位，它等于 10^{-6}m^2/s（即 1 cst = 1 mm^2/s）。

《GB/T 10247—2008 黏度测量方法》规定了流体运动黏度和动力黏度测量的通用方法，动力黏度的测定通常采用旋转法，即将特定的转子浸于被测液体中做恒速旋转运动，使液体接受转子与容器壁面之间产生的切应力，根据维持这种运动所需的扭力矩即可求得试样的动力黏度。运动黏度的测定通常采用毛细管法等，其原理为在一定温度下，当液体在直立的毛细管中以完全湿润管壁的状态流动时，其运动黏度 ν 与流动时间 τ 成正比。测定时，用已知运动黏度的液体（常用 20℃时的蒸馏水）作标准，测量其从毛细管黏度计流出的时间，再测量试样自同一黏度计流出的时间，则可计算出试样的黏度。条件黏度是在规定温度下，在特定的黏度计中，一定量液体流出的时间；或者是此流出时间与在同一仪器中、规定温度下的另一种标准液体（通常是水）流出的时间之比。根据所用仪器和条件的不同，条件黏度通常分为恩氏黏度、赛氏黏度、雷氏黏度 3 种。

（一）毛细管运动黏度测定法

1. 仪器

（1）恒温水浴。由玻璃缸（直径约 35 cm，高约 40 cm）、25 W 电动搅拌器、控温用电子继电器（触点容量不低于 5 A）、1 kWU 型电热管及管架板、电接点温度计（20 ~ 50℃ 或 100℃）、精密温度计（刻度 0.1℃）及铁架、架夹等组成，控温精度可达 0.1℃。

（2）毛细管黏度计（图 3-6）。常用孔径有 0.8 mm、1.0 mm、1.2 mm、1.5 mm 4 种，出厂时附有黏度计常数检定证书。

2. 操作步骤

（1）试样处理：对于含有机械杂质的试样应事先过滤。

（2）黏度计选择：可根据被测样液的黏度情况选用，使流出时间应不小于 200 s，不要超过 300 s。

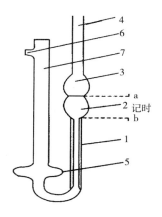

图 3-6　毛细管黏度计

1—毛细管　2，3，5—扩张部分　4，7—管身　6—支管　a，b—标线

（3）黏度计清洗及干燥：黏度计在使用前用适当的非碱性溶剂清洗并干燥。对于新购置的、长期未使用过的或沾有污垢的黏度计置铬酸洗液中浸泡 2 h 以上（沾有油渍者，应依次先用三氯甲烷或汽油、乙醇、自来水洗涤晾干后，再用铬酸洗液浸泡 6 h 以上），自来水冲洗至内壁不挂水珠，再用水洗 3 次，120℃干燥，备用。

（4）黏度计的校正。新购置的毛细管黏度计没有标定常数或需校正时，应先进行标定或校正。取纯净的 20 或 30 号机器润滑油，用已知常数的毛细管黏度计在（50±0.1）℃的水浴中测定其运动黏度，再用该批机油测定未标定毛细管黏度计的流速，测定 5 次，求平均值，计算毛细管黏度计的常数。毛细管黏度计常数计算公式见式（3-7）：

$$毛细管黏度计常数（C）= v/\tau \tag{3-7}$$

式中：v——机油运动黏度，mm^2/s；

　　　τ——流出时间，s。

黏度计常数也可直接用已知黏度的标准样品进行标定。

（5）测量。将样品溶液迅速吸入或倒入干净的毛细管黏度计中（吸入方法：在黏度计 6 口接上乳胶管后，将黏度管 4 口没入样品溶液，采用吸耳球自 6 口的乳胶管吸气，使样品溶液缓慢吸入毛细管黏度计中，至样品溶液上升至蓄液球为止）。立即将黏度计垂直置于（50±0.1）℃恒温水浴中，并使黏度计上、下刻度的两球全部浸入水面下，把乳胶管自 6 口移接在 4 口上并夹住乳胶管，恒温 10~12 min 后，取下乳胶管，用吸耳球自 4 口将样品溶液吸起吹下搅匀，然后吸起样品溶液使充满黏度计上球，再让样品溶液自由落下，当恒温时间为 15 min 时开始测定，测定时将样品溶液充满上球（不能有气泡），停止吸气，待样品溶液自由流下至液面达到两球间的上刻度 a 时，开始计时，在流下至下球的刻度 b 时，按下秒表停止计时，记录样品溶液流经上下刻度的时间。然后同上操作连续测定 2 或 3 次，流速测定结果取其平均值。

（6）结果计算。

运动黏度计算公式见式（3-8）：

$$v\left(\frac{mm^2}{s}\right)=\tau_t \times C \tag{3-8}$$

动力黏度计算公式见式（3-9）：

$$\eta = 10^{-6} \times \upsilon \times \rho = 10^{-6} \times \rho \times \tau_t \times C \qquad (3-9)$$

式中：η——动力黏度，Pa·s；

$\quad\upsilon$——运动黏度，mm^2/s；

$\quad\tau_t$——试样流出时间，s；

$\quad C$——用已知黏度标准液测得的黏度计常数，mm^2/s^2；

$\quad\rho$——供试溶液在相同温度下的密度，kg/m^3。

要求同一操作者重复测定两个结果之差不应超过其算术平均值的±5%。

双样品平行试验结果允许差：黏度平均值在 3.0 cst 以下，±0.2 cst；3.1~6.0 cst，±0.5 cst；6.1~10.0 cst，±0.8 cst；10.1 cst 以上，±1.0 cst。如不符合上述要求，应再测定两份样品溶液，将符合上述要求的测定结果加以平均，平均值取小数点后第1位。

（二）恩氏黏度测定法

1. 原理

某些食品黏度的测定（如油脂等），是采用特制黏度计进行的。一般常采用恩格拉黏度计进行，是指试样在某温度下从恩氏黏度计流出 200 mL 所需的时间与蒸馏水在20℃从恩氏黏度计流出相同体积所需的时间（即黏度计的水值）之比。这种方法测得的黏度称为条件黏度。

2. 仪器

恩格拉黏度计组成（图3-7），主要包括3个部分，第一部分为双层金属锅加热装置：内层锅装测定用液体，内壁上有 L 形铜钉 3 个，作为液体定量和校正仪器水平用。锅底中心有液体流出孔 1 个。内层锅盖上有两孔，中间孔用长锥体木塞插至流出孔，另一孔为温度计插孔。外层锅是水浴锅，附有搅拌器和自动控制的温度计，底部装有电热器。第二部分是三足支架：安装双层金属锅用。第三部分是 200 mL 专用量筒：承接和定量流出液体用。

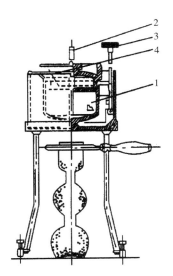

图3-7　恩格拉黏度计

1—内容器　2—封闭杆　3—搅拌器　4—温度计插孔

3. 操作步骤

（1）测定黏度计的水流出时间。用水或乙醇洗净内层锅和量筒，取 20℃ 水注入内层锅中，使水面稍高出 3 个钉头。在外层锅内注入 20℃ 的自来水，通过电热器加热，使内、外锅中的水温稳定在 20℃。经 10 min 后，提动木塞将水面调至与 3 个钉头相平，加盖，置量筒于流出孔正下方。测试时提起木塞，同时开动秒表，待流出的水量达到 200 mL 的刻度时，立即停止秒表，记下流出时间。再复测一次。以双实验差不超过 0.5 s，取其平均值作为水的流出时间（恩格拉黏度计水的流出时间应在（51±1）s 的范围内，否则要进行修理）。

（2）测定试样滤液流出时间。将外层锅中的水加热至 50℃，然后把内层锅中的水放净，倾入热至 50℃ 的滤液，使液面与 3 个钉头相平，加盖。置量筒于流出孔的正下方，待滤液温度到达 50℃ 并稳定 5 min 后，测定滤液流出时间。

4. 结果计算

恩氏黏度计算公式见式（3-10）：

$$恩氏黏度（E_{20}^{t}）= \frac{\tau_{t}}{\tau_{20}} \tag{3-10}$$

式中：τ_{t}——试样在温度 t℃时从黏度计流出 200 mL 所需的时间，s；

τ_{20}——20℃ 水流出的时间，s。

双实验结果允许差为流出时间在 250 s 以下±1 s，251～500 s±3 s，501～1000 s±5 s。求其平均数，即为测定结果。

二、色度和颜色的测定

（一）概述

美食的色、香、味、形四大要素中，色是非常重要的品质特性。色是对食品品质评价的第一印象，它直接影响人们对食品品质优劣、新鲜与否的判断，因而是促进食欲、满足人们美食心理要求的重要条件。液态食品如饮料、矿泉水、啤酒和各种酒类都有其相应的色度、浊度和透明度等感官指标，这些指标是液体的物理特性，同时往往也是决定一些食品质量的关键所在。食品的测色技术分为两大类，一是目测方法，另一种是仪器测定法。

1. 颜色的目测方法

（1）标准色卡对照法。国际上出版的标准色卡，一般都是根据色彩图制定的，常见的有孟塞尔色彩图（munsell book of colors）、522 匀色空间色卡（522UCS，1977 年美国光学会制定）、麦里与鲍尔色典（maerzand paul's dictionary of color）和日本的标准色卡（CC5000）等。用标准色卡与试样比较颜色时，光线非常重要。一般要求采用国际照明协会所规定的标准光源。光线的照射角度也要求为 45°。在比较时，色卡与试样的观察面积不同，也影响判断的正确性，所以要求对试样进行一定的遮挡，避免在阳光直接照射下比较。即使如此，表面有光泽的食品或凹凸不平的食品，如果酱、辣酱之类，比较起来也是相当困难的。目测法在食品上常用的有谷物、淀粉、水果、蔬菜等规格等级的检定。

（2）标准液测定法。标准液测定法主要用来比较液体食品的颜色。标准液多用化学药品溶液制成。例如，调整橘子汁颜色时，采用重铬酸钾溶液作标准色液。在国外，酱油、果汁等液体食品颜色也要求标准化质量管理。除目测法外，在比较标准液时，也可以使用称为比色计的仪器。这种简单的比色计可以大大提高比较的准确性。对于食用油就可以采用威桑比色计（wesson-tintometer）来进行颜色测定。液体食品颜色测定中，常使用一种称为杜博斯科比色计的仪器。其原理是根据朗伯-比耳定律，通过改变标准液的厚度使之与试样液颜色一致，从而求出试样的浓度。鲁滨邦德比色计（lovibond）是使标准白光源发出的光通过一组滤光片，变成不同色光，同试样相比。当改变滤光片组合，使得到的色光与试样颜色一致时，则用这一组滤光片的名称来表示其所代表的颜色。也有用透明颜色胶片做成标准色卡的比较方法。

2. 颜色的仪器测定法

（1）光电管比色计：是以光电管代替目测以减少误差的一种仪器测定方法。这种仪器由彩色滤光片、透过光接受光电管和与光电管连接的电流计组成。该仪器主要用来测定液体试样色的浓度，所以常以无色标准液为基准。

（2）分光光度计：主要用来测定各种波长光线的透过率。其原理是由棱镜或衍射光栅把白光滤成一定波长的单色光，然后测定这种单色光透过液体试样时被吸收的情况。测得的光谱吸收曲线可以取得以下信息：了解液体中吸收特定波长的化合物成分；测定液体浓度；作为颜色的一种尺度，测定某种呈色物质的含量，如叶绿素含量。分光光度计的光源如果使用紫外线或红外线，也可作为了解物质化学构造的手段。

（3）光电反射光度计：又称色彩色差计。这种色彩色差计可以用光电测定的方法，迅速、准确、方便地测出各种试样被测位置的颜色。色彩色差计目前种类很多，有测定大面积的，也有测定小面积的；有测定带光泽表面的，也有测透明液体颜色的。但从结构原理上主要有两种类型：一种为直接刺激值测定法，另一种为分光测定法。直接刺激值测定法，是利用人眼睛对颜色判断的三变数原理，即眼睛中三种感光细胞对色光的三刺激值决定了人对颜色的印象。

分光测定法与直接刺激值测定法的区别是采用了更多光电传感器，作为测光元件，它一般有 40 个传感器。这样就可以把从试样反射的色光进行更精细的分光处理，对每个波长的光测出其反射率，对这些更精细的光信号进行数据记录和积分演算处理。

3. 试样的制作

（1）对于固体食品，测定时要尽量使表面平整。在可能的条件下，最好把表面压平。

（2）对于糊状食品，最好采用适当的方法，使食品中各种成分混合均匀。这样眼睛观察值和仪器测定值就比较一致。例如，对果蔬酱、汤汁、调味汁之类，可以在不使其变质的前提下适当均质处理。

（3）颗粒食品测定时，尽量使颗粒大小一致。为此，可采用过筛或适当破碎其中大块的方法处理。颗粒大小一致可减少测定值的偏差。测定粉末食品时，可以把测定表面压平。

（4）果汁类相当透明液体颜色的测定，应使试样面积大于光照射面积，否则光会散射出去。

（5）当测定透过色光时，应尽量将试样中的悬浮颗粒，用过滤或离心分离的方法除去。

（6）对颜色不均匀的平面或混有颜色不同颗粒的食品，可以使试样在测定时旋转，以达到混色效果。

4. 测定食品颜色的注意事项

（1）凡是液体样品或有透明感的食品，在光照射时，不仅有反射光，还有一部分为透射光。因此，仪器测定值往往与眼睛的判断值之间存在差别。

（2）在测定固体时，往往颜色并不均匀，眼睛的观察往往是总体印象。用仪器测定时，往往只限于被测点的较小面积，所以要注意到仪器测定值和目测颜色印象的差异。

（3）测定颜色的方法不同，或使用仪器不同，都可能造成颜色值的不同。

（二）饮料用水色度的测定

纯洁的水是无色透明的。但一般的天然水中存在有各种溶解物质或不溶于水的黏土类细小悬浮物，使水呈现各种颜色。如含腐殖质或含铁较多的水，常呈黄色；含低铁化合物较高的水呈淡绿蓝色；硫化氢被氧化所析出的硫，能使水呈浅蓝色。水的颜色深浅反映了水质的好坏。有色的水往往是受污染的水，测定结果是以色度来表示的。色度是指被测水样与特别制备的一组有色标准溶液的颜色比较值。洁净的天然水的色度一般在 15~25 度之间，自来水的色度多在 5~10 度。

水的色度有"真色"与"表色"之分。"真色"是指用澄清或离心等法除去悬浮物后的色度，"表色"是指溶于水样中物质的颜色和悬浮物颜色的总称。在分析报告中必须注明测定的是水样的真色还是表色。

1. 铂钴比色法

（1）原理。将水样与已知浓度的标准比色系列进行目视比色以确定水的色度。标准比色系列是用氯铂酸钾和氯化钴试剂配制而成，规定每升水中含 1 mg 铂以（$PtCl_6$）$^{2-}$ 形式存在时所具有的颜色作为一个色度单位，以 1 度表示。

（2）试剂及仪器。

①试剂：

a. 浓盐酸（相对密度 1.19）。

b. 铂-钴标准贮备液：准确称取 1.2456 g K_2PtCl_6，再用具塞称量瓶称取 1.0000 g 干燥的 $CoCl_2 \cdot 6H_2O$，溶于含 100 mL 浓盐酸的蒸馏水中，用蒸馏水定容至 1000 mL。此标准溶液的色度为 500 度（Hasen 值）。

c. 铂-钴标准比色系列：精确吸取 0.00、0.50 mL、1.00 mL、1.50 mL、2.00 mL、2.50 mL、3.00 mL、3.50 mL、4.00 mL、4.50 mL 和 5.00 mL 铂-钴标准贮备液于 11 支 50 mL 具塞比色管中，用蒸馏水稀释至刻度，摇匀，则各管色度依次为 0、5 度、10 度、15 度、20 度、25 度、30 度、35 度、40 度、45 度和 50 度。此标准系列的有效期为 6 个月。

②仪器：感量为 0.0001 g 的分析天平、比色管架、50 mL 具塞无色比色管、5 mL 吸管。

（3）操作步骤。取 50 mL 透明的水样于比色管中，在白色背景下沿轴线方向用目视比色法与标准系列进行比较。如水样色度过高，可取少量水样，用蒸馏水稀释后再比色，然后将测定结果乘以稀释倍数。如水样与标准系列的色调不一致，即为异色，可用文字描述。

（4）结果计算见式（3-11）。

$$C = \frac{V_1}{V_2} \times 500 \qquad (3-11)$$

式中：C——水样的色度，度；

    V_1——铂-钴标准溶液的用量，mL；

    V_2——水样的体积，mL。

2. 铬钴比色法

（1）原理：将重铬酸钾和硫酸钴配制成与天然水黄色色调相同的标准比色系列，用目视比色法测定，单位与铂-钴比色法相同。

（2）试剂及仪器。

①试剂

a. 浓硫酸（相对密度1.84）。

b. 铬-钴标准液：准确称取0.0437 g $K_2Cr_2O_7$ 及1.0000 g $CoSO_4 \cdot 7H_2O$ 溶于少量蒸馏水中，加入浓 H_2SO_4 0.50 mL，然后定容至500 mL，摇匀。此溶液色度为500度（Hasen值）。

c. 稀盐酸溶液：吸取1mL浓盐酸用蒸馏水定容至1000 mL。

d. 铬-钴标准比色系列：准确吸取0.00、0.50 mL、1.00 mL、1.50 mL、2.00 mL、2.50 mL、3.00 mL、3.50 mL、4.00 mL、4.50 mL和5.00 mL铬-钴标准液于11支50 mL具塞比色管中，用稀盐酸溶液稀释至刻度，摇匀，则各管色度依次为0、5度、10度、15度、20度、25度、30度、35度、40度、45度和50度。

②仪器：同铂-钴比色法。

（3）操作步骤：同铂-钴比色法，只是水样管与铬-钴标准比色系列进行比色。

（4）结果计算：同铂-钴比色法。

（5）注意事项。

①铂-钴和铬-钴比色法适用于测定生活饮用水及其水源水的色度测定。浑浊的水样需先离心，然后取上清液测定。

②水样要用清洁的玻璃瓶采集，并尽快进行测定。避免水样在贮存过程中发生生物变化或物理变化而影响水样的颜色。

③水样的颜色通常随pH的升高而增加，因此，在测定水样色度的同时测定水样的pH值，并在分析报告中注明。

④两种方法的精密度和准确度相同。前者为测定水的色度的标准方法，此法操作简便，色度稳定，标准比色系列保存适宜，可长时间使用，但其中所用的氯铂酸钾太贵，大量使用时不经济。后者是以重铬酸钾代替氯铂酸钾，便宜而且易保存，只是标准比色系列保存时间较短。

（三）啤酒色度的测定

1. 原理：将除气后的啤酒注入EBC比色计的比色皿中，与标准EBC色盘比较，目视读数或自动数字显示出啤酒的色度，以EBC色度单位表示。

2. 试剂及仪器

（1）试剂

哈同（Hartong）基准溶液：称取重铬酸钾（$K_2Cr_2O_7$）0.100 g和亚硝酰铁氰化钠（Na_2 [$Fe(CN)_5NO$] $\cdot 2H_2O$）3.500 g，用蒸馏水溶解并定容至1000 mL，贮于棕色瓶中，于暗处放置24 h后再使用。

（2）仪器

EBC 比色计（或使用同等分析效果的仪器）：具有 2.0~27.0 EBC 单位的目视色度盘或自动数据处理与显示装置。

3. 操作步骤

（1）仪器校正：将哈同溶液注入 40 mm 比色皿中，用 EBC 比色计测定。其标准色度应为 15.0 EBC 单位；若使用 25 mm 比色皿，其标准色度应为 9.4 EBC。仪器应每个月校正一次。

（2）样品测定：将除气啤酒注入 25 mm 比色皿中，再放入 EBC 比色计的比色盒中，与标准色盘进行比较，当两者色调一致时，直接读数；或使用自动数字显示色度计，自动显示结果。

4. 结果计算见式（3-12）

$$X = S \times 25 \times n/d \tag{3-12}$$

式中：X——啤酒的色度，EBC；

S——实测色度，EBC；

d——所使用比色皿的厚度，mm；

25——换算成标准比色皿的厚度，mm；.

n——稀释倍数。

5. 注意事项

（1）色度为 2~10 EBC 时，同一样品的两次测定值之差不得大于 0.5 EBC；色度大于 10 EBC 时，稀释样品的平行测定值之差不得大于 1.0 EBC。

（2）测定浓色或黑色啤酒时，需要将啤酒稀释至合适的色度范围（即 2.0~27.0 EBC 范围内），然后将实验结果乘以稀释倍数。

（3）一般淡色啤酒的色度在 5.0~14.0 EBC 范围内；浓色啤酒的色度在 15.0~40.0 EBC 范围内。

三、质构测定

在食品生产过程中，存在着大量与物性量化相关的问题。物理性能是食品重要的品质因素，主要包括硬度、脆性、胶黏性、回复性、弹性、凝胶强度、耐压性、可延伸性及剪切性等，它们在某种程度上可以反映出食品的感官质量。质构仪是使这些食品的感官指标定量化的新型仪器。当样品受到静态或动态力时，伴随产生的压力或形变，质构仪可以精确地测试样品的感官特性，从而来判断其产品是否符合相关的品质规范，或者用这个质地特性来建立品质规范。

质构仪包括主机、专用软件、备用探头及附件。测量部分由操作台、转速控制器、横梁、底座、直流电机和探头组成（图 3-8）。

食品的物理性能都与力的作用有关，故质构仪提供压力、拉力和剪切力作用于样品，配上不同的样品探头，来测试样品的物理性能。根据不同的食品形态和测试要求，选择不同的测样探头。如柱形探头（直径 2.50 mm）常用于测试果蔬的硬度、脆性、弹性等；锥形探头可对黄油及其他黏性食品的黏度和稠度进行测量；模拟牙齿咀嚼食物动作的检测夹钳可以测

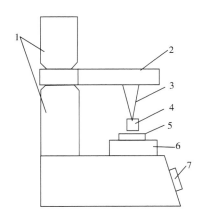

图 3-8　质构仪结构简图

1—升降导轨　2—升降横梁、受力感应器　3—探头杆　4—探头　5—样品　6—样品台　7—控制面板

量肉制品的韧性和嫩度；利用球形探头则可以测量休闲食品（如薯片）的酥脆性；挂钩形的探头可测面条的拉伸性等。测试原理是操作台表面的待测物随操作台一起等速地做上升或下降运动，在与支架上的探头接触以后，把力传给压力传感器，压力传感器再把力信号转换成电信号输出，由放大器进一步把这种微弱的电信号放大成±5V 范围的标准电压信号，然后输出给 A/D 板，A/D 板再把标准电压信号转换成数字信号，输入计算机进行实时监控，储存并用于数据的分析处理。

仪器主要围绕着距离、时间和作用力对试验对象的物性和质构进行测定，并通过对它们相互关系的处理、研究，获得试验对象的物性测试结果。测试前，首先按试验对象的测试要求，选用合适的探头，并根据待测物的形状大小，调整横梁与操作台的间距，然后选择电机转速及操作台的运动方向，当操作台及待测物运动以后，启动计算机程序进行数据采集。

课程思政案例

课程思政案例 2

本章思考题

（1）简述密度瓶法测定样液相对密度的基本原理。试说明密度瓶上的小帽起什么作用？

（2）密度计的表面如果有油污会给密度的测定带来怎样的影响？试用液体的表面张力作用原理进行分析。

（3）简述阿贝折光仪利用反射光测定样液浓度的基本原理，试用其光路图表示之。

（4）简述旋光法测定样液浓度的基本原理。

（5）测定水及样液色度的意义。

（6）毛细管黏度计测定的直接结果为运动黏度，而食品企业经常使用的旋转黏度计测定的直接结果为动力黏度，请思考这是为什么？这两种黏度可否直接换算？

（7）如果您的实验室有质构仪，您能开发它的功能来测定面条的质构特性吗？如能，怎样做呢？

（8）食品的物理性能主要包括哪些方面？举例说明食品物性的量化与食品分析的关系。

第四章　食品营养成分分析

教学目标和要求：

1. 掌握水分、碳水化合物、蛋白质等食品基本营养成分含量的分析检测方法，并能依据规定的标准正确选择合适的分析检测方法，对食品营养标签及安全性进行分析检测。

2. 能够独立地进行食品营养成分分析的检测操作，并利用合理的数据进行误差分析，结合分析实验数据，获得准确的分析结果并给出有效的结论。

3. 通过本章学习使学生能够根据设计方案，采用正确的分析方法，分析食品原料、半成品及成品中食品营养成分，搭建和操作实验装置，安全开展实验，并能够科学采集、整理和分析实验数据。

第一节　水分含量和水分活度的测定

一、概述

（一）水的作用

水是维持动物、植物和人体生存必不可少的物质。在大多数生物体内，水通常占人体质量的70%~80%。水在生物体内具有重要的生理功能，是体内化学作用的介质，大多数生化反应只有在水溶液中才能进行。水是许多有机物和无机物的良好溶剂，水的存在有利于营养素的消化、吸收和代谢。

人体中水分含量约占体重的70%。男性体内含水分较女性多，年轻人较年长者多，新生儿体内所含水量为70%~75%。在人体各组织中，水分的含量也是不同的：分布于骨骼和软骨中的水约占骨总量的10%；脂肪当中的水占脂肪总量的20%~35%；肌肉中水的分布已高达肌肉总量的70%左右；而血液中的血浆里面，除了6%~8%的血浆蛋白，0.1%左右的葡萄糖和0.9%左右的无机盐以外，其余的成分全是水，占血浆总量的91%~92%。成年人每天要消耗大约2500 mL水，然而每天从食物中所得到的水分约为800 mL，每天在体内分解氧化营养物质时产生的代谢水分约400 mL，其余1300 mL水必须通过饮食（包括饮料）来补充。总之，对于生命来说，水不仅是体温的重要调节剂、营养成分和废物的载体，还是一种反应试剂、反应介质、润滑剂、增塑剂和生物大分子构象的稳定剂。

生命离不开水，我们日常所消费的食品也离不开水。水分不仅是食品的重要组成成分，而且食品中的水分含量也影响着食品的感官性状、结构组成比例及储藏的稳定性，不同食品的水分含量如表4-1所示。由于水分含量与食品的加工和储藏有重要关系，所以食品质量标准对一般食品中水分含量都做了严格规定，部分国家标准规定的食品水分含量如表4-2所示。

表4-1　不同种类食品的水分含量

食品种类		水分含量/$(g \cdot 100\ g^{-1})$
肉类	猪肉	53~60
	牛肉	50~70
	鸡肉	74
	鱼类	67~81
水果	浆果、樱桃、梨	80~85
	苹果、桃子、橘子、葡萄柚	85~90
	大黄薯植物、草莓、番茄	90~95
	鳄梨、香蕉	74~80
蔬菜	绿豌豆	74~80
	甜菜、茎椰菜、胡萝卜、马铃薯	80~90
	芦笋、菜豆、卷心菜、花菜、莴笋	90~95

表4-2　部分国家标准规定的食品水分含量

食品名称	水分含量/$(g \cdot 100\ g^{-1})$	食品名称	水分含量/$(g \cdot 100\ g^{-1})$
大米（早籼米）	≤14.0	肉松	≤20
大米（晚籼米）	≤14.5	糖果（硬糖）	≤3
面粉	12~14	糖果（奶糖）	5~9
大豆	13~14	巧克力（纯）	≤1
花生仁	≤8.0~9.0	鸡全蛋粉	≤4.5
油炸方便面	≤10.0	全脂乳粉（一级）	≤2.75
饼干	2.5~4.5	脱脂乳粉（一级）	≤4.5

（二）食品中水的存在形式

水分子是自然界中唯一以3种物理形态广泛存在的物质。食品的形态有固态、半固态和液态，无论是原料、半成品或成品，都含有一定量的水。高水分含量的物料切开后水并不流出，其原因与水的存在形式有关。食品中水的存在形式分别为游离态和结合态两种形式，即游离水和结合水。

游离水（或称自由水、Free Water），是指组织、细胞中容易结冰，也能溶解溶质的这一部分水，其存在于细胞间隙，具有水的一切物理性质即100℃时沸腾、0℃以下结冰，并且容易汽化。游离水是食品的主要分散剂，可以溶解糖、酸和无机盐等，其在烘干时容易汽化，在冷冻时易冻结，故可用简单的热力学方法除去。游离水促使腐蚀食品的微生物繁殖和酶起作用，并加速非酶褐变或脂肪氧化等化学劣变。因为只有游离水才能被细菌、酶和化学反应所触及，所以又称其为有效水分，可用水分活度来进行估量。游离水又可分为不可移动水（或称滞留水、Occluded Water）、毛细管水（Caplillary Water）和自由流动水（Fluid Water）3

种形式。滞留水是被组织中的纤维和亚纤维膜所阻留住的水；毛细管水是指在生物组织的细胞间隙和食品的结构组织中通过毛细管力所系留的水；自由流动水主要指动物的血浆、淋巴和尿液以及植物导管和液泡内的水等。

结合水（或称束缚水、Bound Water），是指存在于溶质或其他非水组分附近的，与食物材料的细胞壁、原生质或蛋白质等通过氢键或配位键结合的水。在食品中大部分结合水是和蛋白质、碳水化合物等物质结合的，例如与蛋白质活性基团（—OH、—NH_2、—COOH、—$CONH_2$）和碳水化合物的活性基团（—OH）以氢键相结合而不能自由运动。根据结合的方式又可分为物理结合水和化学结合水；根据结合水被结合的牢固程度不同，结合水又分为化合水、邻近水和多层水。化合水是结合最牢固的、构成非水物质组成的水，例如作为化学水合物的水，主要的结合力是配位键。邻近水处在非水组分亲水性最强的基团周围第一层位置，与离子或离子集团缔合的水是结合最紧密的邻近水。主要的结合力是水–离子和水–偶极缔合作用，其次是一些具有呈电离或离子状态基团的中性分子与水形成的氢键结合力。多层水是指位于以上所说的第一层的剩余位置的水和邻近水的外层形成的几个水层，主要是靠水–水和水–溶质间氢键结合力。尽管多层水不像邻近水那样结合牢固，但仍然与非水组分结合的紧密，且性质与纯水不相同。

在水分含量高的食品中，游离水可达到总水分含量的90%以上，其与普通水一样。结合水和游离水之间的界限很难定量地区分，只能根据其物理、化学性质做定性区分，主要有以下几点不同：

（1）结合水的量与食品中有机大分子的极性基团数量有一定的比例关系，例如每100 g蛋白质可平均结合水分50 g，每100 g淀粉可结合30~40 g，结合水对食品风味起很大作用，当结合水被强行与食品分离时，食品风味、食品质量就会改变。

（2）结合水的蒸汽压比游离水低得多，因此结合水的沸点高于一般水，100℃下结合水不能从食品中分离。

（3）结合水冰点低于一般水（约–40℃），这种性质使得含有大量游离水的新鲜果蔬在冰冻时，细胞结构容易被冰晶破坏，解冻后组织不同程度地崩溃，而几乎不含游离水的植物种子和微生物孢子却能在很低的温度下保持其生命力。

（4）游离水能为微生物所利用，结合水则不能，也不能用作溶质的溶剂。

（三）水分含量测定的意义

从物理化学方面来看，水在食品中起着分散蛋白质和淀粉等的作用，使它们形成溶胶；从食品化学方面考虑，水对食品的鲜度、硬度、流动性、呈味性、保藏性和加工等方面都具有重要的影响。水分也是微生物繁殖的重要因素；在食品加工过程中，水起着膨润、浸透、呈味物质等方面的作用。水分的测定对食品化学和食品保藏技术有重要意义。

水分是影响食品质量的重要因素，某些食品中的水增减到一定程度时将导致水分和食品中其他组分平衡关系的破坏，产生蛋白质变性、糖和盐的结晶，从而降低食品的复水性、保藏性以及组织形态等。例如鲜面包的水分含量若低于28%，其外观形态干瘪，失去光泽；水果硬糖的水分含量一般控制在3.0%以下，过少则会出现返砂甚至返潮现象；脱水果蔬的非酶褐变可随水分含量的增加而增加。因此，控制水分是保障食品良好口感、形状，维持食品中各组分间平衡关系的重要手段。

控制水分，有助于抑制微生物繁殖，延长保存期。对每种合格食品，对它营养成分表中水分含量都规定了一定的范围，如饼干 2.5%~4.5%，蛋类 73%~75%，乳类 87%~89%，面粉 12%~14% 等。原料中水分含量的高低，与原料的品质和保存密切相关。

水分含量的高低，直接影响到成本核算中物料平衡和企业的经济效益。如酿酒、酱油的原料蒸煮后，水分应控制在多少为最佳；制曲（大曲、小曲）风干后，水分在多少易于保存等。

（四）水分活度

食品中的水随环境条件的变动而变化。如果周围环境的空气干燥，则水从食品向空气蒸发，食品中的水分逐渐减少而干燥；反之，如果环境潮湿，则干燥的食品就会吸湿以至于水增多。这一动态过程最终趋于平衡，此时的水称为平衡水（Equilibrium Moisture）。从食品保藏的角度出发，食品的水分含量不用绝对含量（g/100 g 或 g/kg 等），而用水分活度（Water-Activity，A_w）表示。水分活度（A_w）定义为食品在密闭容器内测得的水蒸气压力（P）与同温度下测得的纯水蒸气压力（P_0）之比，如式（4-1）所示，即

$$A_w = \frac{P}{P_0} = \frac{ERH}{100} \tag{4-1}$$

式中：P——食品中水蒸气分压，Pa；

P_0——纯水的蒸气压，Pa；

ERH——平衡相对湿度。

水分是微生物生长活动所必需的物质，一般来说，食品的水分含量越高越易腐败，但严格地讲微生物生长并不取决于食品水分总量，而是它的有效成分水分活度。A_w 反应食品与水的亲和能力，它表示食品中所含的水作为微生物化学反应和微生物生长的可用价值，即反映水分与食品的结合程度或者游离程度。其 A_w 值越小，说明结合程度越高；其 A_w 值越大，说明结合程度越低。

同一食品，水分含量越高其 A_w 值越大，其关系可以通过水的吸附等温线（Moisture Sorption Isotherms，MSI）来确定。吸附等温线是指在恒定温度下，以食品的水分含量（用每单位干物质质量中水的质量表示）对它的水分活度绘图形成的曲线（图 4-1）。多数食品的水分吸附等温线呈 S 型，而水果、糖制品、含有大量糖等其他可溶性小分子的咖啡提取物

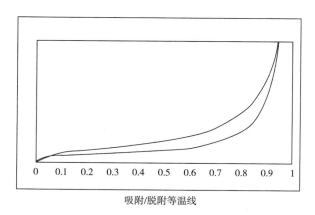

吸附/脱附等温线

图 4-1　同一食品的水分吸附等温线

以及多聚物含量不高的食品的等温线为 J 型。一般来说，水分吸附等温线可以分成 3 个区，3 个区之间的区别如表 4-3 所示。但是不同食品即使水分含量相同其 A_w 也往往不同。例如金黄色葡萄球菌生长要求的最低水分活度为 0.86，而与这个水分活度相当的水分含量则随不同的食品而异，如干牛肉为 23%、乳粉为 16%、干燥肉汁为 63%。所以按水分含量难以判断食品的保存性，测定和控制水分活度，对于掌握食品品质的稳定与保藏具有重要意义。

表 4-3　吸附等温线的分区

区	I	II	III
水分活度	0~0.25	0.25~0.85	>0.85
含水量/%	0~7	7~27.5	>27.5
冻结能力	不能冻结	不能冻结	正常
溶剂能力	无	轻微-适度	正常
水分状态	化合水和邻近水	多层水	毛细管水或自由流动水
微生物利用	不可利用	开始可以利用	可利用

水分活度影响着食品的色、香、味和组织结构等品质。食品中的各种化学、生物化学变化对水分活度都有一定的要求。例如，酶促褐变反应对于食品的质量有着重要影响，它是由于酚氧化酶催化酚类物质形成黑色素引起的。随着水分活度的减少，酚氧化酶的活性逐步降低。同样，食品内绝大多数酶，如淀粉酶、过氧化物酶等，在水分活度低于 0.85 的环境中，催化活性明显减弱，但酯酶除外，它在 A_w 为 0.3 甚至 0.1 时仍可保留活性；非酶褐变即美拉德反应也与水分活度有着密切的关系，当水分活度为 0.6~0.7 时，反应达到最大值；维生素 B_1 的降解在中高水分活度下也表现出最高的反应速度。另外，水分活度对脂肪的非酶氧化反应也有较复杂的影响。

水分活度影响着食品的保藏稳定性。微生物的生长繁殖是导致食品腐败变质的重要因素，而它们的生长繁殖与水分活度有着密不可分的关系。在各类微生物中，酵母菌生长繁殖的 A_w 阈值是 0.87、耐盐细菌是 0.75、耐干燥霉菌是 0.65，大多数微生物当 $A_w > 0.60$ 时就能生长繁殖。在食品中，微生物赖以生存的水分主要是自由水，食品内自由水含量越高，水分活度越大，食品更容易受微生物的污染，保藏稳定性也就越差。

二、食品中水分的测定

食品中水分含量测定的方法通常分为直接测定法和间接测定法。直接测定法是指利用水本身的物理性质和化学性质测定水分含量的方法，例如干燥法、蒸馏法和化学反应法（卡尔·费休法）。间接测定法是指利用食品的密度、折射率、电导率、介电常数等物理性质间接测定水分含量的方法。

直接测定法精确度高、重复性好，但费时较多且主要靠人工操作，劳动强度大；间接测定法的准确度比直接测定法低，且常要进行校正，但测定速度快，能自动连续测量，可用于食品生成过程中水分含量的自动控制。水分含量的测定方法应根据食品性质和测定目的进行合理选择。

（一）干燥法

利用水受热汽化或在相对湿度很低的情况下，水可以在物料间转移（质传递）的性质，将样品进行干燥以测定水分含量（GB/T 5009.3—2016）的方法称为干燥法。干燥法有加热干燥法和干燥剂干燥法两类。而根据加热方式和设备不同，加热干燥法又分为直接干燥法（常压干燥法）、减压干燥法、微波干燥法、红外干燥法、卤素干燥法等。

1. 直接干燥法

（1）原理。利用食品中水分的物理性质，在101.3 kPa（一个大气压），温度101～105℃下采用挥发方法测定样品中干燥减失的重量，包括吸湿水、部分结晶水和该条件下能挥发的物质，再通过干燥前后的称量数值计算出水分的含量。

105℃直接干燥法（烘箱法）适用于测定在101～105℃下，不含或含其他挥发性物质甚微的食品，如谷物及其制品、淀粉及其制品、调味品、水产品、豆制品、乳制品、肉制品等水分测定；而130℃直接干燥法适用于谷类作物种子水分的测定。

（2）试剂及仪器

①试剂。

a. 6 mol/L盐酸：量取100 mL浓盐酸，加水稀释至200 mL制得。

b. 6 mol/L氢氧化钠：称取24 g氢氧化钠，加水溶解并稀释至100 mL。

c. 海砂：取用水洗去泥土的海砂或河砂，先用6 mol/L盐酸煮沸0.5 h，用水洗至中性，再用6 mol/L氢氧化钠溶液煮沸0.5 h，用水洗至中性，经105℃干燥备用。

②仪器。

a. 电热鼓风干燥箱（图4-2）：常压干燥箱与大气相通，为保证干燥室内的温度均匀，一般采用强制通风形成。其加热组件都为电阻丝，而快速水分测定方法则采用微波、红外或卤素灯加热法。

图4-2　电热鼓风干燥箱

b. 分析天平（图4-3）：一般采用万分之一天平，精确到0.0001 g，有时有些方法只要求精确至0.001 g。

c. 带盖称量器皿（图4-4）：称量皿有铝质称量盒或玻璃称量瓶两种。铝质称量盒质量轻，导热性强，但对酸性食品不适宜，常用于减压干燥法；而玻璃称量瓶能耐酸碱，不受样

图 4-3 分析天平

品性质的限制，故常用于直接干燥法。称量皿的选择要以样品平铺后厚度不超过皿高的 1/3 为宜，一般原则为：固体和少量液体样品选择 4~5 cm；多量液体样品选择 6.5~9.0cm；水产品样品选 9 cm。对于组织疏松体积较大的试样，可自制铝箔杯作为干燥器皿。

铝质称量盒   玻璃称量瓶

图 4-4 带盖称量器皿

d. 干燥器（图4-5）：需加入无水变色硅胶做干燥剂。主要有普通干燥器和真空干燥器两种，真空干燥器主要用于长时间存放对空气敏感的样品。

图 4-5 干燥器

（3）操作步骤。

①样品要求。直接干燥法是最基本的水分含量测定方法，其适用于多数食品样品，但此法的应用必须符合以下3项条件：

a. 水是唯一的挥发物质。其他挥发性成分含量非常少，对结果影响可以忽略。

b. 水分容易排除完全。即含胶态物质、含结合水量少。因为常压很难把结合水除去，只能用减压干燥除去。

c. 在加热过程中食品中其他组分理化性质稳定，由于发生化学反应而引起的重量变化可以忽略不计。

②样品预处理。

a. 固体样品：必须磨碎过筛。谷类样品过18目筛，其他食品过30~40目筛。样品颗粒过大，内部水扩散慢，不易干燥；过小，则容易受空气搅动而飞出容器。

b. 液态样品：先在水浴上浓缩，然后用烘箱干燥。

c. 浓稠样品（如糖浆、甜炼乳等）：为防止物理栅的出现，一般要加水稀释，或加入干燥助剂（如海砂或石英砂等）增加样品表面积。糖浆稀释液的固形物含量应控制在20%~30%，一般3 g样品加入海砂20~30 g。

d. 水分含量大于16%的谷类食品（如面包、馒头等）：一般采用两步干燥法即先在低温下干燥，后在较高温度下干燥。具体步骤如下：先将样品称重后，切成2~3 mm的薄片，在自然条件下风干（60℃以下，15~20 h），再次称重后磨碎、过筛，再放入洁净干燥的称量瓶中，干燥恒重。两步干燥法的分析结果准确度较高，但费时更长。

e. 果蔬类样品：可切成薄片和长条，按上述方法进行两步干燥或先50~60℃低温烘3~4 h，再升温至101~105℃，继续干燥至恒重。

③样品质量。样品干燥后的残留物一般控制在2~4 g。固体、半固体样品称2~10 g，液体样品称10~20 g。

④干燥条件。

温度：一般是101~105℃；对含还原糖较多的食品应先50~60℃干燥后再105℃加热。对热稳定的谷物可用120~130℃干燥。

时间：以干燥至恒重为准。一般105℃烘箱法，干燥时间为4~5 h；130℃烘箱法，干燥时间为1 h。

⑤样品测定。

样品瓶处理：取洁净的铝制或玻璃称量瓶，置101~105℃干燥箱中，瓶盖斜支于瓶边，干燥1 h，取出称量瓶及瓶盖，放入干燥器内冷却0.5 h后称重，重复干燥直至前后2次质量差不超过2 mg即为恒重。

固体样品：取处理好的样品放入玻璃称量瓶中，置101~105℃干燥箱中，瓶盖斜支于瓶边，干燥2~4 h，盖好取出放入干燥器内冷却0.5 h后称重，再重复干燥1 h，取出放入干燥器内冷却0.5 h后称重，重复干燥直至前后2次质量差不超过2 mg即为恒重。

半固体或液态样品：取洁净的称量瓶，内加10 g海砂及一根小玻璃棒，置于101~105℃干燥箱中干燥1 h后取出，放入干燥器内冷却0.5 h后称量，并重复干燥至恒重。然后准确称取5~10 g样品放入称量瓶中，用小玻璃棒搅匀放在沸水浴上蒸干，并随时搅拌，擦干皿底的水滴后，置于 101~105℃ 干燥箱中干燥 4 h 后盖好取出，放入干燥器内冷却 0.5 h 后称重。再重复干燥 1 h 直至恒重。

（4）结果计算见式（4-2）。

$$x = \frac{m_1 - m_2}{m_1 - m_0} \times 100 \tag{4-2}$$

式中：x——样品中水分含量，g/100 g；

$\quad m_0$——称量瓶（加海砂、玻璃棒）的质量，g；

$\quad m_1$——称量瓶（加海砂、玻璃棒）和样品干燥前的质量，g；

$\quad m_2$——称量瓶（加海砂、玻璃棒）和样品干燥后的质量，g。

两步干燥法按式（4-3）计算：

$$X = \frac{m_3 - m_4 + m_4 x}{m_3} \times 100 \tag{4-3}$$

式中：X——样品中水分含量，g/100 g；

$\quad m_3$——新鲜样品质量，g；

$\quad m_4$——风干样品质量，g；

$\quad x$——风干样品的水分含量，g；按式（4-2）计算得到。

水分含量≥1 g/100 g 时，计算结果保留 3 位有效数字；水分含量<1 g/100 g 时，计算结果保留两位有效数字。

（5）注意事项。

①烘干过程中，样品表面出现物理栅，可阻碍水从食品内部向外扩散。如干燥糖浆、富含糖分的水果、蔬菜等在样品表层结成薄膜，水不能扩散，测定结果出现负误差。一般可加水稀释或加入干燥助剂，增加蒸发面积，提高干燥效率，减少误差。

②糖类（特别果糖）对热不稳定，当温度高于 70℃ 会发生氧化分解，产生水和其他挥发性物质。因此对蜂蜜、果酱、水果及其制品等，采用直接干燥法测定结果出现负误差时可采用减压干燥法，在较低温度下进行测定。

③样品水分含量高，干燥温度也较高时，样品可能发生化学反应，这些变化会使水损失，如淀粉的糊化、水解作用等。可采用红外干燥法或两步干燥法测定其水分含量。

④样品中还有除水以外的其他易挥发物（如乙醇、醋酸等）时将影响测定。

⑤样品中有双键或其他易于氧化的基团（如不饱和脂肪酸、酚类等）会使残留物增重，测定结果出现负误差。

⑥本方法不适用于胶体或半胶体状态的食品，因其水分不易排出完全，可采用减压干燥法测定水分含量。

2. 减压干燥法

（1）原理。利用食品中水分的物理性质，在达到 40~53 kPa 压力后加热至（60±5）℃，采用减压烘干方法去除试样中的水分，再通过烘干前后的称量数值计算出水分的含量。

减压干燥法适用于在较高温度下易热分解、变质或不易除去结合水的食品，如淀粉制品、罐头、糖浆、味精、麦乳精、高脂肪食品、果蔬及其制品等食品中的水分含量测定。

（2）仪器。真空干燥箱（带真空泵、干燥瓶、安全瓶，图 4-6）。

图4-6　真空干燥箱

（3）操作步骤。

①样品要求：水是唯一的挥发物质。

②干燥条件：减压干燥法一般选择的压力为 40~53 kPa，温度为（60±5）℃。实际应用时根据样品性质及干燥箱耐压能力不同而调整压力和温度，如 AOAC 法中的干燥条件为：咖啡 3.3 kPa 和 98~100℃；乳粉 3.3 kPa 和 70℃；坚果和坚果制品 3.3 kPa 和 95~100℃；糖和蜂蜜 6.7 kPa 和 60℃。

③样品测定：粉末和结晶样品直接称取，固态样品需磨碎后过筛，液体样品搅拌均匀。取已恒重的称量瓶准确称取 2.0000~10.0000 g 试样，放入连接真空泵或水泵的真空干燥箱内。抽出向内空气至所需压力 40~53 kPa，同时加热至所需温度（60±5）℃。关闭真空或水泵上的活塞，停止抽气，使干燥箱内保持一定的温度和压力。经 4 h 后，打开活塞，使空气经干燥装置缓缓通入干燥箱内，待压力恢复正常后再打开。取出称量瓶，放入干燥器中 0.5 h 后称量，并重复以上操作至恒重。

（4）结果计算。公式同直接干燥法式（4-2）。

（5）注意事项。

①减压干燥时，自干燥箱内部压力降至规定真空度时起计算干燥时间，一般烘干时间为 2 h，但有的样品需 5 h，恒重一般以减量不超过 0.5 mg 时为准，但对受热后易分解的样品则以减量不超过 1~3 mg 为准。

②真空条件下热传导不好，称量瓶应直接放在金属架上以确保良好的热传导。

3. 微波干燥法

微波干燥法适用于多种食品样品的干燥。微波是指频率范围为 $10^3 ~ 3×10^5$ MHz 的电磁波，微波能够深入到物料的内部引起物质分子偶极子的摆动而产生热效应，而不是只靠物料本身的热传导，因此具有干燥速度快、干燥时间短的特点，同时微波加热比较均匀，可避免一般加热过程中所出现的表面硬化和内部干燥不均的现象。当微波通过含水试样时，由于水分引起的能量损耗远大于干物质引起的损耗，所以通过测定微波的能量损耗就可以求出样品水分含量。而且由于食品中干物质吸收微波少，温度低且加热时间短，因此能保持食品的色、香、味。微波干燥法主要采用微波水分测定仪（图4-7）。

微波水分测定仪是利用微波穿透法实现水分监测的。当微波通过含水物料和干燥物料时，微波在传播方向上的传播速度和强度会发生不同的变化，含水物料会使微波的传播速度变慢，强度减弱。微波水分仪测量原理就是通过检测在穿过物料后微波的这两种物理性质变化来计

图 4-7　微波水分测定仪

算物料中的水分含量。微波信号由传送带下方的天线发射，穿越物料后，由 C 型架上方对应的天线接收。通过精确地分析穿越物料后的微波信号，推导出物料中水的质量分数，将结果实时输出，并显示在液晶屏界面上。

4. 红外干燥法

红外干燥法适用于水分的快速测定，一般测定时间为 10~30 min。红外线是位于光谱中红色光线以外，肉眼看不见，但具有强大热能的辐射线。红外干燥法主要是利用红外线灯管作为加热源，利用红外线的辐射热和直射热加热样品，能高效地使水分蒸发，再根据干燥后减量测定水分含量。红外线干燥法主要采用红外水分测定仪（图 4-8）。

图 4-8　红外水分测定仪

红外水分测定仪采用热解重量原理设计，是一种新型快速水分检测仪器。主要由红外线灯管和盘式天平组成。水分测定仪在测量样品重量的同时，红外加热单元和水分蒸发通道快速干燥样品，在干燥过程中，水分仪持续测量并即时显示样品丢失的水分含量。干燥程序完成后，最终测定的水分含量值被锁定显示。与传统的烘箱加热法相比，红外加热可在最短时间内达到最大加热功率，在高温下样品快速被干燥，大大加快了测量时间。该仪器操作简单，测试准确。显示部分示值清晰可见，分别可显示水分值、样品初值、终值、测定时间、温度初值、最终值等数据，并具有与计算机、打印机连接功能。一般通过调节灯管高度或增减灯管电压来决定干燥时间。

5. 卤素干燥法

卤素干燥法是一种新的测定方法，也用于水分的快速测定，一般测定时间为 3~5 min。卤素干燥法主要是利用环状的卤素灯作为加热源，高效地使水分蒸发，再根据干燥后减量测定水分含量。卤素干燥法主要采用卤素水分测定仪（图4-9）。

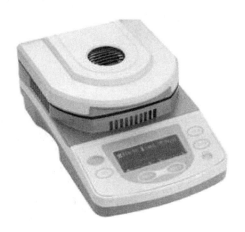

图4-9 卤素水分测定仪

卤素水分测定仪采用热解重量原理设计，是一种新型快速食品水分检测仪器。卤素水分测定仪在测量样品重量的同时，采用环形管卤素加热方式，快速干燥样品。在干燥过程中，水分仪持续测量并即时显示样品丢失的水分含量，干燥程序完成后，最终测定的水分含量值被锁定显示。与烘箱加热法相比，卤素加热可以在高温下将样品均匀地快速干燥，样品表面不易受损，其检测结果与烘箱法具有良好的一致性，具有可替代性，且检测效率远远高于烘箱法。一般样品只需几分钟即可完成测定。

6. 干燥剂干燥法（也称化学干燥法）

干燥剂干燥法是指在室温常压或减压条件下利用干燥剂吸收样品中扩散出来的水直至达到平衡状态即恒重。这种方法在室温进行，花费时间较长，需要数天至数月，但简便，比较实用，多用于样品保存。常用的干燥剂有浓硫酸、氢氧化钠、硅胶、活性氧化铝、无水氯化钙、五氧化二磷等。最常使用的是变色硅胶，干燥状态时呈蓝色，吸湿后变为红色至无色，干燥后又显蓝色，但干燥后的硅胶吸湿速度明显加快。该法适用于对热不稳定的样品及含有易挥发组分的样品（如茶叶、香料等）水分含量测定。

（二）蒸馏法

蒸馏法出现在 20 世纪初，是利用液体混合物中各组分挥发度的不同而分离为纯组分的方法。蒸馏法分为常压蒸馏、水蒸气蒸馏、扫集共蒸馏、加压蒸馏和分馏。

1. 原理

基于两种互不相溶的液体二元体系的沸点低于各组分沸点这一基本原理，把不溶于水的有机溶剂和试样共同放入蒸馏式水分测定装置中加热蒸馏，试样中的水分与溶剂蒸汽一起蒸发，冷凝并收集馏出液于标有刻度的接收管中，由于密度不同，馏出液中有机溶剂和水分层。根据馏出液中水的体积计算水分含量。

　　干燥法是以样品干燥后减少的质量为依据，而蒸馏法是以蒸馏收集到的水的体积为准，避免了挥发性物质减少的质量和脂肪氧化对水分测定造成的误差。因此本法适用于测定含较多挥发性物质的食品，如果蔬、油脂、香辛料、发酵食品等，特别是香料，蒸馏法是唯一、公认的方法。AOAC 规定该法用于饲料、啤酒花、调味品的水分测定。

　　2. 试剂及仪器

　　（1）试剂。蒸馏法可使用的有机溶剂种类很多，常用的有苯、甲苯、二甲苯、四氯化碳、四氯乙烯等（表4-4）。样品的性质是选择溶剂的重要依据，使用时要根据样品性质和要求选用，同时还应考虑有机溶剂的物理化学特性如湿润性、热传导性、化学惰性、可燃性等因素。对热不稳定的食品，一般不用二甲苯，因为其沸点高，常选用低沸点的苯、甲苯或甲苯-二甲苯的混合液；对一些含糖可分解产生水的样品如脱水洋葱和脱水大蒜，宜选用苯作溶剂；测定奶酪可用正戊醇-二甲苯（1:1）混合液。

表 4-4　蒸馏法常用有机溶剂性质

有机溶剂	沸点/℃	密度/（g·cm$^{2^{-1}}$ 25℃）	共沸化合物		水在有溶剂中溶解度/（g·kg^{-1}）	有机溶剂在水中溶解度/（g·kg^{-1}）	适用范围
			沸点/℃	水占比例/%			
苯	80.2	0.879	69.25	8.8	0.06	0.08	谷类、油脂、蛋白质、糖类、糖浆等
甲苯	110	0.866	84.1	19.6	0.05	0.06	谷类及加工品、食品、油脂、糖类、果酱等
二甲苯	140	0.864	94.5	40.0	0.04	0.05	食品、油脂、肉类、糖类、糖浆等
庚烷	98.5	0.683	80.0	12.9	0.015	0.01	油料种子、油脂等
四氯化碳	120.8	1.627	88.5	17.2	0.03	0.01	谷类及加工品、食品、油脂等

　　使用前将 2~3 mL 水加到 150 mL 有机试剂里，按水分测定方法操作蒸馏除去水分，残留溶剂备用。

　　（2）仪器。水分测定蒸馏装置如图 4-10 所示，分为蒸馏瓶、接收管和冷凝管。

　　3. 操作步骤

　　准确称取适量试样（使最终蒸出的水为 2~5 mL）放入 250 mL 蒸馏瓶中，加入最新蒸馏的甲苯（或二甲苯）75 mL，连接冷凝管与水分接收管，从冷凝管顶端注入甲苯，装满水分接收管。加热慢慢蒸馏，使每秒钟的馏出液为 2 滴，待大部分水分蒸出后，加速蒸馏约每秒钟 4 滴，当水分全部蒸出后，接收管内的水分体积不再增加时，从冷凝管顶端加入甲苯冲洗。如冷凝管壁附有水滴，可用附有小橡皮头的铜丝擦下，再蒸馏片刻至接收管上部分及冷凝管无水滴附着，接收管水平面保持 10 min 不变为蒸馏终点，读取接收管水层的容积。

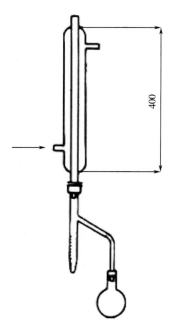

图 4-10　水分测定蒸馏装置

4. 结果计算见式（4-4）

$$X = \frac{V}{m} \times 100 \qquad (4-4)$$

式中：X——样品中水分含量，mL/100 g；

V——接收管内水的体积，mL；

m——样品质量，g。

计算结果保留 3 位有效数字。

5. 注意事项

（1）蒸馏法产生结果误差的原因主要有：样品中水没有完全挥发出来，水分附集在冷凝管、蒸馏瓶及连接管内壁，水溶解在有机溶剂中，水与有机溶剂发生乳化现象，分层不明显。

（2）直接加热时应使用石棉网，最初蒸馏速度应缓慢，以每秒钟从冷凝管滴下 2~3 滴为宜，待接收管内的水增加不明显时加速蒸馏，每秒钟 4~5 滴。没有水分馏出时，设法使附着在冷凝管和接收管上部的水落入接收管中，再继续蒸馏片刻。蒸馏结束，取下接收管，冷到 25℃，读取接收管水层的容积。

（3）对富含糖分或蛋白质的黏性样品，应将样品分散涂布于硅藻土上或用蜡纸包裹；对热不稳定的食品，除选用低沸点的溶剂外，也可分散涂布于硅藻土上。

（4）为防止水分附集于内壁，应充分清洗仪器。

（5）为防止出现乳浊液，可加少量戊醇或异丁醇。

（三）化学反应法（卡尔·费休法）

卡尔·费休法是一种快速、准确测定水分的滴定分析方法，被广泛应用于多个领域。在食品分析中，凡是用常压干燥法会得到异常结果的样品或是以减压干燥法测定的样品，都可用本法进行测定。本法适用于脱水果蔬、糖果、巧克力、油脂、乳粉、炼乳及香料等测定。

1. 原理

食品中的水分可与卡尔·费休试剂（简称 KF 试剂）中 I_2 和 SO_2 发生氧化还原反应：

$$2H_2O+I_2+SO_2 \longrightarrow 2HI+H_2SO_4$$

该氧化还原反应是可逆的，当硫酸浓度达到 0.05% 以上时，即发生逆反应。要使反应向正方向进行，需加入适当的碱性物质以中和反应过程生成的酸。实验证明，在体系中加入吡啶，反应会正向顺利进行。但生成的硫酸酐吡啶不稳定，能与水发生反应，消耗一部分水而干扰测定，为了使它稳定可加入甲醇。

$$I_2+SO_2+3C_5H_5N+H_2O \longrightarrow 2C_5H_5N \cdot HI+C_5H_5N \cdot SO_3$$

$$C_5H_5N \cdot SO_3+CH_3OH \longrightarrow C_5H_5NHSO_4CH_3$$

总的反应式为：

$$H_2O+I_2+SO_2+3C_5H_5N+CH_3OH \longrightarrow 2C_5H_5N \cdot HI+C_5H_5NHSO_4CH_3$$

卡尔·费休水分测定法又分为库仑法和容量法。库仑法测定的碘是通过化学反应产生的，只要电解液中存在水，所产生的碘就会和水以 1：1 的关系按照化学反应式进行反应。当所有的水都参与了化学反应，过量的碘就会在电极的阳极区域形成，反应终止。容量法测定的碘是作为滴定剂加入的，滴定剂中碘的浓度是已知的，根据消耗滴定剂的体积，计算消耗碘的量，从而计量出被测物质水的含量。

2. 试剂与仪器

（1）试剂。

①无水甲醇：要求其含水量在 0.05% 以下。无水甲醇的脱水方法：用 3A 分子筛脱水，分子筛干燥后可再次使用；量取甲醇 200 mL，置于干燥烧瓶中，加表面光洁的镁条 15 g，碘 0.5 g，加热回流至金属镁开始转变为白色絮状的甲醇镁时，再加入甲醇 800 mL，继续回流至镁条溶解。分馏，收集 64~65℃ 的馏分，用干燥的吸滤瓶作接收器。冷凝管顶端和接收器支管上要装置无水氯化钙干燥管。

②无水吡啶：其含水量应控制在 0.1% 以下。脱水方法：去吡啶 200 mL，置于烧瓶中，加苯 40 mL，加热蒸馏，收集 110~116℃ 馏出的吡啶。

③碘：将碘置于硫酸干燥器内放置 48 h 以上。

④卡尔·费休试剂由碘、二氧化硫和吡啶组成，三者比例分别为 1：3：10，新配置的卡尔·费休试剂不太稳定，混匀后需放置一段时间后再用，且每次用前均需标定。配置方法：取无水吡啶 133 mL，碘 42.33 g，置于具塞烧瓶中，注意冷却。摇动烧瓶至碘全部溶解，再加无水甲醇 333 mL，称重。待烧瓶充分冷却后，通入干燥的二氧化硫至质量增加 32 g，然后，加塞、摇匀。在暗处放置 24 h 后再标定。

（2）仪器。卡尔·费休水分测定仪如图 4-11 所示，主要包括反应瓶、自动注入式滴定管、磁力搅拌器、氮气瓶以及电位测定装置等。

3. 操作步骤

（1）卡尔·费休试剂的标定（容量法）。在反应瓶中加一定体积（浸没铂电极）的甲醇，在搅拌下用卡尔·费休试剂滴定至终点。加入 10 mg 水（精确至 0.0001 g），滴定至终点并记录卡尔·费休试剂的用量（V）。

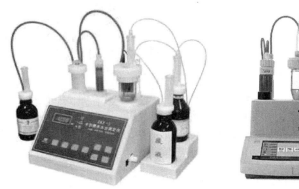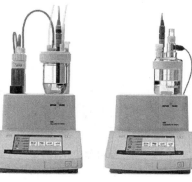

图 4-11　卡尔·费休水分测定仪

（2）试样前处理。可粉碎的固体试样要尽量粉碎，使之均匀。以 40 目为宜，最好用粉碎机而不用研磨，防止水损失。不易粉碎的试样可切碎。

（3）试样中水分测定。于反应瓶中加一定体积甲醇或卡尔·费休测定仪中规定的溶剂浸没铂电极，迅速将易溶于上述溶剂的试样直接加入滴定杯中，在搅拌下用卡尔·费休试剂滴定至终点。对于不易溶解的试样，应采用对滴定杯加热或加入已测定水分的其他溶剂辅助溶解后用卡尔·费休试剂滴定至终点。建议采用库仑法测定试样中含水量应大于 10 μg，容量法应大于 100 μg。对于某些需要较长时间滴定的试样，需要扣除其漂移量。

（4）漂移量的测定。在滴定杯中加入与测定样品一致的溶剂，并滴定至终点，放置不少于 10 min 后再滴定至终点，两次滴定之间单位时间内的体积变化即为漂移值。

4. 结果计算见式（4-5）

$$T = \frac{M}{V} \tag{4-5}$$

式中：T——卡尔·费休试剂的滴定度，mg/mL；

　　　M——水的质量，mg；

　　　V——滴定水消耗的卡尔·费休试剂的用量，mL。

固体试样中水分含量按式（4-6），液体试样中水分含量按式（4-7）进行计算。

$$X = \frac{(V_1 - D \times t) \times T}{M} \times 100 \tag{4-6}$$

$$X = \frac{(V_1 - D \times t) \times T}{V_2 \rho} \times 100 \tag{4-7}$$

式中：X——试样中水分含量，g/100 g；

　　　V_1——滴定样品时消耗的卡尔·费休试剂用量，mL；

　　　T——卡尔·费休试剂的滴定度，mg/mL；

　　　M——样品质量，mg；

　　　V_2——液体样品体积，mL；

　　　D——漂移量，mL/min；

　　　t——滴定时所消耗的时间，min；

ρ——液体样品的密度，g/mL。

水分含量≥1 g/100 g时，计算结果保留3位有效数字；水分含量<1 g/100 g时，计算结果保留两位有效数字。

5. 注意事项

（1）此法不仅可测得样品中的自由水，而且可测得结合水，即此法测得结果更客观地反映出样品中总水含量。

（2）卡尔·费休试剂的标定还可采用稳定的水合盐进行标定，如酒石酸钠二水合物，其理论含水量为15.66%。

（3）滴定终点可用试剂碘本身作为指示剂，试剂中有水存在时，呈淡黄色，接近终点时呈琥珀色，当刚出现微弱的黄棕色时，即为滴定终点，棕色表示有过量的碘存在。容量分析适用于含有1%或更多水的样品，如测微量水或测深色样品时，常用库仑滴定"永停法"确定终点。

（4）含有强还原性物质，包括维生素C的样品不能测定；样品中含有酮、醛类物质时，会与试剂发生缩酮、缩醛反应，必须采用专用的醛酮类试剂测试。对于部分在甲醇中不溶解的样品，需要另寻合适的溶剂溶解后检测，或者采用卡式加热炉将水汽化后测定。

（四）其他测定方法

1. 气相色谱法

气相色谱法也是一种测定食品中水分含量的快速方法。主要步骤为准确称取一定量的样品与一定量的极性溶剂如无水甲醇、乙醇或异丙醇等，置于超声波研磨机中均质，抽提水分；将抽提物用气相色谱仪分离并根据外标法或内标法确定样品中的水分含量。此法灵敏度高，样品用量少，准确度与法定方法接近。与法定法相比环境污染小，测定速度快，一个样品5~10 min内可完成。

2. 红外吸收光谱法

红外线是指0.75~1000 μm波长的光，可分为近红外、中红外和远红外。水分子对3个区域的光波均具有选择吸收作用。根据水分对某一波长的红外光吸收强度与其在样品中的含量存在一定的关系，建立了水分的红外光谱测定方法。

日本、美国和加拿大等国已将近红外吸收光谱用于谷物、咖啡、核桃、花生、肉制品（如肉馅、腊肉等）、巧克力酱、牛乳、马铃薯等样品的水分测定；中红外法已应用于面粉、脱脂乳粉及面包中水分测定；远红外法可测出样品中大约0.05%的水分含量。红外光谱法准确、快速、方便，应用前景广阔。

3. 低场核磁共振波谱法

核磁共振理论研究发现，不同物质的弛豫时间差别很大，同一物质处于不同相态，弛豫时间也有差别。测定水分的低场核磁共振波谱法就是利用不同相态（游离水和结合水）的水，弛豫时间不同而定性或定量测定其水分含量的方法。目前在食品领域主要用于水分相态及分布、食品中水分的迁移规律等研究，例如，利用低场核磁法对虾4℃贮藏过程中水分迁移和品质检测进行研究（图4-12）。需要使用的仪器为低场核磁共振波谱仪（图4-13）。低场核磁共振技术是一种快速无损的检测技术，它具有测试速度快、灵敏度高、无损、绿色等优点，应用前景广阔。

图 4-12　低场核磁共振波谱仪

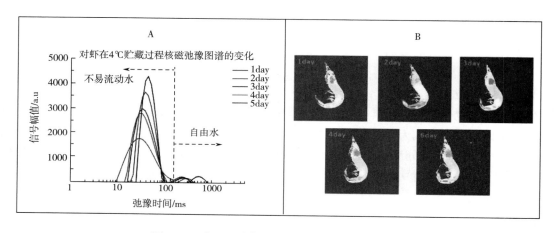

图 4-13　虾 4℃贮藏过程中水分迁移和品质检测

三、食品中水分活度的测定

食品中水分活度测定方法很多，主要有蒸压力法、电湿度法、溶剂萃取法、扩散法、水分活度测定仪法和近似计算法等。以下主要介绍水分活度仪扩散法和康威氏皿扩散法（GB 5009.238—2016 食品水分活度的测定）。水分活度仪扩散法适用食品水分活度的范围为 0.60～0.90，康威氏皿扩散法为 0.00～0.98。

（一）水分活度仪扩散法

1. 原理

在密闭、恒温的水分活度仪测量舱内，试样中的水分扩散平衡。此时水分活度仪测量舱内的传感器或数字化探头显示出的响应值（相对湿度对应的数值）即为样品的水分活度（A_w）。在样品测定前需校正水分活度仪。

2. 试剂及仪器

（1）试剂：氯化钡饱和溶液。

（2）仪器：水分活度仪（图4-14）、电热恒温箱等。

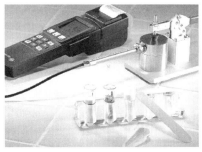

实验室用便携式

图4-14　水分活度仪

3. 操作步骤

将两张滤纸浸于氯化钡饱和溶液中均匀浸湿后，用小夹子轻轻地把它放在仪器的样品盒内，然后将具有传感器装置的表头放在样品盒上，轻轻拧紧，移置于20℃恒温箱中维持3 h后，用小钥匙将表头上的校正螺丝拧动使 A_w 值为0.900。重复上述程序再校正1次。

取15~25℃恒温试样，果蔬类样品捣碎或按比例取汤汁与固形物，肉和鱼等试样需适当切细，置于仪器样品盒内，保持平整不高出盒内垫圈底部。然后将具有传感器装置的表头置于样品盒上轻轻拧紧，移置于20℃恒温箱中维持2 h后，不断观察仪器指针的变化状况，待指针恒定不变时，取出测定仪。仪表所指示的数值即为此温度下试样的 A_w 值。如果不在20℃恒温测定，依据表4-5所列校正值将测定值校正为20℃时的数值。

表4-5　A_w 值的温度校正表

温度/℃	校正值	温度/℃	校正值
15	−0.010	21	+0.002
16	−0.008	22	+0.004
17	−0.006	23	+0.006
18	−0.004	24	+0.008
19	−0.002	25	+0.010

4. 注意事项

（1）每次测定前都要用氯化钡饱和溶液对仪器进行校正。

（2）测定时切勿使表头沾上样品盒内样品。

（二）康威氏皿扩散法

1. 原理

样品在康威氏微量扩散皿的密封和恒温条件下，分别在 A_w 较高和较低标准的饱和溶液中扩散平衡后，根据样品质量的增加（在较高 A_w 标准溶液中平衡后）和减少（在较低 A_w 标准溶液中平衡后）的量，求出样品的 A_w 值。

2. 试剂及仪器

（1）试剂：各种标准水分活度试剂如表 4-6 所示。

表 4-6　标准水分活度试剂及其在 25℃时的 A_w 值

试剂名称	A_w	试剂名称	A_w
重铬酸钾	0.986	溴化钠	0.577
硝酸钾	0.924	硝酸镁	0.528
氯化钡	0.901	硝酸锂	0.476
氯化钾	0.842	碳酸钾	0.427
溴化钾	0.807	氯化镁	0.330
氯化钠	0.752	醋酸钾	0.224
硝酸钠	0.737	氯化锂	0.110
氯化锶	0.708	氢氧化钠	0.070

（2）仪器。

①康威氏微量扩散皿：玻璃质，分内室和外室，外室直径 70 mm，深度 13 mm，壁厚 5 mm，内室直径 30 mm，深度 5 mm，壁厚 4 mm，加磨砂厚玻璃盖（图 4-15）。

图 4-15　康威氏微量扩散皿

②分析天平：感量 0.1 mg。

③小铝皿或玻璃皿：放样品用，为直径 25~28 mm，深度为 7 mm 的圆形小皿。

3. 操作步骤

在预先准确称重的铝皿或玻璃皿中，准确称取 1 g 均匀切碎样品，迅速放入康威氏扩散皿内室中，在康威氏皿的外室预先放入标准饱和试剂 5 mL，或标准的上述盐 5.0 g，加入少许蒸馏水润湿。一般进行操作时选样 3~4 份标准饱和试剂（每只皿装一种），其中 1~2 份的 A_w 值大于或小于试样的 A_w 值。然后在扩散皿磨口边缘均匀地涂上一层真空脂或凡士林，加盖密封。在（25±0.5）℃下放置（2±0.5）h，然后取出铝皿或玻璃皿，用分析天平迅速称量，分别计算样品每克质量的增减数。

4. 结果计算

以各种标准饱和溶液25℃时的 A_w 值为横坐标，每克样品增减数为纵坐标作图，将各点连接成一条直线，此线与横轴的交点即为所测样品的 A_w 值。

5. 注意事项

（1）每个样品测定时应做平行试验，测定误差不得超过0.02。

（2）取样要在同一条件下进行，操作要迅速。

（3）试样的大小和形状对测定结果影响不大。

（4）康威氏微量扩散皿的密封性要好。

（5）绝大多数样品可在2 h后测定 A_w 值，但米饭类、油脂类、鱼类则需4 d左右才能测定。为此需加入样品量0.2%的山梨酸防腐剂，并以山梨酸的水溶液做空白对照。

（6）正确涂真空脂或凡士林，位置不对会导致样品被其污染。

第二节　灰分及主要矿质元素的测定

一、概述

样品经高温灼烧后所残留的无机物质称为灰分。所谓的高温一般是550~600℃，可用马弗炉（或灰化炉）灼烧。灼烧过程中，食品中有机物质和无机成分发生一系列物理变化和化学变化，水分及其挥发物以气态方式放出，有机物质中的 C、H、N 等元素与 O_2 结合生成 CO_2、H_2O 和氮的氧化物而散失，有机酸的金属盐转变为碳酸盐或金属氧化物，有些组分转变成氧化物、磷酸盐，硫酸盐或卤化物。但实际上，灰化时某些易挥发元素（如 Cl、I、Pb 等）会挥发散失，P、S 等也能以含氧酸的形式挥发流失，从而使这些无机成分减少；相反某些金属氧化物会吸收有机物分解产生的 CO_2 而形成碳酸盐，又使无机成分增多，因此通常把灼烧后的残留物成为粗灰分。

灰分成分由氧化物和盐构成，包括金属元素和非金属元素，还有微量元素。根据食品组成的特点，灰分中含50余种元素，包括金属元素如 K、Na、Ca、Mg、Fe；非金属元素如 Cl、S、P、Si；微量元素如 Mn、Co、Cu、Zn。这些成分对人体具有很大的生理价值，占人体体重的4%~5%。

通常认为动物制品的灰分是一个恒定常数，但是植物来源的情况却是复杂得多。表4-7列出了部分食品的平均灰分含量，大部分新鲜食品的灰分含量不高于5%，纯净的油脂的灰分一般很少或不含灰分，而烟熏肉制品可含6%的灰分，干牛肉含有高于11.6%的灰分（按湿基计）。

表4-7　常见食品的灰分含量

样品	灰分含量/(g/100 g^{-1})	样品	灰分含量/(g/100 g^{-1})
鲜肉	0.5~1.2	蛋黄	1.6
鲜鱼（可食部分）	0.8~2.0	新鲜水果	0.2~1.2
牛乳	0.6~0.7	蔬菜	0.2~1.2
淡炼乳	1.6~1.7	小麦胚乳	0.5

样品	灰分含量/(g/100 g^{-1})	样品	灰分含量/(g/100 g^{-1})
甜炼乳	1.9～2.1	小麦	1.5
全脂奶粉	5.0～5.7	精制糖、硬糖	痕量～1.8
脱脂奶粉	7.8～8.2	糖浆、蜂蜜	痕量～1.8
蛋白	0.6	纯油脂	0

根据灰分的物理性质，可将灰分分为水溶性灰分和水不溶性灰分。水溶性灰分一般为 K、Na、Ca 的氧化物和可溶性盐，而水不溶性灰分是食品加工过程中污染的泥沙，铁、铝的金属氧化物，碱土金属的碱性硫酸盐等。根据灰分的酸碱性，可将灰分分为酸溶性灰分和酸不溶性灰分。其中酸溶性灰分可溶解于酸中的灰分，而酸不溶性灰分是污染的泥沙和食品中和原来存在的微量 SiO_2。

灰分是食品重要的质量控制指标之一，是食品成分全分析的项目之一。灰分测定具有十分重要的意义，主要体现在以下几方面：

灰分是标示食品中无机成分总量的一项指标。无机盐是人类生命活动不可缺少的物质，无机盐含量是正确评价某食品营养价值的一个评价指标。例如黄豆是营养价值较高的食物，除富含蛋白质外，它的灰分含量高达 5.0%。

测定食品中灰分含量可以初步判断食品质量。当食品加工所用原料、加工方法及测定条件等因素确定后，某种食品的灰分常在一定范围内。如果灰分含量超过了正常范围，食品生产中可能使用了不合乎卫生标准要求的原料或食品添加剂，或食品在加工、储运过程中受到了污染。

灰分还可以评价食品的加工精度和食品的品质。如在面粉加工中，常以灰分含量评价面粉等级，富强粉的总灰分为 0.3%～0.5%，标准粉灰分为 0.6%～0.9%；方便面的灰分越小，其加工精度越高，灰分一般要求控制在 0.4% 以下。

灰分含量可以说明果胶、明胶等胶制品的胶冻性能。水溶性灰分含量可反映果酱、果冻等制品中果汁的含量。果胶分为高甲氧基（HM）和低甲氧基（LM）两种，其中 HM 只要有糖、酸存在即能形成凝胶；而 LM 还需要有金属离子如 Ca^{2+}、Al^{3+}。

二、灰分测定

（一）总灰分的测定

1. 原理

将一定量的样品经炭化后放入高温炉内灼烧，使有机物质被氧化分解，以二氧化碳、氮的氧化物及水蒸气等形式逸出，而无机物质则以硫酸盐、磷酸盐、碳酸盐、氧化物等无机盐和金属氧化物的形式残留下来，这些残留物即为灰分，称量残留物即可计算出样品中总灰分含量。

2. 试剂与仪器

（1）试剂。

1：4（体积比）盐酸溶液、质量分数 0.5% 三氯化铁溶液与等量蓝墨水混合、浓度 6 mol/L 硝酸、质量分数为 30% 过氧化氢、辛酸或纯植物油。

（2）仪器。

①高温电炉（马弗炉）：用于金属熔融、有机物灰化和重量分析沉淀的灼烧等。主要由加热、保温、测温等部分组成，有配套的自动控温仪设定、控制、测量炉内的温度（图4-16）。

图4-16　马弗炉

②坩埚：测定灰分通常以坩埚作为灰化容器，按照材质分为瓷坩埚、铂坩埚、石英坩埚、铁坩埚和镍坩埚等。通常采用瓷坩埚（图4-17），其优点为耐高温，可达1200℃，内壁光滑、耐酸，价格低廉。缺点是耐碱性差。

图4-17　瓷坩埚

③坩埚钳、干燥器、分析天平等。

3. 操作条件

（1）灼烧温度：通常控制在500~700℃，选择原则是经过高温灼烧后，样品中的有机成分被去除而无机成分保留。灼烧温度较低时，灰化时间则较长。为了缩短灰化时间，可采用快速灰化方法，即选择灼烧温度为700℃，但是在快速灰化过程中需要加入固定剂，使无机成分不易因温度过高而有所损失。多数样品以500~550℃为宜。

（2）灼烧时间：以样品灰化完全为主，即重复灼烧至灰分呈白色或灰白色并达到恒重（前后相差不到0.5 mg为止），一般需要2~5 h。

4. 加速灰化方法

贝类、内脏、种子等含有大量蛋白质和磷，灰化时间较长，需加速，可采用以下方法：

（1）添加灰化助剂。初步灼烧后，放冷，加入几滴氧化剂（6 mol/L 硝酸或 30% 过氧化氢），蒸干后再灼烧至恒重，氧化速率大大加快。若食盐较多，则可添加 30% 过氧化氢。糖类样品残灰中加入硫酸，可进一步加速。疏松剂（如 10% 碳酸铵等）在灼烧时分解为气体逸出，使灰分呈松散状态，促进灰化。乙酸镁、硝酸镁等助灰化剂随灰化分解，与过剩的磷酸结合，残灰不熔融而呈松散状态，避免碳粒被包裹，可缩短灰化时间。但生成的氧化镁会导致结果偏高，应做空白试验。添加氧化镁、碳酸钙等惰性不溶物质，与灰分混杂，产生疏松作用，使氧能完全进入样品内部，使碳完全氧化。这些盐不挥发，保留在样品中，使残灰增重，应做空白试验。

（2）二步法。首先按常压法炭化，取出冷却，从灰化容器边缘慢慢加入少量去离子水，使残灰充分湿润，用玻璃棒研碎，使水溶性盐类溶解，被包住的碳粒暴露出来，把玻璃棒上的黏着物用水冲进容器里，在水浴上蒸发至干，然后在 120~130℃ 烘箱内干燥，再灼烧灰化至恒重。

5. 操作步骤

（1）瓷坩埚准备。将坩埚用盐酸（1∶4）煮 1~2 h，洗净晒干后，用三氯化铁和蓝墨水的混合液在坩埚外壁及盖上写上编号，置于规定温度（500~550℃）的马弗炉中灼烧 1 h，移至炉口并冷却至 200℃ 左右后，再移入干燥器中，冷却至室温后，准确称量，放入高温炉中灼烧 0.5 h，取出冷却称量，直至恒重（两次称重之差不超过 0.5 mg）。

（2）样品质量。以灰分量为 10~100 mg 来决定试样的采取量。通常奶粉、大豆粉、调味料、鱼类及海产品等取 1~2 g；谷类食品、肉及肉制品、糕点、牛乳取 3~5 g；蔬菜及其制品、糖及糖制品、淀粉及其制品、奶油、蜂蜜等取 5~10 g；水果及其制品取 20 g；油脂取 50 g。

（3）样品预处理。

①果汁、牛乳等液体试样：准确称取适量试样于已知质量的瓷坩埚中，置于水浴上蒸发至近干，再进行炭化。这类样品若直接炭化，液体沸腾，易造成溅失。

②果蔬、动植物等水分较多的试样：先制备成均匀的试样，再准确称取适量试样于已知质量的瓷坩埚中，置烘箱中干燥，再进行炭化，也可取测定水分后的干燥试样直接进行炭化。

③谷物、豆类等水分含量较少固体：先粉碎成均匀的试样，取适量试样于已知质量的瓷坩埚中进行炭化。

④富含脂肪的样品：先将试样制备均匀，准确称取一定量试样，先提取脂肪后，再将残留物移入已知质量的瓷坩埚中，进行炭化。

（4）炭化。试样经上述处理后，在放入马弗炉灼烧前，要先进行炭化处理，防止在灼烧时，因温度高实验中的水分急剧蒸发使试样飞扬；防止糖、蛋白质、淀粉等易发泡膨胀的物质在高温下发泡膨胀而溢出坩埚；不经炭化而直接灰化，碳粒易被包住，灰化不完全。炭化操作一般在电炉上进行，半盖坩埚盖，小心加热使试样再通气情况下逐渐炭化，直至无黑烟产生。对特别容易膨胀的试样及鲜鱼试样上加数滴辛醇或纯植物油（起消泡作用），再进行炭化。

（5）灰化。炭化后，将坩埚移入已达规定温度的（500~550℃）的马弗炉炉口，稍停片刻，再慢慢移入炉膛内，坩埚盖斜倚在坩埚旁，关闭炉口，灼烧一段时间至灰中无碳粒存在。打开炉门，将坩埚移至炉口冷却至200℃左右，移入干燥器中冷却至室温，准确称量，再次灼烧冷却称量直至恒重（两次称重之差不超过0.5 mg）。

6. 结果计算见式（4-8）

$$X_1 = \frac{m_2 - m_0}{m_1 - m_0} \times 100 \tag{4-8}$$

式中：X_1——样品灰分含量，g/100 g；

m_0——空坩埚质量，g；

m_1——样品加空坩埚质量，g；

m_2——残灰加空坩埚质量，g。

灰分含量≥10 g/100 g时，保留3位有效数字；灰分含量<10 g/100 g时，保留两位有效数字。

7. 注意事项

（1）样品炭化时要注意热源强度，防止产生大量泡沫溢出坩埚。

（2）使用坩埚时要注意：放入高温炉或从炉中取出时，要放在炉口停留片刻，使坩埚预热或冷却，防止因温度剧变而使坩埚破裂。从干燥器中取出冷却后的坩埚时，因内部成真空，开盖恢复常压时应让空气缓缓进入，以防止灰分飞散。

（3）使用过的坩埚，应把残灰及时倒掉，初步洗刷后，用粗盐酸浸泡10~20 min，再用水冲刷干净。

（4）将坩埚放入马弗炉时，一定不要将坩埚盖完全盖严，否则会由于缺氧，无法使有机物充分氧化。

（5）灰化后所得残渣可留作Ca、P、Fe等成分的测定。

（二）水溶性灰分和水不溶性灰分的测定

向测定总灰分所得残留物中加入25 mL去离子水，加热至沸，用无灰滤纸过滤，用25 mL热的去离子水分多次洗涤坩埚、定量滤纸及残渣，将残渣连同滤纸移回原坩埚中，在水浴上蒸发至干，移入干燥箱中干燥，再进行灼烧、冷却，称量直至恒重，按式（4-9）计算水溶性灰分和水不溶性灰分的含量。

$$X_2 = \frac{m_3 - m_0}{m_1 - m_0} \times 100 \tag{4-9}$$

式中：X_2——样品水不溶性灰分含量，g/100 g；

m_3——水不溶性灰分加空坩埚质量，g。

水溶性灰分含量（g/100 g）= $X_1 - X_2$ 或 $\frac{m_2 - m_3}{m_1 - m_0} \times 100$。

灰分含量≥10 g/100 g时，保留3位有效数字；灰分含量<10 g/100 g时，保留两位有效数字。

（三）酸溶性灰分和酸不溶性灰分的测定

向总灰分或水不溶性灰分的残留物中加入25 mL 0.1 mol/L盐酸替代水，使灰分溶解，放在小火上轻微煮沸，用无灰滤纸过滤后，用 0.1 mol/L 盐酸洗涤定量滤纸、坩埚数次后，再用热水洗涤至不显酸性为止，将滤渣连同滤纸置原坩埚中，进行干燥、炭化、灰化、冷却，称量直至恒重。按式（4-10）计算酸溶性灰分和酸不溶性灰分的含量。

$$X_3 = \frac{m_4 - m_0}{m_1 - m_0} \times 100 \tag{4-10}$$

式中：X_3——样品酸不溶性灰分含量，g/100 g；

m_4——酸不溶性灰分加空坩埚质量，g。

酸溶性灰分含量（g/100 g）= $X_1 - X_3$ 或 $\frac{m_2 - m_4}{m_1 - m_0} \times 100$。

灰分含量 ≥ 10 g/100 g 时，保留 3 位有效数字；灰分含量 < 10 g/100 g 时，保留两位有效数字。

三、矿物质的测定

食品中所含元素有 50 余种，除 C、H、O、N 4 种构成水分和有机物质以外，其他的元素统称为矿物元素。食品中矿物元素在食品中按含量多少可分为常量元素和微量元素。含量较多的矿物元素有 Ca、Mg、K、Na、P、S、Cl 7 种，其含量均在 0.01% 以上，称为常量元素；而 Fe、Co、Ni、Zn、Cr、Mo、Al、Si、Se、Sn、I、F 等元素，含量都在 0.01% 以下，称为微量元素或痕量元素。从营养学角度又可分为必需元素、非必需元素和有毒元素。

有些矿物质元素是人体必需的，在维持人体正常生理功能，构成人的机体组织等方面，起着十分重要的作用。人体中大约 98% 的 Ca 和 80% 的 P 存在于骨骼中，Mg、K、Ca、Na 与神经传导和肌肉收缩有关。胃中的盐酸对膳食中的矿物质溶解与吸收有很大的影响。同时，食品中矿物质的种类、含量与食品的品质和质量有密切的关系。例如，苹果风味品质与钾、钙含量成正比，钾、钙含量高的苹果果质硬脆度高，肉质好。因此测定食品中的矿物质元素含量，对于评价食品的营养价值和品质，开发和生产强化食品具有指导意义，有利于食品加工工艺的改进和食品质量的提高；测定食品中的重金属元素含量，可以了解食品的污染情况，以便采取相应的措施，查清和控制污染源，以保证食品的安全和食用者的健康。

（一）食品中钙的测定

1. 原理（GB 5009.92—2016，EDTA 法）

钙与氨羧络合剂（EDTA）能定量形成金属络合物，其稳定性比钙与指示剂所形成的络合物高，在适当的 pH 值范围内，以 EDTA 滴定，在到达一定浓度时，EDTA 从指示剂络合物中夺取钙离子，使溶液呈现游离指示剂的颜色（终点）。根据 EDTA 络合剂用量，可以算出钙的含量。

2. 试剂及仪器

（1）试剂。

①1.25 mol/L 氢氧化钾溶液：精确称取 70.13 g 氢氧化钾，用水稀释至 1000 mL。

②10 g/L 氰化钠溶液：称取 1.0 g 氰化钠，用水稀释至 100 mL。

③0.05 mol/L 柠檬酸钠溶液：称取 1.407 g 柠檬酸钠，用水稀释至 1000 mL。

④混合酸消化液：硝酸 : 高氯酸 = 4 : 1。

⑤EDTA 溶液：准确称取 4.50 g EDTA 用水稀释至 1000 mL。储存于聚乙烯瓶中，4℃ 保存，使用时稀释 10 倍即可。

⑥钙标准溶液：准确称取 0.124 g 碳酸钙，加 20 mL 水及 3 mL 0.5 mol/L 盐酸溶解，移入 500 mL 容量瓶中，加水稀释至刻度。

⑦钙红指示剂：称取 0.1 g 钙红指示剂，用水稀释至 100 mL，溶解后即可使用，存储于冰箱中可保持一个半月以上。

（2）仪器：高型烧杯（250 mL）、微量滴定管（1 mL 或 2 mL）、碱式滴定管（50 mL）、刻度吸管（0.5~1 mL）、电热板（1000~3000 W）。所有玻璃仪器均以硫酸–重铬酸钾洗液浸泡数小时，再用洗衣液洗刷，后用水反复冲洗，最后用去离子水冲洗、烘干，方可使用。

3. 操作步骤

（1）试样处理。

①试样制备：微量元素分析的试样制备过程中应特别注意防止各种污染。所用设备如电磨、绞肉机、匀浆器、打碎机等必须是不锈钢制品，所用容器必须使用玻璃或聚乙烯制品，做钙测定的试样不得用石墨研碎。鲜样如蔬菜、水果、鲜鱼、鲜肉等先用自来水冲洗干净后，再用去离子水充分洗净。干粉类试样如面粉、奶粉等取样后立即装容器密封保存，防止空气中的灰尘和水分污染。

②试样消化：精确称取均匀干试样 0.5~1.5 g（湿样 2.0~4.0 g，饮料类液体试样 5.0~10.0 g）于 250 mL 高型烧杯中，加混合酸消化液 20~30 mL，盖上表面皿，置于电热板或砂浴上加热消化。如未消化好而酸液过少时，再补加几毫升混合酸消化液，继续加热消化，直至无色透明为止。加几毫升水，加热以除去多余的硝酸。待烧杯中液体接近 2~3 mL 时，取下冷却。用 20 g/L 氧化镧溶液洗并转移于 10 mL 刻度试管中，并定容至刻度。取与消化试样相同量的混合酸消化液，按上述操作做试剂空白试验测定。

（2）测定。

①标定 EDTA 浓度：吸取 0.5 mL 钙标准溶液，以 EDTA 滴定，标定其 EDTA 的浓度，根据滴定结果计算出每毫升 EDTA 相当于钙的毫克数，即滴定度（T）。

②试样及空白滴定：分别吸取 0.1~0.5 mL（根据钙的含量而定）试样消化液及空白于试管中，加 1 滴氰化钠溶液和 0.1 mL 柠檬酸钠溶液，用滴定管加 1.5 mL 1.25 mol/L 氢氧化钾溶液，加 3 滴钙红指示剂，立即以稀释 10 倍 EDTA 溶液滴定，至指示剂由紫红色变蓝为止。

4. 结果计算

$$X = \frac{T \times (V - V_0) \times f \times 100}{m} \qquad (4\text{-}11)$$

式中：X——试样中钙含量，mg/100 g；

T——EDTA 滴定度，mg/mL；

V——滴定试样时所用 EDTA 量，mL；

V_0——滴定空白时所用 EDTA 量，mL；

f——试样稀释倍数；

m——试样质量，g。

计算结果保留到小数点后两位。

在重复性条件下获得的两次独立测定结果的绝对差值不得超过 10%。

（二）食品中铁的测定

铁是人体内含量最多的一种必需微量元素，人体内铁总量为 4~5 g，分功能铁和储存铁两种形式。功能铁是铁的主要存在形式，构成血红蛋白和肌红蛋白，参与氧的转运和利用，肌肉的收缩，同时还是机体中酶的重要组成成分，铁在体内的含量随年龄、性别、营养状况和健康状况而有很大的个体差异。食品中的肉、蛋、干果中均有丰富的铁，但能被机体利用的是二价铁，二价铁容易被氧化成三价铁。食品在储存过程中也会由于铁的污染出现金属味、色泽加深和食品中维生素分解等，所以食品中铁的测定不但具有营养学的意义，还可以鉴别食品的铁质污染。铁的测定方法包括原子吸收光谱法、硫氰酸盐比色法、邻菲罗啉比色法、磺基水杨酸比色法等。原子吸收分光光度法快速、灵敏，其余方法操作简便、准确。

1. 原理（GB 5009.90—2016，原子吸收光谱法）

试样经湿法消化后，导入原子吸收分光光度计，经火焰原子化后，通过元素灯，铁原子吸收波长 248.3 nm 的共振线，其吸收量与铁的含量成正比，与标准比较进行定量分析。本方法检出限为 0.2 μg/mL。

2. 试剂及仪器

（1）试剂。

①混合酸消化液：硝酸∶高氯酸=4∶1。

②0.5 mol/L 硝酸溶液：量取 32 mL 硝酸，加去离子水并稀释至 1000 mL。

③1 mg/mL 铁标准储备液：准确称取金属铁 1.0000 g 或含 1.0000 g 纯金属相对应的氧化物，加硝酸溶解并移入 100 mL 容量瓶中，加 0.5 mol/L 硝酸溶液并水稀释至刻度，储存于聚乙烯瓶中，4℃保存。

④铁标准应用液：吸取铁标准储备液 10.0 mL 于 100 mL 容量瓶中，用 0.5 mol/L 硝酸溶液定容，得铁标准使用液，其浓度为 100 μg/mL，储存于聚乙烯瓶中，4℃保存。

（2）仪器：原子吸收分光光度计、高型烧杯（250 mL）、刻度吸管（0.5~1 mL）、电热板（1000~3000 W）。所有玻璃仪器均以硫酸-重铬酸钾洗液浸泡数小时，再用洗衣液洗刷后，用水反复冲洗，最后用去离子水冲洗，烘干，方可使用。

3. 操作步骤

（1）试样处理。

①试样制备：微量元素分析的试样制备过程中应特别注意防止各种污染。所用设备如电磨、绞肉机、匀浆器、打碎机等必须是不锈钢制品，所用容器必须使用玻璃或聚乙烯制品。鲜湿样如蔬菜、水果、鲜鱼、鲜肉等先用自来水冲洗干净后，再用去离子水充分洗净。干粉类试样如面粉、奶粉等取样后立即装容器密封保存，防止空气中的灰尘和水分污染。

②试样消化：精确称取均匀干试样 0.5~1.5 g（湿样 2.0~4.0 g，饮料类液体试样 5.0~10.0 g）于 250 mL 高型烧杯中，加混合酸消化液 20~30 mL，盖上表面皿，置于电热板或砂浴上加热消化。如未消化好而酸液过少时，再补加几毫升混合酸消化液，继续加热消化，直至无色透明为止。加几毫升水，加热以除去多余的硝酸。待烧杯中液体接近 2~3 mL 时，取下冷却。用去离子水洗并转移于 10 mL 刻度试管中，加水定容至刻度。取与消化试样相同量

的混合酸消化液，按上述操作做试剂空白试验测定。

（2）测定。分别吸取铁标准使用液 0.5 mL、1.0 mL、2.0 mL、3.0 mL、4.0 mL，分别置于 100 mL 容量瓶中，0.5 mol/L 硝酸定容，得铁的标准系列溶液。

（3）测定条件。光源为紫外，火焰为空气–乙炔；铁吸收波长为 248.3 nm。其他实验条件：仪器狭缝、空气及乙炔的流量、灯头高度、元素灯电流等均按使用的仪器说明调至最佳状态。

4. 结果计算

以各标准系列溶液浓度与对应的吸光度绘制标准曲线，测定用试样液及试剂空白液由标准曲线查出浓度值，再按式（4-12）计算

$$X = \frac{(C - C_0) \times V \times f \times 100}{m \times 1000} \tag{4-12}$$

式中：X——试样中铁含量，mg/100 g；

C——测定用试样液中铁元素的质量浓度（由标准曲线查出），μg/mL；

C_0——试剂空白液中铁元素的质量浓度（由标准曲线查出），μg/mL；

V——试样定容体积，mL；

f——试样稀释倍数；

m——试样质量，g。

计算结果保留到小数点后两位。

在重复性条件下获得的两次独立测定结果的绝对差值不得超过 10%。

（三）食品中锌的测定

锌是人类生长发育必需的微量元素之一，广泛分布在人体所有组织和器官中，成人体内锌含量为 2.0~2.5 g，锌对生长发育、免疫功能、物质代谢和生殖功能等均有重要作用。动物性和植物性食物都含有锌，但食物中锌含量差别很大，吸收利用率也不相同，贝壳类海产品、红色肉类、动物内脏类是锌的极好来源，干果类、谷类胚芽和麦麸也富含锌。精细的粮食加工过程可导致大量的锌丢失，如小麦加工成精面粉大约有 80% 锌流失。食品中锌的测定方法有火焰原子吸收光谱法、电感耦合等离子体发射光谱法、电感耦合等离子体质谱法和二硫腙比色法。

1. 原理（GB 009.14—2016，原子吸收光谱法）

样品经处理后，导入原子吸收分光光度计中，原子化以后，吸收 213.8 nm 共振线，其吸收值与锌量成正比，与标准系列比较定量。本方法检出限为 0.4 mg/kg。

2. 试剂及仪器

（1）试剂：4-甲基-2-戊酮（MIBK，又名甲基异丁酮）、磷酸（1∶10）。

①混合酸消化液：硝酸∶高氯酸=4∶1。

②盐酸（1∶11）：量取 10 mL 盐酸加到适量水中，再稀释至 120 mL。

③0.5 mg/mL 锌标准储备液：准确称取 0.5000 g 金属锌（99.99%），溶于 10 mL 盐酸中，然后在水浴上蒸发至近干，用少量水溶解后移入 1000 mL 容量瓶中，以水稀释至刻度，储于聚乙烯瓶中。

④100 μg/mL 锌标准应用液：吸取 10.0 mL 锌标准储备液，置于 100 mL 容量瓶中，用

0.1 mol/L 盐酸稀释至刻度。

（2）仪器：原子吸收分光光度计等。

3. 操作步骤

（1）试样处理。

①谷类：取出其中杂物及尘土，必要时除去外壳、磨碎，过 40 目筛，混匀；称取 5.00~10.00 g 置于 50 mL 瓷坩埚中，小火炭化至无烟后移入马弗炉中，（500±25）℃灰化约 8 h 后，取出坩埚，放冷后再加入少量混合酸，小火加热，不使干涸，必要时加少许混合酸，如此反复处理，直至残渣中无炭粒，待坩埚稍冷，加 10 mL 盐酸（1∶11），溶解残渣并移入 50 mL 容量瓶中，再用盐酸（1∶11）反复洗涤坩埚，洗液并入容量瓶中，并稀释至刻度，混匀备用。取与样品处理相同的混合酸和盐酸（1∶11），按同一操作方法做试剂空白试验。

②蔬菜、瓜果及豆类：取可食部分洗净晾干，充分切碎或打碎混匀。称取 10.00~20.00 g，置于 50 mL 瓷坩埚中，加入 1 mL 磷酸（1∶10），小火炭化，后同上。

③禽、蛋、水产及乳制品：取可食部分充分混匀。称取 5.00~10.00 g 置于 50 mL 瓷坩埚中，小火炭化，后同上。乳类经混匀后，量取 50 mL，置于瓷坩埚中，加 1 mL 磷酸（1∶10），在水浴上蒸干，再小火炭化，后同上。

（2）测定。吸取 0 mL、0.10 mL、0.20 mL、0.40 mL、0.80 mL 锌标准使用液，分别置于 50 mL 容量瓶中，以盐酸（1 mol/L）稀释至刻度，混匀（各容量瓶中每毫升分别相当于 0、0.2 μg、0.4 μg、0.8 μg、1.6 μg 锌）。将处理后的样液、试剂空白液和各容量瓶中锌标准溶液分别导入调至最佳条件的火焰原子化器进行测定。参考测定条件：灯电流 6 mA，波长 213.8 nm，狭缝 0.38 nm，空气流量 10 L/min，乙炔流量 2.3 L/min，灯头高度 3 mm，氘灯背景校正，以锌含量对应吸光值，绘制标准曲线或计算直线回归方程，样品吸光值与曲线比较或代入方程求出含量。

4. 结果计算见式（4-13）

$$X = \frac{(A_1 - A_2) \times V \times 1000}{m} \qquad (4-13)$$

式中：X——试样中锌的含量，μg/kg；

A_1——测定用试样液中锌的含量，μg/mL；

A_2——试剂空白液中锌的含量，μg/mL；

V——试样处理液的总体积，mL；

m——试样质量，g。

计算结果保留两位有效数字。

在重复性条件下获得的两次独立测定结果的绝对差值不得超过算数平均值的 10%。

（四）食品中铬的测定

在自然界中，铬通常以三价、二价、六价的形态存在。一般认为二价铬是无毒的；三价铬是人体必需的微量元素，主要以三价离子形式存在于血液及其他器官中，参与新陈代谢作用，是糖耐量因子的组分，缺乏时会使糖耐量受损，严重缺乏时可引起糖尿病；六价铬以六价离子形式存在，具有较强的刺激和腐蚀作用，主要引起黏膜充血、脑水肿症状，其毒性比三价铬大一百倍。三价铬与六价铬在体内可转化。食品中铬的测定主要采取石墨炉原子吸收光谱法。

1. 原理（GB 5009.123—2014，石墨炉原子吸收光谱法）

试样经消解处理后，采用石墨炉原子吸收光谱法，在 357.9 nm 处测定吸收值，在一定浓度范围内其吸收值与标准系列溶液比较定量。以称样量 0.5 g，定容至 10 mL 计算，方法检出限为 0.01 mg/kg，定量限为 0.03 mg/kg。

2. 试剂及仪器

（1）试剂：硝酸、高氯酸、磷酸二氢铵。

①硝酸溶液（5∶95）：量取 50 mL 硝酸慢慢倒入 950 mL 水中，混匀。

②硝酸溶液（1∶1）：量取 250 mL 硝酸慢慢倒入 250 mL 水中，混匀。

③磷酸二氢铵溶液（20 g/L）：称取 2.0 g 磷酸二氢铵，溶于水中，并定容至 100 mL，混匀。

④铬标准储备液：：准确称取基准物质重铬酸钾（110℃，烘 2 h）1.4315 g（精确至 0.0001 g），溶于水中，移入 500 mL 容量瓶中，用硝酸溶液（5∶95）稀释至刻度，混匀。此溶液每毫升含 1.000 mg 铬。或购置经国家认证并授予标准物质证书的铬标准储备液。

⑤铬标准使用液：将铬标准储备液用硝酸溶液（5∶95）逐级稀释至每毫升含 100 ng 铬。

⑥标准系列溶液的配制：分别吸取铬标准使用液（100 ng/mL）0 mL、0.50 mL、1.00 mL、2.00 mL、3.00 mL、4.00 mL 于 25 mL 容量瓶中，用硝酸溶液（5∶95）稀释至刻度，混匀。各容量瓶中每毫升分别含铬 0、2.00 ng、4.00 ng、8.00 ng、12.0 ng、16.0 ng。或采用石墨炉自动进样器自动配制。

（2）仪器。

①原子吸收光谱仪：配石墨炉原子化器，附铬空心阴极灯。

②微波消解系统：配有消解内罐。

③可调式电热炉。

④可调式电热板。

⑤压力消解器：配有消解内管。

⑥马弗炉。

⑦恒温干燥箱。

⑧电子天平。

3. 操作步骤

（1）试样预处理。

①粮食、豆类等：去除杂物后，粉碎，装入洁净的容器内，作为试样。密封，并标明标记，试样应于室温下保存。

②蔬菜、水果、鱼类、肉类及蛋类等水分含量高的鲜样：直接打成匀浆，装入洁净的容器内，作为试样。密封，并做好标记。试样应于冰箱冷藏室保存。

（2）样品消解。

①微波消解：准确称取试样 0.2～0.5 g（精确至 0.001 g）于微波消解罐中，加入 5 mL 硝酸，按照微波消解的操作步骤消解试样（消解条件：功率 1200 W，变化 0～80%；120℃，升温 5 min，恒温 5 min；160℃，升温 5 min，恒温 10 min；180℃，升温 5 min，恒温 10 min）。

冷却后取出消解罐，在电热板上于 140~160℃ 赶酸至 0.5~1.0 mL。消解罐放冷后，将消化液转移至 10 mL 容量瓶中，用少量水洗涤消解罐 2~3 次，合并洗涤液，用水定容至刻度。同时做试剂空白试验。

②湿法消解：准确称取试样 0.5~3 g（精确至 0.001 g）于消化管中，加入 10 mL 硝酸、0.5 mL 高氯酸，在可调式电热炉上消解（参考条件：120℃ 保持 0.5~1 h，升温至 180℃ 保持 2~4 h，升温至 200~220℃）。若消化液呈棕褐色，再加硝酸，消解至冒白烟，消化液呈无色透明或略带黄色，取出消化管，冷却后用水定容至 10 mL。同时做试剂空白试验。

③高压消解：准确称取试样 0.3~1 g（精确至 0.001 g）于消解内罐中，加入 5 mL 硝酸。盖好内盖，旋紧不锈钢外罐，放入恒温干燥箱，于 140~160℃ 下保持 4~5 h。在箱内自然冷却至室温，缓慢旋松外罐，取出消解内罐，放在可调式电热板上于 140~160℃ 赶酸至 0.5~1.0 mL。冷却后将消化液转移至 10 mL 容量瓶中，用少量水洗涤内罐和内盖 2~3 次，合并洗涤液于容量瓶中并用水定容至刻度，同时做试剂空白试验。

④干法灰化消解：准确称取试样 0.5~3 g（精确至 0.001 g）于坩埚中，小火加热，炭化至无烟，转移至马弗炉中，于 550℃ 恒温 3~4 h。取出冷却，对于灰化不彻底的试样，加数滴硝酸，小火加热，小心蒸干，再转入 550℃ 高温炉中，继续灰化 1~2 h，至试样呈白灰状，从高温炉取出冷却，用硝酸溶液（1:1）溶解并用水定容至 10 mL，同时做试剂空白试验。

（3）测定。

①仪器测试条件：根据各自仪器性能调至最佳状态，参考条件：波长 357.9 nm；狭缝 0.2 nm；灯电流 5~7 mA；干燥 85~120℃，40~50 h；灰化 900℃，20~30 s；原子化 2700℃，4~5 s。背景校正：塞曼效应或氘灯。

②标准曲线的制作：将标准系列溶液工作液按浓度由低到高的顺序分别取 10 μL（可根据使用仪器选择最佳进样量），注入石墨管，原子化后测其吸光度值，以浓度为横坐标，吸光度值为纵坐标，绘制标准曲线。

③试样测定：在与测定标准溶液相同的实验条件下，将空白溶液和样品溶液分别取 10 μL（可根据使用仪器选择最佳进样量），注入石墨管，原子化后测其吸光度值，与标准系列溶液比较定量。对有干扰的试样应注入 5 μL（可根据使用仪器选择最佳进样量）的磷酸二氢铵溶液（20.0 g/L）。

4. 结果计算见式（4-14）

$$X = \frac{(C - C_0) \times V}{m \times 1000} \qquad (4-14)$$

式中：X——试样中铬的含量，mg/kg；

C——测定样液中铬的含量，μg/mL；

C_0——空白液中铬的含量，μg/mL；

V——样品消化液的定容体积，mL；

m——试样质量，g。

当分析结果 ≥1 mg/kg 时，保留 3 位有效数字；当分析结果 <1 mg/kg 时，保留两位有效数字。

在重复性条件下获得的两次独立测定结果的绝对差值不得超过20%。

（五）食品中磷的测定

磷是人体内的重要元素之一，对人体生命活动有着十分重要的作用。人体缺乏对磷元素的摄取，会引起骨骼和牙齿发育不正常、骨质疏松、软骨病、佝偻病等。但过多的摄入磷，会引起多动症，导致呕吐，引起肾功能障碍，也可以使肾病晚期患者产生各种机能紊乱。磷是组成核酸的关键元素，并控制"核酸分子信息的传递"。由于磷对生命体有着不可低估的作用，因而准确测定食品样品中磷的含量和存在形式显得尤为重要。

1. 原理（GB 5009.87—2016，分光光度法）

食品中的有机物经酸氧化，使磷在酸性条件下与钼酸铵结合生成磷钼酸铵，此化合物被对苯二酚、亚硫酸钠还原成蓝色化合物——钼蓝。用分光光度计在波长660 nm处测定钼蓝的吸收光值，以定量分析磷含量。

2. 试剂及仪器

（1）试剂。

①硫酸：相对密度1.84。

②高氯酸-硝酸消化液：1：4混合液

③15%硫酸溶液：取15 mL硫酸徐徐加入80 mL水中混匀，冷却后用水稀释至100 mL。

④钼酸铵溶液：称取0.5 g钼酸铵用15%硫酸稀释至100 mL。

⑤对苯二酚溶液：称取0.5 g对苯二酚于100 mL水中，使其溶解，并加入1滴浓硫酸（减缓氧化作用）。

⑥亚硫酸钠溶液：称取20 g无水亚硫酸钠于100 mL水中，使其溶解。此溶液需于实验前临时配制，否则可使钼蓝溶液发生浑浊。

⑦磷标准储备液（100 μg/mL）：精确称取在105℃下干燥的磷酸二氢钾（优级纯）0.4394 g，置于1000 mL容量瓶中，加水溶解并稀释至刻度。此溶液每毫克含100 μg磷。

⑧磷标准使用液（10 μg/mL）：准确吸取10 mL磷标准储备液，置于100 mL容量瓶中，加水稀释至刻度，混匀。此溶液每毫克含10 μg磷。

（2）仪器：分光光度计。

3. 操作步骤

（1）试样处理。称取各类食物均匀干试样0.1~0.5 g或湿样2~5 g于100 mL凯氏烧瓶中，加3 mL硫酸、3 mL高氯酸-硝酸消化液，置于消化炉上。瓶中液体初为棕黑色，待溶液变成无色或微带黄色清亮液体时，即消化完全。将溶液放冷，加20 mL水，赶酸，冷却，转移至100 mL容量瓶中，用水多次洗涤凯氏烧瓶，洗液合并导入容量瓶内，加水至刻度，混匀，此溶液为试样测定液。取与消化试样同量的硫酸、高氯酸-硝酸消化液，按同一方法得空白溶液。

（2）磷标准曲线。准确吸取磷标准使用液0、0.5 mL、1.0 mL、2.0 mL、3.0 mL、4.0 mL、5.0 mL（相当于含磷量0、5 μg、10 μg、20 μg、30 μg、40 μg、50 μg），分别置于25 mL具塞试管中，依次加入2 mL钼酸铵溶液摇匀，静置几秒钟。加入1 mL亚硫酸钠溶液、1 mL对苯二酚溶液，摇匀。加水至刻度线，混匀。静置0.5 h后，在分光光度计660 nm处测定吸光度。以测出的吸光度对磷含量绘制标准曲线。

（3）测定。准确吸取试样测定液 2 mL 及同量的空白溶液，分别置于 25 mL 具塞试管中，以下操作步骤同标准曲线。以测出的吸光度在标准曲线上查得试样液中的磷含量。

4. 结果计算见式（4-15）

$$X = \frac{(m_1 - m_0) \times V_1}{m \times V_2} \times \frac{100}{1000} \tag{4-15}$$

式中：X——试样中磷含量，mg/100 g 或 mg/100 mL；

m_1——测定用试验中磷的质量，μg；

V_1——试样消化液定容总体积，mL；

V_2——测定用试样消化液的体积，mL；

m——试样称样量或移取体积，g 或 mL；

m_0——测定用空白溶液中磷的质量，μg；

100——换算系数；

1000——换算系数。

计算结果保留 3 位有效数字。

在重复性条件下获得的两次独立测定结果的绝对差值不得超过 5%。

（六）食品中硒的测定

硒是人体必需的微量元素，与多种疾病相关。适量的硒可抑制癌症和心血管疾病的发生发展，硒含量过低可导致人体营养不良，而高硒将表现为毒性。硒的营养功能及其毒性不仅与其总量有关，而且与其存在的化学形态有关。食品中硒的测定方法包括氢化物原子荧光光谱法、荧光分光光度法和电感耦合等离子体质谱法。

1. 原理（GB 5009.93—2017，氢化物原子荧光光谱法）

试样经酸加热消化后，在 6 mol/L 盐酸介质中，将试样中的六价硒还原成四价硒，用硼氢化钠或硼氢化钾作还原剂，将四价硒在盐酸介质中还原成硒化氢（H_2Se），由载气（氩气）带入原子化器中进行原子化，在硒空心阴极灯照射下，基态硒原子被激发至高能态，在去活化回到基态时，发射出特征波长的荧光，其荧光强度与硒含量成正比，与标准系列比较定量。

2. 试剂及仪器

（1）试剂。硝酸、高氯酸、盐酸、氢氧化钠，均为优级纯。

①盐酸（6 mol/L）：量取 50 mL 盐酸缓慢加入 40 mL 水中，冷却后定容至 100 mL。

②过氧化氢（30%）。

③硼氢化钠溶液（8 g/L）：称取 8.0 g 硼氢化钠（$NaBH_4$），溶于氢氧化钠溶液（5 g/L）中，然后定容至 1000 mL，混匀。

④铁氰化钾（100 g/L）：称取 10.0 g 铁氰化钾 $[K_3Fe(CN)_6]$，溶于 100 mL 水中，混匀。

⑤硒标准储备液：精确称取 100.0 mg 硒（光谱纯），溶于少量硝酸中，加 2 mL 高氯酸，置沸水浴加热 3~4 h，冷却后再加 8.4 mL 盐酸，再置沸水浴中煮 2 min，准确稀释至 1000 mL，其盐酸浓度为 0.1 mol/L，此储备液浓度每毫升相当于 100 μg 硒。

⑥硒标准应用液：取 100 μg/mL 硒标准储备液 1.0 mL，定容至 100 mL，此应用液浓度为 1 μg/mL。

（2）仪器。

①原子荧光光谱仪：带硒空心阴极灯。

②微波消解系统。

③电热板。

④粉碎机。

⑤烘箱。

⑥电子天平：感量 1 mg。

3. 操作步骤

（1）试样预处理。

①粮食：试样用水洗 3 次，于 60℃ 烘干，粉碎，储于塑料瓶内，备用。

②蔬菜及其他植物性食物：取可食部用水洗净后用纱布吸去水滴，打成匀浆后备用。

③其他固体试样：粉碎，混匀，备用。

④液体试样：混匀，备用。

（2）试样消解。

①电热板加热消解：称取 0.5~3 g（精确至 0.001 g）试样，液体试样吸取 1.00~5.00 mL，置于消化瓶中，加 10.0 mL 混合酸及几粒玻璃珠，盖上表面皿冷消化过夜。次日于电热板上加热，并及时补加硝酸。当溶液变为清亮无色并伴有白烟时，再继续加热至剩余体积 2 mL 左右，切不可蒸干。冷却，再加 5.0 mL 盐酸（6 mol/L），继续加热至溶液变为清亮无色并伴有白烟出现，将六价硒还原成四价硒。冷却，转移至 50 mL 容量瓶中定容，混匀备用，同时做空白试验。

②微波消解：称取 0.5~2 g（精确至 0.001 g）试样于消化管中，加 10 mL 硝酸、2 mL 过氧化氢，振摇混合均匀，于微波消化仪中消化（消解推荐条件：功率 1600 W，100%；120℃，升温 6 min，恒温 1 min；150℃，升温 3 min，恒温 5 min；200℃，升温 5 min，恒温 10 min）。

（3）标准溶液的配制。分别准确吸取硒标准应用液 0、0.500 mL、1.00 mL、2.00 mL 和 3.00 mL 于 100 mL 容量瓶中，加入铁氰化钾溶液 10 mL，用 5% 盐酸溶液定容至刻度，混匀待测。

（4）测定。

①仪器参考条件：负高压：340V；灯电流：100 mA；原子化温度：800℃；炉高：8 mm；载气流速：500 mL/min；屏蔽气流速：1000 mL/min；测量方式：标准曲线法；读数方式：峰面积；延迟时间：1 s；读数时间：15 s；加液时间：8 s；进样体积：2 mL。

②测定：设定好仪器最佳条件，逐步将炉温升至所需温度后，稳定 10~20 min 后开始测量。连续用标准系列的零管进样，待读数稳定之后，转入标准系列测量，绘制标准曲线。转入试样测量，分别测定试样空白和试样消化液，每测不同的试样前都应清洗进样器。

4. 结果计算见式（4-16）

$$X = \frac{(C - C_0) \times V \times 1000}{m \times 1000 \times 1000} \tag{4-16}$$

式中：X——试样中硒的含量，mg/kg 或 mg/L；

C——试样消化液测定浓度，ng/mL；

C_0——试样空白消化液测定浓度，ng/mL；

V——试样消化液总体积，mL；

m——试样质量或体积，g 或 mL。

当硒含量≥1.00 mg/kg（或 mg/L）时，计算结果保留 3 位有效数字；当硒含量<1.00 mg/L（或 mg/L）时，计算结果保留两位有效数字。

以重复性条件下获得的两次独立测定结果的绝对差值不得超过 10%。

（七）食品中氟的测定

氟是人体所需的微量元素，其作用主要是防龋齿和抗蚀。微量氟可促进儿童发育，预防老人骨质变脆。微量氟对人体有利，但摄入过量且持续时间长时，则会引起积累中毒，如长期饮用含氟量高的水会引起氟斑釉齿和氟骨症，严重者会发生氟中毒。食品中氟的测定方法包括扩散-氟试剂比色法、灰化蒸馏-氟试剂比色法和氟离子选择电极法。

1. 扩散-氟试剂比色法

（1）原理。食品中氟化物在扩散盒内与酸作用，产生氟化氢气体，经扩散被氢氧化钠吸收。氟离子与镧、氟试剂（茜素氨羧络合剂）在适宜 pH 下生成蓝色三元络合物，颜色随氟离子浓度的增大而加深，用或不用含胺类有机溶剂提取，与标准系列比较定量。

（2）试剂及仪器。

①试剂：本方法所用水均为不含氟的去离子水，试剂为分析纯，全部试剂储于聚乙烯塑料瓶中。

a. 丙酮。

b. 20 g/L 硫酸银-硫酸溶液：称取 2 g 硫酸银，溶于 100 mL 硫酸（3∶1）中。

c. 40 g/L 氢氧化钠-无水乙醇溶液：取 4 g 氢氧化钠，溶于无水乙醇并稀释至 100 mL。

d. 1 mol/L 乙酸溶液：取 3 mL 冰乙酸，加水稀释至 50 mL。

e. 茜素氨羧络合剂溶液：称取 0.19 g 茜素氨羧络合剂，加少量水及氢氧化钠溶液（40 g/L）使其溶解，加 0.125 g 乙酸钠，用 1 mol/L 乙酸溶液调节 pH 值为 5.0（红色），加水稀释至 500 mL，置冰箱内保存。

f. 250 g/L 乙酸钠溶液。

g. 硝酸镧溶液：称取 0.22 g 硝酸镧，用少量浓度为 1 mol/L 的乙酸溶液溶解，加水至约 450 mL，用 250 g/L 的乙酸钠溶液调节 pH 值为 5.0，再加水稀释至 500 mL，置冰箱内保存。

h. 缓冲液（pH 值为 4.7）：称取 30 g 无水乙酸钠，溶于 400 mL 水中，加 22 mL 冰乙酸，再缓缓加冰醋酸调节 pH 值为 4.7，然后加水稀释至 500 mL。

i. 二乙基苯胺-异戊醇溶液（5∶100）：量取 25 mL 二乙基苯胺，溶于 500 mL 异戊醇中。

j. 100 g/L 硝酸镁溶液。

k. 40 g/L 氢氧化钠溶液：称取 4 g 氢氧化钠，溶于水并稀释至 100 mL。

l. 氟标准溶液：准确称取 0.2210 g 经 95～105℃ 干燥 4 h 冷却后的氟化钠，溶于水，移入 100 mL 容量瓶中，加水至刻度，混匀，冰箱中保存。此溶液 1 mL 相当于 1.0 mg 氟。

m. 氟标准使用液：吸取 1.0 mL 氟标准溶液，置于 220 mL 容量瓶中，加水至刻度，混匀。此溶液 1 mL 相当于 5.0 μg 氟。

n. 圆滤纸片：把滤纸剪成直径 4.5 cm，浸于 40 g/L 氢氧化钠-无水乙醇溶液，于 100℃ 烘干，备用。

②仪器。

a. 塑料扩散盒：内径 4.5 cm，深 2 cm，盖内壁顶部光滑，并带有凸起的圈（盛放氢氧化钠吸收液用），盖紧后不漏气。其他类型塑料盒亦可使用。

b. 恒温箱：（55±1）℃。

c. 可见分光光度计。

d. 酸度计。

e. 马弗炉。

（3）操作步骤。

①扩散单色法。

a. 试样处理。

谷类试样：稻谷去壳，其他粮食出去可见杂质，取有代表性试样 50~100 g，粉碎，过 40 目筛。

蔬菜、水果：取可食部分，洗净、晾干、切碎、混匀，称取 100~200 g 试样，80℃ 鼓风干燥，粉碎，过 40 目筛。结果以鲜重表示，同时要测水分。

特殊试样（含脂肪高、不易粉碎过筛的试样，如花生、肥肉、含糖分高的果实等）：称取研碎的试样 1.00~2.00 g 于坩埚（镍、银、瓷等）内，加 4 mL 硝酸镁（100 g/L），加氢氧化钠溶液（100 g/L）使呈碱性，混匀后浸泡 0.5 h，将试样中的氟固定，然后在水浴上挥干，再加热炭化至不冒烟，再于 600℃ 马弗炉内灰化 6 h，待灰化完全，取出放冷，取灰分进行扩散。

b. 测定。

取塑料盒若干个，分别于盒盖中央加 0.2 mL、40 g/L 氢氧化钠-无水乙醇溶液，在圈内均匀涂布，于（55±1）℃ 恒温箱中烘干，形成一层薄膜，取出备用。或把滤纸片贴于盒内。

称取 1.00~2.00 g 处理后的试样于塑料盒内，加 4 mL 水使呈均匀分布状，不能结块。加 4 mL、20 g/L 硫酸银-硫酸溶液，立即盖紧，轻轻摇匀。如试样经灰化处理，则先将灰分全部移入塑料盒内，用 4 mL 水分数次将坩埚洗净，洗液均倒入塑料盒内，并使灰分均匀分散，如坩埚还未完全洗净，加 4 mL、20 g/L 硫酸银-硫酸溶液于坩埚内继续洗涤，将洗液倒入塑料盒内，立即盖紧，轻轻摇匀，置（55±1）℃ 恒温箱内保温 20 h。分别于塑料盒内加 0、0.2 mL、0.4 mL、0.8 mL、1.2 mL、1.6 mL 氟标准使用液（相当于 0、1.0 μg、2.0 μg、4.0 μg、6.0 μg、8.0 μg、10.0 μg 氟），补加水至 4 mL，各加 20 g/L 硫酸银-硫酸溶液 4 mL，立即盖紧，轻轻摇匀，置（55±1）℃ 恒温箱内保温 20 h。将盒取出，取下盒盖，分别用 20 mL 水，少量多次地将盒盖内氢氧化钠薄膜溶解，用滴管小心完全地移入 100 mL 分液漏斗中。

分别于分液漏斗中加 3.0 mL 茜素氨羧络合剂溶液、3.0 mL pH 值为 4.7 的缓冲液、8.0 mL 丙酮、3.0 mL 硝酸镧溶液、13.0 mL 水，混匀，放置 10 min。各加入 10.0 mL 二乙基苯胺-异戊醇溶液，振摇 2 min，待分层后，弃去水层，分出有机层，并用滤纸过滤于 10 mL 带塞比色管中。用 1 cm 比色杯于 580 nm 波长处以标准零管调节零点，测吸光值绘制标准曲线，试样吸光值与曲线比较求得含量。

②扩散复色法。

样品处理以及氟的扩散、吸收同扩散单色法。保温 20 h 后将盒取出，取下盒盖，分别用 10 mL 水分次将盒盖内氢氧化钠薄膜溶解，用滴管小心完全地移入 25 mL 带塞比色管中。

分别于带塞比色管中加 2.0 mL 茜素氨羧络合剂溶液、3.0 mL pH 值为 4.7 的缓冲液、6.0 mL 丙酮、2.0 mL 硝酸镧溶液，再加水至刻度，混匀，放置 20 min，以 3 cm 比色杯于 580 nm 波长处以标准零管调节零点，测吸光值绘制标准曲线，试样吸光值与曲线比较求得含量。

（4）结果计算见式（4-17）。

$$X = \frac{A \times 1000}{m \times 1000} \tag{4-17}$$

式中：X——试样中氟的含量，mg/kg；

A——测定试样中氟的质量，μg；

m——试样质量，g。

计算结果保留两位有效数字。

以重复性条件下获得的两次独立测定结果的绝对差值不得超过 20%。

2. 氟离子选择电极法

（1）原理。氟离子选择电极的氟化镧单晶膜对氟离子产生选择性的对数影响，氟电极和饱和甘汞电极在被测试液中，电位差可随溶液中氟离子活度的变化而改变，电位变化规律符合能斯特（Nernst）方程，见式（4-18）。

$$E = E^0 - \frac{2.303RT}{F}\lg C_{F^-} \tag{4-18}$$

E 与 $\lg C_{F^-}$ 呈线性关系。$\frac{2.303RT}{F}$ 为该直线的斜率（25℃时为 59.16）。

与氟离子形成络合物的铁、铝离子干扰测定，其他常见离子无影响。测定溶液的酸度为 pH 值为 5~6，用总离子强度缓冲剂，消除干扰离子及酸度的影响。

（2）试剂及仪器。

①试剂：本方法所用水均为不含氟的去离子水，试剂为分析纯，全部试剂储于聚乙烯塑料瓶中。

a. 3 mo/L 乙酸钠溶液：称取 204 g 乙酸钠，溶于 300 mL 水中，加 1 mol/L 乙酸调节 pH 值至 7.0，加水稀释至 500 mL。

b. 0.75 mol/L 柠檬酸钠溶液：称取 110 g 柠檬酸钠溶于 300 mL 水中，加 14 mL 高氯酸，再加水稀释至 500 mL。

c. 总离子强度缓冲剂：3 mo/L 乙酸钠溶液与 0.75 mol/L 柠檬酸钠溶液等量混合，临用时现配置。

d. 盐酸（1:11 或 1 mol/L）：取 10 mL 盐酸，加水稀释至 120 mL。

e. 氟标准使用液：吸取扩散比色法试剂氟标准溶液 10.0 mL 置于 100 mL 容量瓶中，加水稀释至刻度，如此反复稀释至溶液 1 mL 相当于 1.0 μg 氟。

②仪器。

a. 氟电极。

b. 酸度计。

c. 磁力搅拌器。

d. 甘汞电极。

（3）操作步骤。

①称取 1.00 g 粉碎过 40 目筛的试样，置于 50 mL 容量瓶中，加 10 mL 盐酸（1∶11）密闭浸泡提取 1 h（不时轻轻摇动），应尽量避免试样粘于瓶壁上。提取后加 25 mL 总离子强度缓冲剂，加水至刻度，混匀，备用。

②吸取加 0、1.0 mL、2.0 mL、5.0 mL、10.0 mL 氟标准使用液（相当于 0、1.0 μg、2.0 μg、5.0 μg、10.0 μg 氟），分别置于 50 mL 容量瓶中，于各容量瓶中分别加入 25 mL 总离子强度缓冲剂，10 mL 盐酸（1∶11），加水至刻度，备用。

③将氟电极和甘汞电极与测量仪器的负极与正端相连接。电极插入盛有水的 25 mL 塑料杯中，杯中放有套聚乙烯管的铁搅拌棒，在电磁搅拌中，读取平衡电位值，更换 2～3 次水后，待电位值平衡后，即可进行样液与标准液的电位测定。

④以电极电位为纵坐标，氟离子浓度为横坐标，在半对数坐标纸上绘制标准曲线，根据试样电位值在曲线上求得含量。

（4）结果计算见式（4-19）。

$$X = \frac{A \times V \times 1000}{m \times 1000} \tag{4-19}$$

式中：X——试样中氟的含量，mg/kg；

　　　A——测定用样液中氟的浓度，μg/mL；

　　　V——样液总体积，mL；

　　　m——试样质量，g。

计算结果保留两位有效数字。

以重复性条件下获得的两次独立测定结果的绝对差值不得超过 10%。

（八）食品中氯化物的测定

氯化物（食盐是食品中氯化物的主要来源）是人体必需的化学物质，血液中的氯等电解质离子比例失调时，轻者使人疲乏无力、厌食嗜睡、消化不良；重者导致呕吐、抽搐、昏迷不醒、心律失常等症状。食品中氯化物的测定方法包括电位滴定法、佛尔哈德法（间接沉淀滴定法）和银量法（摩尔法或直接滴定法），其中电位滴定法适用于各类食品中氯化物的测定，佛尔哈德法（间接沉淀滴定法）和银量法（摩尔法或直接滴定法）不适用于深颜色食品中氯化物的测定。

1. 原理（GB 5009.44—2016，银量法或直接滴定法）

样品经处理后，以铬酸钾为指示剂，用硝酸银标准滴定溶液滴定试液中的氯化物。根据硝酸银标准滴定溶液的消耗量，计算食品中氯的含量。

2. 试剂及仪器

（1）试剂。除非另有规定，本方法所用试剂均为分析纯。

①铬酸钾（K_2CrO_4）、氢氧化钠（NaOH）、酚酞（$C_2OH_{14}O_4$）、硝酸（HNO_3）、乙醇（CH_3CH_2OH、纯度≥95%）、基准氯化钠（NaCl，纯度≥99.8%）。

②铬酸钾溶液（5%）：称取 5 g 铬酸钾，加水溶解并定容到 100 mL。

③铬酸钾溶液（10%）：称取 10 g 铬酸钾，加水溶解并定容到 100 mL。

④氢氧化钠溶液（0.1%）：称取 0.1 g 氢氧化钠，加水溶解并定容到 100 mL。

⑤硝酸溶液（1+3）：将 1 体积的硝酸加入 3 体积水中混匀。

⑥酚酞乙醇溶液（1%）：称取 1 g 酚酞，溶于 60 mL 乙醇中，用水稀释至 100 mL。

⑦乙醇溶液（80%）：84 mL 95%乙醇与 15 mL 水混匀。

⑧硝酸银标准滴定溶液（0.1 mol/L）：称取 17 g 硝酸银，溶于少量硝酸溶液中，转移到 1000 mL 棕色容量瓶中，用水稀释至刻度，摇匀转移到棕色试剂瓶中储存。硝酸银标准滴定溶液的标定：称取经 500~600℃灼烧至恒重的基准试剂氯化钠 0.05~0.10 g（精确至 0.1 mg），于 250 mL 锥形瓶中，用约 70 mL 水溶解，加入 1 mL 5%铬酸钾浴液，边摇动边用硝酸银标准滴定溶液滴定，颜色由黄色变为橙黄色（保持 1 min 不褪色）。记录消耗硝酸银标准滴定溶液的体积（V_0）。硝酸银标准滴定溶液的浓度按式（4-20）计算：

$$c = \frac{m_0}{0.0585 \times V_0}$$ （4-20）

式中：c——硝酸银标准滴定溶液的浓度，mol/L；

0.0585——与 1.00 mL 硝酸银标准滴定溶液相当的氯化钠的质量，g；

V_0——滴定试液时消耗硝酸银标准滴定溶液的体积，mL；

m_0——氯化钠的质量，g。

（2）仪器：组织捣碎机、粉碎机、研钵、涡旋振荡器、超声波清洗器、恒温水浴锅、离心机（转速≥3000 r/min）、pH 计、天平。

3. 操作步骤

（1）试样制备。

①粉末状、糊状或液体样品：取有代表性的样品至少 200 g，充分混匀，置于密闭的玻璃容器内。

②块状或颗粒状等固体样品：取有代表性的样品至少 200 g，用粉碎机粉碎或用研钵研细，置于密闭的玻璃容器内。

③半固体或半液体样品：取有代表性的样品至少 200 g，用组织捣碎机捣碎，置于密闭的玻璃容器内。

（2）试样溶液制备。

①婴幼儿食品、乳品：称取混合均匀的试样 10 g（精确至 1 mg）于 100 mL 具塞比色管中，加入 50 mL 约 70℃热水，振荡分散样品，水浴中沸腾 15 min，并不时摇动，取出，超声处理 20 min，冷却至室温，依次加入 2 mL 沉淀剂Ⅰ和 2 mL 沉淀剂Ⅱ，每次加后摇匀。用水稀释至刻度，摇匀，在室温静置 30 min。用滤纸过滤，弃去最初滤液，取部分滤液测定。必要时也可用离心机于 5000 r/min 离心 10 min，取部分上清液测定。

②蛋白质、淀粉含量较高的蔬菜制品、淀粉制品：称取约 5 g 试样（精确至 1 mg）于 100 mL 具塞比色管中，加适量乙醇分散，振摇 5 min（或用涡旋振荡器振荡 5 min），超声处理 20 min，依次加入 2 mL 沉淀剂Ⅰ和 2 mL 沉淀剂Ⅱ，每次加后摇匀。用乙醇稀释至刻度，摇匀，在室温静置 30 min。用滤纸过滤，弃去最初滤液，取部分滤液测定。

③一般蔬菜制品、腌制品：称取约 10 g 试样（精确至 1 mg）于 100 mL 具塞比色管中，加入 50 mL 70℃ 热水，振摇 5 min（或用涡旋振荡器振荡 5 min），超声处理 20 min，冷却至室温，用水稀释至刻度，摇匀，用滤纸过滤，弃去最初滤液，取部分滤液测定。

④调味品：称取约 5 g 试样（精确至 1 mg）于 100 mL 具塞比色管中，加入 50 mL 水，必要时，70℃ 热水浴中加热溶解 10 min，振摇分散，超声处理 20 min，冷却至室温，用水稀释至刻度，摇匀，用滤纸过滤，弃去最初滤液，取部分滤液测定。

⑤肉禽及水产制品：称取约 10 g 试样（精确至 1 mg）于 100 mL 具塞比色管中，加入 50 mL 70℃ 热水，振荡分散样品，水浴中煮沸 15 min，并不断摇动，取出，超声处理 20 min，冷却至室温，依次加入 2 mL 沉淀剂 I 和 2 mL 沉淀剂 II。每次加入沉淀剂要充分摇匀，用水稀释至刻度，摇匀，在室温静置 30 min。用滤纸过滤，弃去最初滤液，取部分滤液测定。

⑥鲜（冻）肉类、灌肠类、酱卤肉类、肴肉类、烧烤肉和火腿类：炭化浸出法：称取 5 g 试样（精确至 1 mg）于瓷坩埚中，小火炭化完全，炭化成分用玻璃棒轻轻研碎，然后加 25 ~ 30 mL 水小火煮沸，冷却，过滤于 100 mL 容量瓶中，并用热水少量多次洗涤残渣及滤器，洗液并入容量瓶中，冷至室温，加水至刻度，取部分滤液测定。灰化浸出法：5 g 试样（精确至 1 mg）于瓷坩埚中，先小火炭化，再移入高温炉中，于 500 ~ 550℃ 灰化，冷却，取出，残渣用 50 mL 热水分数次浸渍溶解，每次浸渍后过滤于 100 mL 容量瓶中，冷至室温，加水至刻度，取部分滤液测定。

（3）测定。

①pH 值为 6.5 ~ 10.5 的试液：移取 50.00 mL 试液（V_2）于 250 mL 锥形瓶中，加入 50 mL 水和 1 mL 铬酸钾溶液（5%）。滴加 1 ~ 2 滴硝酸银标准滴定溶液，此时滴定液应变为棕红色，如不出现这一现象，应补加 1 mL 铬酸钾溶液（10%），再边摇动边滴加硝酸银标准滴定溶液，颜色由黄色变为橙黄色（保持 1 min 不褪色）。记录消耗硝酸银标准滴定溶液的体积（V_3）。

②pH 值小于 6.5 的试液：移取 50.00 mL 试液（V_2）于 250 mL 锥形瓶中，加 50 mL 水和 0.2 mL 酚酞乙醇溶液，用氢氧化钠溶液滴定至微红色，加 1 mL 铬酸钾溶液（10%），再边摇动边滴加硝酸银标准滴定溶液，颜色由黄色变为橙黄色（保持 1 min 不褪色），记录消耗硝酸银标准滴定溶液的体积（V_3）。同时做空白试验，记录消耗硝酸银标准滴定溶液的体积（V_1）。

4. 结果计算见式（4-21）

$$X = \frac{0.0355 \times c(V_3 - V_1) \times V}{m \times V_2} \qquad (4-21)$$

式中：X——食品中氯化物的含量（以氯计），%；

　0.0355——与 1.00 mL 硝酸银标准滴定溶液相当的氯的质量，g；

　　　c——硝酸银标准滴定溶液的浓度，mol/L；

　　V_2——用于滴定的试样体积，mL；

　　V_3——滴定试液时消耗的硝酸银标准滴定溶液体积，mL；

　　V_1——空白试验消耗的硝酸银标准滴定溶液体积，mL；

　　　V——样品定容体积，mL；

m——试样质量，g。

当氯化物含量≥1%时，结果保留3位有效数字；当氯化物含量<1%时，结果保留两位有效数字。

第三节　酸度的测定

一、概述

（一）酸度的概念

总酸度是指食品中所有酸性成分的总量。它包括在测定前已离解成 H^+ 的酸的浓度（游离态），也包括未离解的酸的浓度（结合态、酸式盐）。其大小可借助标准碱液滴定来求取，故又称可滴定酸度。有效酸度是指被测溶液中 H^+ 的浓度，准确地说应是溶液中 H^+ 的活度，所反映的是已离解的那部分酸的浓度，常用 pH 值表示，其大小由酸度计（即 pH 计）测定。pH 值的大小与总酸中酸的性质与数量有关，还与食品中缓冲物的质量与缓冲能力有关。人的味觉只对 H^+ 有感觉，所以，总酸度高，口感不一定酸。在一定的 pH 值下，人对酸味的感受强度不同。如：醋酸>甲酸>乳酸>草酸>盐酸。一般食品在 pH<3.0，难以适口；pH<5.0，为酸性食品；pH 值为 5~6.0，无酸味感觉。挥发酸是指食品中易挥发的有机酸，如甲酸、乙酸（醋酸）、丁酸等低碳链的直链脂肪酸，其大小可以通过蒸馏法分离，再借标准碱液来滴定。挥发酸包含游离的和结合的两部分。

牛乳酸度包括外表酸度和真实酸度，其大小可通过标准碱滴定来测定。外表酸度又叫固有酸度，是指刚挤出来的新鲜牛乳本身所具有的酸度，是由磷酸、酪蛋白、白蛋白、柠檬酸和 CO_2 等酸性成分组成。外表酸度在新鲜牛乳中占 0.15~0.18%（以乳酸计）。真实酸度又叫发酵酸度，是指牛乳放置过程中，在乳酸菌作用下乳糖发酵产生了乳酸而升高的那部分酸度。若牛乳的含酸量超过了 0.20%，即认为有乳酸存在，因此习惯上将在 0.20% 以下含酸量的牛乳称为新鲜牛乳，若达 0.3% 就有酸味，0.6% 就能凝固。牛乳酸度有两种表示方法：

用吉尔涅尔度（°T）表示牛乳酸度：°T 指滴定 100 mL 牛乳样品消耗 0.1000 mol/L NaOH 溶液的毫升数，或滴定 10 mL 牛乳所用去 0.1000 mol/L NaOH 溶液的毫升数乘以 10，即为牛乳的酸度。新鲜牛乳的酸度常为 16~18°T。酸度低于 16°T，可怀疑加水或加中和剂。

以乳酸的百分数表示：与总酸度计算方法同样，用乳酸含量表示牛乳酸度。

（二）酸度测定的意义

食品中的酸不仅作为酸味成分，而且在食品的加工、储藏及品质管理等方面被认为是重要的指标，测定食品中的酸度具有十分重要的意义。

有机酸影响食品的色、香、味及稳定性。果蔬中所含色素的色调，与其酸度密切相关，在一些变色反应中，酸是起重要作用的成分。如叶绿素在酸性条件下变成黄褐色的脱镁叶绿素，花青素于不同酸度下颜色亦不相同。果实及其制品口味取决于糖、酸的种类、含量及其比例，酸度降低则甜味增加，各种水果及其制品正是因为适宜的酸味和甜味使之具有各自独特的风味。同时水果中适量的挥发酸含量也会带给其特定的香气。另外，食品中有机酸含量高，则其 pH 值低，而 pH 值的高低，对食品稳定性有一定影响，降低 pH 值能减弱微生物的抗热性和抑制其生长，所以 pH 值是果蔬罐头杀菌条件的主要依据。在水果加工中，控制介质 pH 值还可抑制水果褐变。有机酸能与 Fe、Sn 等金属反应，加快设备和容器的腐蚀作用，影响制品的风味和色泽。有机酸还可以提高维生素 C 的稳定性，防止其氧化。

食品中有机酸的种类和含量是判断其质量好坏的一个重要指标。挥发酸的种类是判断某些制品腐败的标准，如某些发酵制品中有机酸积累，则说明已发生细菌性腐败；挥发酸的含量也是某些制品质量好坏的指标，如水果发酵制品中含有 0.1% 以上的醋酸，则说明制品腐败；牛乳及乳制品中乳酸过高时亦说明已由乳酸菌发酵而产生腐败。新鲜的油脂常是中性的，不含游离脂肪酸。但油脂在存放过程中，本身含有解脂酶会分解油脂而产生游离脂肪酸，使油脂酸败，故测定油脂酸度（以酸价表示）可判断其新鲜度。有效酸度也是判断食品质量的指标，如新鲜肉 pH 值为 5.7~6.2，如 pH 值大于 6.7，说明肉已变质。

利用有机酸的含量与糖的含量之比，可判断某些果蔬的成熟度。有机酸在果蔬中的含量，因其成熟度及其生长条件不同而异，一般随成熟度的提高，有机酸含量降低，而糖含量增加，糖酸比增大，故测定酸度可判断某些果蔬的成熟度，对于确定果蔬收获期及加工工艺条件很有意义。例如美国甜橙糖酸比为 8∶1 时作为采收的最低标准；四川甜橙在采收时糖酸比为 10∶1 左右；苹果糖酸比为 30∶1 时采收，风味浓郁。

（三）食品中酸的种类与分布

1. 食品中酸的种类

食品中酸的种类很多，可分为有机酸和无机酸两类，但主要成分是有机酸，无机酸含量很少。通常有机酸部分呈游离状态，部分呈酸式盐状态存在于食品中，而无机酸呈中性盐化合物存在于食品中。食品中常见的有机酸有苹果酸、柠檬酸、酒石酸、草酸、琥珀酸、乳酸及醋酸等。果蔬中主要的有机酸为柠檬酸、苹果酸和酒石酸，通常也称为果酸，另外还有少量的草酸、醋酸、苯甲酸、水杨酸、琥珀酸和延胡索酸等，果蔬中所含有机酸种类较多，但不同果蔬中所含有机酸种类亦不同，如表 4-8 所示。

表 4-8　果蔬中主要有机酸种类

果蔬	有机酸种类	果蔬	有机酸种类
苹果	苹果酸、少量柠檬酸	梅	柠檬酸、苹果酸、草酸
桃	苹果酸、柠檬酸、奎宁酸	温州蜜橘	柠檬酸、苹果酸
洋梨	柠檬酸、苹果酸	夏橙	柠檬酸、苹果酸、琥珀酸
梨	苹果酸、果心部分有柠檬酸	柠檬	柠檬酸、苹果酸
葡萄	酒石酸、苹果酸	菠萝	柠檬酸、苹果酸、酒石酸
樱桃	苹果酸	甜瓜	柠檬酸
杏	苹果酸、柠檬酸	番茄	柠檬酸、苹果酸
菠菜	草酸、苹果酸、柠檬酸	甜菜叶	草酸、柠檬酸、苹果酸
甘蓝	柠檬酸、苹果酸、琥珀酸、草酸	莴苣	苹果酸、柠檬酸、草酸
笋	草酸、酒石酸、乳酸、柠檬酸	甘薯	草酸

2. 食品中常见有机酸含量

果蔬中有机酸的含量取决于其品种、成熟度以及产地气候条件等因素,其他食品中有机酸的含量取决于其原料种类、产品配方以及工艺过程等。一些果蔬中的苹果酸和柠檬酸含量如表4-9所示。

表4-9　果蔬中的苹果酸和柠檬酸含量

果蔬	柠檬酸/%	苹果酸/%	果蔬	柠檬酸/%	苹果酸/%
草莓	0.91	0.10	豌豆类	0.03	0.13
苹果	0.03	1.02	甘蓝	0.14	0.10
葡萄	0	0.65	胡萝卜	0.09	0.24
橙	0.98	痕量	洋葱	0.02	0.17
柠檬	3.84	痕量	马铃薯	0.51	0
香蕉	0.32	0.37	甘薯	0.07	0
菠萝	0.84	0.12	南瓜	0	0.15
桃	0.27	0.37	菠菜	0.08	0.09
梨	0.24	0.12	花椰菜	0.21	0.39
杏(干果)	0.35	0.81	番茄	0.47	0.05
洋梨	0.03	0.92	黄瓜	0.01	0.24
甜樱桃	0.10	0.50	芦笋	0.11	0.11

3. 食品中有机酸的来源

食品中的有机酸主要有5个来源:原料自身带入,如果蔬及制品中的有机酸,是食品所固有的;加工过程中人为加入,如汽水中的有机酸;生产中有意让原料产酸,如酸奶、食醋中的有机酸;各种食品添加剂带入;生产加工不当,贮藏、运输中污染。

二、总酸度的测定

(一)原理

食品中的有机弱酸(酒石酸、苹果酸、柠檬酸、草酸、乙酸等)电离常数均大于10^{-8},可以用强碱标准溶液直接滴定。用酚酞做指示剂,当滴定至终点时(溶液呈浅红色,30 s不褪色),根据所消耗标准碱溶液的浓度和体积,可计算出样品中总酸含量。

$$RCOOH+NaOH \rightarrow RCOONa+H_2O$$

本法适用于各类色浅的食品中总酸含量的测定。

(二)试剂及仪器

0.1 mol/L氢氧化钠标准溶液和1%酚酞指示剂。

(三)操作步骤

1. 样品预处理

(1)固体样品、干鲜果蔬、蜜饯及罐头样品:将样品用粉碎机或高速组织捣碎机捣碎并混合均匀。取适量样品(按其总酸含量而定),将150 mL无CO_2蒸馏水(果蔬干品须加8~9

倍无 CO_2 蒸馏水）移入 250 mL 容量瓶中，在 75~80℃ 的水浴上加热 0.5 h（果脯类沸水浴加热 1 h），冷却后定容，用干燥滤纸过滤，弃去初始滤液 25 mL，收集滤液备用。

（2）含 CO_2 的饮料、酒类：将样品置于 40℃ 水浴加热 30 min，以除去 CO_2，冷却后备用。

（3）调味品及不含 CO_2 的饮料、酒类：将样品混匀后直接取样，必要时加适量水稀释（若样品浑浊，则需过滤）。

（4）咖啡样品：将样品粉碎通过 40 目筛，取 10 g 粉碎的样品于锥形瓶中，加入 75 mL、80% 乙醇，加塞放置 16 h，并不时摇动，过滤。

（5）固体饮料：称取 5~10 g 样品，置于研钵中，加少量无 CO_2 蒸馏水，研磨成糊状，用无 CO_2 蒸馏水移入 250 mL 容量瓶中，充分振摇，过滤。

2. 测定

准确吸取以上方法制备滤液 50 mL，注入三角瓶中，加入酚酞指示剂 3~4 滴。用 0.1 mol/L NaOH 溶液滴定至浅（微）红色且 30 s 不褪色。记录消耗的 NaOH 标准溶液的毫升数。

注：用碱式滴定管，先用水洗净，检查是否漏液，排气泡，再使用。

（四）结果计算见式（4-22）

$$X = \frac{V \times c \times K \times F}{m} \times 100 \tag{4-22}$$

式中：X——样品中总酸的质量分数，% 或 g/100 mL；

　　　c——NaOH 标准溶液的浓度，mol/L；

　　　V——滴定消耗标准 NaOH 溶液体积，mL；

　　　F——稀释倍数；

　　　m——试样质量或体积，g 或 mL；

　　　K——换算系数，即 1 mmol NaOH 相当于主要酸的克数。

计算结果表示到小数点后两位。

以重复性条件下获得的两次独立测定结果的绝对差值不得超过 2%。

因食品中含有多种有机酸，总酸度测定结果通常以样品中含量最多的那种酸表示。一般分析葡萄及其制品时，用酒石酸表示，其 $K = 0.075$；分析柑橘类果实及其制品时，用柠檬酸表示，$K = 0.064$ 或 0.070（带一分子水）；分析苹果、核桃类果实及其制品时，用苹果酸表示，$K = 0.067$；分析乳品、肉类、水产品及其制品时，用乳酸表示，$K = 0.090$；分析酒类、调味品时，用乙酸表示，$K = 0.060$；分析菠菜时，用草酸表示，$K = 0.045$。

（五）注意事项

（1）样品浸渍、稀释用蒸馏水不能含有 CO_2，因为 CO_2 溶于水会生成酸性的 H_2CO_3，影响滴定终点时酚酞颜色变化。制备无 CO_2 蒸馏水的方法是在使用前将蒸馏水煮沸 15 min 并迅速冷却备用，必要时需经碱液抽真空处理。样品中 CO_2 对测定也有干扰，故对含有 CO_2 饮料、酒类等样品在测定之前须除去 CO_2。

（2）样品浸渍、稀释之用水量应根据样品中总酸含量来慎重选择，为使误差不超过允许范围，一般要求滴定时消耗 0.1 mol/L NaOH 溶液不得少于 5 mL，最好在 10~15 mL。

（3）适用于各种浅色食品的总酸的测定。如果是深色样品可采取以下措施：

①滴定前（50 mL 样液已放入三角瓶内）再用无 CO_2 水稀释一倍。

②若还不行，在上述快到终点时，用小烧杯取出 2～3 mL 液体，再加入 20 mL 水稀释，观察。

③可用活性炭脱色处，加热到 50～60℃ 微温微过滤后再滴定。

④如果样液颜色过深或浑浊，则宜用电位滴定法，测 pH 值来定终点，一边滴定，一边电磁搅拌，到规定的 pH 值时为终点。

（4）食品中酸是多种有机弱酸的混合物，用强碱滴定测其含量时滴定突跃不明显，其测定终点偏碱，一般在 pH 值为 8.2 左右，故可选用酚酞为终点指示剂。

三、有效酸度（pH 值）的测定

食品由于原料品种、成熟度及加工方法的不同，有效酸度（pH 值）的变动范围很大，一些果蔬的 pH 值如表 4-10 所示。

表 4-10　一些果蔬的 pH 值

果蔬	pH 值	果蔬	pH 值	果蔬	pH 值
苹果	3.0～5.0	甜樱桃	3.20～3.95	葡萄	2.55～4.50
梨	3.20～3.95	草莓	3.8～4.4	西瓜	6.0～6.4
杏	3.4～4.0	酸樱桃	2.5～3.7	甘蓝	5.2
桃	3.2～3.9	柠檬	2.2～3.5	番茄	4.1～4.8
辣椒（青）	5.4	菠菜	5.7	橙	3.55～4.90
南瓜	5.0	胡萝卜	5.0	豌豆	6.1

食品的 pH 值与总酸度之间没有严格的比例关系，测定 pH 值往往比测定总酸度具有更加的实际意义，更能说明问题。pH 值的大小不仅取决于酸的数量和性质，而且受该食品中缓冲物质的影响。pH 值的测定方法有 pH 试纸法、比色法和电位法（即 pH 计法）。其中以 pH 计法的操作简便且结果准确，是最常用的方法。

（一）原理

以玻璃电极为指示电极，饱和甘汞电极为参比电极，插入待测样液中，组成原电池，该电池电动势的大小，与溶液 pH 值有直线关系，如式（4-23）所示。

$$E = E^0 + 0.059 \lg [H^+] = E^0 - 0.059 pH \quad (25℃) \tag{4-23}$$

即在 25℃ 时，每相差 1 个 pH 值单位就产生 59.1mV 的电池电动势，利用酸度计测量电池电动势并直接以 pH 表示，故可从酸度计上读出样品溶液的 pH 值。本方法适用于各种饮料、果蔬及其制品，以及肉、蛋类等食品中 pH 值的测定。测定值可准确到 0.01pH 单位。

（二）试剂及仪器

1. pH 计校正标准试剂

（1）pH＝4.03（25℃）标准缓冲溶液：邻苯二甲酸氢钾。

（2）pH＝6.86（25℃）标准缓冲溶液：混合磷酸盐 KH_2PO_4 和 $NaHPO_4$。

（3）pH＝9.18（25℃）标准缓冲溶液：四硼酸钠，即硼砂（$Na_2B_4O_7 \cdot 10H_2O$）。

2. 仪器

酸度计（pH 计，图 4-18）、玻璃电极和甘汞电极（或复合电极）、电磁搅拌器、高速组织搅拌机。

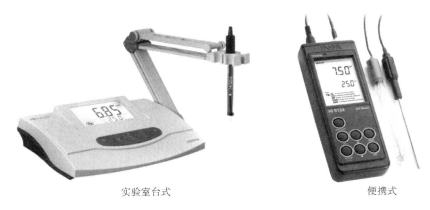

实验室台式　　　　　　　　　　便携式

图 4-18　酸度计

（三）操作步骤

1. 样品处理

（1）一般液体样品（如牛乳、不含 CO_2 的果汁，酒等样品）：摇匀后可直接取样测定。

（2）含 CO_2 的液体样品（如碳酸饮料、啤酒等）：同"总酸度测定"方法排除 CO_2 后再测定。

（3）果蔬样品：将果蔬样品榨汁后，取其汁液直接进行 pH 测定。对于果蔬干制品，可取适量样品，并加数倍的无 CO_2 蒸馏水，于水浴上加热 30 min，再捣碎，过滤，取滤液测定。

（4）肉类制品：称取 10 g 已除去油脂并捣碎的样品于 250 mL 锥形瓶中，加入 100 mL 无 CO_2 蒸馏水，浸泡 15 min 并随时摇动，过滤后取滤液测定。

2. 酸度计的校正（以 PHS-25 酸度计为例）

（1）"选择"开关置 pH 档。

（2）打开电源开头指示灯亮，预热 30 min。

（3）取下放蒸馏水的小烧杯，并用滤纸轻轻吸去玻璃电极上的多余水珠。在小烧杯内倒入选择好的已知 pH 值的标准缓冲溶液，将电极浸入。注意使玻璃电极端部小球和甘汞电极的毛细孔浸在溶液中。

（4）根据标准缓冲液的 pH 值，将量程开关拧到 0~7 或 7~14 开关。

（5）调节控温钮，使旋钮指示的温度与室温同。

（6）调节零点，使指针指在 pH=7 处。

（7）轻轻按下或稍许转动读数开关使开关卡住。调节定位旋钮，使指针恰好指在标准缓冲液的 pH 数值处。放开读数开关，重复操作，直至数值稳定为止。

（8）校正后，切勿再旋动定位旋钮，否则需重新校正。取下标准液小烧杯，用蒸馏水冲洗电极。

3. 测定

将电极上多余水珠吸干或用待测溶液冲洗 2 次，然后将电极浸入待测溶液中，并轻轻摇动小烧杯，使溶液均匀接触电极。被测溶液温度应与标准缓冲溶液温度相同。校正零位，按下读数开关，指针所指的数值即为待测液的 pH 值。测量完毕，放开读数开关后，指针必须指在 pH 值在 7 处，否则重新调整。关闭电源，冲洗电极，并按照前述方法浸泡。

（四）注意事项

（1）由于样品的 pH 值可能会因吸收 CO_2 等因素而改变，因此试液制备后应立刻测定。

（2）新的和久置不用的玻璃电极使用前应在蒸馏水中浸泡 24 h 以上。

（3）玻璃电极的玻璃球膜易损坏，操作时应特别小心。如果玻璃膜沾有油污，可先浸入乙醇，然后浸入乙醚或四氯化碳中，最后再浸入乙醇中浸泡，用蒸馏水冲洗干净。

（4）使用甘汞电极时，应将电极上部加氯化钾溶液处的小橡皮塞拔去，让极少量的 KCl 溶液从毛细管流出，以免样品溶液进入毛细管而使测定结果不准。电极使用完后应把上下两个橡皮套套上，以免电极内溶液流失。

（5）甘汞电极中的氯化钾溶液应经常保持饱和，且在弯管内不应有气泡存在，否则将使溶液隔断。如甘汞电极内溶液流失过多时，应及时补加 KCl 饱和溶液。

（6）电极经长期使用后，如发现梯度略有降低，可把电极下端浸泡在 4% 氢氟酸溶液中 3~5 s，用蒸馏水洗净，然后在氯化钾溶液中浸泡，使之复新。

四、挥发酸的测定

挥发酸是指食品中易挥发的有机酸，主要是含低碳链的直链脂肪酸，包括醋酸和微量的甲酸、丁酸等，不包括可用水蒸气蒸馏的乳酸、琥珀酸、山梨酸以及 CO_2 和 SO_2。正常生长的果蔬中，其挥发酸的含量较稳定，若在生产中使用了不合格的果蔬原料，或违反正常的工艺操作或在装罐前将果蔬成品放置过久，这些都会由于糖的发酵而使挥发酸增加，降低了食品的品质，因此，挥发酸含量是某些食品的一项质量控制指标。

总挥发酸可用直接法和间接法测定。直接法是通过水蒸气蒸馏或溶剂萃取，把挥发酸分离出来，然后用标准碱液滴定其含量。操作方便，较常用于挥发酸含量较高的样品。间接法是将挥发酸蒸发排除后，用标准碱滴定不挥发酸，最后从总酸中减去不挥发酸，即得挥发酸含量。适用于挥发酸含量较少，或在蒸馏操作的过程中蒸馏液有所损失或被污染的样品。

总挥发酸包括游离态和结合态。游离态挥发酸可直接用水蒸气蒸馏得到；而结合态挥发酸的蒸馏比较困难，测定时可加入 10% 磷酸溶液使结合态挥发酸析出后再蒸馏。

（一）原理

样品经适当的处理后，加适量磷酸溶液使结合态挥发酸游离出来，用水蒸气蒸馏分离出总挥发酸，经冷却、收集后，以酚酞做指示剂，用标准碱液滴定至微红色，30 s 不褪色为终点，根据标准碱的消耗量计算出样品总挥发酸含量。本法适用于各类饮料、果蔬及其制品、发酵制品、酒等中等挥发酸含量的测定。

（二）试剂及仪器

1. 试剂

（1）0.01 mol/L 氢氧化钠标准溶液。

（2）1%酚酞乙醇溶液。

（3）10%磷酸溶液：称取 10.0 g 磷酸，用无 CO_2 的蒸馏水溶解并稀释至 100 mL。

2. 仪器

（1）水蒸气蒸馏装置（图 4-19）。

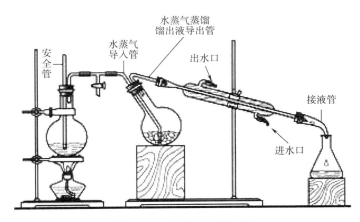

图 4-19 水蒸气蒸馏装置

（2）电磁搅拌器。

（3）高速组织捣碎机。

（三）操作步骤

1. 样品处理

（1）一般果蔬及饮料可直接取样。

（2）含 CO_2 的饮料、发酵酒类：需排除 CO_2。方法是取 80～100 mL（g）样品置三角瓶中，在用电磁搅拌器连续搅拌的同时，于低真空下抽气 2～4 min，以除去 CO_2。

（3）固体样品（如干鲜果蔬及其制品）及冷冻、黏稠等制品：先取可食部分，加定量无 CO_2 蒸馏水，捣碎机粉碎，再称取处理样品 10 g，加无 CO_2 蒸馏水并稀释至 25 mL。

2. 测定

（1）样品蒸馏。取经上述处理的样品 2～3 g（或 25 mL）移入蒸馏瓶中，加 50 mL（或 25 mL）无 CO_2 的水和 1 mL、10% H_3PO_4 溶液，连接水蒸气蒸馏装置打开冷凝水，加热蒸馏至馏出液约 300 mL 为止，于相同条件下做一空白试验（烧瓶内加 50 mL 水代替样品）。

（2）滴定。将馏出液加热至 60～65℃，加入 3 滴酚酞指示剂，用 0.1 mol/L NaOH 标准溶液滴定至微红色 30 s 不褪色，即为终点。

（四）结果计算见式（4-24）

$$X = \frac{(V_1 - V_2) \times c \times 0.06}{m} \times 100 \qquad (4-24)$$

式中：X——样品中挥发酸的含量，以醋酸计，%或g/100 mL；

V_1——样液滴定消耗标准NaOH溶液体积，mL；

V_2——空白滴定消耗标准NaOH溶液体积，mL；

c——NaOH标准溶液的浓度，mol/L；

m——样品质量或体积，g或mL；

0.66——换算为醋酸的系数，即1 mmol NaOH相当于醋酸的克数。

（五）注意事项

（1）样品中挥发酸如采用直接蒸馏法比较困难，因为挥发酸和水构成混溶体，并有固定沸点。在一定沸点下，蒸汽中的酸和溶液中的酸之间有一定的平衡关系，在整个平衡时间内，这个平衡关系不变。而采用水蒸气蒸馏中，挥发酸和水蒸气分压成比例地自溶液中一起蒸馏出来，加速挥发酸的蒸馏速度。

（2）在蒸馏前应先将水蒸气发生器中的水煮沸10 min，或在其中加入2滴酚酞指示剂并加NaOH至呈浅红色，以排除其中的CO_2，并用蒸汽冲洗整个装置。

（3）溶液中总挥发酸包括游离态与结合态两种。结合态挥发酸不容易挥发出来，所以要加少许磷酸，使结合态挥发酸挥发出来。

（4）在整个蒸馏装置中，蒸馏瓶内液面要保持恒定，不然会影响测定结果，另外，整个装置要连接好，防止挥发酸泄露。

（5）滴定前，将蒸馏液加热至60~65℃，为了使终点明显，加速滴定反应，缩短滴定时间，减少溶液与空气接触的机会，以提高测定精度。

（6）若样品中含SO_2还要排除它对测定的干扰。

第四节 脂类的测定

一、概述

脂类是食品的重要组成成分，是生物体内一大类不溶于水而溶于大部分有机溶剂的物质。大多数动物性食品与某些植物性食品（如种子、果实、果仁）含有天然脂肪和脂类化合物。食品中的脂类主要包括甘油三酸酯以及一些类脂（如脂肪酸、磷脂、糖脂、甾醇、固醇等）。室温下呈液态的甘油三酸酯称为油，如豆油和橄榄油，属于植物油。室温下呈固态的甘油三酸酯称为脂肪，如猪脂和牛脂，属于动物油。"脂肪"一词，适用于所有的甘油三酸酯，不管其在室温下呈液态还是固态。各种食品脂肪含量不同，其中植物性或动物性油脂中脂肪含量最高，而水果、蔬菜中脂肪含量很低。不同食品的脂肪含量见表4-11。

表4-11 不同食品的脂肪含量

名称	脂肪含量/(g·100 g⁻¹)	名称	脂肪含量/(g·100 g⁻¹)
酸牛乳	≥3.0	花生仁	30.5~39.2
牛乳	3.5~4.25	芝麻	50.0~57.0

续表

名称	脂肪含量/(g·100 g⁻¹)	名称	脂肪含量/(g·100 g⁻¹)
炼乳	16.0	生椰子	33.5
全脂奶粉	26~32	干杏仁	52.2
脱脂奶粉	1~1.5	稻米	0.4~3.2
硬质干酪	≥25.0	小麦粉	0.5~1.5
稀奶油	80.0~82.0	小麦胚	10.0
奶油	95.0~99.5	高粱	3.3
重制奶肉（黄油）	95.0~99.5	黑麦	2.5
冰鸡蛋	≥10.0	甜玉米（黄色）	1.2
巴氏消毒冰鸡全蛋粉	≥42.0	果蔬	<1.1
冰鸡蛋黄	≥26.0	苹果	0.4
蛋糕	2.0~3.0	橙子	0.1
黄豆	12.1~20.2	芦笋	0.2

食品中脂肪的存在形式分为游离态和结合态。游离态包括动物性脂肪和植物性脂肪；结合态脂肪包括磷脂、糖脂、脂蛋白等。对于大多数食品来说，游离态脂肪含量较多，结合态脂肪含量较少。

脂类含量测定具有十分重要的意义。在生理方面，脂肪是一种富含热能的营养素，每克脂肪在体内可提供 37.62 kJ 热量，比碳水化合物和蛋白质高 1 倍以上；可为人体提供必需的脂肪酸（如亚油酸、亚麻酸）和脂溶性维生素，是脂溶性维生素的含有者和传递者；脂肪与蛋白质结合生成脂蛋白，在调节人体生理机能和完成体内生化反应方面起着十分重要的作用。但摄入含脂过多的动物性食品，如动物内脏等，又会导致体内胆固醇增高，从而导致心血管疾病的发生。

在食品生产加工过程中，原料、半成品、成品的脂类含量对产品的风味、组织结构、品质、外观、口感等都有直接的影响。蔬菜本身的脂肪含量较低，在生产蔬菜罐头时，添加适量的脂肪可以改善产品的风味。对于面包之类焙烤食品，脂肪含量特别是卵磷脂组分，对于面包心的柔软度、面包的体积及其结构都有影响。因此，脂肪是食品质量管理中的一项重要指标。测定食品的脂肪含量，在评价食品的品质，衡量食品的营养价值等方面都有重要的意义。

二、脂类含量的测定

（一）提取剂的选择

天然脂肪并不是单纯的甘油三酸酯，而是各种甘油三酸酯的混合物。由于脂肪酸的不饱和性、脂肪酸的碳链长度、脂肪酸的结构以及甘油三酸酯的分子构型等，其溶解度会发生变化，因此不同来源食品，由于它们结构上的差异，不可能采用一种通用的提取剂。

脂类不溶于水，易溶于有机溶剂。测定其含量大多采用低沸点的有机溶剂萃取的方法。常用的溶剂有乙醚、石油醚，氯仿–甲醇混合溶剂等。

乙醚溶解脂肪能力强，应用最多，但其沸点低，易燃，可饱和2%的水分。含水乙醚会同时抽出糖分等非脂类成分，并使提取效率降低（水会阻止乙醚渗入食品的组织内部）。为避免误差，操作时必须用无水乙醚作为溶剂，被测样品也须事先干燥。石油醚为戊烷和己烷混合物，沸程一般有30～60℃、60～90℃两种。测定脂肪含量时，采用前一种低沸点的。石油醚溶解能力较乙醚弱，但含水分比乙醚少，没有乙醚易燃，使用时允许样品含有微量水分。因两者各有特点，故常常混合使用。值得注意的是，这两种溶剂只能直接提取游离的脂肪。而对于结合态脂类，必须预先用酸或碱破坏脂类和非脂类成分的结合，然后用乙醚或石油醚进行提取。在有些样品测定中，可采用加入醇类如乙醇或正丁醇的方法，使结合态脂肪与其他非脂成分分离。待结合态脂肪析出后，再用有机溶剂提取便可以取得较为满意的效果。如水饱和的正丁醇是一种谷类食品脂肪的有效提取剂，但由于正丁醇无法抽提出样品中的全部脂类，具有令人不快的臭味，以及驱除它所需的温度较高，因此其应用受到限制。氯仿-甲醇是另一种有效的提取剂，对脂蛋白、磷脂提取效率较高，特别适用于水产品、家禽、蛋制品中脂肪的提取。

（二）样品的预处理

用溶剂提取食品中的脂类时，需要根据样品本身性质和所选用的分析方法，在测定之前对样品进行预处理，以获得准确的结果。

（1）样品中脂肪提取的程度取决于颗粒度大小。固体样品要粉碎，无论是切碎、碾磨、绞碎还是均质等处理方法，都应当使样品中脂类的物理、化学性质以及酶的降解减少到最小程度。注意粉碎过程中的温度控制，防止脂肪氧化。有的样品容易结块，可加入4～6倍的海砂；有的样品含水量高，可加入无水硫酸钠使样品成粒状。

（2）乙醚渗入细胞中的速度与样品的含水量有关。样品很潮湿时，乙醚不能渗入组织内部，而且乙醚被水分饱和后，抽提脂肪的效率降低，只能提取出一部分脂类。因此，样品要干燥且方法要适当，温度低时酶活力高，脂肪易降解；温度高时，脂肪易氧化或与蛋白质及碳水化合物成结合态，以至无法用乙醚提取。较理想的方法是冷冻干燥法，由于样品组成及结构变化较小，故对提取效率影响较小。

（3）对于乙醚不易渗入内部的（如面粉及其焙烤制品）或含结合态脂肪样品，直接用乙醚提取效果不佳，需在样品中加入一定量的强酸，在加热条件下使非脂成分水解，脂肪以游离态析出后再用乙醚抽提。

（三）脂类的测定方法

根据处理方法不同，食品中脂类测定的方法可分为3类。第一类为直接萃取法：利用有机溶剂（或混合溶剂）直接从天然或干燥过的食品中萃取出脂类；第二类为经化学处理后再萃取法：利用有机溶剂从经过酸或碱处理的食品中萃取出脂肪；第三类为减法测定法：对于脂肪含量超过80%的食品，通常通过减去其他物质含量来测定脂肪的含量。

1. 直接萃取法

直接萃取法是利用有机溶剂直接从天然或干燥过的食品中萃取出脂类。通常这类方法测得的脂类含量称为"游离脂肪"。选择不同的有机溶剂往往得到不同的结果，如乙醚作溶剂测得的总脂含量远远大于正己烷测得的总脂含量。直接萃取法包括索氏提取法和氯仿-甲醇提取法等。

（1）索氏提取法（GB/T 5009.6—2016 第一法）。

①原理。将经前处理的样品用无水乙醚或石油醚回流提取，使样品中的脂肪进入溶剂中，蒸去溶剂后所得到的残留物即为脂肪或粗脂肪。本法提取的脂溶性物质为脂肪类物质的混合物，除含有脂肪外还含有磷脂、色素、树脂、固醇、芳香油等脂溶性物质，因此用索氏提取法测得的脂肪称为粗脂肪。本法适用于脂类含量较高、结合态脂类含量较少、能烘干磨细、不易吸湿结块的样品的测定。此法对大多数样品测定结果准确，是一种经典分析方法，但操作费时，而且溶剂消耗量大。

②试剂及仪器。

a. 试剂：无水乙醚（不含醇类和过氧化物）或石油醚（沸程 30~60℃），纯海砂。

b. 仪器：索氏提取器（图 4-20）、恒温干燥箱、恒温水浴锅、分析天平等，乙醚脱过脂的滤纸。

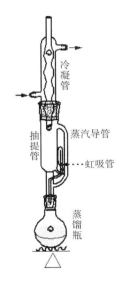

图 4-20　索氏提取器

③操作步骤。

a. 滤纸筒的制备：将滤纸裁成 8 cm×15 cm 大小，以直径约 2.0 cm 的大试管为模型，将滤纸紧靠试管壁卷成圆筒型，把底端封口，内放一小片脱脂棉，用白细线扎好定型，在 100~105℃烘箱中烘至恒重（准确至 0.0002 g）。

b. 样品处理：

固体样品：精密称取干燥并研细的样品 2.00~5.00 g（可取测定水分后的样品），必要时拌以海砂，无损地移入滤纸筒内。

半固体或液体样品：称取 5.00~10.00 g 于蒸发皿中，加入海砂约 20 g，于沸水浴上蒸干后，再于 95~105℃烘干，研细，全部移入滤纸筒内，蒸发皿及黏附有样品的玻璃棒都用蘸有乙醚的脱脂棉擦净，将脱脂棉一同放进滤纸筒内，用脱脂棉线封捆滤纸筒口。

c. 索氏提取器的准备：索氏提取器是由回流冷凝管、抽提管、接收瓶 3 部分所组成，抽提脂肪之前应将各部分洗涤干净并干燥，接收瓶需烘干并称至恒重。

d. 抽提：将滤纸筒或滤纸包放入索氏抽提器内，连接已干燥至恒重的脂肪接收瓶，由冷凝管上端加入无水乙醚或石油醚（30~60℃沸程）至接收瓶的 2/3 体积，于水浴上（夏天65℃，冬天80℃左右）加热，使乙醚或石油醚不断地回流提取，至抽提完全为止。水浴温度控制应使提取液回流次数为每小时 6~8 次；抽提时间视粗脂肪含量而定，一般为 6~10 h，坚果样品要提取约 16 h；提取结束时，用滤纸或毛玻璃板由抽提管下接取一滴提取液，如无油斑则表明提取完毕。

e. 称量：取下接收瓶，回收乙醚或石油醚，待接收瓶内乙醚剩 1~2 mL 时，在水浴上蒸干，再于 95~105℃下干燥 1 h，取出放干燥器内冷却 30 min，称量，重复干燥至恒重（直至两次称量的差不超过 2mg）。

④结果计算见式（4-25）。

$$X = \frac{m_1 - m_0}{m} \times 100 \tag{4-25}$$

式中：X——样品中脂肪的含量，g/100 g；

$\quad m_1$——接收瓶和脂肪的质量，g；

$\quad m_0$——接收瓶的质量，g；

$\quad m$——样品的质量，g。

计算结果表示到小数点后 1 位。

⑤注意事项。

a. 样品应干燥后研细，样品含水分会影响溶剂提取效果，而且溶剂会吸收样品中的水分造成非脂成分溶出。装样品的滤纸筒一定要严密，不能往外漏样品，但也不要包得太紧以免影响溶剂渗透。放入滤纸筒时高度不要超过回流弯管，否则，超过弯管的样品中的脂肪不能提尽，造成误差。

b. 对含多量糖及糊精的样品，要先以冷水使糖及糊精溶解，经过滤除去，将残渣连同滤纸一起烘干，再一起放入抽提管中。

c. 抽提用的乙醚或石油醚要求无水、无醇、无过氧化物，挥发残渣含量低。因水和醇可导致水溶性物质溶解，如水溶性盐类、糖类等，使得测定结果偏高。过氧化物会导致脂肪氧化，在烘干时也有引起爆炸的危险。

d. 提取时水浴温度不可过高，以每分钟从冷凝管滴下 80 滴左右，回流 6~10 h 为宜，提取过程应注意防火。

e. 在抽提时，冷凝管上端最好连接一个氯化钙干燥管，这样，可防止空气中水分进入，也可避免乙醚挥发在空气中，如无此装置可塞一团干燥的脱脂棉球。

f. 抽提是否完全，可凭经验，也可用滤纸或毛玻璃检查，由抽提管下口滴下的乙醚滴在滤纸或毛玻璃上，挥发后不留下油迹表明已抽提完全。

g. 在挥发乙醚或石油醚时，切忌用直接火加热，应该用电热套、电水浴等。烘前应驱除全部残余的乙醚，因乙醚稍有残留，放入烘箱时，有发生爆炸的危险。

h. 反复加热会因脂类氧化而增重。重量增加时，以增重前的重量作为恒重。

i. 因为乙醚是麻醉剂，所以要注意室内通风。

（2）氯仿-甲醇提取法。

①原理。将试样分散于氯仿-甲醇混合溶液中，在水浴中轻微沸腾，氯仿、甲醇和试样中的水分形成 3 种成分的溶剂，可把包括结合态脂类在内的全部脂类提取出来。经过滤除去非脂成分，回收溶剂，残留的脂类用石油醚提取，蒸馏出去石油醚后定量。本法适用于适合于结合态脂类，特别是磷脂含量高的样品，如鱼、贝类、肉、禽、蛋及其制品，大豆及其制品等。对于这类样品，索氏提取法不能将蛋白、磷脂等结合态脂类完全提取；酸水解法又会使磷脂分解而损失。本法对高水分试样的测定更为有效，对于干燥试样，可先加入一定量的水，使组织膨润后提取。

②试剂及仪器。

a. 试剂：氯仿（体积分数 97%）、甲醇（体积分数 96%）、氯仿甲醇混合液（2∶1）、石油醚、无水硫酸钠（120~135℃干燥 2 h）。

b. 仪器：具塞三角瓶（200 mL）、恒温水浴锅、提取装置、具塞离心管、离心机（3000 r/min）、布氏漏斗（过滤板直径 40 mm，容量 60~100 mL）。

③操作步骤。

a. 提取：准确称取均匀样品 5 g 于 200 mL 具塞三角瓶内（高水分食品可加适量硅藻土使其分散），加入 60 mL 氯仿-甲醇混合液（对于干燥食品，可加入 2~3 mL 水）。连接提取装置，于 65℃水浴中，由轻微沸腾开始，加热 1 h 进行提取。

b. 回收溶剂：提取结束后，取下烧瓶用布氏漏斗过滤，滤液收集到另一具塞三角瓶中，用氯仿-甲醇混合液洗涤烧瓶、滤器及滤器中残渣，洗涤液和滤液合并。置 65~70℃水浴中回收溶剂，至烧瓶内物料呈浓稠态，而不能使其干，然后冷却。

c. 石油醚萃取、定量：用移液管加入 25 mL 石油醚，然后加入 15 g 无水硫酸钠，立即加塞混摇 1 min，将醚层移入具塞离心沉淀管进行离心分离（3000 r/min）5 min。用 10 mL 移液管迅速吸取离心管中澄清的石油醚 10 mL，于已称量至恒重的干燥称量瓶内，蒸发去除石油醚，于 100~105℃烘箱中烘至恒重（约 30 min）。

④结果计算见式（4-26）。

$$X = \frac{(m_1 - m_0) \times 2.5}{m} \times 100 \tag{4-26}$$

式中：X——样品中脂肪的含量，g/100 g；

　　m_1——称量瓶和脂肪的质量，g；

　　m_0——称量瓶的质量，g；

　　m——样品的质量，g；

2.5——从 25 mL 石油醚中吸取 10 mL 进行干燥而乘以的系数。

⑤注意事项。

a. 过滤时不能使用滤纸，因为磷脂会被吸收到纸上。

b. 蒸馏回收溶剂时不能完全干涸，否则脂类难以溶解于石油醚而使结果偏低。

c. 进行萃取时无水硫酸钠必须在石油醚之后加入，以免影响石油醚对脂肪的溶解，其加入量可根据残留物中的水分含量来确定，一般为 5~15 g。

2. 经化学处理后再萃取法

通过这类方法所测得的脂类含量通常称为"总脂"。根据化学处理方法的不同可分为：酸水解法、罗兹-哥特里法、巴布科克氏法和盖勃氏法等。

（1）酸水解法。

①原理。将试样与盐酸溶液一同加热进行水解，使结合或包藏在组织里的脂肪游离出来，再用乙醚和石油醚提取脂肪，回收溶剂，干燥后称量，提取物的重量即为脂肪含量。此法适用于各类、各种状态的食品中脂肪测定。特别适用于加工后的混合食品、易吸湿、不好烘干的，用索氏提取法不行的样品。本法不适于测定含磷脂高的食品、如鱼、贝、蛋品等，因为在盐酸加热时，磷脂几乎完全分解为脂肪酸和碱，当只测定前者时，使测定值偏低。本法也不适于测定含糖高的食品，因糖类遇强酸易炭化而影响测定。

②试剂及仪器。

a. 试剂：乙醇（95%）、乙醚（不含过氧化物）、石油醚（30~60℃）、盐酸。

b. 仪器：恒温水浴锅（50~80℃）、100 mL 具塞量筒。

③操作步骤。

a. 样品处理：

固体样品：精密称取约 2.0 g，置于 50 mL 大试管中，加 8 mL 水，混匀后再加 10 mL 盐酸。

液体样品：称取 10.0 g 置于 50 mL 大试管中，加 10 mL 盐酸。

b. 加热水解：试样混匀后于 70~80℃的水浴中，每隔 5~10 min 用玻璃棒搅拌一次直至脂肪游离为止，需 40~50 min，取出静置，冷却。

c. 提取：取出试管，加入 10 mL 乙醇，混合。冷却后将混合物移于 100 mL 具塞量筒中，以 25 mL 乙醚分次洗试管，一并倒入量筒中。待乙醚全部倒入量筒后，加塞振摇 1 min，小心开塞，放出气体，再塞好。静置 12 min，小心开塞，并用石油醚-乙醚等量混合液冲洗塞及筒口附着的脂肪。静置 10~20 min，待上部液体清晰，吸出上清液于已恒重的锥形瓶内，再加 5 mL 乙醚于具塞量筒内，振摇，静置后，仍将上层乙醚吸出，放入原锥形瓶内。

d. 回收溶剂、烘干、称重：将锥形瓶置于水浴上蒸干，置 95~105℃烘箱中干燥 2 h，取出放入干燥器内冷却 30 min 后称量，并重复以上操作至恒重（直至两次称量的差不超过 2 mg）。

④结果计算。计算方法同索氏提取法。

⑤注意事项。

a. 固体样品应充分磨细，液体样品要混合均匀，以便消化完全，否则会因消化不完全而使结果偏低。

b. 水解时应防止大量水分损失，使酸浓度提高。

c. 开始加入 8 mL 水是为防止后面加盐酸时干试样固化，水解后加入乙醇可使蛋白质沉淀，降低表面张力，促进脂肪球聚合，同时溶解一些碳水化合物如糖、有机酸等。后面用乙醚提取脂肪时因乙醇可溶于乙醚，故需加入石油醚降低乙醇在醚中的溶解度，使乙醇溶解物残留在水层，使分层清晰。

d. 挥干溶剂后残留物中若有黑色焦油状杂质，是分解物与水一同混入所致，会使测定值增大造成误差，可用等量的乙醚及石油醚溶解后，过滤，再次进行挥干溶剂的操作。无分解液等杂质混入，通常干燥 2 h 即可恒重。

（2）罗兹-哥特里法（碱性乙醚提取法）。

①原理。利用氨-乙醇溶液破坏乳的胶体性状及脂肪球膜使非脂成分溶解于氨-乙醇溶液中，而脂肪游离出来，再用乙醚-石油醚提取出脂肪，蒸馏去除溶剂后，残留物即为乳脂肪。本法适用于各种液状乳（生乳、加工乳、部分脱脂乳、脱脂乳等），各种炼乳、奶粉、奶油及冰淇淋等能在碱性溶液中溶解的乳制品，也适用于豆乳或加水呈乳状的食品。本法为国际标准化组织采用，为乳及乳制品脂类定量的国际标准方法。

②试剂及仪器。

a. 试剂：氨水、乙醇、乙醚（不含过氧化物）、石油醚（30～60℃）。

b. 仪器：内径 2.0～2.5 cm、容积 100 mL 抽脂瓶（图 4-21）或 100 mL 具塞量筒，恒温干燥箱。

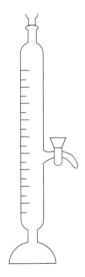

图 4-21　罗兹-哥特里抽脂瓶

③操作步骤。准确称取固体样品 1.0～1.2 g，加 10 mL 水溶解（液体样品吸取 10.0 mL）于抽脂瓶中，加入 1.25 mL 氨水，充分混匀，置 60℃ 水浴中加热 5 min，再振摇 2 min。加入 10 mL 乙醇，充分摇匀，于冷水中冷却后，加入 25 mL 乙醚，振摇 0.5 min。再加入 25 mL 石油醚，振摇 0.5 min，静置 30 min，待上层液澄清时，读取醚层体积。放出醚层于一已恒重的烧瓶中，记录体积，蒸馏回收乙醚，置 98～102℃ 干燥 1 h 后称量，再置 98～102℃ 干燥 0.5 h 后称量，重复干燥至恒重（直至两次称量的差不超过 2mg）。

④结果计算见式（4-27）。

$$X = \frac{m_1 - m_0}{m \times \dfrac{V_1}{V_0}} \times 100 \tag{4-27}$$

式中：X——样品中脂肪的含量，g/100 g（或 g/100 mL）；

m_1——烧瓶和脂肪的质量，g；

m_0——烧瓶的质量，g；

m——样品的质量（或体积），g（或 mL）；

V_1——放出乙醚层体积，mL；

V_0——乙醚层总体积，mL。

结果保留 3 位有效数字。

⑤注意事项。

a. 乳类脂肪虽属于游离脂肪，但它以脂肪球状态分散于乳浆中形成乳浊液，脂肪球被乳中酪蛋白钙盐包裹，不能直接被乙醚和石油醚提取，需先用氨水和乙醇处理，氨水使酪蛋白钙盐变成可溶性的盐，乙醇使溶解于氨水的蛋白质沉淀析出，再用乙醚提取脂肪。

b. 添加乙醇的目的是沉淀蛋白质以防止乳化，并溶解醇溶性物质使之留在水中，防止进入醚层形成胶状物质，影响结果。

c. 加入石油醚可以降低乙醚的极性，驱除溶于乙醚的水分，使醚层和水层分层清晰。

d. 使用的乙醚不能含有过氧化物，含过氧化物不仅影响准确性，而且在浓缩时大量聚积会引起爆炸。

（3）巴布科克氏法。

①原理。用浓硫酸溶解乳中的乳糖和蛋白质等非脂成分，将牛奶中的酪蛋白钙盐转变成可溶性的重硫酸酪蛋白，使脂肪球膜被破坏，脂肪游离出来，再利用加热离心，使脂肪完全迅速分离，直接读取脂肪层的数值，便可知被测乳的含脂率。本法适用于鲜乳及乳制品脂肪的测定。对含糖多的乳品（如甜炼乳、加糖乳粉等），采用此方法时糖易焦化，使结果误差较大，故不适宜。此法为湿法提取，样品不需事先干燥，操作简便且迅速。对大多数样品来说测定精度可满足要求，但不如罗兹-哥特里法准确。

②试剂及仪器。

a. 试剂：浓硫酸，相对密度 1.816±0.003（20℃），相当于 90%～91% 硫酸。

b. 仪器：巴布科克氏乳脂瓶（图 4-22，颈部刻度分 0.0～8.0% 和 0.0～10.0% 两种，最小刻度值为 0.1%）、乳脂离心机（图 4-23）、标准移乳管。

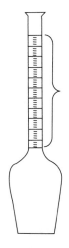

图 4-22　巴布科克氏乳脂瓶

图 4-23　乳脂离心机

③操作步骤。精密吸取 17.6 mL 样品，倒入巴布科克氏乳脂瓶中，再取 17.5 mL 硫酸，沿瓶颈缓缓注入瓶中，将瓶颈回旋，使液体充分混合，至无凝块并呈均匀棕色。置乳脂离心机上，以约 1000 r/min 的速度离心 5 min，取出，加入 80℃以上的水至瓶颈基部，再置离心机中离心 2 min，取出后再加入 80℃以上的水至脂肪浮到 2 或 3 刻度处，再置离心机中离心 1 min，取出后置 55~60℃水浴中，5 min 后立即读取脂肪层最高与最低点所占的格数，即为样品含脂肪的百分数。

④注意事项。

a. 巴布科克法中采用 17.6 mL 标准吸管取样，实际上注入巴氏瓶中的样品只有 17.5 mL，牛乳的相对密度为 1.03，故样品重量为 17.5×1.03 = 18 g。巴氏瓶颈的刻度（0~10）共 10 个大格，每大格容积为 0.2 mL，在 60℃左右，脂肪的平均相对密度为 0.9，故当整个刻度部分充满脂肪时，其脂肪重量为 0.2×10×0.9 = 1.8 g。18 g 样品中含有 1.8 g 脂肪，即瓶颈全部刻度表示为脂肪含量 10%，每一大格代表 1% 的脂肪。故瓶颈刻度读数即为样品中脂肪百分含量。

b. 硫酸的浓度要严格遵守规定的要求，如过浓会使乳炭化呈黑色溶液而影响读数；过稀则不能使酪蛋白完全溶解，会使测定值偏低或使脂肪层混浊。

c. 硫酸除可破坏脂肪球膜，使脂肪游离出来外，还可增加液体相对密度，使脂肪容易浮出。

d. 放入离心机时，必须对称放置。

（4）盖勃氏法。

①原理。同巴布科克氏法。

②试剂及仪器。

a. 试剂：浓硫酸、异戊醇。

b. 仪器：乳脂离心机、盖勃氏乳脂瓶（图 4-24，最小刻度为 0.1%）。

③操作步骤。于乳脂瓶中先加入 10 mL 硫酸，再沿管壁小心准确加入 11 mL 样品，使样品与硫酸不要混合，塞上橡皮塞，使管口向下，同时用布包裹以防冲出，用力振摇使呈均匀棕色液体，静置数分钟（管口向下），置 65~70℃水浴中 5 min，取出后放乳脂离心机中以 1000 r/min 的转速离心 5 min，再置 65~70℃水浴中，注意水浴水面应高于乳脂瓶脂肪层，5 min 后取出，立即读数，即为样品中脂肪的百分数。

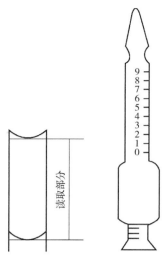

图4-24 盖勃氏乳脂瓶

④注意事项。

a. 盖勃氏法中测定时取牛乳11.0 mL，实际上放入乳脂瓶中的牛乳只有10.9 mL，牛乳的相对密度为1.032，故样品重量为10.9×1.032＝11.25 g。盖勃氏乳脂瓶的刻度0~8的体积为1.0 mL，因此1刻度为0.125 mL。在60℃左右，牛乳脂肪的平均相对密度为0.9，故1刻度牛乳脂肪质量为0.125×0.9＝0.1125 g。故1刻度脂肪相当于1%的脂肪。

b. 硫酸可破坏牛乳胶质性，破坏覆盖在脂肪球上的蛋白质外膜，在离心作用下，脂肪集中浮于上层。

c. 异戊醇的作用是促使脂肪从蛋白质中游离出来析出，因为其有很强的吸附作用，可促进硫酸对脂肪球膜的破坏作用。异戊醇能降低脂肪球的表面张力，从而促使其结合成为脂肪团；异戊醇还是一种消泡剂，利于脂肪层体积的读取。

d. 振摇、加热（65~70℃水浴中）和离心的目的是促使脂肪离析。

e. 操作过程中，应严格按照试剂添加次序和异戊醇的添加量。由于异戊醇溶解度低，相对密度又与乳脂肪相近，若加量过多影响测定结果。读取脂肪层体积时，温度必须控制在65~70℃范围。

f. 塞上乳脂瓶的橡皮塞时，乳脂瓶管口必须是干燥的，否则，橡皮塞容易滑脱。

g. 本法特点是快速方便，但没有巴布科克氏法准确度高，而且需要特制离心机。

（5）减法测定法。

富含脂类物质的食品（如食用油等）中非脂成分或杂质的含量通常都少于0.2%，此时，直接测定脂肪含量无法得到精确的结果。因此，可以通过测定非脂成分含量的量来确定脂肪的含量。

①水分及挥发物的测定：将所取食品样品置于（105±2）℃条件下加热3 h，样品所恒定减少的质量即为被认为是其所含水分及挥发物的质量。实际上，食品在加热条件下，因为某些成分氧化吸氧以及发生羰氨反应放出二氧化碳等过程，都会影响到样品的质量变化。但本法简单方便，容易规范化，所以通常都可以采用该方法来测样品中的水分及挥发物。

②不溶性杂质的测定：脂类中的不溶性杂质主要包括机械类杂质（如土、沙、碎屑等）、矿物质、碳水化合物、含氮物质及某些胶质等。过量有机溶剂处理试样，过滤溶液，再用溶剂洗涤残渣，直到洗出溶液完全透明，（105±2）℃条件下烘干称重。所选有机溶剂的不同，可能会导致不溶性杂质含量的不同。

第五节　碳水化合物的测定

一、概述

碳水化合物统称为糖类，是由碳、氢、氧三种元素组成的一大类化合物。其结构通式为 $C_n(H_2O)_m$。碳水化合物这个名称严格来说并不确切，有些物质如甲醛（CH_2O）、乙酸（$C_2H_4O_2$）、乳酸（$C_3H_6O_3$）等，符合结构通式但其性质与碳水化合物完全不同。而有些物质如脱氧核糖（$C_5H_{10}O_4$）、鼠李糖（$C_6H_{12}O_5$），性质与碳水化合物相似，但不符合通式。因此，从化学结构角度来看，使用多羟基醛或多羟基酮及其衍生物来命名，更能表示它们的性质和意义。

糖类根据其聚合度 n 的不同，可分为单糖、低聚糖（$1<n\leqslant 10$）和多糖（$n>10$）。单糖是糖的基本组成单元，食品中的单糖主要有葡萄糖、果糖和半乳糖，它们都是含有 6 个碳原子的多羟基醛或多羟基酮，分别为己醛糖（葡萄糖、半乳糖）和己酮糖（果糖），此外还有核糖、阿拉伯糖、木糖等戊醛糖。食品中低聚糖主要由双糖（蔗糖、乳糖和麦芽糖）、三糖（棉籽糖）和四糖（水苏糖）。蔗糖由一分子葡萄糖和一分子果糖缩合而成，普遍存在于具有光合作用的植物中，是食品工业中最重要的甜味剂。乳糖由一分子葡萄糖和一分子乳糖缩合而成，存在于哺乳动物的乳汁中。麦芽糖由两分子葡萄糖缩合而成，游离的麦芽糖在自然界并不存在，通常由淀粉水解得到。由若干单糖缩合而成的高分子化合物称为多糖，如淀粉、纤维素、果胶等。淀粉广泛存在于谷类、豆类及薯类中；纤维素是组成植物细胞壁的重要成分，主要集中于谷类的谷糠和果蔬的表皮中；果胶存在于各类植物的果实中，对果品蔬菜的质地有重要的影响。

这些碳水化合物根据能否在人体被消化利用，分为有效碳水化合物和无效碳水化合物。有效碳水化合物包括人体能消化利用的单糖、低聚糖、糊精、淀粉、糖原等。无效碳水化合物指人体消化系统中酶不能消化分解、吸收的物质，主要为果胶、半纤维素、纤维素、木质素等。但是这些碳水化合物在体内能促进肠道蠕动，改善消化系统机能，对维持人体健康有重要作用，是人们膳食中不可缺少的物质，又称膳食纤维。

在食品加工过程中，糖类对改变食品的形态、组织结构、理化性质及色、香、味等感官指标起着重要的作用。食品中糖类含量也标志着其营养价值的高低，是某些食品的主要质量指标。因此分析检测食品中糖类物质的含量，在食品工业中意义重大，是食品的主要分析项目之一。

食品中碳水化合物的测定方法主要有物理法、化学法、色谱法、酶法、发酵法和重量法等。其中物理法包括相对密度法、折光法和旋光法；化学法包括还原糖法即直接滴定法、高锰酸钾法、萨氏法，碘量法，比色法。色谱法包括纸色谱、薄层色谱法、气相色谱法、高压液相色谱法等。酶法包括测定半乳糖、乳糖的 β-半乳糖脱氢酶法，测定葡萄糖的葡萄糖氧化酶法。发酵法可测定不可发酵糖。果胶、纤维素、膳食纤维素的测定一般采用重量法。

二、可溶性糖的测定

（一）可溶性糖类的提取和澄清

食品中可溶性糖类通常是指葡萄糖、果糖等游离单糖及蔗糖等低聚糖。由于食品材料组成复杂，存在一些干扰物质，在分析时，需要选择合适的提取剂和试剂将可溶性糖提取纯化才能测定。

1. 提取

提取步骤一般为：先将样品磨碎，再用石油醚提取除去其中的脂类和叶绿素，除去易被水提取的干扰物质，选择水或者其他极性溶剂作为提取剂，得到待测定的糖类样品。

（1）提取剂选择。

①水为最常用提取剂。提取时控制温度在 40~50℃，温度过高时，会提取出过多的淀粉和糊精，影响测定结果。另外，还可能提取出所有的氨基酸、色素等，导致测定结果偏高。酸性使糖水解（转化），所以酸性样品应用碳酸钙中和、提取，并控制在中性。为了防止糖类被酶水解，常加入 $HgCl_2$ 来抑制酶的活性。

②乙醇是一种比较有效的提取溶剂。适用于含酶多的样品，能抑制酶的活性，避免糖被水解，乙醇的浓度一般选择 70%~80%。浓度较高时，蛋白质及淀粉等高分子物质都不能溶解出来。一般来说，至少需要两次方能提取完全。

（2）提取液制备原则。

a. 确定合适的取样量与稀释倍数，一般提取液经过纯化和可能的转化后，使含糖量在 0.5~3.5 mg/mL。

b. 含脂肪的食品，需经脱脂后再用水提取。对于高脂肪的样品如巧克力、蛋黄酱等，一般用石油醚进行脱脂，然后再进行提取。

c. 含有大量淀粉、糊精及蛋白质的食品，用乙醇溶液提取。对于谷物制品、某些蔬菜和调味品等，用水提取会使部分淀粉和糊精溶出，影响测定结果，同时过滤也困难。操作时，要求乙醇的浓度应高到足以使淀粉和糊精沉淀。提取时，可加热回流，然后冷却并离心，倒出上清液，重复提取 2~3 次，合并提取液，蒸发除去乙醇。在 70%~75%乙醇溶液中，蛋白质不会溶解出来，因此，用乙醇溶液作提取剂时，提取液不用除蛋白质。

d. 含酒精和二氧化碳等挥发性成分的液体样品，应在水浴上加热，通常蒸发至原体积的 1/3~1/4，以除去酒精和 CO_2 等挥发性成分。若样品呈酸性，加热前预先用氢氧化钠调节溶液 pH 至中性，以防止低聚糖在酸性条件下的部分水解以及单糖的分解。

e. 提取固体样品时，为提高提取效果，有时需加热，加热温度一般控制在 40~50℃，一般不超过 80℃，温度过高时可溶性多糖溶出，增加下步澄清工作的负担。

2. 澄清

为了消除影响糖类测定的干扰物质，如果胶、蛋白质等物质，常常采用澄清剂沉淀影响糖类测定的干扰物质。

（1）澄清剂的要求。能完全除去干扰物质；不会吸附或沉淀糖类；不会改变糖类的比旋光度等理化性质；过剩的澄清剂应不干扰后面的分析操作或易于去除。

（2）澄清剂的种类。

①中性醋酸铅：能除去蛋白质、丹宁、有机酸、果胶等杂质，还能聚集其他胶体，不会使还原糖从溶液中沉淀出来，在室温下也不会生成可溶性的铅糖。但脱色力差，不能用于深色糖液的澄清。因此适用于浅色的糖及糖浆制品，果蔬制品、焙烤制品等。注意铅有一定毒性，使用时需注意。

②醋酸锌溶液和亚铁氰化钾溶液：利用醋酸锌和亚铁氰化钾生成的亚铁氰酸锌沉淀带走或吸附干扰物质，发生共同沉淀作用。这种澄清剂澄清效果良好，去除蛋白质能力强。适用于色泽较浅、富含蛋白质的提取液如乳制品、豆制品等。

③硫酸铜和氢氧化钠溶液：由 10 mL $CuSO_4$ 溶液（69.28 g $CuSO_4 \cdot 5H_2O$ 溶于 1 L 水中）与 4 mL 1 mol/L NaOH 溶液组成。在碱性条件下，Cu^{2+} 可使蛋白质沉淀。适用于富含蛋白质的样品的澄清如牛乳。

④碱性醋酸铅：它能除去蛋白质、色素、有机酸，又能凝聚胶体。但生成的沉淀体积大，可带走还原糖（如果糖）。过量的碱性乙酸铅因其碱度及铅糖的生成而改变糖类的旋光度，故只能用于处理深色的蔗糖溶液。

⑤氢氧化铝溶液：能凝聚胶体，但对非胶态杂质的澄清效果不好，适用于浅色糖溶液的澄清或作为附加澄清剂。

⑥活性炭：能除去植物样品中的色素，但是吸附能力强，能吸附糖类而造成损失。

澄清剂的种类很多，各种澄清剂的性质不同，澄清效果也各不一样，使用澄清剂时应根据样品的种类、干扰成分及含量加以选择，同时还必须考虑所采用的分析方法。如用直接滴定法测定还原糖时，不能用硫酸铜−氢氧化钠溶液澄清样品，以免样品中引入 Cu^{2+}；用高锰酸钾滴定法测定还原糖时，不能用乙酸锌−亚铁氰化钾溶液澄清样液，以免样品中引入 Fe^{2+}。

（3）澄清剂的用量。

澄清剂的用量必须适当。用量太少，达不到澄清的目的，用量太多则会使分析结果产生误差。采用乙酸铅作澄清剂时，澄清后的样品溶液残留有铅离子，在测定过程中加热样品溶液时，铅能与还原糖（特别是果糖）结合生成铅糖化合物，使测定得到的还原糖含量降低。因此，在分析中尽可能使用最少量的澄清剂，以降低测定误差，经铅盐澄清的样品溶液必须除铅。常用的除铅剂有草酸钠、草酸钾、硫酸钠、磷酸氢二钠。使用时可以用固态加入（如固体草酸钠），也可以液态加入（如 10%硫酸钠或 10%磷酸氢二钠）。

（二）还原糖的测定

在糖类中，葡萄糖、果糖、乳糖和麦芽糖分子中含有游离的醛基或酮基，具有还原性，称为还原糖；其他二糖（如蔗糖）、三糖及多糖（如淀粉、糊精），其本身虽然不具有还原性，但可以通过水解生成相应的还原糖，测定水解液的还原糖含量就可以求得样品中相应糖类的含量。因此还原糖的测定是糖类定量的基础。根据糖的还原性来测定糖类的方法称为还原糖法。

1. 直接滴定法（GB 5009.7—2016 第一法）

（1）原理：将一定量的碱性酒石酸铜甲、乙液等量混合，立即生成天蓝色的氢氧化铜沉淀；这种沉淀很快与酒石酸钾钠反应，生成深蓝色的可溶性酒石酸钾钠铜络合物；在加热条件下，以次甲基蓝作为指示剂，用样液滴定，样液中的还原糖与酒石酸钾钠铜反应，生成红色氧化亚铜沉淀；这种沉淀与亚铁氰化钾络合成可溶的无色络合物；二价铜全部被还原后，稍过量的还原糖把次甲基蓝还原，溶液由蓝色变为无色，即为滴定终点，根据样液消耗量可计算出还原糖含量。反应式如下：

$$CuSO_4 + 2NaOH \longrightarrow Na_2SO_4 + Cu(OH)_2$$

次甲基蓝的氧化还原过程如下：

本法又称快速法，它是在莱因－埃农氏法（Lane-Eynon）基础上发展起来的，其特点是试剂用量少，操作和计算都比较简便、快速，滴定终点明显。适用于各类食品中还原糖的测定。但测定酱油、深色果汁等样品时，因色素干扰，滴定终点常常模糊不清，影响准确性。

（2）试剂及仪器。

①试剂：除特殊说明外，实验用水为蒸馏水，试剂为分析纯。

a. 碱性酒石酸铜甲液：称取 15 g 硫酸铜（$CuSO_4 \cdot 5H_2O$），及 0.05 g 次甲基蓝，溶于水中并稀释至 1000 mL。

b. 碱性酒石酸铜乙液：称取 50 g 酒石酸钾钠与 75 g 氢氧化钠，溶于水中，再加入 4 g 亚铁氰化钾，完全溶解后，用水定容至 1000 mL，贮存于橡胶塞玻璃瓶内。

c. 乙酸锌溶液（219 g/L）：称取 21.9 g 乙酸锌，加 3 mL 冰乙酸，加水溶解并定容至 100 mL。

d. 亚铁氰化钾溶液（106 g/L）：称取 10.6 g 亚铁氰化钾，用水溶解并定容至 100 mL。

e. 50%盐酸：量取 50 mL 盐酸，加水定容至 100 mL。

f. 40 g/L 氢氧化钠溶液：称取 4 g 氢氧化钠，加水溶解并定容至 100 mL。

g. 葡萄糖标准溶液：精密称取 1.000 g 经过 98~100℃干燥 2 h 的葡萄糖，加水溶解后加入 5 mL 盐酸，并以水定容至 1000 mL。此溶液相当于 1 mg/mL 葡萄糖（注：加盐酸的目的是防腐，标准溶液也可用饱和苯甲酸溶液配制）。

②仪器：酸式滴定管、电炉。

（3）操作步骤。

①样品处理。

a. 一般样品：称取粉碎后的固体试样 2.5~5 g 或混匀后的液体试样 5~25 g，精确至 0.001 g，置于 250 mL 容量瓶中，加 50 mL 水，慢慢加入 5 mL 乙酸锌溶液和 5 mL 亚铁氰化钾溶液，加水至刻度，摇匀后静置 30 min。用干燥滤纸过滤，弃去初滤液，收集滤液备用。

b. 酒精性饮料：称取约 100 g 混匀后的试样，精确至 0.01 g，置于蒸发皿中，用 40 g/L 氢氧化钠溶液中和至中性，在水浴上蒸发至原体积 1/4 后，移入 250 mL 容量瓶中。加 25 mL 水，混匀。以下按 a 中自 "加 5 mL 乙酸锌溶液" 起依法操作。

c. 含大量淀粉的食品：称取 10~20 g 粉碎后或混匀后的试样，精确至 0.001 g，置于 250 mL 容量瓶中，加 200 mL 水，在 45℃ 水浴中加热 1 h，并时时振摇。冷后加水至刻度，混匀，静置、沉淀。吸取 200 mL 上清液置另一 250 mL 容量瓶中，以下按 a 中自 "5 mL 乙酸锌溶液" 起依法操作。

d. 碳酸类饮料：称取约 100 g 混匀后的试样，精确至 0.01 g，置于蒸发皿中，在水浴上微热搅拌除去二氧化碳后，移入 250 mL 容量瓶中，并用水洗涤蒸发皿，洗液并入容量瓶中，再加水至刻度，混匀后，备用。

②标定碱性酒石酸铜溶液：吸取 5.0 mL 碱性酒石酸铜甲液及 5.0 mL 碱性酒石酸铜乙液，置于 150 mL 锥形瓶中（注意：甲液与乙液混合可生成氧化亚铜沉淀，应将甲液加入乙液，使开始生成的氧化亚铜沉淀重溶），加水 10 mL，加入玻璃珠 2 粒，从滴定管滴加约 9 mL 葡萄糖标准溶液，控制在 2 min 内加热至沸，趁沸以每 2 s1 滴的速度继续滴加葡萄糖标准溶液，直至溶液蓝色刚好褪去为终点，记录消耗的葡萄糖标准溶液总体积，平行操作 3 份，取其平均值，计算每 10 mL（甲、乙液各 5 mL）碱性酒石酸铜溶液相当于葡萄糖的质量（mg）。也可以按上述标定 4~20 mL 碱性酒石酸铜溶液（甲乙各半）来适应试样中还原糖的含量变化。

③样品溶液预测：吸取 5.0 mL 碱性酒石酸铜甲液及 5.0 mL 碱性酒石酸铜乙液，置于 150 mL 锥形瓶中，加水 10 mL，加入玻璃珠 2 粒，控制在 2 min 内加热至沸，趁沸以先快后慢的速度，从滴定管中滴加样品溶液，并保持溶液沸腾状态，待溶液颜色变浅时，以每 2 s1 滴的速度滴定，直至溶液蓝色刚好褪去为终点（注意：如果滴定液的颜色变浅后复又变深，说明滴定过量，需重新滴定）。当样液中还原糖浓度过高时，应适当稀释后再进行正式测定，使每次滴定消耗样液的体积控制在与标定碱性酒石酸铜溶液时所消耗的还原糖标准溶液的体积相近，约 10 mL。当浓度过低时则采取直接加入 10 mL 样品液，免去加水 10 mL，再用还原糖标准溶液滴定至终点，记录消耗的体积与标定时消耗的还原糖标准溶液之差相当于 10 mL 样液中所含还原糖的量。

④样品溶液测定：吸取 5.0 mL 碱性酒石酸铜甲液及 5.0 mL 乙液，置于 150 mL 锥形瓶中，加水 10 mL，加入玻璃珠 2 粒，在 2 min 内加热至沸，快速从滴定管中滴加比预测体积少 1 mL 的样品溶液，然后趁沸继续以每 2 s1 滴的速度滴定直至溶液蓝色刚好褪去终点。记录消耗样液的总体积，同法平行操作 2~3 份，得出平均消耗体积（V）。

（4）结果计算见式（4-28）。

$$X = \frac{m_1}{m \times F \times V/250 \times 1000} \times 100 \qquad (4-28)$$

式中：X——试样中还原糖含量（以某种还原糖计），g/100 g；

m_1——碱性酒石酸铜溶液（甲、乙液各半）相当于某种还原糖的质量，mg；

m——试样质量，g；

V——测定时平均消耗样品溶液的体积，mL；

F——系数，对样品 a，c，d 为 1，b 为 0.80。

当浓度过低时，试样中还原糖的含量（以某种还原糖计）按式（4-29）计算：

$$X = \frac{m_2}{m \times F \times 10/250 \times 1000} \times 100 \qquad (4-29)$$

式中　X——试样中还原糖含量（以某种还原糖计），g/100 g；

m_2——标定时体积与加入样品后消耗的还原糖标准溶液体积之差相当于某种还原糖的质量，mg；

m——试样质量，g；

F——系数，对样品 a，c，d 为 1，b 为 0.80。

还原糖含量≥10 g/100 g 时计算结果保留 3 位有效数字；还原糖含量<10 g/100 g 时保留两位有效数字。

（5）注意事项。

①此法测得的是总还原糖量。

②在样品处理时，不能用铜盐作为澄清剂，以免样液中引入 Cu^{2+}，得到错误的结果。

③碱性酒石酸铜甲液和乙液应分别储存，用时才混合，否则酒石酸钾钠铜络合物长期在碱性条件下会慢慢分解析出氧化亚铜沉淀，使试剂有效浓度降低。

④为消除氧化亚铜沉淀对滴定终点观察的干扰，在碱性酒石酸铜乙液中加入少量亚铁氰化钾，使之与氧化亚铜生成可溶性的无色络合物，而不再析出红色沉淀。

⑤滴定必须在沸腾条件下进行，其原因一是可以加快还原糖与 Cu^{2+} 的反应速度；二是次甲基蓝变色反应是可逆的，还原型次甲基蓝遇空气中氧时又会被氧化为氧化型。三是氧化亚铜极不稳定，易被空气中氧所氧化。保持反应液沸腾可防止空气进入，避免次甲基蓝和氧化亚铜被氧化而增加耗糖量。

⑥滴定时不能随意摇动锥形瓶，更不能把锥形瓶从热源上取下来滴定，以防空气进入反应溶液中。

⑦样品溶液预测的目的：一是本法对样品溶液中还原糖浓度有一定要求（0.1%左右 1 mg/mL），测定时样品溶液的消耗体积应与标定葡萄糖标准溶液时消耗的体积相近，通过预测可了解样品溶液浓度是否合适，浓度过大或过小应加以调整，使预测时消耗样液量在 10 mL 左右；二是通过预测可知道样液大概消耗量，以便在正式测定时，预先加入比实际用量少 1 mL 左右的样液，只留下 1 mL 左右样液在续滴定时加入，以保证在 1 min 内完成续滴定工作，提高测定的准确度。

⑧影响测定结果的主要操作因素是反应液碱度、热源强度、煮沸时间和滴定速度。反应液的碱度直接影响 Cu^{2+} 与还原糖反应的速度、反应进行的程度及测定结果。在一定范围内，溶液碱度越高，Cu^{2+} 的还原越快。因此，必须严格控制反应液的体积，标定和测定时消耗的体积应接近，使反应体系碱度一致。热源一般采用 800 W 电炉，电炉温度恒定后才能加热，

热源强度应控制在使反应液在两分钟内沸腾，且应保持一致。否则加热至沸腾所需时间就会不同，引起蒸发量不同，使反应液碱度发生变化，从而引入误差。

⑨直接滴定法一般手工操作，过程简单，按严格要求可以进行准确的测定。但该手工方法实际测定过程中易受很多因素的干扰，如加样量、加水体积、试剂浓度，特别是手工摇动速度和力度、滴定速度、加热时间、蒸发量，以及有色样品滴定终点判断等因素严重影响测定的准确性。而不同的操作人员控制这些条件的技术不同，测定误差较大，给生产过程控制和产品质量检验带来很多麻烦，严重影响了生产过程高水平精确控制技术的提高。

因此，目前已经研发出了全自动还原糖测定仪。全自动还原糖测定仪是根据费林试剂测定原理设计而成的，其原理与目前国家标准一致。该仪器采用补色微型自动热滴定技术，滴定的各种条件由微计算机控制，操作者只需用进样器将微量样品注入反应池就可自动完成测定过程，并自动显示和打印结果，操作简单，使用方便，可最大限度地消除人为误差，提高测定的速度和准确度。该技术填补了国内外分析仪器研究的一项空白。

2. 高锰酸钾滴定法（GB 5009.7—2016 第二法）

（1）原理：样品经除去蛋白质后，其中还原糖在碱性环境下将铜盐还原为氧化亚铜，加硫酸铁后，氧化亚铜被氧化为铜盐，以高锰酸钾溶液滴定氧化作用后生成的亚铁盐，根据高锰酸钾消耗量计算氧化亚铜含量，再查表得还原糖量。本法是国家标准分析方法，适用于各类食品中还原糖的测定，有色样液也不受限制。方法的准确度高，重现性好，准确度和重现性都优于直接滴定法。但操作复杂、费时，需使用特制的高锰酸钾法糖类检索表。反应方程式为：

$$Cu_2O+Fe_2(SO_4)_3+H_2SO_4 \rightarrow 2CuSO_4+2FeSO_4+H_2O$$
$$10FeSO_4+2KMnO_4+8H_2SO_4 \rightarrow 5Fe_2(SO_4)_3+2MnSO_4+K_2SO_4+8H_2O$$

（2）试剂及仪器。

①试剂：除特殊说明外，实验用水为蒸馏水，试剂为分析纯。

a. 碱性酒石酸铜甲液：称取 34.639 g 硫酸铜（$CuSO_4 \cdot 5H_2O$），加适量水溶解，加 0.5 mL 硫酸，再加水稀释至 500 mL，用精制石棉过滤。

b. 碱性酒石酸铜乙液：称取 173 g 酒石酸钾钠与 50 g 氢氧化钠，加适量水溶解，并稀释至 500 mL，用精制石棉过滤，储存于橡胶塞玻璃瓶中。

c. 精制石棉：取石棉先用 3 mol/L 盐酸浸泡 2~3d，用水洗净，再加 2.5 mol/L 氢氧化钠溶液浸泡 2~3d，倾去溶液，再用热碱性酒石酸铜已液浸泡数小时，用水洗净。再以 3 mol/L 盐酸浸泡数小时，以水洗至不呈酸性。然后加水振摇，使成微细的浆状软纤维，用水浸泡并贮存于玻璃瓶中，即可用作填充古氏坩埚用。

d. 高锰酸钾标准溶液 [$c(1/5KMnO_4)=0.1000$ mol/L]。

e. 40 g/L 氢氧化钠溶液：称取 4 g 氢氧化钠，加水溶解并稀释至 100 mL。

f. 50 g/L 硫酸铁溶液：称取 50 g 硫酸铁，加入 200 mL 水溶解后，慢慢加入 100 mL 硫酸，冷却后加水稀释至 1 L。

g. 3 mol/L 盐酸：量取 30 mL 盐酸，加水稀释至 120 mL。

②仪器：滴定管、25 mL 古氏坩埚或 G4 垂融坩埚、真空泵、水浴锅。

（3）操作方法。

①样品处理。

a. 一般样品：称取粉碎后的固体试样 2.5~5 g（精确至 0.001 g）或混匀后的液体试样 25~50 g，置于 250 mL 容量瓶中，加 50 mL 水，摇匀后加入 10 mL 碱性酒石酸铜甲液及 4 mL、40 g/L 氢氧化钠溶液，加水至刻度，摇匀后静置 30 min。用干燥滤纸过滤，弃去初滤液，收集滤液备用。

b. 酒精性饮料：称取约 100 g 混匀后的试样，精确至 0.01 g，置于蒸发皿中，用 40 g/L 氢氧化钠溶液中和至中性，在水浴上蒸发至原体积 1/4 后，移入 250 mL 容量瓶中，以下按 a 中自"加 50 mL 水"起依法操作。

c. 含大量淀粉的食品：称取 10~20 g 粉碎后或混匀后的试样，精确至 0.001 g，置于 250 mL 容量瓶中，加 200 mL 水，在 45℃ 水浴中加热 1 h，并时时振摇。冷后加水至刻度，混匀，静置、沉淀。吸取 200 mL 上清液置另一 250 mL 容量瓶中，以下按 a 中自"加入 10 mL 碱性酒石酸铜甲液"起依法操作。

d. 碳酸类饮料：称取约 100 g 混匀后的试样，精确至 0.01 g，置于蒸发皿中，在水浴上微热搅拌除去二氧化碳后，移入 250 mL 容量瓶中，并用水洗涤蒸发皿，洗液并入容量瓶中，再加水至刻度，混匀后备用。

②样品测定。吸取 50 mL 处理后的样品溶液于 500 mL 烧杯中，加入 25 mL 碱性酒石酸铜甲液及 25 mL 乙液，于烧杯上盖一表面皿，加热，控制在 4 min 内沸腾，再准确煮沸 2 min，趁热用铺好石棉的古氏坩埚或 G4 垂融坩埚抽滤，并用 60℃ 热水洗涤烧杯及沉淀，至洗液不呈碱性为止。将古氏坩埚或垂融坩埚放回原 500 mL 烧杯中，加 25 mL 硫酸铁溶液及 25 mL 水，用玻璃棒搅拌使氧化亚铜完全溶解，以 0.1000 mol/L 高锰酸钾标准液滴定至微红色为终点。

同时吸取 50 mL 水，加与测样品时相同量的碱性酒石酸铜甲、乙液，硫酸铁溶液及水，按同一方法做试剂空白实验。

（4）结果计算见式（4-30）。

$$X = (V - V_0) \times c \times 71.54 \qquad (4-30)$$

式中：X——试样中还原糖质量相当于氧化亚铜的质量，mg；

V——测定用试样液消耗高锰酸钾标准溶液的体积，mL；

V_0——试剂空白消耗高锰酸钾标准溶液的体积，mL；

c——高锰酸钾标准溶液的实际浓度，mol/L；

71.54——1 mL、1 mol/L 高锰酸钾溶液相当于氧化亚铜的质量，mg。

根据上式计算所得氧化亚铜质量，查 GB 5009.7—2016 表 1，再计算试样中还原糖的含量，如式（4-31）所示。

$$X = \frac{m_3}{m_4 \times V/250 \times 1000} \times 100 \qquad (4-31)$$

式中：X——试样中还原糖含量，g/100 g；

m_3——查表得还原糖质量，mg；

m_4——试样质量，g；

V——测定用试样溶液的体积，mL。

还原糖含量≥10 g/100 g时计算结果保留3位有效数字；还原糖含量<10 g/100 g时保留两位有效数字。

在重复条件下获得的两次独立测定结果的绝对差不得超过算术平均值的10%。

（5）注意事项。

①在样品处理时，不能用乙酸锌和亚铁氰化钾作为糖液的澄清剂，以免引入 Fe^{2+}。

②还原糖与碱性酒石酸铜试剂的反应一定要在沸腾状态下进行，沸腾时间需严格控制。

③所用碱性酒石酸铜溶液是过量的，所以煮沸的溶液应为蓝色，如果蓝色消失，说明还原糖含量过高，应将样品溶液稀释后重做。

④在过滤洗涤氧化亚铜沉淀的过程中，应使沉淀始终在液面以下，避免氧化亚铜暴露于空气中而被氧化，同时严格掌握操作条件。

3. 萨氏法

将一定的样液与过量的碱性铜盐共热，样液中的还原糖定量地将 Cu^{2+} 还原为氧化亚铜，生成氧化亚铜在酸性条件下溶解为 Cu^+，并能定量地消耗游离碘，碘被还原为碘化物，而 Cu^+ 被氧化为 Cu^{2+}。剩余的碘用硫代硫酸钠标准溶液消耗量可求出与 Cu^+ 反应的碘量，从而计算出样品中还原糖含量。

4. 碘量法

样品经处理后，取一定量样液于碘量瓶中，加入一定量过量的碘液和过量的氢氧化钠溶液，样液中的醛糖在碱性条件下被氧化为醛糖酸钠。由于反应液中碘和氢氧化钠均过量，二者作用生成次碘酸钠残留在反应液中，当加入盐酸使反应液呈酸性时，析出碘，用硫代硫酸钠标准溶液滴定析出的碘，则可计算出氧化醛糖消耗的碘量，从而计算出样液中醛糖的含量。本法适用于醛糖和酮糖共存时单独测定醛糖，故可用于各类食品，如硬糖、异构糖、果汁等样品中葡萄糖的测定。

（三）蔗糖的测定

蔗糖是葡萄糖和果糖组成的双糖，没有还原性，但在一定条件下，蔗糖可水解为具有还原性的葡萄糖和果糖。因此可以用测定还原糖的方法测定蔗糖含量。对于浓度较高的蔗糖溶液，其相对密度、折光率、旋光度等物理常数与蔗糖浓度都有一定关系，也可用物理检验法测定蔗糖的含量。以下仅介绍酸水解–莱因–埃农氏法（GB 5009.8—2016第二法）。

1. 原理

样品经除去蛋白质后，其中蔗糖经盐酸水解转化为还原糖，再按还原糖测定，水解前后还原糖的差值乘以相应的系数即为蔗糖含量。

2. 试剂及仪器

（1）试剂。

①200 g/L氢氧化钠溶液：称取20 g氢氧化钠加水溶解后，冷却定容至100 mL。

②1 g/L甲基红指示剂：称取甲基红0.1 g用少量乙醇溶解后，定容至100 mL。

其余试剂和直接滴定法相同。

（2）仪器：酸式滴定管、电炉。

3. 操作方法

（1）样品处理：基本同直接滴定法。

（2）酸水解：吸取处理后的样液两份各 50 mL，分别放入 100 mL 容量瓶中，一份加入 5 mL、6 mol/L 盐酸溶液，置 68~70℃水浴中加热 15 min，取出迅速冷却至室温，加 2 滴甲基红指示剂，用 200 g/L NaOH 溶液中和至中性，加水至刻度，混匀。另一份直接用水稀释到 100 mL。然后按直接滴定法或高锰酸钾滴定法测定还原糖含量。

4. 结果计算见式（4-32）

$$R = \frac{A}{m \times \dfrac{50}{250} \times \dfrac{V}{100} \times 1000} \times 100 \tag{4-32}$$

式中：R——试样中转化糖的含量（以葡萄糖计），g/100 g；

$\quad$ A——碱性酒石酸铜溶液（甲、乙液各半）相当于葡萄糖的质量，mg；

$\quad$ m——样品的质量，g；

$\quad$ 50——酸水解中吸取样液体积；

$\quad$ 250——试样处理中样品定容体积；

$\quad$ V——测定时平均消耗样品溶液的体积，mL；

$\quad$ 100——酸水解中定容体积；

$\quad$ 1000——换算系数；

$\quad$ 100——换算系数。

试样中蔗糖的含量按式（4-33）计算：

$$X = (R_2 - R_1) \times 0.95 \tag{4-33}$$

式中：X——试样中蔗糖的含量，g/100 g；

$\quad$ R_2——转化后转化糖的含量，g/100 g；

$\quad$ R_1——转化前转化糖的含量，g/100 g；

$\quad$ 0.95——转化糖（以葡萄糖计）换算为蔗糖的系数。

蔗糖含量≥10 g/100 g 时计算结果保留 3 位有效数字；蔗糖含量<10 g/100 g 时保留两位有效数字。在重复条件下获得的两次独立测定结果的绝对差不得超过算术平均值的 10%。

5. 注意事项

（1）蔗糖水解条件较低，在本法所列条件下，蔗糖水解，其他双糖和淀粉等不水解，原有的单糖不被破坏。

（2）在此法中，水解条件必须严格控制。为防止果糖分解，样品溶液体积、酸的浓度及用量，水解温度和水解时间都不能随意改动，到达规定时间后迅速冷却。

（四）总糖的测定

食品中的总糖通常是指具有还原性的糖（葡萄糖、果糖、乳糖、麦芽糖等）和在测定条件下能水解为还原性单糖的蔗糖的总量。总糖是食品生产中常规分析项目。它反映的是食品中可溶性单糖和低聚糖的总量，其含量高低对产品的色、香、味、组织形态、营养价值、成本等有一定影响。总糖的测定通常是以还原糖的测定方法为基础的，常用的是直接滴定法，此外还有蒽酮比色法等。

1. 直接滴定法

（1）原理：样品经处理除去蛋白质等杂质后，加入盐酸，在加热条件下使蔗糖水解为还原性单糖，以直接滴定法测定水解后样品中的还原糖总量。

（2）注意事项。

①总糖测定结果一般以转化糖计，但也可以以葡萄糖计，要根据产品的质量指标要求而定。如用转化糖表示，应该用标准转化糖溶液标定碱性酒石酸铜溶液，如用葡萄糖表示，则应该用标准葡萄糖溶液标定。

②在营养学上，总糖是指能被人体消化、吸收利用的糖类物质的总和，包括淀粉。这里所讲的总糖不包括淀粉，因为在测定条件下，淀粉的水解作用很微弱。

2. 蒽酮比色法

（1）原理：单糖遇浓硫酸时，脱水生成糠醛衍生物，后者可与蒽酮缩合成蓝绿色的化合物，于620 nm处有最大吸收，当糖的量在20~200 μg/mL范围内时，其呈色强度与溶液中糖的含量成正比，故可比色定量。本法多用于测定总糖的含量，也可用于测定葡萄糖的含量。

（2）试剂：10~100 μg/mL葡萄糖系列标准溶液、0.1%蒽酮试剂。

（3）操作步骤。

①吸取系列标准溶液、样品溶液和蒸馏水各2 mL，分别放入8支具塞比色管中，沿管壁各加入蒽醌试剂10 mL，立即摇匀。

②放入沸水浴中准确加热10 min，取出，迅速冷却至室温，在暗处放置10 min，用1 cm比色皿，以零管调仪器零点，在620 nm波长下测定吸光度，绘制标准曲线。

③根据样品溶液的吸光度查标准曲线，得出糖含量。

（4）结果计算见式（4-34）。

$$X = c \times 稀释倍数 \times 10^{-4} \tag{4-34}$$

式中：X——试样中总糖含量（以葡萄糖计），g/100 g；

　　　c——经标准曲线查得的糖浓度，μg/mL；

10^{-4}——将μg/mL换算成%的系数。

（5）注意事项。

①该法是微量法，适合于含微量碳水化合物的测定，具有灵敏度高、试剂用量少等优点。

②该法反应液中硫酸的体积分数高达60%以上，在此酸度下，于沸水浴中加热，样品中双糖和淀粉等会发生水解，再与蒽酮发生显色反应。因此用蒽酮法测出的碳水化合物含量，实际上是溶液中全部可溶性碳水化合物总量。

③此法要求样品溶液必须透明，加热后不应有蛋白质沉淀，如样品溶液色泽较深，可用活性炭脱色。

（五）可溶性糖类的分离与定量

前面介绍的几种测定可溶性糖类含量的方法，所测结果多是几种糖的总量，不能确定糖的组成及每组分的含量。但在科研和生产中，有时需要对各种糖分别进行定量，现在一般都采用色谱分析法来完成这项工作。目前有4种方法：纸色谱法和薄层色谱法（TLC），分离效果差，操作时间长；气相色谱法（GC），糖不易挥发，需衍生化；高效液相色谱（HPLC）法，特别是离子色谱法（IC法），使用高性能阴离子交换柱，效果较好。

（1）气相色谱法：糖类物质属于非挥发性物质，如能制成具有挥发性的衍生物，则可采用气相色谱法（GC）测定。常用的衍生物有：三氯硅烷（TMS）衍生物、三氟乙酰（TEA）

衍生物、乙酰衍生物和甲基衍生物等，前两种最常用。

（2）高效液相色谱法：此法发展很快，在可溶性糖的分离与定性定量中，应用最普遍。样品溶液经适当的前处理后，选择适当的分离柱、流动相几乎可作为所有的游离糖的测定。

三、淀粉的测定

淀粉是一种多糖，它广泛存在于植物的根、茎、叶、种子等组织中，是人类食物的重要组成部分，也是供给人体热能的主要来源。淀粉是由葡萄糖单元构成的聚合体，按聚合形式不同，可形成两种不同的淀粉分子——直链淀粉和支链淀粉。直链淀粉不溶于冷水，可溶于热水，支链淀粉常压下不溶于水，只有在加热并加压时才能溶解于水。两者均不溶于浓度在30%以上的乙醇溶液。在酸或酶的作用下可以水解，最终产物是葡萄糖。淀粉水溶液具有右旋性 $[\alpha]^{20}$ 为（+）201.5～205。与碘发生呈色反应，是碘量法的专属指示剂。

淀粉在食品中的作用主要是作为增稠剂、凝胶剂、保湿剂、乳化剂、黏合剂等，测定食品中的淀粉含量对于决定其用途具有重要意义，是食品中常做的分析检测项目。

淀粉的测定方法主要根据其理化性质建立，下面将介绍两种常用方法：根据淀粉在酸或酶的作用下水解为葡萄糖，通过测定还原糖进行定量的酸水解法和酶水解法；根据淀粉具有旋光性而建立的旋光法。

（一）酶水解法

1. 原理（GB 5009.9—2016 第一法）

样品经除去脂肪及可溶性糖类后，其中淀粉用淀粉酶水解成小分子糖，再用盐酸水解成单糖，最后按还原糖测定，并折算成淀粉含量。

因为淀粉酶有严格的选择性，只水解淀粉而不会水解其他多糖，水解后经过滤可除去其他多糖，所以该法不受半纤维素、多缩戊糖、果胶质等多糖的干扰，适合于多糖含量高的样品，分析结果准确可靠，但操作复杂费时。

2. 试剂及仪器

（1）试剂：除特殊说明外，实验用水为蒸馏水，试剂为分析纯。

①石油醚或乙醚。

②85%乙醇：取85 mL无水乙醇，加水定容至100 mL混匀。

③5 g/L（0.5%）淀粉酶溶液：称取高峰氏淀粉酶0.5 g，加100 mL水溶解，加入数滴甲苯或三氯甲烷，防止长霉，储于4℃冰箱中。

④碘溶液：称取3.6 g碘化钾溶于20 mL水中，加入1.3 g碘，溶解后加水定容至100 mL。

⑤其余试剂同蔗糖的测定。

（2）仪器：回流冷凝器、水浴锅。

3. 操作步骤

（1）试样处理。

①易于粉碎的试样：磨碎过40目筛，称取2～5 g样品（精确至0.001 g），置于放有折叠滤纸的漏斗内，先用50 mL石油醚或乙醚分5次洗除脂肪，再用约150 mL、85%乙醇洗去可

溶性糖类，滤干乙醇，将残留物移入250 mL烧杯内，并用50 mL水洗滤纸及漏斗，洗液并入烧杯内，将烧杯置沸水浴上加热15 min，使淀粉糊化，放冷至60℃以下，加20 mL淀粉酶溶液，再55~60℃保温1 h，并时时搅拌。然后取1滴此液加1滴碘溶液，应不现蓝色，若显蓝色，再加热糊化并加20 mL淀粉酶溶液，继续保温，直至加碘不显蓝色为止。加热至沸，冷后移入250 mL容量瓶中，并加水至刻度，混匀，过滤，弃去初滤液。取50 mL滤液，置于250 mL锥形瓶中，加5 mL、6 mol/L盐酸，装上回流冷凝器，在沸水浴中回流1 h，冷后加2滴甲基红指示剂，用5 mol/L氢氧化钠溶液中和至中性，溶液转入100 mL容量瓶中，洗涤锥形瓶，洗液并入100 mL容量瓶中，加水至刻度，混匀备用。

②其他样品：加适量水在组织捣碎机中捣成匀浆（蔬菜、水果需先洗净、晾干，取可食部分），称取相当于原样质量2.5~5 g（精确至0.001 g）的匀浆。以下按①中自"置于放有折叠滤纸的漏斗内"起依法操作。

（2）标定：预测和测定同还原糖的直接测定法，需做空白试验。

4. 结果计算见式（4-35）

$$X = \frac{(A_1 - A_2) \times 0.9}{m \times \dfrac{50}{250} \times \dfrac{V}{100} \times 1000} \times 100 \tag{4-35}$$

式中：X——试样中淀粉的含量，g/100 g；

A_1——测定用试样中葡萄糖的质量，mg；

A_2——空白中葡萄糖的质量，mg；

0.9——以葡萄糖换算成淀粉的换算系数；

m——试样质量，g；

V——测定用试样处理液的体积，mL。

淀粉含量≥1 g/100 g，保留3位有效数字；淀粉含量<1 g/100 g，保留两位有效数字。在重复条件下获得的两次独立测定结果的绝对差不得超过算术平均值的10%。

5. 注意事项

（1）脂肪的存在会妨碍酶对淀粉的作用及可溶性糖的去除，故应用乙醚脱脂，若样品中脂肪含量较少，可省略此步骤。

（2）淀粉粒具有晶体结构，淀粉酶难以作用。加热糊化破坏了淀粉的晶体结构，使其易于被淀粉酶作用。

（3）常用于液化的淀粉酶是麦芽淀粉酶，它是 α-淀粉酶和 β-淀粉酶的混合物。α-淀粉酶水解直链淀粉的初始产物是低分子糊精，最终产物是麦芽糖和葡萄糖；其对支链淀粉的初始产物是界限糊精和低分子糊精，最终产物是麦芽糖、异麦芽糖和葡萄糖。β-淀粉酶对直链淀粉和支链淀粉的最终水解产物是麦芽糖。所以采用麦芽淀粉酶时，水解产物主要是麦芽糖，少量葡萄糖和糊精。

（4）淀粉酶解过程中，黏度迅速下降，流动性增强。淀粉在淀粉酶中水解的顺序为：淀粉→蓝糊精→红糊精→麦芽糖→葡萄糖。与碘液呈色依次为蓝色→蓝色→红色→无色→无色。因此可用碘液检验酶解终点。

（5）使用淀粉酶前，应确定其活力及水解时添加量。

（二）酸水解法

1. 原理（GB 5009.9—2016 第二法）

样品经除去脂肪及可溶性糖类后，淀粉用酸水解成为葡萄糖，按还原糖测定方法测定还原糖含量，再折算为淀粉含量。此法适用于淀粉含量较高，而半纤维素等其他多糖含量较少的样品。该法操作简单、应用广泛，但选择性和准确性不及酶法。

2. 试剂及仪器

（1）试剂：除特殊说明外，实验用水为蒸馏水，试剂为分析纯。

①石油醚或乙醚。

②85%乙醇：取 85 mL 无水乙醇，加水定容至 100 mL 混匀。

③400 g/L 氢氧化钠：称取氢氧化钠 40 g 加水溶解后，放冷并定容至 100 mL。

④2 g/L 甲基红指示剂：称取甲基红 0.20 g，用少量乙醇溶解后，并定容至 100 mL。

⑤200 g/L 乙酸铅溶液：称取 20 g 乙酸铅，加水溶解并定容至 100 mL。

⑥100 g/L 硫酸钠溶液：称取 10 g 硫酸钠，加水溶解并定容至 100 mL。

⑦精密 pH 试纸：6.8~7.2。

其余试剂同蔗糖的测定。

（2）仪器：回流冷凝器、水浴锅、高速组织捣碎机。

3. 操作步骤

（1）试样处理。

①易于粉碎的试样：磨碎过 40 目筛，称取 2~5 g 样品（精确至 0.001 g），置于放有慢速滤纸的漏斗内，先用 50 mL 石油醚或乙醚分 5 次洗除脂肪，再用约 150 mL、85%乙醇分数次洗涤残渣，除去可溶性糖类物质。滤干乙醇溶液，以 100 mL 水洗涤漏斗中残渣并转移至 250 mL 锥形瓶中，加入 30 mL、50%的盐酸，接好冷凝管，置沸水浴上回流 2 h。回流完毕后，立即冷却。待试样水解液冷却后，加入 2 滴甲基红指示液，先以 400 g/L 氢氧化钠溶液调至黄色，再以 50%盐酸校正至水解液刚变红色。使样品水解液的 pH 值约为 7。然后加 20 mL、200 g/L 乙酸铅溶液，摇匀，放置 10 min。再加 20 mL、100 g/L 硫酸钠溶液，以除去过多的铅。摇匀后将全部溶液及残渣转入 500 mL 容量瓶中，用水洗涤锥形瓶，洗液合并于容量瓶中，加水稀释至刻度。过滤，弃去初滤液 20 mL，滤液供测定用。

②其他样品：加适量水在组织捣碎机中捣成匀浆（蔬菜、水果需先洗净、晾干、取可食部分），称取相当于原样质量 2.5~5 g（精确至 0.001 g）的匀浆。250 mL 锥形瓶中，以下按①中自"先用 50 mL 石油醚或乙醚分 5 次洗除脂肪"起依法操作。

（2）测定：按照第一法进行操作。

4. 结果计算见式（4-36）

$$X = \frac{(A_1 - A_2) \times 0.9}{m \times V/500 \times 1000} \times 100 \tag{4-36}$$

式中 X——试样中淀粉的含量，g/100 g；

A_1——测定用试样中葡萄糖的质量，mg；

A_2——试剂空白中葡萄糖的质量，mg；

0.9——以葡萄糖换算成淀粉的换算系数；

m——试样质量，g；

V——测定用试样处理液的体积，mL；

500——试样液总体积，mL。

结果保留 3 位有效数字。在重复条件下获得的两次独立测定结果的绝对差不得超过算术平均值的 10%。

5. 注意事项

（1）样品含可溶性糖类时，会使结果偏高，可用 85% 乙醇分数次洗涤样品以除去。脂肪的存在会妨碍酶对淀粉的作用及可溶性糖的去除，故应用乙醚脱脂，若样品中脂肪含量较少，可省略此步骤。

（2）水解条件要严格控制，要保证淀粉水解完全，并避免因加热时间过长对葡萄糖产生影响（形成糠醛聚合体、失去还原性）。

（三）旋光法

淀粉具有旋光性，在一定条件下旋光度的大小与淀粉的浓度成正比。用氯化钙溶液提取淀粉，使之与其他成分分离，用氯化锡沉淀提取液中的蛋白质后，测定旋光度，即可计算出淀粉含量，如式（4-37）所示。本法适用于淀粉含量较高，而可溶性糖类含量很少的谷类样品，如面粉、米粉等，操作简便、快速。

$$淀粉含量 = \frac{\alpha \times 100}{L \times 203 \times m} \times 100\% \tag{4-37}$$

式中：α——旋光度读数，（°）；

L——旋光管长度，dm；

203——淀粉的比旋光度，（°）；

m——试样质量，g。

四、果胶的测定

果胶主要是一类以 D-吡喃半乳糖醛酸由 α-1，4-糖苷键连接组成的酸性杂多糖，除 D-吡喃半乳糖醛酸外，还含有 L-鼠李糖、D-半乳糖、D-阿拉伯糖等中性糖，此外还含有 D-甘露糖、L-岩藻糖等多达 12 种的单糖，不过这些单糖在果胶中的含量很少。果胶平均分子量达 5 万~30 万，存在于果蔬类植物组织中，是构成植物细胞的主要成分之一。果胶按其甲酯化程度从高到低，分为 3 种形态：原果胶、果胶、果胶酸。

果胶主要用途有：用果胶制造果冻和糖果；果胶物质是影响果酱制品稠度和凝冻性的重要因素；果胶在柑橘汁生产中对混浊体起稳定剂的作用；果胶在医药上也具有重要意义，特别是低甲氧基果胶，因为它能与铅、汞等有害金属形成人体不能吸收的溶解物，因而可用作金属中毒的一种良好解毒剂和预防剂，也可以用于治疗胃肠道及胃溃疡等疾病。

测定果胶的方法有：重量法、咔唑比色法、果胶酸钙滴定法、蒸馏滴定法。

（一）重量法

1. 原理

利用沉淀剂使果胶物质沉淀析出，而后测定重量。常用沉淀剂有电解质和有机溶剂两大类。电解质有氯化钠、氯化钙；有机溶剂有甲醇、乙醇、丙酮等。本法适用于各类食品的测定，方法准确可靠，但操作烦琐费时。

2. 试剂及仪器

（1）试剂。

①乙醚。

②乙醇。

③0.1 mol/L 氢氧化钠。

④0.05 mol/L 盐酸。

⑤1 mol/L 乙酸溶液：取 58.3 mL 冰乙酸，加水稀释并定容至 1000 mL。

⑥1 mol/L 氯化钙溶液：称取 110.99 g 氯化钙，加水溶解并定容至 1000 mL。

（2）仪器。布氏漏斗、G2 垂融坩埚，抽滤瓶、真空泵。

3. 操作步骤

（1）试样处理。

①新鲜样品：称取试样 30~50 g，用小刀切成薄片，置于预先放有 99% 乙醇的 500 mL 锥形瓶中，装上回流冷凝器，在水浴上沸腾回流 15 min 后，冷却，用布氏漏斗过滤，残渣于研钵中一边慢慢磨碎，一边滴加 70% 的热乙醇，冷却后再过滤，反复操作至滤液不呈糖的反应（用苯酚-硫酸法检验）为止。残渣用 99% 乙醇洗涤脱水，再用乙醚洗涤以除去脂类和色素，风干乙醚。

②其干燥样品：研细，使之通过 60 目筛，称取 5~10 g 样品于烧杯中，加入热的 70% 乙醇充分搅拌以提取糖类，过滤。反复操作至滤液不呈糖的反应。残渣用 99% 乙醇洗涤，再用乙醚洗涤，风干乙醚。

（2）果胶提取。

①水溶性果胶提取：用 150 mL 水将上述漏斗中的残渣移入 250 mL 烧杯中，加热至沸并保持沸腾 1 h，随时补足蒸发的水分，冷却后移入 250 mL 容量瓶中，加水定容，摇匀，过滤，弃去初滤液，收集滤液即得水溶性果胶提取液。

②总果胶的提取：用 150 mL 加热至沸的 0.05 mol/L 盐酸把漏斗中的残渣移入 250 mL 锥形瓶中，装上冷凝器，于沸水浴中加热回流 1 h，冷却后移入 250 mL 容量瓶中，加甲基红指示剂 2 滴，加 0.5 mol/L 氢氧化钠溶液中和后，用水定容，摇匀，过滤，收集滤液即得总果胶提取液。

（3）测定。取 25 mL 提取液（能生成果胶酸钙 25 mg 左右）于 500 mL 烧杯中，加入 0.1 mol/L 氢氧化钠溶液 100 mL，充分搅拌，放置 0.5 h，再加入 1 mol/L 乙酸溶液 50 mL，放置 5 min。边搅拌边缓缓加入 1 mol/L 氯化钙溶液 25 mL，放置 1 h，加热煮沸 5 min，趁热用烘干至恒重的滤纸或 G2 垂融坩埚过滤，用热水洗涤至无氯离子（用 10% 硝酸银溶液检验）为止，置于 105℃ 干燥至恒重。

4. 结果计算见式（4-38）

$$X = \frac{(m_1 - m_2) \times 0.9223}{m \times 25/250} \times 100 \qquad (4-38)$$

式中：X——试样中果胶物质（以果胶酸计）的含量，g/100 g；

m_1——果胶酸钙和滤纸或垂融坩埚的质量，g；

m_2——滤纸或垂融坩埚的质量，g；

0.9223——由果胶酸钙换算为果胶酸的系数；

m——试样质量，g。

5. 注意事项

（1）新鲜试样若直接研磨，由于果胶酶的作用，果胶会迅速分解。故需将切片浸入乙醇煮沸以钝化酶的活性。

（2）糖分的检验可用苯酚-硫酸法：取检液 1 mL，置于试管中，加入质量分数 5% 苯酚水溶液 1 mL，再加入硫酸 5 mL，混匀，如溶液呈褐色，证明检液中含有糖分。

（3）加入氯化钙溶液时，应边搅拌边缓慢滴加，以减小过饱和度，并避免溶液局部过浓。

（4）采用热过滤和热水洗涤沉淀，是为了降低溶液的黏度，加快过滤和洗涤速度，并增大杂质的溶解度，使其易被洗去。

（二）咔唑比色法

1. 原理

果胶水解生成半乳糖醛酸，在强酸中与咔唑发生缩合反应，生成紫红色化合物，在 530 nm 波长下，其呈色强度与半乳糖醛酸浓度成正比，可进行比色定量测定。本法适用于各类食品，具有操作简单、快速、准确度高，重现性好的优点。

2. 试剂及仪器

（1）试剂。

①乙醚。

②乙醇及精制乙醇。

③0.05 mol/L 盐酸。

④1.5 g/L 咔唑乙醇溶液：称取咔唑 0.150 g，溶解于精制乙醇中并定容至 100 mL。

⑤半乳糖醛酸标准溶液：称取半乳糖醛酸 100 mg，溶于蒸馏水并定容至 100 mL。用此液配制一组质量浓度为 10~70 μg/mL 的半乳糖醛酸标准溶液。

⑥硫酸：优级纯。

（2）仪器。分光光度计、50 mL 比色皿。

3. 操作步骤

（1）试样处理。同重量法。

（2）提取果胶。同重量法。

（3）标准曲线绘制。取 8 支 50 mL 比色皿，各加入 12 mL 浓硫酸，置冰水浴中，边冷却边缓慢依次加入质量浓度为 0~70 μg/mL 的半乳糖醛酸标准溶液 2 mL，充分混合后再置冰水浴中冷却。然后在沸水浴中准确加热 10 min，用流动水迅速冷却到室温，各加入 1.5 g/L 的咔唑试剂 1 mL，充分混合，置室温下放置 30 min，以 0 号管调节零点，在波长 530 nm 下测定吸光度，绘制标准工作曲线。

（4）测定。取果胶提取液，用水稀释到适当质量浓度（10~70 μg/mL），取 2 mL 稀释液于 50 mL 比色管中，以下按制备标准曲线的方法操作，测定吸光度。从标准曲线上查出半乳糖醛酸质量浓度。

4. 结果计算见式（4-39）

$$X = \frac{c \times V \times K}{m \times 10^6} \times 100 \tag{4-39}$$

式中：X——试样中果胶物质（以半乳糖醛酸计）的含量，g/100 g；

      c——从标准曲线上查得的半乳糖醛酸的质量浓度，μg/mL；

      V——果胶提取液总体积，g；

      K——提取液稀释倍数；

      m——试样质量，g。

5. 注意事项

（1）糖分的存在对咔唑的呈色反应影响较大，使结果偏高，故样品处理时应充分洗涤以除去糖分。

（2）硫酸浓度对呈色反应影响较大，故在测定样液和制作标准曲线时，应使用同规格、同批号的浓硫酸，以保证其浓度一致。

（3）硫酸与半乳糖醛酸混合液在加热条件下可形成与咔唑试剂反应所必需的中间体。此化合物在加热 10 min 后即已形成，在测定条件下显色迅速，稳定，可满足分析要求。

五、粗纤维和膳食纤维的测定

食品中粗纤维主要包括纤维素、半纤维素、木质素等成分，集中存在于谷类的麸、糠、秸秆、果蔬的表皮等处。粗纤维是指在食品中不能被稀酸、稀碱所溶解，不能为人体消化所利用的物质。粗纤维的含量是果蔬制品的一项质量指标，借此可以鉴定果蔬的鲜嫩度。例如：青豌豆按其鲜嫩程度分为三级，其粗纤维含量分别为：一级 1.8% 左右，二级 2.2% 左右，三级 2.5% 左右。

纤维素是葡萄糖由 $\beta-1$，4 糖苷键连接起来的线性高分子化合物，不溶于任何有机溶剂，对稀酸或稀碱相当稳定，但纤维素与硫酸或盐酸共热时完全水解的葡萄糖，不完全水解得纤维二糖。它是构成植物细胞壁的主要成分，人类及大多数动物利用它的能力很低。

半纤维素是种混合多糖，不溶于水而溶于碱、稀酸，加热比纤维素易水解，水解产物有木糖、阿拉伯糖、甘露糖、半乳糖等。

木质素不是碳水化合物，是一种复杂的芳香族聚合物，是纤维素的伴随物。难以用化学手段或酶法降解，在个别有机溶剂中缓慢溶解。

膳食纤维（DF）是指食品中不能被人体小肠消化但具有健康意义的、植物中天然存在或通过提取/合成的、聚合度 DP≥3 的碳水化合物聚合物。它包括纤维素、半纤维素、果胶及其他单体成分等。根据溶解性分为可溶性膳食纤维（SDF）和不溶性膳食纤维（IDF）。可溶性膳食纤维是指能溶于水的膳食纤维部分，包括低聚糖和部分不能消化的多聚糖等；不溶性膳食纤维是指不能溶于水的膳食纤维部分包括木质素、纤维素、部分半纤维素等。膳食纤维比粗纤维更能客观、准确地反映食物的可利用率，因此有逐渐取代粗纤维指标的趋势。

（一）粗纤维的测定

1. 原理（GB/T 5009.10—2003）

在硫酸作用下，样品中的糖、淀粉、果胶质和半纤维素经水解除去后，再用碱处理，除去蛋白质及脂肪酸，遗留的残渣为粗纤维如其中含有不溶于酸碱的杂质，可灰化后除去。本法操作简便，迅速，适用于各类食品中粗纤维的测定。

2. 试剂

（1）1.25%硫酸。

（2）1.25%氢氧化钾溶液。

（3）石棉：加5%氢氧化钠溶液浸泡石棉，在水浴上回流8 h以上，再用热水充分洗涤。然后用20%盐酸在沸水浴上回流8 h以上，再用热水充分洗涤，干燥。在600~700℃中灼烧后，加水使成混悬物，储存于玻塞瓶中。

3. 操作步骤

（1）称取20~30 g捣碎的试样（或5.0 g干样品），移入500 mL锥形瓶中，加入200 mL煮沸的1.25%硫酸，加热使微沸，保持体积恒定，维持30 min，每隔5 min摇动锥形瓶一次，以充分混合瓶内的物质。

（2）取下锥形瓶，立即用亚麻布过滤后，用沸水洗涤至洗液不呈酸性。

（3）再用200 mL煮沸的1.25%氢氧化钾溶液，将亚麻布上的存留物洗入原锥形瓶内加热微沸30 min后，取下锥形瓶，立即以亚麻布过滤，以沸水洗涤2~3次后，移入已干燥称量的G2垂融坩埚或同型号的垂融漏斗中，抽滤，用热水充分洗涤后，抽干。再依次用乙醇和乙醚洗涤一次. 将坩埚和内容物在105℃烘箱中烘干后称量，重复操作，直至恒重。如样品中含有较多的不溶性杂质，则可将样品移入石棉坩埚，烘干称量后，再移入550℃高温炉中灰化，使含碳的物质全部灰化，置于干燥器内，冷却至室温称量，所损失的量即为粗纤维量。

4. 结果计算见式（4-40）

$$X = \frac{G}{m} \times 100\% \tag{4-40}$$

式中：X——试样中粗纤维的含量；

　　　G——残余物的质量（或经高温炉损失的质量），g；

　　　m——试样质量，g。

计算结果表示到小数点后1位。在重复性条件下获得的两次独立测定结果的绝对差不得超过算术平均值的10%。

5. 注意事项

（1）试样一般要求过40目筛，并且充分混合使之均匀，过粗过细都不好。过粗则难以水解完全，往往使测定结果偏高；过细则往往使测定结果偏低且过滤困难。

（2）样品中脂肪含量高于1%时，应先用石油醚脱脂，然后测定，否则结果将偏高。

（3）严格控制酸、碱处理过程，确保测定结果的准确性。实验证明，酸、碱处理过程中的回流时间和沸腾状态等因素都对测定结果产生影响。酸、碱处理时间必须严格掌握，注意沸腾不能过于剧烈，以防止样品脱离液体，附于液面以上的瓶壁上。每隔5 min摇动锥形瓶一次，以充分混合瓶内物质，并注意加沸水维持原来液面的高度，以保持酸、碱浓度不变。

如果产生大量泡沫，可加入 2 滴硅油和辛醇消泡。

（4）回流处理后，必须立即用亚麻布过滤，并用热水洗涤至洗液不呈酸性在（以甲基红为指示剂），否则结果出入较大。用亚麻布过滤时，最好采用 200 目尼龙筛绢过滤，即耐高温，孔径又稳定，本身不吸留水分，洗残渣也较容易，过滤时间不能太长，一般不超过 10 min，否则应适量减少称样量。

（5）恒重要求：烘干质量<1 mg，灰分质量<0.5 mg。

（6）本方法在测定中，纤维素、半纤维素、木质素等食物纤维成分都发生了不同程度地降解，且残留物中还包含了少量的无机物、蛋白质等成分，故测定结果为"粗纤维"。

（7）除了称量法外，也可以用纤维素测定仪（图 4-25）测定食品中的粗纤维含量。纤维素测定仪是通过酸碱水解、冲洗、过滤过程测定纤维含量的分析仪器。仪器实现自动添加溶剂，自动预热等功能，采用热效率高的红外管加热，高精度的浸提及过滤装置，确保了实验的精确性。通过显示屏，实时显示温度时间，清晰简洁易操作控制。纤维素测定仪适用于植物、饲料、食品及其他农副产品中纤维的测定以及洗涤纤维、纤维素、半纤维素、木质素和其他相关参数测试。

图 4-25　纤维素测定仪

（二）膳食纤维的测定

1. 原理（GB 5009.88—2014）

干燥试样经热稳定 α-淀粉酶、蛋白酶和葡萄糖苷酶酶解消化去除蛋白质和淀粉后，经乙醇沉淀、抽滤、残渣用乙醇和丙酮洗涤，干燥称量，即为总膳食纤维（TDF）残渣。另取试样同样酶解，直接抽滤并用热水洗涤，残渣干燥称量，即得不溶性膳食纤维（IDF）残渣。滤液用 4 倍体积的 95%乙醇沉淀、抽滤、干燥称量，得可溶性膳食纤维残渣。扣除各类膳食纤维残渣中相应的蛋白质、灰分和试剂空白含量，即可计算出试样中总的、不溶性和可溶性膳食纤维含量。

本标准测定的总膳食纤维为不能被 α-淀粉酶、蛋白酶和葡萄糖苷酶酶解的碳水化合物聚合物，包括不溶性膳食纤维和能被乙醇沉淀的高分子质量可溶性膳食纤维，如纤维素、半纤维素、木质素、果胶、部分回生淀粉，及其他非淀粉多糖和美拉德反应产物等；不包括低分子质量（聚合度 3~12）的可溶性膳食纤维，如低聚果糖、低聚半乳糖、聚葡萄糖、抗性麦芽糊精，以及抗性淀粉等。

2. 试剂及仪器

（1）试剂：全过程使用去离子水，试剂不加说明均为分析纯。

①95%乙醇、石油醚、丙酮、盐酸、氢氧化钠等。

②85%乙醇溶液：加 895 mL、95%乙醇置于在 1 L 容量瓶中，用水稀释至刻度，混匀。

③78%乙醇溶液：加 821 mL、95%乙醇在 1 L 容量瓶中，用水稀释至刻度，混匀。

④热稳定 α-淀粉酶溶液：不得含丙三醇稳定剂，于 0~5℃冰箱储存，酶的活性测定及判定标准应符合国标附录 A 要求。

⑤蛋白酶液：不得含丙三醇稳定剂，于 0~5℃冰箱储存，酶的活性测定及判定标准应符合国标附录 A 要求。

⑥淀粉葡糖苷酶溶液：于 0~5℃冰箱储存，酶的活性测定及判定标准应符合国标附录 A 要求。

⑦0.05 mol/L MES-TRIS 缓冲液：称取 19.52 g 2-（N-吗啉代）-磺酸基乙烷和 12.2 g 三羟甲基氨基甲烷，用 1.7 L 水溶解，根据室温用 6 mol/L NaOH 溶液调 pH 值，20℃时调 pH 值为 8.3，24℃时 pH 值为 8.2，28℃时的 pH 值为 8.1；20~28℃之间其他室温用插入法校正 pH 值。加水稀释至 2 L。

⑧蛋白酶溶液：用 0.05 mol/L MES-TRIS 缓冲液配成浓度为 50 mg/mL 的蛋白酶溶液，使用前现配并于 0~5℃暂存。

⑨酸洗硅藻土：取 200 g 硅藻土于 600 mL 的 2 mol/L 盐酸溶液中，浸泡过夜，过滤，用水洗至滤液为中性，置于（525±5）℃马弗炉中灼烧灰分后备用。

⑩重铬酸钾洗液：称取 100 g 重铬酸钾，用 200 mL 水溶解，加入 1800 mL 浓硫酸混合。

⑪3 mol/L 乙酸溶液：取 172 mL，加入 700 mL 水，混匀后用水定容至 1 L。

（2）仪器。

①高型无导流口烧杯：400 mL 或 600 mL。

②坩埚：具粗面烧结玻璃板，孔径 40~60 μm。清洗后的坩埚在马弗炉中（525±5）℃灰化 6 h，炉温降至 130℃以下取出，于重铬酸钾洗液中室温浸泡 2 h，用水冲洗干净，再用 15 mL 丙酮冲洗后风干。用前，加入约 1.0 g 硅藻土，130℃烘干，取出坩埚，在干燥器中冷却 1 h，称量，记录处理后坩埚质量（m_G），精确至 0.1 mg。

③真空抽滤装置：真空泵或调节装置的抽吸器。备 1 L 抽滤瓶，侧壁有抽滤口，带与抽滤瓶配套的橡胶塞，用于酶解液抽滤。

④恒温振荡水浴箱：带自动计时器，控温范围室温 5~100℃，温度波动±1℃。

⑤分析天平：感量 0.1 mg 和 1 mg。

⑥马弗炉：（525±5）℃。

⑦烘箱：（130±3）℃。

⑧干燥器：二氧化硅或同等的干燥剂。干燥剂两周一次在 130℃烘干过夜。

⑨pH 计：具有温度补偿功能，精度±0.1。用前用 pH 4.0、7.0 和 10.0 标准缓冲液校正。

⑩真空干燥箱：（70±1）℃。

3. 操作步骤

（1）样品制备。试样处理根据水分含量、脂肪含量和糖含量进行适当的处理及干燥，并粉碎、混匀过筛。

①脂肪含量<10%的试样：若试样水分含量较低（<10%），取试样直接反复粉碎，至完全过筛。混匀，待用。若试样水分含量较高（≥10%），试样混匀后，称取适量试样（m_C，不少于50 g），置于（70±1）℃真空干燥箱至恒重。将干燥后试样转至干燥器中，待试样温度降到室温后称量（m_D）。根据干燥前后试样质量，计算试样质量损失因子（f）。干燥后试样反复粉碎至完全过筛，置于干燥器中待用。若试样不宜加热，也可采取冷冻干燥法。

②脂肪含量≥10%的试样：试样需经脱脂处理。称取适量试样（m_C，不少于50 g），置于漏斗中，按每克试样25 mL的比例加入石油醚进行冲洗，连续3次。脱脂后将试样混匀再按①进行干燥，称量（m_D）。若试样脂肪含量未知，按先脱脂再干燥粉碎方法处理。

③糖含量≥5%的试样：试样需经脱脂处理。称取适量试样（m_C，不少于50 g），置于漏斗中，按每克试样10 mL的比例用85%乙醇溶液进行冲洗，弃乙醇溶液，连续重复3次。脱糖后将试样置于40℃烘箱内干燥过夜，称量（m_D）。记录脱糖、干燥后试样质量损失因子（f）。干样反复粉碎至完全过筛，置于干燥器中待用。

（2）酶解。

①准确称取双份试样（m），约1 g（精确至0.1 mg），双份试样质量差≤0.005 g。将试样转置于400~600 mL高脚烧杯中，加入0.05 mol/L MES-TRIS缓冲液40 mL，用磁力搅拌直至试样完全分散在缓冲液中（避免试样结成团块，使受试物与酶能充分接触）。同时制备两个空白样液与试样液进行同步操作，用于校正试剂对测定的影响。

②热稳定的α-淀粉酶酶解：向试样液中分别加入50 μL热稳定的α-淀粉酶液缓慢搅拌，加盖铝箔，置于95~100℃恒温振荡水浴中持续振摇，当温度升至95℃开始计时，通常反应35 min。将烧杯取出，冷却至60℃，打开铝箔盖，用刮勺轻轻将附着于烧杯内壁的环状物以及烧杯底部的胶状物刮下，用10 mL水冲洗烧杯壁和刮勺。如试样中抗性淀粉含量较高，可延长酶解时间至90 min，如必要也可另加入10 mL二甲基亚砜帮助淀粉分散。

③蛋白酶酶解：将试样液置于（60±1）℃水浴中，向每个烧杯中加入100 μL蛋白酶溶液，盖上铝箔，开始计时，持续振摇，反应30 min。打开铝箔盖，边搅拌边加入5 mL、3 mol/L乙酸溶液，控制试样温度保持在（60±1）℃。用1 mol/L NaOH或HCl溶液调节试样液pH值至4.5±0.2，应在（60±1）℃时调pH值，因为温度降低时会使pH值升高。同时注意进行空白样液的pH值测定，保证空白样和试样液的pH值一致。

④淀粉葡糖苷酶酶解：边搅拌边加如100 μL淀粉葡糖苷酶溶液。盖上铝箔，继续于（60±1）℃水浴中持续振摇，反应30 min。

（3）测定。

①总膳食纤维（TDF）测定。

a. 沉淀：向每份试样酶解液中，按乙醇与试样液体积比4∶1的比例加入预热至（60±1）℃的95%乙醇（预热后体积约为225 mL），盖上铝箔，于室温下沉淀1 h。

b. 抽滤：取已加入硅藻土并干燥称量的坩埚，用15 mL、78%乙醇润湿硅藻土并展平，接上真空抽滤装置，抽去乙醇使坩埚中硅藻土平铺于滤板上。将试样乙醇沉淀液转移入坩埚中抽滤，用刮勺和78%乙醇将高脚杯中所有残渣转至坩埚中。

c. 分别78%乙醇15 mL洗涤残渣2次，用95%乙醇15 mL洗涤残渣2次，丙酮15 mL洗涤残渣 2 次，抽滤取出洗涤液后，将坩埚连同残渣在 105℃ 烘干过夜。将坩埚置干燥器中冷却至 1 h，称量（m_{GR}，包括处理后坩埚质量及残渣质量），精确至 0.1 mg。减去处理后坩埚质量，计算试样残渣质量（m_R）。

d. 蛋白质和灰分的测定：取 2 份试样残渣中的 1 份样（按 GB 5009.5—2016 测定氮含量，以 6.25 为换算系数），计算蛋白质的质量（m_P）；另 1 份水样测定灰分，在 525℃ 灰化 5 h，于干燥器中冷却，精确称量坩埚总质量（精确至 0.1 mg），减去处理后坩埚质量，计算灰分质量（m_A）。

②不溶性膳食纤维（IDF）测定。

a. 按（1）称取试样，按（2）酶解。

b. 抽滤洗涤：取已处理的坩埚，用 3 mL 水润湿硅藻土并展平，抽去水分使坩埚中的硅藻土平铺于滤板上。将试样酶解液全部转移至坩埚中抽滤，残渣用 70℃ 热水 10 mL 洗涤 2 次，收集并合并滤液，转移至另一 600 mL 高脚烧杯中，备测可溶性膳食纤维。残渣按①中 c 洗涤、干燥、称量、记录残渣重量。

c. 按①中 d 测定蛋白质和灰分。

③可溶性膳食纤维（SDF）测定。

a. 计算滤液体积：收集不溶性膳食纤维抽滤产生的滤液，至已预先称量的 600 mL 高脚烧杯中，通过称量"烧杯+滤液"总质量，扣除烧杯质量的方法估算滤液体积。

b. 沉淀：按滤液体积加入 4 倍量预热至 60℃ 的 95% 乙醇，室温下沉淀 1 h。以下测定按总膳食纤维测定步骤①中 a~d 进行。

4. 结果计算

试剂空白质量按式（4-4）计算：

$$m_B = \overline{m_{BR}} - m_{BP} - m_{BA} \tag{4-41}$$

式中：m_B——试样空白质量，g；

$\overline{m_{BR}}$——双份试剂空白残渣质量均值，g；

m_{BP}——试剂空白残渣中蛋白质质量，g；

m_{BA}——试剂空白残渣中灰分质量，g。

试样中膳食纤维的含量按式（4-42）计算：

$$m_R = m_{GR} - m_G \tag{4-42}$$

$$X = \frac{\overline{m_R} - m_P - m_A - m_B}{\bar{m} \times f} \times 100 \tag{4-43}$$

$$f = \frac{m_C}{m_D} \tag{4-44}$$

式中：m_R——试样残渣质量，g；

m_{GR}——处理后坩埚质量及残渣质量，g；

m_G——处理后坩埚质量，g；

X——试样中膳食纤维的含量，g/100 g；

$\overline{m_R}$——双份试样残渣质量均值，g；

m_P——试样残渣中蛋白质质量，g；

m_A——试样残渣中灰分质量，g；

m_B——试剂空白质量，g；

$\bar{m}$——双份试样取样质量均值，g；

f——试样制备时因干燥、脱脂、脱糖导致质量变化的校正因子，g；

m_C——试样制备前质量，g；

m_D——试样制备后质量，g。

结果保留 3 位有效数字，在重复性条件下获得的两次独立测定结果的绝对差不得超过算术平均值的 10%。

5. 注意事项

（1）如果试样没有经过干燥、脱脂、脱糖等处理，$f=1$。

（2）TDF 的测定可以独立检测，也可以分别测定 IDF 和 SDF，二者之和就是 TDF。

（3）当试样中添加了抗性淀粉、抗性麦芽糖、低聚果糖、低聚半乳糖、聚葡萄糖等复合膳食纤维定义却无法通过酶重量法检出的成分时，宜采用适宜方法测定相应的单体成分，总膳食纤维＝TDF（酶重量法）＋单体成分。

目前，除了酶重量法外，还有中性洗涤测定法、酶重量–液相色谱法及膳食纤维测定仪法等。其中最新的膳食纤维测定仪法采用酶方法模拟人和动物消化道天然化学反应进行检测（图 4-26）。主要用于检测食品中可溶、不溶膳食纤维，是美国官方分析化学协会（AOAC）指定检测方法。

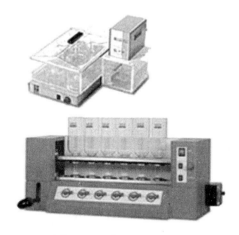

图 4-26　膳食纤维测定仪

第六节　蛋白质和氨基酸的测定

一、概述

蛋白质是由 20 多种氨基酸通过肽链连接起来的具有生命活动的生物大分子，相对分子质量可达到数万至百万，并具有复杂的立体结构。所含主要化学元素为 C、H、O、N，有些蛋白质还含有少量 P、Cu、Fe、I 等元素，蛋白质在食品中含量变化范围很宽，动物来源和豆类食品是优良的蛋白质资源，不同种类食品的蛋白质含量如表 4-12 所示。

表 4-12　部分食品的蛋白质含量

食品	蛋白质含量 /(g·100 g^{-1})	食品	蛋白质含量 /(g·100 g^{-1})
谷类和面食		乳制品	
大米（糙米、长粒、生）	7.9	牛乳（全脂、液体）	3.3
大米（白米、长粒、生、强化）	7.1	牛乳（脱脂、干）	36.2
小麦粉（整粒）	13.7	切达干酪	24.9
玉米粉（整粒、黄色）	6.9	酸奶（普通的、低脂）	5.3
意大利面条（干、强化）	12.8	肉、家禽、鱼	
玉米淀粉	0.3	牛肉（颈肉、烤前腿）	18.5
水果和蔬菜		牛肉（腌制、干牛肉）	29.1
苹果（生、带皮）	0.2	鸡（鸡腿肉、烤或煎、生）	23.1
芦笋（生）	2.3	火腿（切片、普通的）	17.6
草莓（生）	0.6	鸡蛋（生、全蛋）	12.5
莴苣（冰、生）	1.0	鱼（太平洋鳕鱼、生）	17.9
土豆（整粒、肉和皮）	2.1	鱼（金枪鱼、白色、罐装、油浸、滴干的固体）	26.5
豆类			
大豆（成熟的种子、生）	36.5	豆腐（生、坚硬）	9.8
豆（腰子状、所有品种、成熟的种子、生）	23.6	豆腐（生、均匀）	8.1

不同蛋白质其氨基酸构成比例不同，故各种不同蛋白质的含氮量也不相同。一般蛋白质的含氮量为 16%，即 1 份氮相当于 6.25 份蛋白质，此数值 6.25 称为蛋白质换算系数。不同种类食品的蛋白质换算系数不同，如玉米、荞麦、青豆、鸡蛋等为 6.25；花生为 5.64；大米为 5.95；大豆及其制品为 5.71；小麦粉为 5.70；高粱为 6.24；大麦、小米、燕麦等为 5.83；牛乳及其制品为 6.38；肉与肉制品为 6.25；芝麻、葵花籽为 5.30。

人和动物所需蛋白质可以食物及其分解物中获得。测定食品中蛋白质的含量，对于评价食品的营养价值、合理开发利用食品资源、提高产品质量、优化食品配方、指导经济核算及生产过程控制均具有极重要的意义。

此外，在构成蛋白质的氨基酸中，亮氨酸、异亮氨酸、赖氨酸、苯丙氨酸、蛋氨酸、苏氨酸、色氨酸和缬氨酸等多种氨基酸在人体中不能合成，必须依靠食品供给，故被称为必需氨基酸。它们对人体有着极其重要的生理功能，如果减少或缺乏其中某一种，人体的正常生命代谢就会发生障碍。随着食品科学的发展和营养知识的普及，食物蛋白质中必需氨基酸含量的高低及氨基酸的构成，越来越得到人们的重视。为提高蛋白质的生理功效而进行食品氨基酸互补和强化的理论，对食品加工工艺的改革、保健食品的开发及合理配膳等工作都具有积极的指导作用。因此，食品及其原料中氨基酸的分离、鉴定和定量也具有极其重要的意义。

二、蛋白质的测定

测定蛋白质的方法可分为两大类：一类是利用蛋白质的共性，即含氮量、肽键和折射率等测定蛋白质含量；另一类是利用蛋白质中特定氨基酸残基、酸性和碱性基团以及芳香基团等测定蛋白质含量。蛋白质含量测定最常用的方法为凯氏定氮法，此外还有分光光度法（乙酰丙酮比色法）、燃烧法、双缩脲法、紫外吸收法、染料结合法、水杨酸比色法等。

（一）凯氏定氮法

1. 原理（GB 5009.5—2016 第一法）

食品中的蛋白质在催化加热条件下被分解，产生的氨与硫酸结合生成硫酸铵。碱化蒸馏使氨游离，用硼酸吸收后以硫酸或盐酸标准滴定溶液滴定，根据酸的消耗量计算氮含量，再乘以换算系数，即为蛋白质的含量。主要分为三个步骤：

（1）湿法消化。消化反应方程式如下：

$$2NH_2（CH_2）_2COOH+13H_2SO_4 === （NH_4）_2SO_4+6CO_2+12SO_2+16H_2O$$

①浓硫酸具有脱水性，使有机物脱水。其又具有氧化性，将有机物炭化后的碳氧化成二氧化碳，硫酸则被还原成二氧化硫。二氧化硫使氮还原为氨，本身被氧化为三氧化硫，氨和硫酸作用生成硫酸铵。

消化反应中，为了加速蛋白质的分解，缩短消化时间，常加入硫酸钾和硫酸铜。

②硫酸钾作为增温剂，提高溶液沸点。纯硫酸沸点340℃，加入硫酸钾之后与硫酸作用生成硫酸氢钾，可以提高至400℃以上，加快有机物分解。原因在于随着消化过程中硫酸不断地被分解，水分不断逸出而使硫酸钾浓度增大，故沸点升高。反应式如下：

$$K_2SO_4+H_2SO_4 === 2KHSO_4$$

$$2KHSO_4 === K_2SO_4+H_2O+SO_3$$

但硫酸钾加入量不能太大，否则消化体系温度过高，又会引起生成的硫酸铵发生热分解放出氨而造成损失。反应式如下：

$$（NH_4）_2SO_4 === NH_3+（NH_4）HSO_4$$

$$（NH_4）HSO_4 === NH_3+H_2O+SO_3$$

也可加入硫酸钠，氯化钾等提高沸点，但效果不如硫酸钾。

③硫酸铜作为催化剂，还可以作消化终点指示剂以及下一步蒸馏时作为碱性反应的指示剂。还可以加氧化汞、汞（均有毒，价格贵）、硒粉、二氧化钛。

④加入氧化剂如过氧化氢、次氯酸钾等以加速有机物氧化速度。

（2）加碱蒸馏：在消化完全地样品溶液中加入浓氢氧化钠使呈碱性，加热蒸馏即可释放出氨气，反应式如下：

$$2NaOH+（NH_4）_2SO_4 === 2NH_3+Na_2SO_4+2H_2O$$

（3）吸收滴定：加热蒸馏所放出的氨，可用硼酸溶液进行吸收，待吸收完全后，再用盐酸标准溶液滴定，因硼酸呈微弱酸性，用酸滴定不影响指示剂的变色反应，但它有吸收氨的作用。吸收与滴定反应式如下：

$$2NH_3+4H_3BO_3 \Longleftrightarrow (NH_4)_2B_4O_7+5H_2O$$

$$(NH_4)_2B_4O_7+5H_2O+2HCl \Longleftrightarrow 2NH_4Cl+4H_3BO_3$$

本法适用于各类食品中蛋白质含量测定，是国家标准分析方法，对于含非蛋白氮的样品，可以经过沉淀等样品处理方法，除去非蛋白氮。

2. 试剂及仪器

（1）试剂。

①硫酸铜（$CuSO_4 \cdot 5H_2O$）。

②硫酸钾（K_2SO_4）。

③硫酸（H_2SO_4 密度为 1.84 g/L）。

④95% 乙醇（C_2H_5OH）。

⑤硼酸溶液（20 g/L）：称取 20 g 硼酸，加水溶解后并稀释至 1000 mL。

⑥氢氧化钠溶液（400 g/L）：称取 40 g 氢氧化钠加水溶解后，放冷，并稀释至 100 mL。

⑦硫酸标准滴定溶液（0.0500 mol/L）或盐酸标准滴定溶液（0.0500 mol/L）。

⑧甲基红乙醇溶液（1 g/L）：称取 0.1 g 甲基红，溶于 95% 乙醇，用 95% 乙醇稀释至 100 mL。

⑨亚甲基蓝乙醇溶液（1 g/L）：称取 0.1 g 亚甲基蓝，溶于 95% 乙醇，用 95% 乙醇稀释至 100 mL。

⑩溴甲酚绿乙醇溶液（1 g/L）：称取 0.1 g 溴甲酚绿，溶于 95% 乙醇，用 95% 乙醇稀释至 100 mL。

⑪混合指示液：2 份甲基红乙醇溶液与 1 份亚甲基蓝乙醇溶液临用时混合。也可用 1 份甲基红乙醇溶液与 5 份溴甲酚绿乙醇溶液临用时混合。

（2）仪器。

①天平：感量为 1 mg。

②定氮蒸馏装置（图 4-27）。

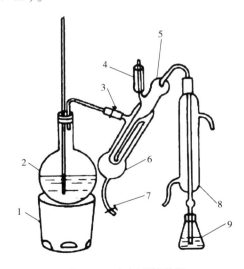

图 4-27　定氮蒸馏装置

1—电炉；2—水蒸气发生器（2 L 烧瓶）；3—螺旋夹；4—小玻杯及棒状玻塞；

5—反应室；6—反应室外层；7—橡皮管及螺旋夹；8—冷凝管；9—蒸馏液接收瓶。

③自动凯氏定氮仪（图4-28）。

图4-28　自动凯氏定氮仪

3. 操作步骤

（1）凯氏定氮法。

①试样处理：称取充分混匀的固体试样0.2~2 g、半固体试样2~5 g或液体试样10~25 g（约相当于30~40 mg氮），精确至0.001 g，移入干燥的100 mL、250 mL或500 mL定氮瓶中，加入0.4 g硫酸铜、6 g硫酸钾及20 mL硫酸，轻摇后于瓶口放一小漏斗，将瓶以45°角斜支于有小孔的石棉网上。小心加热，待内容物全部炭化，泡沫完全停止后，加强火力，并保持瓶内液体微沸，至液体呈蓝绿色并澄清透明后，再继续加热0.5~1 h。取下放冷，小心加入20 mL水。放冷后，移入100 mL容量瓶中，并用少量水洗定氮瓶，洗液并入容量瓶中，再加水至刻度，混匀备用。同时做试剂空白试验。

②测定：装好定氮蒸馏装置，向水蒸气发生器内装水至2/3处，加入数粒玻璃珠，加甲基红乙醇溶液数滴及数毫升硫酸，以保持水呈酸性，加热煮沸水蒸气发生器内的水并保持沸腾。

③向接收瓶内加入10.0 mL硼酸溶液及1~2滴混合指示液，并使冷凝管的下端插入液面下，根据试样中氮含量，准确吸取2.0~10.0 mL试样处理液由小玻杯注入反应室，以10 mL水洗涤小玻杯并使之流入反应室内，随后塞紧棒状玻塞。将10.0 mL氢氧化钠溶液倒入小玻杯，提起玻塞使其缓缓流入反应室，立即将玻塞盖紧，并加水于小玻杯以防漏气。夹紧螺旋夹，开始蒸馏。蒸馏10 min后移动蒸馏液接收瓶，液面离开冷凝管下端，再蒸馏1 min。然后用少量水冲洗冷凝管下端外部，取下蒸馏液接收瓶。以硫酸或盐酸标准滴定溶液滴定至终点，其中2份甲基红乙醇溶液与1份亚甲基蓝乙醇溶液指示剂，终点颜色为灰蓝色，pH值5.4；1份甲基红乙醇溶液与5份溴甲酚绿乙醇溶液指示剂，终点颜色为浅灰红色，pH值5.1。同时做试剂空白。

（2）自动凯氏定氮仪法。称取固体试样0.2~2 g、半固体试样2~5 g或液体试样10~25 g（相当于30~40 mg氮），精确至0.001 g，至消化管中，再加入0.4 g硫酸铜、6 g硫酸钾及20 mL硫酸于消化炉进行消化。当消化炉温度达到420℃之后，继续消化1 h，此时消化管中的液体呈绿色透明状，取出冷却后加入50 mL水，于自动凯氏定氮仪（使用前加入氢氧化钠溶液，盐酸或硫酸标准溶液以及含有混合指示剂的硼酸溶液）上实现自动加液、蒸馏、滴定和记录滴定数据的过程。

4. 结果计算见式（4-45）

$$X = \frac{(V_1 - V_2) \times c \times 0.0140}{m \times V_3/100} \times F \times 100 \tag{4-45}$$

式中：X——试样中蛋白质的含量，g/100 g；

V_1——试液消耗硫酸或盐酸标准滴定液的体积，mL；

V_2——试剂空白消耗硫酸或盐酸标准滴定液的体积，mL；

V_3——吸取消化液的体积，mL；

c——硫酸或盐酸标准滴定溶液浓度，mol/L；

0.0140——1.0 mL硫酸 $[c(1/2H_2SO_4) = 1.000\ mol/L]$ 或盐酸 $[c(HCl) = 1.000\ mol/L]$ 标准滴定溶液相当的氮的质量，g；

m——试样的质量，g；

F——氮换算为蛋白质的系数。一般食物为6.25；纯乳与纯乳制品为6.38；面粉为5.70；玉米、高粱为6.24；花生为5.46；大米为5.95；大豆及其粗加工制品为5.71；大豆蛋白制品为6.25；肉与肉制品为6.25；大麦、小米、燕麦、裸麦为5.83；芝麻、向日葵为5.30；复合配方食品为6.25。

以重复性条件下获得的两次独立测定结果的算术平均值表示，蛋白质含量≥1 g/100 g时，结果保留3位有效数字；蛋白质含量<1 g/100 g时，结果保留两位有效数字。在重复性条件下获得的两次独立测定结果的绝对差不得超过算术平均值的10%。

5. 注意事项

（1）所用试剂溶液应用无氨蒸馏水配制。

（2）消化时不要用强火，应保持和缓沸腾，以免粘在凯氏瓶内壁上的含氮化合物在无硫酸存在的情况下消化不完全而造成氮损失。

（3）消化时应注意不时转动凯氏烧瓶，以便利用冷凝酸液将附在瓶壁上的固体残渣洗下，并促进其消化完全。

（4）样品中若含脂肪较多时，消化过程中易产生大量泡沫，为防止泡沫溢出瓶外，在开始消化时应用小火加热，并时时摇动；或者加入少量辛醇或液状石蜡或硅油消泡剂，并同时注意控制热源强度。

（5）当样品消化液不易澄清透明时，可将凯氏烧瓶冷却，加入30%过氧化氢2~3 mL后再继续加热消化。

（6）若取样量较大，如干试样超过5 g，可按每克试样5 mL的比例增加硫酸用量。

（7）一般消化至呈透明后，继续消化30 min即可，但对于含有特别难以氨化的氮化合物的样品，如含赖氨酸、组氨酸、色氨酸、酪氨酸或脯氨酸等时，需适当延长消化时间。有机物如分解完全，消化液呈蓝色或浅绿色，但含铁量多时，呈较深绿色。

（8）蒸馏装置不能漏气。

（9）蒸馏前若加碱量不足，消化液呈蓝色不生成氢氧化铜沉淀，此时需再增加氢氧化钠用量。氢氧化铜在70~90℃时发黑。

（10）蒸馏完毕后，应先将冷凝管下端提离液面清洗管口，再蒸 1 min 后关掉热源，否则可能造成吸收液倒吸。

（二）分光光度法

1. 原理（GB 5009.5—2016 第二法）

食品中的蛋白质在催化加热条件下被分解，分解产生的氨与硫酸结合生成硫酸铵，在 pH 值 4.8 的乙酸钠-乙酸缓冲溶液中与乙酰丙酮和甲醛反应生成黄色的 3，5-二乙酰-2，6-二甲基-1，4-二氢化吡啶化合物。在波长 400 nm 下测定吸光度值，与标准系列比较定量，结果乘以换算系数，即为蛋白质含量。

2. 试剂及仪器

（1）试剂：除非另有规定，本方法中所用试剂均为分析纯。

①硫酸铜（$CuSO_4 \cdot 5H_2O$）。

②硫酸钾（K_2SO_4）。

③硫酸（H_2SO_4 密度为 1.84 g/L）：优级纯。

④氢氧化钠溶液（300 g/L）：称取 30 g 氢氧化钠加水溶解后，放冷，并稀释至 100 mL。

⑤对硝基苯酚指示剂溶液（1 g/L）：称取 0.1 g 对硝基苯酚指示剂溶于 20 mL、95% 乙醇中，加水稀释至 100 mL。

⑥乙酸溶液（1 mol/L）：量取 5.8 mL 乙酸，加水稀释至 100 mL。

⑦乙酸钠溶液（1 mol/L）：称取 41 g 无水乙酸钠或 68 g 乙酸钠，加水溶解后并稀释至 500 mL。

⑧乙酸钠-乙酸缓冲溶液：量取 60 mL 乙酸钠溶液与 40 mL 乙酸溶液混合，该溶液 pH 值 4.8。

⑨显色剂：15 mL 甲醛与 7.8 mL 乙酰丙酮混合，加水稀释至 100 mL，剧烈振摇混匀（室温下放置稳定 3 d）。

⑩氨氮标准储备溶液（以氮计）（1.0 g/L）：称取 105℃ 干燥 2 h 的硫酸铵 0.4720 g 加水溶解后移于 100 mL 容量瓶中，并稀释至刻度，混匀，此溶液每毫升相当于 1.0 mg 氮。

⑪氨氮标准使用溶液（0.1 g/L）：用移液管吸取 10.00 mL 氨氮标准储备液于 100 mL 容量瓶内，加水定容至刻度，混匀，此溶液每毫升相当于 0.1 mg 氮。

（2）仪器。

①分光光度计。

②电热恒温水浴锅：（100±0.5）℃。

③10 mL 具塞玻璃比色管。

④天平：感量为 1 mg。

3. 操作步骤

（1）试样消解。称取经粉碎混匀过 40 目筛的固体试样 0.1~0.5 g、半固体试样 0.2~1 g 或液体试样 1~5 g（精确至 0.001 g），移入干燥的 100 mL 或 250 mL 定氮瓶中，加入 0.1 g 硫酸铜、1 g 硫酸钾及 5 mL 硫酸，摇匀后于瓶口放一小漏斗，将定氮瓶以 45° 角斜支于有小孔的石棉网上。缓慢加热，待内容物全部炭化，泡沫完全停止后，加强火力，并保持瓶内液体微沸，至液体呈蓝绿色澄清透明后，再继续加热半小时。取下放冷，慢慢加入 20 mL 水，放冷后移入 50 或 100 mL 容量瓶中，并用少量水洗定氮瓶，洗液并入容量瓶中，再加水至刻度，混匀备用。按同一方法做试剂空白试验。

（2）试样溶液的制备。吸取 2.00~5.00 mL 试样或试剂空白消化液于 50 mL 或 100 mL 容量瓶内，加 1~2 滴对硝基苯酚指示剂溶液，摇匀后滴加氢氧化钠溶液中和至黄色，再滴加乙酸溶液至溶液无色，用水稀释至刻度，混匀。

（3）标准曲线的绘制。吸取 0.00、0.05 mL、0.10 mL、0.20 mL、0.40 mL、0.60 mL、0.80 mL 和 1.00 mL 氨氮标准使用溶液（相当于 0.00、5.00 μg、10.0 μg、20.0 μg、40.0 μg、60.0 μg、80.0 μg 和 100.0 μg 氮），分别置于 10 mL 比色管中。加 4.0 mL 乙酸钠-乙酸缓冲溶液（pH 值为 4.8）及 4.0 mL 显色剂，加水稀释至刻度，混匀，置于 100℃ 水浴中加热 15 min。取出用水冷却至室温后，移入 1 cm 比色杯内，以零管为参比，于波长 400 nm 处测量吸光度值，根据标准各点吸光度值绘制标准曲线或计算线性回归方程。

（4）试样测定。吸取 0.50~2.00 mL（相当于氮<100 μg）试样溶液和同量的试剂空白溶液，分别于 10 mL 比色管中。以下按（3）自 "加 4 mL 乙酸钠-乙酸缓酸溶液（pH 值为 4.8）及 4 mL 显色剂……" 起操作。试样吸光度值与标准曲线比较定量或代入线性回归方程求出含量。

4. 结果计算见式（4-46）

$$X = \frac{c - c_0}{m \times \dfrac{V_2}{V_1} \times \dfrac{V_4}{V_3} \times 1000 \times 1000} \times 100 \times F \tag{4-46}$$

式中：X——试样中蛋白质的含量，g/100 g；

c——试样测定液中氮的含量，μg；

c_0——试剂空白测定液中氮的含量，μg；

V_1——试样消化液定容体积，mL；

V_2——制备试样溶液的消化液体积，mL；

V_3——试样溶液总体积，mL；

V_4——测定用试样溶液体积，mL；

m——试样质量，g；

F——氮换算为蛋白质的系数。

以重复性条件下获得的两次独立测定结果的算术平均值表示，蛋白质含量≥1 g/100 g 时，结果保留 3 位有效数字；蛋白质含量<1 g/100 g 时，结果保留两位有效数字。在重复性条件下获得的两次独立测定结果的绝对差值不得超过算术平均值的 10%。

（三）燃烧法

1. 原理（GB 5009.5—2016 第三法）

试样在 900~1200℃ 高温下燃烧，燃烧过程中产生混合气体，其中的碳、硫等干扰气体和盐类被吸收管吸收，氮氧化物被全部还原成氮气，形成的氮气气流通过热导检测仪（TCD）进行检测。

2. 仪器

（1）氮/蛋白质分析仪。

（2）天平：感量为 0.1 mg。

3. 操作步骤

按照仪器说明书要求称取 0.1~1.0 g 充分混匀的试样（精确至 0.0001 g），用锡箔包裹后置于样品盘上。试样进入燃烧反应炉（900~1200℃）后，在高纯氧（≥99.99%）中充分燃烧。燃烧炉中的产物（NO_x）被载气 CO_2 运送至还原炉（800℃）中，经还原生成氮气后检测其含量。

4. 结果计算见式（4-47）

$$X = C \times F \tag{4-47}$$

式中：X——试样中蛋白质的含量，g/100 g；

$\quad\quad C$——试样中氮的含量，g/100 g；

$\quad\quad F$——氮换算为蛋白质的系数。

以重复性条件下获得的两次独立测定结果的算术平均值表示，结果保留 3 位有效数字。在重复性条件下获得的两次独立测定结果的绝对差值不得超过算术平均值的 10%。

（四）其他测定方法

1. 双缩脲法

当脲被小心地加热至 150~160℃ 时，可由两个分子同脱去一个氨分子而生成二缩脲（也叫双缩脲），反应如下：

$$NH_2—CO—NH_2+NH_2—CO—NH_2 \longrightarrow NH_2—CO—NH—CO—NH_2+NH_3$$

双缩脲在碱性条件下，能与硫酸铜作用生成紫红色的配合物，称为双缩脲反应。由于蛋白质分子中含有肽键，与双缩脲结构相似，所以也能呈现此反应而生成紫红色的配合物，在一定条件下其颜色深浅与蛋白质含量成正比，据此可用吸收光度法来测定蛋白质含量，该配合物的最大吸收波长为 560 nm。

本法灵敏度较低，但操作简单快速，故在生物化学领域中测定蛋白质含量时常用此法。双缩脲法亦适用于豆类、油料、米谷等作物种子及肉类等样品的测定。

2. 紫外吸收法

蛋白质及其降解产物（肽和氨基酸）的芳香环残基在紫外区对一定波长的光具有吸收作用。在 280 nm 波长下，光吸收程度与蛋白质浓度（3~8 mg/mL）呈直线关系。因此通过测定蛋白质溶液的吸光度，并参照事先用凯氏定氮法测定蛋白质含量的标准样所做的标准曲线，即可求出样品的蛋白质含量。

本法操作简便、迅速，常用于生物化学研究，但由于许多非蛋白质成分在紫外区也有吸收作用，加之光散射作用的干扰，故在食品分析领域中的应用并不广泛，最早用于测定牛乳的蛋白质含量，也可用于测定小麦、面粉、糕点、豆类、蛋黄及肉制品中的蛋白质含量。

3. 染料结合法

在特定的条件下，蛋白质可与某些材料（如胺墨 10B 或酸性橙 12 等）定量结合而生成沉淀，用分光光度计测定沉淀反应完成后剩余的染料量可计算出反应消耗的染料量，进而可求得样品中蛋白质含量。本法适用于牛乳、冰激凌、酪乳、巧克力饮料、脱脂乳粉等食品。

4. 水杨酸比色法

样品中的蛋白质经硫酸消化而生成铵盐溶液后，在一定的酸度和温度条件下可与水杨酸钠和次氯酸钠作用生成蓝色的化合物，可以在波长 660 nm 处比色测定，求出样品含氮量，进而可计算出蛋白质含量。

三、氨基酸的测定

（一）氨基酸总量的测定

1. 双指示剂甲醛滴定法

（1）原理：氨基酸具有酸性的—COOH 和碱性的—NH$_2$，它们相互作用使氨基酸成为中性的内盐。当加入甲醛溶液时，氨基与甲醛结合，从而使其碱性消失。这样就可以用强碱标准溶液来滴定羧基，并用间接的方法测定氨基酸总的量。

本法简单易行、快捷方便。在发酵工业中常用此法测定发酵液中氨基酸含量的变化来了解可被微生物利用的氮源的量及利用情况，并以此作为控制发酵生产的指标之一。脯氨酸与甲醛作用时产生不稳定的化合物，使结果偏低；酪氨酸含有酚羟基，滴定时也会消耗一些碱而使测定结果偏高；溶液中若有铵存在也可与甲醛反应，往往使测定结果偏高。

（2）试剂。

①40%中性甲醛溶液：以百里酚酞作指示剂，用氢氧化钠将 40%甲醛中和至淡蓝色。

②0.1%百里酚酞乙醇溶液。

③0.1%中性红乙醇溶液。

④0.1 mol/L 氢氧化钠标准溶液。

（3）操作步骤。移取含氨基酸 20~30 mg 的样品溶液 2 份，分别置于 250 mL 锥形瓶中，各加入 50 mL 蒸馏水，其中 1 份加入 3 滴中性红指示剂，用 0.1 mol/L 氢氧化钠标准溶液滴定至红色变为琥珀色为终点；另 1 份加入 3 滴百里酚酞指示剂及中性甲醛 20 mL，摇匀，静置 1 min，用 0.1 mol/L 氢氧化钠标准溶液滴定至淡蓝色为终点。分别记录 2 次所消耗的碱液毫升数。

（4）结果计算见式（4-48）。

$$X = \frac{(V_2 - V_1) \times c \times 0.014}{m \times \dfrac{V_4}{V_3}} \times 100 \tag{4-48}$$

式中：X——氨基酸态氮含量，g/100 g 或 g/100 mL；

　　　V_1——用中性红作指示剂滴定时消耗氢氧化钠标准溶液的体积，mL；

　　　V_2——用百里酚酞作指示剂滴定时消耗氢氧化钠标准溶液的体积，mL；

　　　c——氢氧化钠标准溶液的浓度，mol/L；

　　　m——样品的质量或体积，g 或 mL；

　　　V_3——样品稀释液的总体积，mL；

　　　V_4——测定时取样品稀释液的体积，mL；

　0.014——氮的毫摩尔质量，g/mmol。

（5）注意事项。

①本法适用于测定食品中的游离氨基酸。

②固体样品应先进行粉碎，准确称样后用水萃取，然后测定萃取液；液体试样如酱油、

饮料等可直接吸取试样进行测定。萃取可在 50℃ 水浴中进行 0.5 h 即可。

③若样品颜色较深，可加适量活性炭脱色后再测定，或用电位滴定法进行测定。

④与本法类似的还有单指示剂（百里酚酞）甲醛滴定法，此法用标准碱完全中和—COOH 时的 pH 值为 8.5~9.5，但分析结果稍偏低，即双指示剂法的结果更准确。

2. 电位滴定法

（1）原理：根据氨基酸的两性作用，加入甲醛以固定氨基的碱性，使羧基显示出酸性，将酸度计的玻璃电极及甘汞电极（或复合电极）插入被测液中构成电池，用碱液滴定，根据酸度计指示的 pH 值判断和控制滴定终点。

（2）试剂及仪器。

①试剂：体积分数 20% 的中性甲醛溶液、0.05 mol/L 氢氧化钠标准溶液。

②仪器：酸度计、磁力搅拌器、微量滴定管（10 mL）。

（3）操作步骤。

①吸取含氨基酸约 20 mg 的样品溶液于 100 mL 容量瓶中，加水至标线，混匀后吸取 20.0 mL 置于 200 mL 烧杯中，加水 60 mL，开动磁力搅拌器，用 0.05 mol/L 氢氧化钠标准溶液滴定至酸度计指示 pH 值 8.2，记录消耗氢氧化钠标准溶液毫升数，供计算总酸含量。

②加入 10.0 mL 体积分数 20% 中性甲醛溶液，混匀。再用上述氢氧化钠标准溶液继续滴定至 pH 值 9.2，记录消耗氢氧化钠标准溶液毫升数。

③同时取 80 mL 蒸馏水置于另一 200 mL 洁净烧杯中，先用氢氧化钠标准溶液滴定至 pH 值 8.2（此时不计碱消耗量），再加入 10.0 mL 20% 中性甲醛溶液，用 0.05 mol/L 氢氧化钠标准溶液滴定至 pH 值 9.2，作为试剂空白实验。

（4）结果计算：与双指示剂甲醛滴定法相同。

（5）注意事项。

①本法准确快速，可用于各类样品游离氨基酸含量测定。

②对于浑浊和色泽深样液可不经处理而直接测定。

③每次测定之前应用标准的缓冲液对酸度计进行校正，使用完毕后要注意对电极正确维护，以保证电极的使用寿命。

3. 茚三酮比色法

（1）原理：氨基酸在碱性溶液中能与茚三酮作用，生成蓝紫色化合物（除脯氨酸外均有此反应），可用吸光光度法测定。该蓝紫色化合物的颜色深浅与氨基酸含量成正比，其最大吸收波长为 570 nm，故据此可以测定样品中氨基酸含量。

（2）试剂及仪器。

①试剂。

a. 2% 茚三酮溶液：称取茚三酮 1 g 于盛有 35 mL 热水的烧杯中使其溶解，加入 40 mg 氯化亚锡作防腐剂，搅拌过滤。滤液置冷暗处过夜，加水至 50 mL，摇匀备用。

b. pH 值为 8.4 磷酸盐缓冲溶液：准确称取磷酸二氢钾 4.5350 g 于烧杯中，用少量整理水溶解后，转入 500 mL 容量瓶中，用水稀释至标线，摇匀备用。准确称取磷酸二氢钠 11.9380 g 于烧杯中，用少量蒸馏水溶解后，转入 500 mL 容量瓶中，用水稀释至标线，摇匀备用。取上述配好的磷酸二氢钾溶液 10.0 mL 与 190 mL 磷酸氢二钠溶液混合均匀即为 pH 值 8.04 的磷酸缓冲溶液。

c. 氨基酸标准溶液：准确称取干燥的氨基酸（如异亮氨酸）0.200 g 于烧杯中，先用少量水溶解后，转入 100 mL 容量瓶中，用水稀释至标线，摇匀。此溶液为 200 μg/mL 氨基酸标准溶液。

②仪器：可见分光光度计。

（3）操作步骤。

①标准曲线绘制：准确吸取 200 μg/mL 氨基酸标准溶液 0、0.5 mL、1.0 mL、1.5 mL、2.0 mL、2.5 mL、3.0 mL（相当于 0、100 μg、200 μg、300 μg、400 μg、500 μg、600 μg 氨基酸），分别置于 25 mL 比色管中，各加水补充至体积为 4 mL，然后加入 2%茚三酮和磷酸缓冲液各 1 mL，混合均匀，水浴加热 15 min，取出迅速冷却至室温，加水至标线，摇匀。静置 15 min 后，在 570 nm 波长下，以试剂空白为参比液测定其余各溶液的吸光度 A。以氨基酸的质量（μg）为横坐标，吸光度 A 为纵坐标，绘制标准曲线。

②样品测定：吸取澄清的样品溶液 1~4 mL，按标准曲线制作操作步骤，在相同条件下测定吸光度 A 值，用测得的 A 值在标准曲线上可查得对应氨基酸的质量（μg）。

（4）结果计算见式（4-49）。

$$X = \frac{m_1}{m \times 1000} \times 100 \qquad (4\text{-}49)$$

式中：X——样品中氨基酸含量，g/100 g 或 g/100 mL；

m_1——从标准曲线上查得的氨基酸的质量，μg；

m——测定的样品溶液相当于样品的质量或体积，g 或 mL。

（二）氨基酸的分离和测定

1. 氨基酸自动分析仪法（GB 5009.124—2016）

（1）原理：食品中的蛋白质经盐酸水解成为游离氨基酸，经氨基酸分析仪的离子交换柱分离后，与茚三酮溶液产生颜色反应，再通过分光光度计比色测定氨基酸含量。

本法适用于食品中的天冬氨酸、苏氨酸、丝氨酸、谷氨酸、辅氨酸、甘氨酸、丙氨酸、缬氨酸、蛋氨酸、异亮氨酸、亮氨酸、酪氨酸、苯丙氨酸、组氨酸、赖氨酸和精氨酸十六种氨基酸的测定，最低检出限为 10^{-11} mol，但不适用于蛋白质含量低的水果、蔬菜、饮料和淀粉类食品中氨基酸的测定。

（2）试剂及仪器。

①试剂。

a. 浓盐酸：优先级。

b. 6 mol/L 盐酸：浓盐酸与水 1:1 混合。

c. 苯酚：须重蒸馏。

d. 1 μmol/mL 混合氨基酸标准储备液：分别准确称取单个氨基酸标准品（精确至 0.00001 g）于同一 50 mL 烧杯中，用 8.3 mL、6 mol/L 盐酸溶液溶解，精确转移至 250 mL 容量瓶中，用水稀释定容至刻度，混匀。

e. 缓冲液：pH 值 2.2 的柠檬酸钠缓冲液：称取 19.6 g 柠檬酸钠（$Na_3C_6H_5O_7 \cdot 2H_2O$）和 16.5 mL 浓盐酸加水稀释到 1000 mL，用浓盐酸或 500 g/L 的氢氧化钠溶液调节 pH 值至 2.2。

pH 值 3.3 的柠檬酸钠缓冲液：称取 19.6 g 柠檬酸钠和 12 mL 浓盐酸加水稀释到 1000 mL，用浓盐酸或 500 g/L 的氢氧化钠溶液调节 pH 值至 3.3。

pH 值 4.0 的柠檬酸钠缓冲液：称取 19.6 g 柠檬酸钠和 9 mL 浓盐酸加水稀释到 1000 mL，用浓盐酸或 500 g/L 的氢氧化钠溶液调节 pH 值至 4.0。

pH 值 6.4 的柠檬酸钠缓冲液：称取 19.6 g 柠檬酸钠和 46.8 g 氯化钠（优级纯）加水稀释到 1000 mL，用浓盐酸或 500 g/L 的氢氧化钠溶液调节 pH 值至 6.4。

f. 茚三酮溶液：pH 值 5.2 的乙酸锂溶液：称取氢氧化锂（LiOH·H_2O）168 g，加入冰乙酸（优级纯）279 mL，加水稀释到 1000 mL，用浓盐酸或 500 g/L 的氢氧化钠溶液调节 pH 值至 5.2。

茚三酮溶液：取 150 mL 二甲基亚砜和乙酸锂溶液 50 mL 加入 4 g 水合茚三酮（$C_9H_4O_3$·H_2O）和 0.12 g 还原茚三酮（$C_{18}H_{10}O_6$·$2H_2O$）搅拌至完全溶解。

g. 高纯氮气：纯度 99.99%。

h. 冷冻剂：市售食盐与冰按 1∶3 混合。

②仪器。

a. 真空泵

b. 恒温干燥箱

c. 水解管：耐压螺盖玻璃管或硬质玻璃管，体积 20~30 mL。用去离子水冲洗干净并烘干。

d. 真空干燥器（温度可调节）。

e. 氨基酸自动分析仪（图 4-29）。

图 4-29 氨基酸自动分析仪

（3）操作步骤。

①试样处理：试样采集后用匀浆机打成匀浆（或者将试样尽量粉碎）于低温冰箱中冷冻保存，分析用时将其解冻后使用。

②称样：准确称取一定量均匀性好的试样如奶粉等，精确到 0.0001 g（使试样蛋白质含量在 10~20 mg 范围内）；均匀性差的试样如鲜肉等，为减少误差可适当增大称样量，测定前再稀释。将称好的试样放于水解管中。

③水解：在水解管内加 6 mol/L 盐酸 10~15 mL（视试样蛋白质含量而定），含水量高的

试样（如牛奶）可加入等体积的浓盐酸，加入新蒸馏的苯酚 3~4 滴，再将水解管放入冷冻剂中，冷冻 3~5 min，再接到真空泵的抽气管上，抽真空（接近 0），然后充入高纯氮气；再抽真空充氮气，重复 3 次后，在充氮气状态下封口或拧紧螺丝盖将已封口的水解管放在（110±1）℃的恒温干燥箱内，水解 22 h 后，取出冷却。

打开水解管，将水解液过滤后，用去离子水多次冲洗水解管，将水解液全部转移到 50 mL 容量瓶内用去离子水定容。准确吸取 1 mL 滤液移入到 15 mL 或 25 mL 试管内，用试管浓缩仪或平行蒸发仪在 40~50℃加热环境下减压干燥，干燥后残留物用 1~2 mL 水溶解，再减压干燥，最后蒸干。用 1~2 mL、pH 值 2.2 的柠檬酸钠缓冲溶液加入到干燥后试管内溶解，振荡混匀后，吸取溶液通过 0.22 μm 滤膜后，转移至仪器进样瓶，为样品测定液，供仪器测定用。

④测定：准确吸取混合氨基酸标准储备液 1.0 mL 于 10 mL 容量瓶中，加 pH 值 2.2 柠檬酸钠缓冲溶液定容至刻度，混匀，作为上机测定用的混合氨基酸标准工作液（100 nmol/mL），用氨基酸自动分析仪以外标法测定试样测定液的氨基酸含量。

（4）结果计算见式（4-50）。

$$X_i = \frac{c \times F \times V \times M}{m \times 10^9} \times 100 \tag{4-50}$$

式中：X_i——试样氨基酸 i 的含量，g/100 g；

　　c——试样测定液中氨基酸 i 的含量，nmol/mL；

　　F——试样稀释倍数；

　　V——水解后试样定容体积，mL；

　　M——氨基酸 i 的摩尔质量，g/mol；

　　m——试样质量，g；

　　10^9——将试样含量由纳克（ng）折算成克（g）的系数，μg。

16 种氨基酸摩尔质量：天冬氨酸：133.1；苏氨酸：119.1；丝氨酸：105.1；谷氨酸：147.1；辅氨酸：115.1；甘氨酸：75.1；丙氨酸：89.1；缬氨酸：117.2；蛋氨酸：149.2；异亮氨酸：131.2；亮氨酸：131.2；酪氨酸：181.2；苯丙氨酸：165.2；组氨酸：155.2；赖氨酸：146.2；精氨酸：174.2。

计算结果表示为：试样氨基酸含量在 1.00 g/100 g 以下，保留两位有效数字；含量在 1.00 g/100 g 以上，保留 3 位有效数字。

在重复性条件下获得的两次独立测定结果的绝对差值不得超过算术平均值的 12%。

（5）注意事项。

①显色反应用的茚三酮试剂，随着时间推移发色率会降低，故在较长时间测样过程中应随时采用已知浓度的氨基酸标准溶液上柱测定以检验其变化情况。

②氨基酸的标准顺序和保留时间见表 4-13。

表 4-13　标准出峰顺序和保留时间

出峰顺序		保留时间/min	出峰顺序		保留时间/min
1	天冬氨酸	5.55	3	丝氨酸	7.09
2	苏氨酸	6.60	4	谷氨酸	8.72

续表

出峰顺序		保留时间/min	出峰顺序		保留时间/min
5	脯氨酸	9.63	11	亮氨酸	22.06
6	甘氨酸	12.24	12	酪氨酸	24.62
7	丙氨酸	13.10	13	苯丙氨酸	25.76
8	缬氨酸	16.65	14	组氨酸	30.41
9	蛋氨酸	19.63	15	赖氨酸	32.57
10	异亮氨酸	21.24	16	精氨酸	40.75

2. 薄层色谱法

薄层层析是一种微量而快速的层析方法，将吸附剂或支持剂均匀的铺在玻璃板上成一薄层，把样品点在薄层上，然后用合适的溶剂展开，从而达到分离、鉴定和定量的目的。因为层析在薄层上进行，所以称为薄层层析。它的应用范围比纸上层析更广泛，常用来分析氨基酸、农药残留量、黄曲霉毒素等。

氨基酸测定的薄层色谱法原理为：取一定量经水解的样品溶液，滴在制好的薄层板上，在溶剂系统中进行双向上行法展开，样品各组分在薄层板上经过多次的被吸附、解吸、交换等作用，同一物质具有相同的 R_f 值，不同成分则有不同的 R_f 值，因而各种混合物可达到彼此被分离的目的。然后用茚三酮显色，与标准氨基酸进行对比，鉴别各种氨基酸种类，从显色斑点颜色的深浅可以大致确定其含量。

薄层色谱法操作简便快速、灵敏度高，成本低廉，故应用广泛。薄层扫描仪是一种定量测定薄层斑点的现代仪器，它的问世更发挥了薄层色谱法的优势，使之可与气相色谱法（GC）和高效液相色谱法（HPLC）法相媲美。

3. 气相色谱法

将本身没有挥发性的氨基酸转变为适合于气相色谱分析的衍生物——三氟乙酰基正丁酯。它包括用正丁醇的酯化和用三氟乙酸酐的酰化两个步骤。将酰化好的氨基酸衍生物进行气相色谱分析。

4. 高效液相色谱法

高效液相色谱法适用于分析沸点高、相对分子质量大、热稳定性差的物质和生物活性物质。由于大多数氨基酸无紫外吸收及荧光发射特性，而紫外吸收检测器（UVD）和荧光检测器（FD）又是 HPLC 仪的最常用配置。故人们需将氨基酸进行衍生化，使其可以利用紫外吸收或荧光检测器进行测定。

氨基酸的衍生可分为柱前衍生和柱后衍生。柱后衍生需额外的反应器和泵，常用于氨基酸分析仪，如前面提到的茚三酮反应。此外，如荧光胺、邻苯二甲醛也被人采用。在氨基酸的 HPLC 测定中，更多地采用柱前衍生法，相比柱后衍生有如下优点：固定相采用 C_{18} 或其他疏水物，可分辨分子结构细小的差异；反相洗脱，流动相为极性溶剂，如甲醇、乙二腈等，避免对荧光检测的干扰，可提高灵敏度及速度；一机多用。

第七节　维生素的测定

一、概述

（一）维生素测定的意义

维生素是维持人体正常生命活动所必需的一类低分子量有机化合物。测定食品中维生素的含量，具有十分重要的意义和作用，主要表现在以下几方面：评价食品的营养价值；开发和利用富含维生素的食品资源；指导人们合理调整膳食结构，防止维生素缺乏；研究维生素在食品加工、储存等过程中的稳定性；指导人们制定合理的工艺条件及储存条件、最大限度地保留各种维生素；防止因摄入过多而引起维生素中毒等。

（二）维生素的分类

维生素种类很多，目前已确认的有 30 多种，其中被认为对维持人体健康和促进发育至关重要的有 20 余种。虽然不能供给机体热能，也不是构成组织的基本原料，需要量极少，但是维生素作为辅酶参与调节代谢过程，缺乏任何一种维生素都会导致相应的疾病。大多数维生素在人体中不能合成，需要从食物中摄取以满足正常的生理需要。

根据维生素的溶解特性，分为两大类即脂溶性维生素和水溶性维生素。脂溶性维生素包括维生素 A、维生素 D、维生素 E、维生素 K，水溶性维生素包括维生素 C 和 B 族维生素等。食品中各种维生素的含量主要取决于食品的种类，此外，还与食品的工艺及储存等条件有关，许多维生素对光、热、氧、pH 值敏感。

（三）维生素的测定方法

维生素的测定方法主要分为三类：物理化学法、生物鉴定法和微生物法。物理化学法包括比色法、荧光法、色谱法、酶法和免疫法等，此类方法操作较为简单；生物鉴定法操作烦琐、费时费力，且需有动物饲养设施和场地，不适于常规分析。微生物法是基于微生物生长需要特定的维生素，方法特异性强、灵敏度高、无须特殊仪器、样品无须特殊处理，但费时较长，仅限于水溶性维生素的测定。物理化学法中的仪器分析法是维生素测定中较常用的方法，操作较为简单，分析速度快。

（四）维生素的提取方法

由于大多维生素对光照、氧气、pH 值和热都非常敏感，在分析过程中应采取必要的措施防止维生素的损失。此外，采样和制备均匀度较高的样品也是维生素测定中重要的方面。在多数情况下，维生素测定时需要将维生素从样品中提取出来再加以分析。通常采用的处理措施有加热、酸化、碱处理、溶剂萃取以及加酶。对于特定的维生素来说，其提取方法是一定的，要注意维生素的保护。有些提取方法往往会提取出多种维生素，如维生素 B_1、核黄素和一些脂溶性维生素。

二、脂溶性维生素的测定

脂溶性维生素是指与类脂物一起存在于食物中的维生素 A、维生素 D 和维生素 E。测定脂溶性维生素时，通常先用皂化法处理样品，水洗去除类脂物。然后用有机溶剂提取脂溶性维生素（不皂化物），浓缩后溶于适当的溶剂后测定。在皂化和浓缩时，为防止维生素的氧化分解，常加入抗氧化剂（如焦性没食子酸、维生素 C 等）。对于某些液体样品或脂肪含量低的样品，可以先用有机溶剂萃取出脂类，然后进行皂化处理；对于维生素 A、维生素 D、维生素 E 共存的样品，或杂质含量高的样品，在皂化提取后，还需进行层析分离。分析操作一般要在避光条件下进行。

（一）维生素 A 和维生素 E 的测定

1. 原理（GB 5009.82—2016、反相高效液相色谱法）

试样中的维生素 A 及维生素 E 经皂化（含淀粉先用淀粉酶酶解）、提取、净化、浓缩后，C_{30} 或 PFP 反相液相色谱柱分离，紫外检测器或荧光检测器检测，外标法定量。当取样量为 5 g，定容 10 mL 时，维生素 A 的紫外检出限为 10 μg/100 g，定量限为 30 μg/100 g；生育酚的紫外检出限为 40 μg/100 g，定量限为 120 μg/100 g。

2. 试剂及仪器

（1）试剂：除非另有说明，在分析中仅使用确定为分析纯的试剂和蒸馏水。

①无水乙醇、抗坏血酸、氢氧化钾、乙醚、石油醚、无水硫酸钠、pH 试纸、甲醇（色谱纯）、淀粉酶（活力单位≥100 U/mg）、2，6-二叔丁基对甲酚（BHT）。

②氢氧化钾溶液（50 g/100 g）：称取 50 g 氢氧化钾，加入 50 mL 水溶解，冷却后，储存于聚乙烯瓶中。

③石油醚-乙醚溶液（1:1）：量取 200 mL 石油醚，加入 200 mL 乙醚，混匀。

④有机系过滤头（孔径为 0.22 μm）。

⑤维生素 A 标准储备溶液（0.500 mg/mL）：准确称取 25.0 mg 维生素 A 标准品，用无水乙醇溶解后，转移入 50 mL 容量瓶中，定容至刻度，此溶液浓度约为 0.500 mg/mL。将溶液转移至棕色试剂瓶中，密封后，在 -20℃ 下避光保存，有效期 1 个月。临用前将溶液回温至 20℃，并进行浓度校正。

⑥维生素 E 标准储备溶液（1.00 mg/mL）：分别准确称取 α-生育酚、β-生育酚、γ-生育酚和 δ-生育酚各 50.0 mg，用无水乙醇溶解后，转移入 50 mL 容量瓶中，定容至刻度，此溶液浓度约为 1.00 mg/mL。将溶液转移至棕色试剂瓶中，密封后，在 -20℃ 下避光保存，有效期 6 个月。临用前将溶液回温至 20℃，并进行浓度校正。

⑦维生素 A 和维生素 E 混合标准溶液中间液：准确吸取维生素 A 标准储备溶液 1.00 mL 和维生素 E 标准储备溶液各 5.00 mL 于同一 50 mL 容量瓶中，用甲醇定容至刻度，此溶液中维生素 A 浓度为 10.0 μg/mL，维生素 E 各生育酚浓度为 100 μg/mL。在 -20℃ 下避光保存，有效期半个月。

⑧维生素 A 和维生素 E 标准系列工作溶液：分别准确吸取维生素 A 和维生素 E 混合标准溶液中间液 0.20 mL、0.50 mL、1.00 mL、2.00 mL、4.00 mL、6.00 mL 于 10 mL 棕色容量瓶中，用甲醇定容至刻度，该标准系列中维生素 A 浓度为 0.20 μg/mL、0.50 μg/mL、1.00 μg/mL、2.00 μg/mL、4.00 μg/mL、6.00 μg/mL，维生素 E 浓度为 2.00 μg/mL、5.00 μg/mL、10.0 μg/mL、20.0 μg/mL、40.0 μg/mL、60.0 μg/mL。临用前配制。

（2）仪器：分析天平、恒温水浴振荡器、旋转蒸发仪、氮吹仪、紫外分光光度计、分液漏斗萃取净化振荡器、高效液相色谱仪（带紫外检测器或二极管阵列检测器或荧光检测器）。

3. 操作步骤

使用的所有器皿不得含有氧化性物质；分液漏斗活塞玻璃表面不得涂油；处理过程应避免紫外光照，尽可能避光操作；提取过程应在通风柜中操作。

（1）试样制备。将一定数量的样品按要求经过缩分、粉碎均质后，储存于样品瓶中，避光冷藏，尽快测定。

（2）试样处理。

①皂化：

a. 不含淀粉样品：称取 2~5 g（精确至 0.01 g）经均质处理的固体试样或 50 g（精确至 0.01 g）液体试样于 150 mL 平底烧瓶中，固体试样需加入约 20 mL 温水，混匀，再加入 1.0 g 抗坏血酸和 0.1g BHT，混匀，加入 30 mL 无水乙醇，加入 10~20 mL 氢氧化钾溶液，边加边振摇，混匀后于 80℃ 恒温水浴振荡皂化 30 min，皂化后立即用冷水冷却至室温。

b. 含淀粉样品：称取 2~5 g（精确至 0.01 g）经均质处理的固体试样或 50 g（精确至 0.01 g）液体样品于 150 mL 平底烧瓶中，固体试样需用约 20 mL 温水混匀，加入 0.5~1 g 淀粉酶，放入 60℃ 水浴避光恒温振荡 30 min 后，取出，向酶解液中加入 1.0 g 抗坏血酸和 1g BHT，混匀，加入 30 mL 无水乙醇，10~20 mL 氢氧化钾溶液，边加边振摇，混匀后于 80℃ 恒温水浴振荡皂化 30 min，皂化后立即用冷水冷却至室温。

②提取：将皂化液用 30 mL 水转入 250 mL 的分液漏斗中，加入 50 mL 石油醚-乙醚混合液，振荡萃取 5 min，将下层溶液转移至另一 250 mL 的分液漏斗中，加入 50 mL 的混合醚液再次萃取，合并醚层。如只测维生素 A 与 α-生育酚，可用石油醚作提取剂。

③洗涤：用约 100 mL 水洗涤醚层，约需重复 3 次，直至将醚层洗至中性（可用 pH 试纸检测下层溶液 pH 值），去除下层水相。

④浓缩：将洗涤后的醚层经无水硫酸钠（约 3 g）滤入 250 mL 旋转蒸发瓶或氮气浓缩管中，用约 15 mL 石油醚冲洗分液漏斗及无水硫酸钠 2 次，并入蒸发瓶内，并将其接在旋转蒸发仪或气体浓缩仪上，于 40℃ 水浴中减压蒸馏或气流浓缩，待瓶中醚液剩下约 2 mL 时，取下蒸发瓶，立即用氮气吹至近干。用甲醇分次将蒸发瓶中残留物溶解并转移至 10 mL 容量瓶中，定容至刻度。溶液过 0.22 μm 有机系滤膜后供高效液相色谱测定。

（3）色谱参考条件。

①色谱柱：C_{30} 柱（柱长 250 mm，内径 4.6 mm，粒径 3 μm），或相当者。

②柱温：20℃。

③流动相：A 为水；B 为甲醇，洗脱梯度见表 4-14。

④流速：0.8 mL/min。

⑤紫外检测波长：维生素 A 为 325 nm，维生素 E 为 294 nm。

⑥进样量：10 μL。

表 4-14　C_{30} 色谱柱-反相高效液相色谱法洗脱梯度参考条件

时间/min	流动相 A/%	流动相 B/%	流速/(mL·min^{-1})
0.0	4	96	0.8
13.0	4	96	0.8
20.0	0	100	0.8
24.0	0	100	0.8
24.5	4	96	0.8
30.0	4	96	0.8

（4）标准曲线的制备。

本法采用外标法定量。将维生素 A 和维生素 E 标准系列工作溶液分别注入高效液相色谱仪中，测定相应的峰面积，以峰面积为纵坐标，以标准测定液浓度为横坐标绘制标准曲线，计算直线回归方程。

（5）样品测定。

试样液经高效液相色谱仪分析，测得峰面积，采用外标法通过上述标准曲线计算其浓度。在测定过程中，建议每测定 10 个样品用同一份标准溶液或标准物质检查仪器的稳定性。

4. 结果计算见式（4-51）

$$X = \frac{\rho \times V \times f \times 100}{m} \tag{4-51}$$

式中：X——试样中维生素 A 或维生素 E 的含量，维生素 A 单位为 μg/100 g，维生素 E 单位为 mg/100 g；

ρ——根据标准曲线计算得到的试样中维生素 A 或维生素 E 的浓度，μg/mL；

V——定容体积，mL；

f——换算因子（维生素 A：$f=1$，维生素 E：$f=0.001$）；

100——试样中量以每 100 克计算的换算系数；

m——试样质量，g。

计算结果保留 3 位有效数字。在重复性条件下获得的两次独立测定结果的绝对差值不得超过算术平均值的 10%。

5. 注意事项

（1）皂化时间一般为 30 min，如皂化液冷却后，液面有浮油，需要加入适量氢氧化钾溶液，并适当延长皂化时间。

（2）如只测维生素 A 与 α-生育酚，可用石油醚作提取剂。

（3）如难以将柱温控制在（20±2）℃，可改用 PFP 柱分离异构体，流动相为水和甲醇梯度洗脱。

（4）如样品中只含 α-生育酚，不需分离 β-生育酚和 γ-生育酚，可选用 C_{18} 柱，流动相为甲醇。

（二）食品中胡萝卜素的测定

胡萝卜素是一类广泛存在在植物中的天然色素，由于胡萝卜素在体内可以转化为维生素

A，因此别称为维生素 A 原，其中以 β-胡萝卜素效价最高。胡萝卜素对热、酸、碱比较稳定，但对光比较敏感。胡萝卜素易溶于乙醚、石油醚、氯仿等有机溶剂，纯品为深红色带有金属光泽的晶体，其溶液在 450 nm 波长处有最大吸收（正己烷），因此可通过比色法进行定性定量分析。我国国家标准分析方法是高效液相色谱法和纸层析法，下面主要介绍国标第一法高效液相色谱法（GB/T 5009.83—2016）。

1. 原理

试样中的 β-胡萝卜素，用石油醚-丙酮（80∶20）混合液提取，经三氧化二铝纯化，然后以高效液相色谱法测定，以保留时间定性，峰高或峰面积定量。

2. 试剂及仪器

（1）试剂。

①石油醚：沸程 30～60℃。

②甲醇：色谱纯。

③丙醇。

④己烷。

⑤四氢呋喃。

⑥三氯甲烷。

⑦乙腈：色谱纯。

⑧三氧化二铝层析用，100～200 目，140℃活化 2 h，取出放入干燥器备用。

⑨含碘异辛烷溶液：精确称取碘 1 mg，用异辛烷溶解并稀释至 25 mL，摇匀备用。

⑩α-胡萝卜素标准溶液：精确称取 1mg α-胡萝卜素，加入少量三氯甲烷溶解，然后用石油醚溶解并洗涤烧杯数次，溶液转入 25 mL 容量瓶中，用石油醚定容，质量浓度为 40 μg/mL，于-18℃储存备用。

⑪β-胡萝卜素标准溶液：精确称取 β-胡萝卜素 12.5 mg 于烧杯中，先用少量三氯甲烷溶解，再用石油醚溶解并洗涤烧杯数次，溶液转入 50 mL 容量瓶中，用石油醚定容，质量浓度为 250 μg/mL，-18℃储存备用。两个月内稳定。根据所需质量浓度取一定量的 β-胡萝卜素标准液用移动相稀释成 100 μg/mL。

⑫β-胡萝卜素标准使用液：分别吸取 β-胡萝卜素标准溶液 0.5 mL、1.0 mL、2.0 mL、3.0 mL、4.0 mL、5.0 mL 于 10 mL 容量瓶中，各加移动相至刻度，摇匀后，既得 β-胡萝卜素标准系列，分别含 β-胡萝卜素 5 μg/mL、10 μg/mL、20 μg/mL、30 μg/mL、40 μg/mL、50 μg/mL。

⑬β-胡萝卜素异构体：精确称取 1.5mg β-胡萝卜素于 10 mL 容量瓶中，充入氮气，快速加入含碘异辛烷溶液 10 mL，盖上塞子，在距 20 W 的荧光灯 30cm 处照射 5 min，然后在避光处用真空泵抽去溶剂，用少量三氯甲烷溶解结晶，再用石油醚溶解并定容至刻度，质量浓度为 150 μg/mL，-18℃保存。

（2）仪器。高效液相色谱仪、离心机、旋转蒸发仪。

3. 操作步骤

（1）试样提取。

①淀粉类食品：称取 10.0 g 试样于 25 mL 带塞量筒中（如果试样中 β-胡萝卜素量少，取

样量可以多些），用石油醚或石油醚-丙酮（80：20）混合液振摇提取，吸取上层黄色液体并转入蒸发器中，重复提取直至提取液无色。合并提取液，于旋转蒸发器上蒸发至干（水浴温度为30℃）。

②液体食物：吸取 10.0 mL 试样于 250 mL 分液漏斗中，加入石油醚-丙酮（80：20）20 mL 提取，然后静置分层，将下层水溶液放入另一分液漏斗中再提取，直至提取液无色为止。合并提取液，于旋转蒸发器上蒸发至干（水浴温度为40℃）。

③油类食品：称取 10.0 g 试样于 25 mL 带塞量筒中，加入石油醚-丙酮（80：20）提取。反复提取，直至上层提取液无色合并提取液，于旋转蒸发器蒸发至干。

（2）纯化。将上述的试样提取液残渣，用少量石油醚溶解，然后进行氧化铝层析。氧化铝柱为 1.5 cm（内径）×4 cm（高）。先用洗脱液丙酮-石油醚（5：95）洗氧化铝柱，然后再加入溶解试样提取液的溶液，用丙酮-石油醚（5：95）洗脱 β-胡萝卜素，控制流速为 20 滴/min，收集于 10 mL 容量瓶中，用洗脱液定容至刻度。用 0.45 μm 微孔滤膜过滤，滤液作 HPLC 分析用。

（3）测定。

①HPLC 参考条件：色谱柱为 Spherisorb C_{18} 柱 4.6mm×150 mm；流动相为甲醇-乙腈（90：10）；流速为 1.2 mL/min；波长为 448 nm。

②试样测定：吸取纯化的溶液 20 μL 依法操作，从标准曲线查得或回归求得所含 β-胡萝卜素的量。

③标准曲线：分别进标准使用液 20 μL，进行 HPLC 分析，以峰面积对 β-胡萝卜素质量浓度作标准曲线。

4. 结果计算见式（4-52）

$$X = \frac{V \times c}{m} \times 1000 \times \frac{1}{1000 \times 1000} \qquad (4-52)$$

式中：X——试样中 β-胡萝卜素的含量，g/kg 或 g/L；

$\quad\quad c$——试样中 β-胡萝卜素的质量浓度（在标准曲线上查得），μg/mL；

$\quad\quad V$——定容后的体积，mL；

$\quad\quad m$——试样质量，g 或 mL。

计算结果保留两位有效数字。在重复条件下获得的两次独立测定结果的绝对差值不得超过算术平均值的 10%。

三、水溶性维生素的测定

水溶性维生素广泛存在于动植物组织中，在食物中常以辅酶的形式存在。水溶性维生素易溶于水，而不溶于有机溶剂。在酸性介质中稳定，在碱性介质中很容易破坏，易受氧气、光、热、酶、金属离子等影响。如维生素 B_2 对光，特别是紫外线敏感，易被光线破坏；维生素 C 对氧、金属离子敏感，易被氧化。

（一）维生素 B_1 的测定

1. 原理（GB 5009.84—2016）

维生素 B_1 在碱性铁氰化钾溶液中被氧化成噻嘧色素（也称硫色素），在紫外线照射下，噻嘧色素发出荧光。在给定的条件下，以及没有其他荧光物质干扰时，此荧光的强度与噻嘧色素量成正比，即与溶液中维生素 B_1 量成正比。如试样中含杂质过多，应经过离子交换剂处理，使维生素 B_1 与杂质分离，然后以所得溶液作测定。

2. 试剂及仪器

（1）试剂。

①正丁醇：需经重蒸馏后使用。

②无水硫酸钠。

③淀粉酶和蛋白酶。

④0.1 mol/L 盐酸：8.5 mL 浓盐酸（相对密度 1.19 或 1.20）用水稀释至 1000 mL。

⑤0.3 mol/L 盐酸：25.5 mL 浓盐酸用水稀释至 1000 mL。

⑥2 mol/L 乙酸钠溶液：164 g 无水乙酸钠溶于水中稀释至 1000 mL。

⑦250 g/L 氯化钾溶液：250 g 氯化钾溶于水中稀释至 1000 mL。

⑧250 g/L 酸性氯化钾溶液：8.5 mL 浓盐酸用 25% 氯化钾溶液稀释至 1000 mL。

⑨150 g/L 氢氧化钠溶液：15 g 氢氧化钠溶于水中稀释至 100 mL。

⑩质量分数 1% 铁氰化钾溶液：1 g 铁氰化钾溶于水中稀释至 100 mL，放于棕色瓶内保存。

⑪碱性铁氰化钾溶液：取 4 mL、10 g/L 铁氰化钾溶液，用 150 g/L 氢氧化钠溶液稀释至 60 mL。用时现配，避光使用。

⑫乙酸溶液：30 mL 冰乙酸用水稀释至 1000 mL。

⑬活性人造沸石：称取 200 g、40~60 目的人造浮石，以 10 倍于其溶剂的热乙酸溶液搅拌洗 2 次，每次 10 min，再用 5 倍于其容积的 250 g/L 热氯化钾溶液搅洗 15 min，然后用稀乙酸溶液搅洗 10 min，最后用热蒸馏水洗至没有氯离子，于蒸馏水中保存。

⑭0.1 mg/mL 维生素 B_1 标准储备液：准确称取 100 mg 经氯化钙干燥 24 h 的维生素 B_1，溶于 0.01 mol/L 盐酸中，并稀释至 1000 mL，于冰箱中避光保存。

⑮10 μg/mL 维生素 B_1 标准中间液：将维生素 B_1 标准储备液用浓度 0.01 mol/L 盐酸稀释 10 倍，于冰箱中避光保存。

⑯0.1 μg/mL 维生素 B_1 标准使用液：将维生素 B_1 标准中间液用水稀释 100 倍，用时现配。

⑰0.4 g/L 溴甲酚绿溶液：称取 0.1 g 溴甲酚绿，置于小研钵中，加入 1.4 mL 浓度 0.1 mol/L 氢氧化钠溶液研磨片刻，再加入少许水继续研磨至完全溶解，用水稀释至 250 mL。

（2）仪器：电热恒温培养箱、荧光分光光度计、Maizel-Gerson 反应瓶、盐基交换管。

3. 操作步骤

（1）试样制备。

①试样准备：试样采集后用匀浆机打成匀浆于低温冰箱中冷冻保存，用时将其解冻后混匀使用。干燥试样要将其尽量粉碎后备用。

②提取：准确称取一定量试样（估计其维生素 B_1 含量为 10~30 μg，一般称取 2~10 g 试样），置于 100 mL 锥形瓶中，加入 50 mL 浓度 0.1 mol/L 或 0.3 mol/L 盐酸使其溶解，放入高压锅中加热水解（121℃、30 min）。用浓度 2 mol/L 乙酸钠调其 pH 值为 4.0~5.0 或者用 0.4 g/L 溴甲酚绿溶液为指示剂，滴定至溶液由黄色转变为蓝绿色。按每克试样加入 20 mg 淀粉酶和 40 mg 蛋白酶的比例加入淀粉酶和蛋白酶。于 45~50℃温箱过夜保温（约 16 h）。凉至室温，定容至 100 mL，然后混匀过滤，即为提取液。

③净化：用少许脱脂棉铺于盐基交换管的交换柱底部，加水将棉纤维中气泡排出，再加约 1 g 活性人造沸石使之达到交换柱的 1/3 高度，保持盐基交换管中液面始终高于活性人造沸石；用移液管加入提取液 20~60 mL（使通过活性人造沸石的维生素 B_1 总质量为 2~5 μg）；加入约 10 mL 热蒸馏水冲洗交换柱，弃去洗液，如此重复 3 次；加入 20 mL 质量浓度 250 g/L 酸性氯化钾（温度为 90℃左右），收集此液于 25 mL 刻度试管内，凉至室温，用质量浓度 250 g/L 酸性氯化钾定容至 25 mL，即为试样净化液；重复上述操作，将 20 mL 维生素 B_1 标准使用液加入盐基交换管以代替试样提取液，即得到标准净化液。

④氧化：将 5 mL 试样净化液分别加入 A、B 两个离心管；在避光条件下将 3 mL 质量浓度 150 g/L 氢氧化钠加入离心管 A，将 3 mL 碱性铁氰化钾溶液加入离心管 B，涡旋约 15 s，然后加入 10 mL 正丁醇，将 A、B 管同时涡旋 90 s。重复上述操作，用标准净化液代替试样净化液；静置分层后吸取上层有机相于另一套离心管中，加入 2~3 g 无水硫酸钠，涡旋 20 s，使溶液充分脱水，待测定。

（2）测定。

①荧光测定条件：激发波长 365 nm，发射波长 435 nm，激发波狭缝 5 nm，发射波狭缝 5 nm。

②依次测定下列荧光强度：试样空白荧光强度（试样反应管 A），标准空白荧光强度（标准反应管 A），试样荧光强度（试样反应管 B），标准荧光强度（标准反应管 B）。

4. 结果计算见式（4-53）

$$X = （U - U_b） \times \frac{c \times V}{S - S_b} \times \frac{V_1}{V_2} \times \frac{f}{m} \times \frac{100}{1000} \qquad （4-53）$$

式中：X——试样中维生素 B_1 含量，mg/100 g；

$\quad U$——试样荧光强度；

$\quad U_b$——试样空白荧光强度；

$\quad c$——维生素 B_1 标准使用液质量浓度，μg/mL；

$\quad V$——用于净化的维生素 B_1 标准使用液体；

$\quad S$——标准荧光强度；

$\quad S_b$——标准空白荧光强度；

$\quad V_1$——试样水解后定容的体积，mL；

$\quad V_2$——试样用于净化的提取液体积，mL；

$\quad m$——试样质量，g；

$\quad f$——试样提取液的稀释倍数；

$\dfrac{100}{1000}$——试样质量分数由 $\mu g/g$ 换算成 $mg/100\ g$ 的系数。

维生素 B_1 标准在 $0.2\sim10\ \mu g$ 之间呈线性关系，可以用单点法计算结果，否则用标准工作曲线法。以重复性条件下获得的两次独立测定结果的算术平均值表示，结果保留 3 位有效数字。检出限为 $0.04\ mg/100\ g$，定量限为 $0.12\ mg/100\ g$。

5. 注意事项

（1）本方法适用于各类食品中维生素 B_1 的测定，但不适用于含有吸附维生素 B_1 物质和有影响硫色素荧光物质的样品。

（2）硫色素在光照下会被破坏，因此维生素 B_1 被氧化后，反应管应用黑布遮盖或在暗室下进行氧化和荧光测定。

（3）一般食品中的维生素 B_1 有游离型，也有结合型，常与淀粉、蛋白质等高分子化合物结合在一起，故需要酸和酶水解，使结合型的维生素 B_1 转化为游离型，再进行测定。

（4）可在加入酸性氯化钾后停止实验，因为维生素 B_1 在此溶液中比较稳定。

（5）样品与铁氰化钾溶液混合后，所呈现的黄色应至少保持 15 s，否则应再滴加铁氰化钾溶液 1~2 滴。因为样品中如含有还原性物质，而铁氰化钾用量不够时，维生素 B_1 氧化不完全，测定误差较大。但过多的铁氰化钾会破坏硫色素，故其用量应控制适宜。

（6）氧化是操作的关键步骤，操作中应保持滴加试剂迅速一致。

（二）维生素 C 的测定

维生素 C 是人类营养中重要的维生素之一，它与体内其他还原剂共同维持细胞正常的氧化还原电势和有关酶系统的活性。维生素 C 能促进细胞间质的合成，如果人体缺乏维生素 C 时会出现坏血病，因而维生素 C 又称为 L（+）-抗坏血酸。新鲜的水果蔬菜，特别是枣、辣椒、苦瓜、猕猴桃、柑橘等食品中含量尤为丰富。不同栽培条件、不同成熟度和不同的加工储藏方法，都可以影响水果、蔬菜的维生素 C 含量。测定维生素 C 含量是了解果蔬品质高低及加工工艺成效的重要指标。

自然界中，维生素 C 存在还原型和氧化型两种，分别为 L（+）-抗坏血酸和 L（+）-脱氢抗坏血酸，两者都可被人体利用。它们可以互相转变，但当氧化型一旦生成二酮古洛糖酸或者其他氧化产物，则活性丧失。转化反应式如下：

L(+)-抗坏血酸　　　　　　　　L(+)-脱氢抗坏血酸　　　　　　　二酮古洛糖酸
（还原型）　　　　　　　　　　（氧化型）

测定维生素 C 的方法主要有高效液相色谱法、荧光法和 2,6-二氯靛酚滴定法。高效液相色谱法适用于乳粉、谷物、蔬菜、水果及其制品、肉制品、维生素类补充剂、果冻、胶基糖果、八宝粥、葡萄酒中的 L（+）-抗坏血酸、D（+）-抗坏血酸和 L（+）-抗坏血酸总量的测定。荧光法适用于乳粉、蔬菜、水果及其制品中 L（+）-抗坏血酸总量的测定。2,6-二氯靛酚滴定法适用于水果、蔬菜及其制品中 L（+）-抗坏血酸的测定。

1. 荧光法（GB 5009.86—2016 第二法）

（1）原理。试样中 L（+）-抗坏血酸经活性炭氧化为 L（+）-脱氢抗坏血酸后，与邻苯二胺（OPDA）反应生成有荧光的喹喔啉（quinoxaline），其荧光强度与 L（+）-抗坏血酸的浓度在一定条件下成正比，以此测定试样中 L（+）-抗坏血酸总量。脱氢抗坏血酸与硼酸可形成复合物而不与 OPDA 反应，以此排除试样中荧光杂质产生的干扰。当样品取样量为 10 g 时，L（+）-抗坏血酸总量的检出限 0.044 mg/100 g，定量限为 0.7 mg/100 g。

（2）试剂及仪器。

①试剂。

a. 偏磷酸-乙酸液：称取 15 g 偏磷酸，加入 40 mL 冰乙酸及 250 mL 水，加温，搅拌，使之逐渐溶解，冷却后加水至 500 mL。于 4℃冰箱可保存 7~10 d。

b. 0.15 mol/L 硫酸：取 8.3 mL 硫酸，小心加入水中，再加水稀释至 1000 mL。

c. 偏磷酸-乙酸-硫酸溶液：称取 15 g 偏磷酸，加入 40 mL 冰乙酸，滴加 0.15 mol/L 硫酸溶液至溶解，并稀释至 500 mL。

d. 500 g/L 乙酸钠溶液：称取 500 g 乙酸钠，加水至 1000 mL。

e. 硼酸-乙酸钠溶液：称取 3 g 硼酸，用 500 g/L 乙酸钠溶液溶解并稀释至 100 mL，临用时配制。

f. 200 mg/L 邻苯二胺溶液：称取 20 mg 邻苯二胺，用水溶解并稀释至 100 mL，临用时配制。

g. 酸性活性炭：称取约 200 g 活性炭粉（75~177 μm），加入 1 L 盐酸（1+9），加热回流 1~2 h，过滤，用水洗至滤液中无铁离子为止，置于 110~120℃烘箱中干燥 10 h，备用。检验铁离子方法：利用普鲁士蓝反应。将 20 g/L 亚铁氰化钾与 1% 盐酸等量混合，将上述洗出滤液滴入，如有铁离子则产生蓝色沉淀。

h. 0.4 mg/mL 百里酚蓝指示剂溶液：称取 0.1 g 百里酚蓝，加 0.02 mol/L 氢氧化钠溶液约 10.75 mL，在玻璃研钵中研磨至溶解，用水稀释至 250 mL。变色范围：pH 值为 1.2 时为红色；pH 值为 2.8 时为黄色；pH 值>4 时为蓝色。

i. 1 mg/mL L（+）-抗坏血酸标准溶液：称取 0.05 g L（+）-抗坏血酸（精确至 0.01 mg），用偏磷酸-乙酸溶液溶解并稀释至 50 mL，该贮备液在 2~8℃避光条件下可保存一周。

j. 100 μg/mL L（+）-抗坏血酸标准工作液：准确吸取 L（+）-抗坏血酸标准液 10 mL，用偏磷酸-乙酸溶液稀释至 100 mL，临用时配制。定容前测试 pH，如其 pH>2.2 时，则应用偏磷酸-乙酸-硫酸溶液稀释。

②仪器：荧光分光光度计（激发波长 338 nm、发射波长 420 nm 并配有 1 cm 比色皿）、捣碎机。

（3）操作步骤。

①试样的制备：称取约 100 g（精确至 0.1 g）试样，加 100 g 偏磷酸-乙酸溶液，倒入捣碎机内打成匀浆，用百里酚蓝指示剂测试匀浆的酸碱度。如呈红色，即称取适量匀浆用偏磷酸-乙酸溶液稀释；若呈黄色或蓝色，则称取适量匀浆用偏磷酸-乙酸-硫酸溶液稀释，使其 pH 值为 1.2。匀浆的取用量根据试样中抗坏血酸的含量而定。当试样液中抗坏血酸含量在 40~100 μg/mL 之间，一般称取 20 g（精确至 0.01 g）匀浆，用相应溶液稀释至 100 mL，过滤，滤液备用。

②测定。

a. 氧化处理：分别准确吸取 50 mL 试样滤液及抗坏血酸标准工作液于 200 mL 具塞锥形瓶中，加入 2 g 活性炭，用力振摇 1 min，过滤，弃去最初数毫升滤液，分别收集其余全部滤液，即为试样氧化液和标准氧化液，待测定。

b. 分别准确吸取 10 mL 试样氧化液于两个 100 mL 容量瓶中，作为"试样液"和"试样空白液"。

c. 分别准确吸取 10 mL 标准氧化液于两个 100 mL 容量瓶中，作为"标准液"和"标准空白液"。

d. 于"试样空白液"和"标准空白液"中各加 5 mL 硼酸-乙酸钠溶液，混合摇动 15 min，用水稀释至 100 mL，在 4℃冰箱中放置 2~3 h，取出待测。

e. 于"试样液"和"标准液"中各加 5 mL 的 500 g/L 乙酸钠溶液，用水稀释至 100 mL，待测。

③标准曲线的制作：准确吸取上述"标准液"［L（+）-抗坏血酸含量 10 μg/mL］0.5 mL、1.0 mL、1.5 mL、2.0 mL，分别置于 10 mL 具塞刻度试管中，用水补充至 2.0 mL。另准确吸取"标准空白液"2 mL 于 10 mL 带盖刻度试管中。在暗室迅速向各管中加入 5 mL 邻苯二胺溶液，振摇混合，在室温下反应 35 min，于激发波长 338 nm、发射波长 420 nm 处测定荧光强度。以"标准液"系列荧光强度分别减去"标准空白液"荧光强度的差值为纵坐标，对应的 L（+）-抗坏血酸含量为横坐标，绘制标准曲线或计算直线回归方程。

④试样测定：分别准确吸取 2 mL"试样液"和"试样空白液"于 10 mL 具塞刻度试管中，在暗室迅速向各管中加入 5 mL 邻苯二胺溶液，振摇混合，在室温下反应 35 min，于激发波长 338 nm、发射波长 420 nm 处测定荧光强度。以"试样液"荧光强度减去"试样空白液"的荧光强度的差值于标准曲线上查得或回归方程计算测定试样溶液中 L（+）-抗坏血酸总量。

（4）结果计算见式（4-54）。

$$X = \frac{c \times V}{m} \times F \times \frac{100}{1000} \tag{4-54}$$

式中：X——试样中 L（+）-抗坏血酸的总量，mg/100 g；

$\quad c$——由标准曲线查得或由回归方程计算的进样液中 L（+）-抗坏血酸的质量浓度，μg/mL；

$\quad V$——荧光反应所用试样体积，mL；

$\quad m$——实际检测试样质量，g；

F——试样溶液的稀释倍数。

计算结果保留 3 位有效数字。在重复性条件下获得的两次独立测定结果的绝对差值不得超过算术平均值的 10%。

（5）注意事项。

①影响荧光强度的因素很多，各次测定条件很难完全再现，标准曲线与样品的测定最好同时进行。

②所有操作应避光。

③活性炭用量应准确，其氧化机制是基于表明吸附的氧进行界面反应，加入量不足，氧化不充分；加入量过高，对抗坏血酸有吸附作用。

④邻苯二胺溶液在空气中颜色会逐渐变深，影响颜色，故应临用现配。

2. 2，6-二氯靛酚滴定法（GB 5009.86—2016 第三法）

（1）原理：用蓝色的碱性染料 2，6-二氯靛酚标准溶液对含 L（+）-抗坏血酸的试样酸性浸出液进行氧化还原滴定，2，6-二氯靛酚被还原为无色，当到达滴定终点时，多余的 2，6-二氯靛酚在酸性介质中显浅红色，由 2，6-二氯靛酚的消耗量计算样品中 L（+）-抗坏血酸的含量。

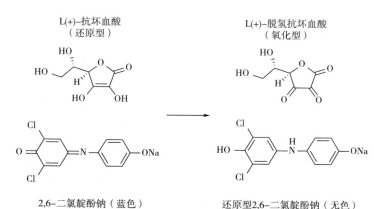

（2）试剂。

①20 g/L 偏磷酸溶液：称取 20 g 偏磷酸，用水溶解并定容至 1 L。

②20 g/L 草酸溶液：称取 20 g 草酸，用水溶解并定容至 1 L。

③2，6-二氯靛酚（2，6-二氯靛酚钠盐）溶液 [（4-55）]：称取 2，6-二氯靛酚 50 mg，溶于 200 mL 含有 52mg 碳酸氢钠的热蒸馏水中，冷却并用水定容至 250 mL，过滤至棕色瓶内，于 4~8℃环境中保存。每次使用前，用标准抗坏血酸溶液标定其滴定度。标定方法：准确吸取 1 mL 抗坏血酸标准溶液于 50 mL 锥形瓶中，加 10 mL 偏磷酸溶液或草酸溶液，摇匀，用 2，6-二氯靛酚溶液滴定至粉红色，保持 15 s 不褪色为止。同时另取 10 mL 偏磷酸溶液或草酸溶液做空白试验。

$$T = \frac{c \times V}{V_1 - V_0} \tag{4-55}$$

式中：*T*——2，6-二氯靛酚溶液的滴定度即每毫升染料溶液相当于抗坏血酸的毫克数，mg/mL；

c——抗坏血酸标准溶液的质量浓度，mg/mL；

V——吸取抗坏血酸标准溶液的体积，mL；

V_1——滴定抗坏血酸标准溶液所消耗 2，6-二氯靛酚溶液的体积，mL；

V_0——滴定空白所消耗 2，6-二氯靛酚溶液的体积，mL。

④1 mg/mL L（+）-抗坏血酸标准溶液：称取 100 mg（精确至 0.1 mg）L（+）-抗坏血酸标准品，溶于偏磷酸溶液或草酸溶液并定容至 100 mL。该贮备液在 2~8℃避光条件下可保存一周。

（3）操作步骤。

①试液制备：称取具有代表性样品的可食部分 100 g，放入粉碎机中，加入 100 g 偏磷酸溶液或草酸溶液，迅速捣成匀浆。准确称取 10~40 g 匀浆样品（精确至 0.01 g）于烧杯中，用偏磷酸溶液或草酸溶液将样品转移至 100 mL 容量瓶，并稀释至刻度，摇匀后过滤。若滤液有颜色，可按每克样品加 0.4 g 白陶土脱色后再过滤。

②滴定：准确吸取 10 mL 滤液于 50 mL 锥形瓶中，用标定过的 2，6-二氯靛酚溶液滴定，直至溶液呈粉红色 15 s 不褪色为止。同时做空白试验。

（4）结果计算见式（4-56）。

$$X = \frac{(V - V_0) \times T \times A}{m} \times 100 \qquad (4-56)$$

式中：X——试样中 L（+）-抗坏血酸含量，mg/100 g；

V——滴定试样所消耗 2，6-二氯靛酚溶液的体积，mL；

V_0——滴定空白所消耗 2，6-二氯靛酚溶液的体积，mL；

T——2，6-二氯靛酚溶液的滴定度，mg/mL；

A——稀释倍数；

m——试样质量，g。

计算结果保留 3 位有效数字。在重复性条件下获得的两次独立测定结果的绝对差值，在 L（+）-抗坏血酸含量大于 20 mg/100 g 时不得超过算术平均值的 2%。在 L（+）-抗坏血酸含量小于或等于 20 mg/100 g 时不得超过算术平均值的 5%。

（5）注意事项。

①样品采集后，应浸泡在已知浓度的偏磷酸溶液或草酸溶液中，抑制抗坏血酸氧化酶的活性，以防止维生素 C 氧化损失。测定时整个操作过程要迅速，防止抗坏血酸被氧化。

②若样品滤液颜色较深，影响滴定终点观察，可加入白陶土再过滤。白陶土使用前应测定回收率。

③若样品中含有 Fe^{2+}、Cu^{2+}、Sn^{2+}、亚硫酸盐、硫代硫酸盐等还原性杂质时，会使结果偏高。有无这些干扰离子可用以下方法检验。

课程思政案例

课程思政案例 3

本章思考题

（1）水分测定的意义是什么？

（2）食品中水存在的形式有哪些，各有什么特点？

（3）干燥法测定水分有什么要求？误差来源有哪些？

（4）蒸馏法测定水分的适用范围？常用溶剂有哪些，如何选择有机溶剂？如果馏出液出现浑浊如何处理？

（5）卡尔·费休法的原理和适用范围？

（6）水分活度的测定方法及其原理。

（7）什么是灰分？灰化过程中发生了哪些化学反应？

（8）灰分测定时为什么要预先炭化处理？

（9）灰分测定时如何选择灼烧条件？

（10）加速灰化的方法有哪些？

（11）灰分测定与水分测定恒重操作有何不同？

（12）什么是矿物元素？测定矿物元素的意义是什么？

（13）总酸度、有效酸度、挥发酸及牛奶酸度的概念及测定酸度的的意义。

（14）滴定法测定总酸度的原理及注意事项，K 值的意义。

（15）测定总酸度时为什么选用酚酞做指示剂，终点时为什么 pH 值为 8.2 而不是 7？

（16）pH 计测定有效酸度注意事项。

（17）水蒸气蒸馏法测总挥发酸的原理及注意事项。

（18）脂类的测定方法有哪些？分别适用于哪些样品？

（19）索氏提取法的原理、方法、注意事项。

（20）乳脂肪的测定方法有哪几种？

（21）化学法测定还原糖有哪些方法？

（22）直接滴定法、高锰酸钾法的测定原理及注意事项。

（23）可溶性糖提取澄清剂的种类及要求。

（24）总糖的测定方法？

（25）淀粉的测定方法？

（26）试说明碱性酒石酸铜溶液中各组分的作用。

（27）果胶的测定方法及原理。

（28）粗纤维和膳食纤维的概念、测定方法及原理。

（29）蛋白质的测定方法有哪些？哪些是国标规定的方法？

（30）凯式定氮法测定蛋白质的原理、步骤及注意事项。

（31）甲醛滴定法、电位滴定法、茚三酮比色法测定氨基酸含量的原理及注意事项。

（32）氨基酸自动分析仪测定氨基酸的原理。

（33）维生素的生理功能、测定意义和测定方法。

（34）维生素 A、维生素 E 的测定方法有哪些？

（35）维生素 C 的测定方法有哪些？简述其测定原理并比较其优缺点。

第五章　食品成分功能特性分析

教学目标和要求:

1. 要求学生理解蛋白质、碳水化合物、食用油脂、酶制品及矿物成分的功能特性。

2. 要求学生熟练掌握蛋白质的功能特性、碳水化合物的功能特性、食用油脂的功能特性、酶活性及矿物成分功能特性的测定意义、原理以及测定方法。

3. 通过本章学习，学生应能根据所掌握知识用于具体分析食品工程中的实际问题，例如对所购买的蛋白质产品进行发泡性能测定。学生应能设计相关实验进行测定，并对检测数据进行分析整理，得出准确可靠的结论。

第一节　蛋白质功能性质测定

蛋白质的功能性质一般是指能使蛋白质成为人们所需要的食品特征而具有的物理化学性质，即在食品的加工、贮藏、销售过程中发生作用的那些性质，这些性质对食品的质量和风味起着重要的作用。蛋白质的功能性质与蛋白质在食品体系中的用途有着十分密切的关系，是开发和有效利用蛋白质资源的重要依据。因此，了解蛋白质的功能性质非常必要。

根据蛋白质所能发挥作用的特点，可以将其功能性质分为三大类：水化性质、表面性质、蛋白质间相互作用的有关性质，主要包括有吸水性、溶解性、保水性、分散性、黏度、粘着性、乳化性、起泡性、凝胶作用等。

一、蛋白质持水力的测定

持水性是蛋白质的一种重要水化性质，常用持水力（Water Holding Capacity，WHC）来表示。持水力是指蛋白质吸收水并将水保留（对抗重力）在蛋白质组织（例如蛋白质凝胶、牛肉和鱼肌肉）中的能力。被保留的水是指结合水、流体动力学水（如毛细管水）和物理截留水的总和。物理截留水对持水能力的贡献远大于结合水和流体动力学水。研究表明，蛋白质的持水能力与结合水能力呈正相关。通常用每克蛋白质吸附水分的质量（g）来表示。

测定蛋白质持水性的方法主要有4种：一是相对湿度法，二是肿胀法，三是过量水法，四是水饱和法。其中过量水法实用性最强，是最常用的方法。

（一）原理

利用过量水法测定，将蛋白质样品置于水中，其中水量必须超过蛋白质所能结合的量，然后采用过滤、低速离心或挤压的方法将过剩的水和被蛋白质保留的水分开，每克蛋白质吸收和保持水的最大数量即为蛋白质的持水力。

（二）试剂及仪器

1. 试剂

（1）蛋白质样品，如大豆蛋白、乳清蛋白等。

（2）0.1 mol/L 的盐酸或氢氧化钠溶液。

2. 仪器

离心机、50 mL 塑料离心管、磁力搅拌器、酸度计、恒温水浴锅、天平等。

（三）操作步骤

取 50 mL 塑料（聚碳酸酯）离心管，称量 m_1。准确称取 1 g 蛋白质样品置于离心管中，加蒸馏水 30 mL，用磁力搅拌器使蛋白质溶液分散均匀，测量样液的 pH 值，并调 pH 值至 7.0。在恒温水浴中，于 60℃加热 30 min，然后在冷水中冷却 30 min。把样品管置于离心机，在 4500 r/min 条件下，25℃离心 10 min 后弃去上清液。称取离心管的质量 m_2，并计算每克蛋白质样品的持水力（WHC），如式（5-1）所示。

$$WHC = \frac{质量差}{样品质量} \tag{5-1}$$

（四）注意事项

1. 若测定的样品为不溶物，则：质量差 $= m_2 - m_1 - 1$。

2. 若测定的样品为部分溶解物，则：质量差 $= m_2 - m_1 - \dfrac{100-S}{100}$，其中 $S =$ 样品的溶解度（%）×干样品的蛋白质含量（%）。

3. 本法具有操作简单、实用性强等优点，但也存在不足，表现在：①未考虑物质的粒度、加入水的温度及离子强度等因素对水化作用的影响；②加水方式对结果有影响，如果先逐渐少量加水使混合物湿透，离心，未出现上清液，再重复加入剩余的水，离心，吸水率势必减少；③WHC 确定时加水量最大值为 3.0 mL，对 50 mL 大小的离心管及具体的物料而言，清液的"分界线"难以确定，因此本方法的准确度不高。

4. 试验时应尽量保持测定条件的一致性，以减少误差。

二、蛋白质乳化性的测定

乳化性是指将油和水互不相溶的两相混合在一起形成乳状液的能力。可溶性蛋白的乳化特性是由于蛋白质具有亲水基团和疏水基团，它们浓集在油-水表面，降低体系的表面张力和减少形成乳浊液所需要的能量。乳化性（Emulsifying Properties）是指蛋白质产品能将油、水结合在一起，形成乳状液的性能，是牛奶、冰激凌、蛋黄酱和肉馅等食品所必备的蛋白质功能性之一。

蛋白质的乳化性与蛋白质的溶解度、类型（电荷、形状和疏水性）、体系黏度等因素密切相关，同时也受蛋白质溶液的离子强度（盐的种类和浓度）、pH 值和温度等条件的影响。当蛋白质作为一种乳化剂在油水体系中时，它有向油-水界面扩散并在界面吸附的能力，一旦蛋白质的一部分与界面相接触，其疏水性氨基酸残基向非水相排列，降低了体系的自由能，蛋白质的其余部分发生伸展并自发的吸附在界面上，表现出相应的界面性质。

国内反映蛋白质乳化性的的常用指标为乳化容量（EC）和乳化稳定性（ES）。乳化容量是指在一定条件下，单位数量的乳化剂在形成水包油型乳状液体系时所能乳化的油脂的最大量。而乳化稳定性则表示蛋白质使乳状液在各种条件下保持乳化状态稳定的能力。

（一）原理

水包油型（O/W）乳状液与油包水型（W/O）型乳状液相比，具有较低的电阻。在一定条件下向一定浓度蛋白质溶液中以一定速度滴加油，当电阻的读数变为无穷大时，表明乳状液发生了相转化。此时所滴加的油量即为该条件在蛋白质所能乳化油脂的最大量，根据定义即可算出乳化容量。

当将乳化剂形成的乳浊液进行离心处理时，由于受离心力的作用，乳状液被破坏，呈现油、乳状液、水三个清晰的界面。乳化稳定性表示为最终乳状液体积与最初乳状液体积之比的 100 倍。

（二）试剂与仪器

1. 试剂

1%蛋白质溶液、0.1 mol/L 的盐酸或氢氧化钠溶液、棉籽油。

2. 仪器

离心机、100 mL 塑料离心管、酸度计、乳化测定装置。

（三）操作步骤

制备 1%蛋白质溶液 100 mL，用 0.1 mol/L 的盐酸或氢氧化钠溶液调 pH 值至 7.0，将其分成两等份。取一份上述蛋白质溶液加入乳化测定装置的球形瓶中，插上电极，称量 m_1。开动液体混合器，使溶液高速连续混合 30 s。混合后，在高速搅拌下开始滴油，直至溶液电阻值为无穷大时，停止植物油的加入，此时已达乳化的极限值。记录停表时间，并称量球形瓶 m_2。滴加前后溶液的质量变化即为乳化油的量。

取另一份蛋白溶液于 100 mL 离心管中，加入相当于其最大乳化耗油量 80%的棉籽油，高速搅拌 30 s，记录乳状液体积。然后将此乳状液在转速 4000 r/min 的条件下离心 10 min，测定最终乳状液体积。

（四）计算方法

1. 乳化容量的计算见式（5-2）和式（5-3）

$$EC = \frac{m_2 - m_1}{\rho_1 \times \rho \times V} \times 100 \tag{5-2}$$

式中：m_2——乳化液与球形瓶的质量，mg；

$\quad\quad m_1$——蛋白样品与球形瓶的质量，mg；

$\quad\quad \rho_1$——棉籽油的密度，mg/mL；

$\quad\quad \rho$——蛋白质的质量浓度，g/100 mL；

$\quad\quad V$——蛋白溶液体积，mL。

或者
$$EC = (t - 30) \times v \times \frac{1}{\rho \times V} \times 100 \tag{5-3}$$

式中：t——乳化过程所需时间，s；

$\quad\quad v$——油的流速，mL/s；

$\quad\quad \rho$——蛋白质的质量浓度，g/100 mL；

$\quad\quad V$——蛋白溶液体积，mL。

2. 乳化稳定性的计算见式（5-4）

$$ES = \frac{最终乳化液体积}{最初乳化液体积} \times 100\% \tag{5-4}$$

（五）注意事项

1. 由于溶液的 pH 值会影响蛋白质的乳化性，因此所使用的油应不含游离脂肪酸，一般采用纯植物油，如棉籽油、花生油等。

2. 采用的具体测试条件不同，所得数据也将有很大的差异，因此为了使测定具有良好的重现性，应保持测试条件的一致，如溶液的 pH 值、油滴速度等。

（六）其他测定指标

在对蛋白质乳化性能的评价上，国际上还常用乳化活性指数（Emulsifying Activity Index，EAI）和乳化稳定性指数（Emulsifying Stability Index，ESI）。乳化活性指数指的是单位质量蛋白质所产生的界面面积，m^2/g。具体测定方法如下：

用去离子水配置 0.01 g/mL 蛋白质溶液，振荡 30 min 使其充分溶解，3000 r/min 离心 10 min，取上清液 15 mL，加入 5 mL 棉籽油（为了保持溶液 pH 值的恒定，所用的油应不含游离脂肪酸，较合适的油是棉籽油），然后以 10000 r/min 高速匀浆 2 min 制成乳状液，分别于 0、10 min 用微量吸液器从乳液底部取出 50 μL 乳液，加入到 5 mL、0.1% SDS 溶液中，混合均匀后在分光光度计上 500 nm 处测定吸光度 A_0、A_{10}。计算乳化活性指数（EAI）和乳化稳定性指数（ESI）如式（5-5）和式（5-6）所示。

$$EAI(\mathrm{m^2/g}) = \frac{2 \times 2.303 \times A_0 \times N}{10000 \times \theta \times L \times C} \tag{5-5}$$

$$ESI(\min) = \frac{A_0 \times 10}{A_0 \times A_{10}} \tag{5-6}$$

式中：N——稀释倍数；

θ——油相体积，0.25；

L——比色杯厚度，1 cm；

C——蛋白质浓度，0.01 g/mL。

三、蛋白质溶解度的测定

蛋白质溶解度指的是在一定的氢氧化钾溶液中溶解的蛋白质质量占试样中总蛋白质量的百分数。

（一）原理

用一定浓度的氢氧化钾溶液提取试样中的可溶性蛋白质，在催化剂作用下用浓硫酸将提取液中可溶性蛋白质的氮转化为硫酸铵。加入强碱进行蒸馏使氨逸出，用硼酸吸收后，再用盐酸滴定测出试样中可溶性蛋白质含量；同时，测定原始试样中粗蛋白质含量，计算出试样的蛋白溶解度。

（二）试剂及仪器

1. 试剂

（1）蛋白质样品，如大豆蛋白、大豆分离蛋白、乳清蛋白等。

（2）0.2%氢氧化钾溶液。

（3）其他。同凯氏定氮法测定蛋白质。

2. 仪器

离心机、样品粉碎机、磁力搅拌器、容量瓶、滴定管、恒温水浴锅、分析天平等。

（三）操作步骤

称取试样 1.5 g（准确至 0.0002 g）置于 250 mL 烧杯中，准确移入 0.2%氢氧化钾溶液 75 mL，室温磁力搅拌孵育 20 min，然后将试样转移至离心管中，以 2700 r/min 的速度离心 10 min。吸取上清液 15 mL（其量相当于 0.3 g 的原样本），放入消化管中，用凯氏定氮法测定试样中可溶性蛋白质的含量。同时，测定试样中粗蛋白质的含量。蛋白质的溶解度（Protein Solubility，PS）表示为上清液蛋白质浓度占总蛋白浓度的百分比，按式（5-7）计算：

$$PS(\%) = \frac{上清液蛋白含量}{总蛋白含量} \times 100\% \tag{5-7}$$

（四）注意事项

（1）不同样品的颗粒度应相同。

（2）不同样品在氢氧化钾溶液中搅拌时间应一致。

（3）在实践中，通常采用蛋白质分散指数（Protein Dispensability Index，PDI）和氮溶解指数（Nitrogen Solubility Index，NSI）来表示。蛋白质的分散性指数（PDI）指在控制浸出条件下，在水中分散的蛋白质占总蛋白质的百分率；氮溶解指数是指在控制浸出条件下，溶解在水中的氮量占总氮量的百分率。

注意在测定 PDI 的时候，样品的溶剂要用蒸馏水，8500 r/min 高速离心样品溶液 10 min，再取上清液测定。在测定 NSI 的时候，将 1.5 g 的样品溶解于 75 mL、0.5%氢氧化钾溶液中，并且在 120 r/min 下搅拌 20 min，然后离心取上清液进行测定。

四、蛋白质发泡能力的测定

发泡性是指蛋白质产品搅打产生气泡的能力，可以赋予烘焙食品松软的口感。在实际操作中，发泡能力（Foaming Capacity，FC）和气泡稳定性（Foaming Stability，FS）被作为最常用来评价蛋白质发泡能力的指标。单位蛋白质产生泡沫的体积即为蛋白质的发泡能力（FC），而单位时间蛋白质的泡沫变化即代表气泡的稳定性（FS）。

影响蛋白质发泡性性质有内在因素和外在因素，内在因素即蛋白质自身的结构及组成，主要包括蛋白质分子组成及大小、疏水性、二硫键多寡、蛋白质与其他物质之间的相互作用等，外在因素则包括盐类、糖类、脂类、蛋白质的浓度、机械处理、加热处理、pH 值等。一般来说，蛋白质的发泡能力和气泡稳定性上通常是相反的，具有良好发泡能力的蛋白质，其泡沫稳定性一般很差，而发泡能力很差的蛋白质，其泡沫的稳定性却比较好。这是由于蛋白质的发泡能力和泡沫稳定性由两类不同的分子性质决定。发泡能力取决于蛋白质分子的快速扩散、对界面张力的降低、疏水基团的分布等性质，主要由蛋白质的溶解性、疏水性、肽链的柔软性决定；泡沫的稳定性主要由蛋白质溶液的流变学性质决定，如吸附膜中蛋白质的水合、蛋白质的浓度、膜的厚度、适当的蛋白质分子间相互作用。

在蛋白质中加入盐类不仅可以影响蛋白质的溶解、黏度、伸展和解聚，也能影响发泡性质。加入氯化钠在增加蛋白质的膨胀量的同时，也会降低了泡沫的稳定性。而加入了酒石酸会对蛋白质的溶解度影响，使得只有一部分蛋白质能够发挥其起泡性质，因此表现出起泡能力较差，但稳定性好。

（一）原理

蛋白分子具有典型的两亲结构，因而在分散液中表现出较强的界面活性，当蛋白质溶胶受到急速机械搅拌时，会有大量气体混入，形成相当量水–空气界面，溶液中蛋白分子吸附到这些界面上来，降低界面张力，促进界面形成，在一定程度上使泡沫稳定。

（二）试剂与仪器

1. 试剂

蛋白质样品，如大豆蛋白、大豆分离蛋白、乳清蛋白等。

2. 仪器

离心机、均质机、烧杯等。

（三）操作步骤

用去离子水配置 10 g/L 的蛋白质溶液，振荡 30 min 使其充分溶解，3000 r/min 离心 10 min，取上清液 30 mL，以 18000 r/min 高速均质 1 min 后，记录泡沫体积（V_0），静置 20 min 后，再记录泡沫体积（V_{20}）。按式（5–8）和式（5–9）分别计算发泡能力和气泡稳定性。

$$FC(\%) = \frac{V_0}{30} \times 100\% \qquad (5-8)$$

$$FS(\%) = \frac{V_{20}}{V_0} \times 100\% \qquad (5-9)$$

式中：V_0——样液均质后的泡沫体积，mL；

　　　30——所取的样液体积，mL；

　　　V_{20}——样液静置 20 min 后的泡沫体积，mL。

五、蛋白质变性的测定

（一）原理

在改变介质、离子强度、pH 值和受热等条件下，蛋白质改变其构象，同时改变蛋白质之间的电荷作用、蛋白质与水分子的相互作用以及蛋白质之间的疏水相互作用，使蛋白质变性，这常常引起处于溶解状态或原来稳定在分散系中的蛋白质聚集，形成悬浮、凝胶或沉淀，因此可用目测、比色、黏度测定等方法观测评价。

（二）试剂及仪器

1. 试剂

（1）生鸡蛋、鲜牛奶、生豆浆。

（2）0.1 mol/L 的氯化钠溶液，0.1 mol/L 的氯化钙溶液，0.1 mol/L 的氯化铁溶液，0.1 mol/L 的蔗糖溶液，1.0 mol/L 的蔗糖溶液，0.001 mol/L 的盐酸溶液，0.1 mol/L 的盐酸溶液，6 mol/L 的盐酸溶液，2 mol/L 的氢氧化钠溶液，5%硫酸钙溶液，稀盐酸。

2. 仪器

恒温水浴锅、分光光度计、离心机、电炉、温度计（0~100℃）。

（三）操作步骤

1. 蛋清的凝固

加 150 mL 水于 250 mL 烧杯中，电炉上加热至沸腾，取下烧杯，往开水中滴加几滴蛋清，2~3 min 后，记录下蛋清的状态，用镊子取出部分蛋清于小烧杯中，将 250 mL 烧杯继续放回电炉上加热，沸腾 5 min 后取出余下的蛋清，比较并记录两次取出的蛋清的不同。

2. 乳蛋白的凝固

加 5 mL 牛奶于试管中，缓慢滴加 0.1 mol/L 的盐酸溶液直到观察到有明显的变化发生，记录所观察到的现象。静置 5 min 后，将试管中的液体小心倒入另一试管，描述第一支试管里的残留物，比较其与什么食品类似。

3. 豆浆的凝固

加 10 mL 生豆浆于试管中，加热接近沸腾，5 min 后往试管中滴加硫酸钙溶液，直到刚刚看到有凝固物析出，继续静置直到沉淀物不再增加，记录下观察到的结果。

4. 蛋清蛋白的变性温度

轻轻打开鸡蛋，取出蛋白，慢速搅匀形成 10% 的卵蛋白分散液，继续慢速搅动，过程中不断加蒸馏水至 100 mL，形成卵蛋白溶液，纱布过滤除去杂质。准备 5 支大试管，分别装入 5 mL 卵蛋白溶液，剩余的蛋白液作为空白样，不加热处理。将 5 支试管置于温度不同的恒温水浴中（55℃、60℃、63℃、65℃、68℃），加热时间为 30 min。到达加热时间后，用自来水冷却试管，轻轻摇动试管确保样品混合均匀，然后在分光光度计上于 450 nm 处测定每个样品的吸光度值，以不加热样品调零，选择 1 cm 比色杯，记录各组样品的吸光度，判断蛋白质开始变性时的温度，并绘制样品的受热温度-吸光度曲线。

5. 蛋白质凝固受其他物质的影响

轻轻打开鸡蛋，取出蛋白，并用 3 倍的水稀释，慢慢搅动使其均匀，纱布过滤。准备几支大的试管，各试管中分别加入 10 mL 蛋白溶液，再分别加入 5 mL 蒸馏水、0.1 mol/L 氯化钠溶液、0.1 mol/L 氯化钙溶液、0.1 mol/L 氯化铁溶液、0.1 mol/L 蔗糖溶液、1.0 mol/L 蔗糖溶液、0.001 mol/L 盐酸溶液、0.1 mol/L 盐酸溶液。测定加入蒸馏水、0.001 mol/L 盐酸溶液、0.1 mol/L 盐酸溶液的 3 支试管的 pH 值，将所用试管放入一个有水的大烧杯中，同时悬挂一个温度计，缓慢升温加热，记录各试管产生白色不透明时的温度。注意：升温速度要缓慢，保证每个样品的加热时间至少 20 min 以上才变为不透明，并保证测量温度的准确性。

第二节　碳水化合物功能特性测定

一、糖类甜味剂的功能性测定

（一）冰点降低能力的测定

1. 原理

冰点降低是指液体的正常冰点由于溶质的加入而降低到正常冰点以上。糖溶液冰点降低的程度取决于它的浓度和糖的相对分子质量的大小。浓度越高，相对分子质量越小，冰点降低的程度越明显。

2. 试剂及仪器

（1）试剂。

①淀粉糖（或葡萄糖）溶液：将 360 g 淀粉溶解在 1 L 水中。

②蔗糖溶液：将 360 g 蔗糖溶解在 1 L 水中。

③高果糖溶液：将 360 g 蜂蜜溶解在 1 L 水中。

将部分溶液转入冰格子中以冻结成冰块。

（2）仪器：烧杯、温度计、玻璃棒。

3. 操作步骤

取一种溶液的冰块 3~4 个放入烧杯，加相应这种溶液浸没冰块，用玻璃棒轻轻搅动。如果冰块很快全部融化，可适当补充 1~2 个冰块。在冰块和溶液共存时，每隔 2 min 测量一次温度，直到达到温度稳定（3 次连续测定时的温度相同），记录此时的温度。当全部测定结束时，比较各溶液的冰点温度。

（二）美拉德反应能力的测定

1. 原理

在一定的条件下，还原糖与氨基可发生的一系列复杂的反应，最终生成多种类黑精色素——褐色的含氮色素，并产生一定的风味，这类反应统称为美拉德反应（也称羰氨反应）。美拉德反应会对食品体系的色泽和风味产生较大影响。反应过程包括还原糖与胺形成葡基胺、Amadori 重排（醛糖）或 Heyns 重排（酮糖）、经 5-羟甲基糠醛（HMF），最后生成深色物质三个阶段。

2. 试剂及仪器

（1）试剂。50 g/L 的下列物质的水溶液：果糖、半乳糖、葡萄糖、麦芽糖、赖氨酸、甲硫氨酸、丝氨酸、缬氨酸。

（2）仪器。分光光度计。

3. 操作步骤

将糖溶液和氨基酸溶液（各 3 mL）两两混合和分别加入到具塞试管中，共有 20 种组合，盖上盖子但不要拧紧，在高压灭菌锅中 121℃ 加热 60 min。冷却至室温后取出，用分光光度计测定各溶液在 430 nm 处的吸光度值，并且记录各管溶液的颜色（无色、浅黄、深黄、棕色），同时可以闻一闻溶液的气味。

（三）吸湿性和保湿性的测定

1. 原理

吸湿性是指糖类物质在空气湿度较大情况下吸收水分的性质，而保湿性是指糖类物质在较低空气湿度时保持水分的性质。

2. 试剂及仪器

（1）试剂：果糖、转化糖、葡萄糖、麦芽糖、蔗糖。

饱和硫酸铵溶液、饱和碳酸钠溶液、变色硅胶、五氧化二磷、蒸馏水。室温下，将各种糖样品在干燥器中加入其质量 10% 的去离子水。

（2）仪器：直径 3 cm 的称量瓶 8 个、真空干燥器 1 个、普通干燥器 4 个、电子分析天平。

3. 操作步骤

（1）保湿性的测定。精确称取 0.5 g 样品两份，分别加入到直径 3 cm 的称量瓶中，将称量瓶分别放置在两个干燥器中，一个干燥器内放有饱和硫酸铵溶液（相对湿度 $RH = 81\%$），另一个干燥器内放有饱和碳酸钠溶液（$RH = 43\%$），放置时间为 12 h、24 h、48 h，分别称量样品放置前质量和放置后质量，根据式（5-10）计算吸湿率：

$$吸湿率 = \frac{100 \times (m_0 - m_n)}{m_0} \times 100\% \tag{5-10}$$

式中：m_0——样品放置前质量，g；

m_n——样品放置后质量，g。

（2）保湿性的测定。室温下，精确称取 0.5 g 样品两份，分别加入到直径 3 cm 的称量瓶中，加入质量为样品量 10% 的水。一个称量瓶放置在预先装有饱和碳酸钠溶液（$RH = 43\%$）的干燥器内，另一个放入装有干硅胶的干燥器内，放置时间为 12 h、24 h、48 h，分别称量样品放置后水分量和添加水分量。根据式（5-11）计算水分残存率：

$$水分残存率 = \frac{m_n}{m_0} \times 100\% \tag{5-11}$$

式中：m_0——添加水分量，g；

m_n——放置后水分量，g。

二、淀粉糊化度和老化度的测定

淀粉在常温下不溶于水，但当水温升至 53℃ 以上时，发生溶胀，崩溃，形成均匀的黏稠糊状溶液。本质是淀粉粒中有序及无序态的淀粉分子间的氢键断开，分散在水中形成胶体溶液。淀粉在高温下溶胀、分裂形成均匀糊状溶液的特性，称为淀粉的糊化。淀粉的老化是指经过糊化的淀粉在室温或低于室温下放置后，会变得不透明甚至凝结而沉淀。老化是糊化的逆过程，实质是在糊化过程中，已经溶解膨胀的淀粉分子重新排列组合，形成一种类似天然淀粉结构的物质。

目前，α-化度的测量方法有双折射法、膨胀法、染料吸收法、酶水解法、黏度测量法及淀粉透明度测量法等。不同的测定方法得到的 α-化度值会有相当大的差异，这是由于测定基础和基准等不同，产生差异是必然的。当前比较公认的方法是酶法，其次是染料吸收法中的碘电流滴定法。酶法又分为淀粉糖化酶法、葡萄糖淀粉酶法及 β-淀粉酶法等，这里主要介绍一下 β-淀粉酶法。

（一）原理

利用酶对糊化淀粉和原淀粉有选择性的分解，通过对生成物的测量得到准确的 α-化度。β-淀粉酶法主要采用对生淀粉完全不分解的 β-淀粉酶和对支链淀粉的立体结构变化十分敏感的异淀粉酶的混合酶系来测定糊化淀粉和老化淀粉的程度，从而了解淀粉性食品在储藏中的老化程度。

（二）试剂及仪器

1. 试剂

（1）酶试剂：大豆 β-淀粉酶（粗酶抑制剂 5 IU/mg），雪白根霉糖化酶（22 IU/mg），黑曲霉糖化酶（液状，3800 IU/mg），异淀粉酶（粗酶品 2 IU/mg）。

（2）玉米淀粉和大豆淀粉。

（3）酶的失活处理：将酶置于沸水浴中保温 10 min。

2. 仪器

电炉子、水浴振荡器。

（三）操作步骤

1. 底物配制

将 5% 玉米淀粉和大米淀粉的悬浮液置于沸水浴中预先糊化 10 min 后，于 121℃ 加压蒸煮 15 min，得到完全糊化、分散的样品。将上述的糊化液分别在室温冷藏库（5℃）和冷冻库（-20℃）中老化，或取用久已储藏的老化淀粉食品，作为老化淀粉的试样。另为，以上两种样品中各加入 3 倍量的无水乙醇进行脱水。此操作重复 3 次，最后用丙酮脱水制成干燥样品。

2. 酶溶液和反应条件

将 170 mg 异淀粉酶、17 mg β-淀粉酶溶于 100 mL 10.8 mol/L 乙酸缓冲液中（pH 值为 6.0），滤去不溶部分。滤液每毫升含异淀粉酶 3.4 IU、β-淀粉酶 0.8 IU。两种糖化酶均使用每毫升含有 0.22 IU 的酶液。完全糊化样品是将脱水的糊化老化淀粉用 10 mol/L 氢氧化钠溶液处理，使其完全糊化，供测定用。

3. 测定步骤

将 80 mg 脱水粉末样品（若是淀粉糊样品，则取相当于 80 mg 淀粉的量）置于玻璃均化器内，加入 80 mL 水进行分散。取两只 25 mL 容量瓶，分别加入 2 mL 均匀样品。其中一只用 0.8 mol/L 乙酸缓冲液（pH 值为 6.0）定容，作为试样样品。另一个容量瓶中加入 0.2 mL、10 mol/L 氢氧化钠溶液，在 50℃ 水浴中保温 3~5 min，使淀粉完全糊化，再加 1 mL、2 mol/L 乙酸溶液，使溶液的 pH 值为 6.0，然后用 0.8 mol/L 乙酸缓冲液定容至 25 mL，作为完全糊化样品。

取供试样品 4 mL，加入 1 mL β-淀粉酶-异淀粉酶混合液，置于 40℃ 恒温槽中振荡反应 30 min。同时，另取试样 4 mL，加入 1 mL 失活的酶液，在同一条件下反应作为空白。反应结束后，取 1 mL 反应液置于沸水浴中 5 min，使酶失活，再稀释 5 倍。取 1 mL 稀释液用钠尔逊-索模吉（Nelson-Somogyi）比色法测定还原糖，取 0.5 mL 用苯酚-硫酸法测定总糖量。

糊化度、老化度的表示：糊化度是以完全糊化样品分解度为 100 时，被检测溶液的分解度除以 100 来表示。老化度是以糊化度的减少来表示。

（四）结果计算见式（5-12）

$$\alpha = \frac{(m_A - a)/2m_B}{(m'_A - a)/2m'_B} \times 100\% \tag{5-12}$$

式中：m_A——未糊化样品还原糖的生成量，μg；

　　　m'_A——糊化样品还原糖的生成量，μg；

　　　m_B——未糊化样品的总糖量，μg；

　　　m'_B——糊化样品的总糖量，μg；

　　　a——空白对照还原糖的量，μg。

由于老化度是以糊化度的减少来表示，又因为任一样品完全糊化后的糊化度均为 100%，所以，若被测样品在一定条件下经过一定时间（t）后发生了老化，此时糊化度为α_t，此时样品的老化度可由式（5-13）计算：

$$\beta = 100\% - \alpha_t \tag{5-13}$$

式中：β——样品的老化度；

$\quad\alpha_t$——样品t时的糊化度。

设某被测样品起始糊化度为α_0（即被测样品原本未必完全糊化），若该样品在一定条件下经过一定时间后发生了老化，此时糊化度为α_t，则该样品经过t时老化度的相对加深程度可由下式计算：

$$
\begin{aligned}
\beta' &= (\beta_t - \beta_0)/\beta_0 \times 100\% \\
&= [(100\% - \alpha_t) - (100\% - \alpha_0)]/(100\% - \alpha_0) \times 100\% \\
&= (\alpha_0 - \alpha_t)/(100\% - \alpha_0) \times 100\% \\
&= (\alpha_0 - \alpha_t)/\beta_0 \times 100\%
\end{aligned}
\tag{5-14}
$$

式中：β'——经过t时老化度的相对加深程度；

$\quad\alpha_t$——样品t时的糊化度；

$\quad\alpha_0$——样品在0时的糊化度；

$\quad\beta_t$——样品在t时的老化度；

$\quad\beta_0$——样品在0时的老化度。

（五）注意事项

（1）计算公式中，当待测试样分散均匀时，由于$m_B = m_B'$，故计算式可为：

$$\alpha = \frac{m_A - \alpha}{m_A' - \alpha} \times 100\%$$

为了防止实验时m_B，m_B'间存在操作误差，需要测定总糖，以$(m_A - \alpha)/2m_B$及$(m_A' - \alpha)/2m_B$表示各自的分辨率，并以分解率之比表示糊化度。

（2）酶活性的测定方法。糖化酶和β-淀粉酶以2%可溶性淀粉（pH值为4.8和6.0）为底物，异淀粉酶以2%支链淀粉（pH值为6.0）为底物，加一定量的酶液于40℃保温反应。用Nelson-Somogyi法或其他方法测定增加的还原糖量，酶活力以国际单位（IU）表示。

（3）糖类的测定方法。采用苯酚-硫酸法，具体操作为：吸取样品稀释液1 mL，加入1 mL 50 g/L苯酚溶液，再加入5 mL浓硫酸，摇匀静置10 min，放入25℃恒温水浴20 min，以试剂空白调零，在490 nm波长下测定吸光度值，根据标准曲线求出样品总糖含量。

三、低脂果胶凝胶力测定

低酯果胶是指酯化度低于50%的果胶。商品低酯果胶一般是从含有高酯果胶的植物原料中生产出来的。控制条件，采用温和的酸或碱处理，可将高酯果胶转化成低酯果胶。

（一）试剂及仪器

（1）柠檬酸溶液：称取543 g柠檬酸，溶于1000 mL水中。

（2）氯化钙溶液：称取22.05 g氯化钙，溶于1000 mL水中。

（3）果胶凝胶力测定仪（Kidgelimeter型仪器）。

（二）操作步骤

精确称取经标定的果胶样品 6.00 g（标定样品为 100 级即 6.00 g），或未经标定的果胶，则以 600 除以标定凝胶力的级数即为样品的克数（即假定标准凝胶力为 100 级，那么 600/100＝6 g；标定凝胶力为 90 级，那么 600/90＝6.66 g）。将标定之样品和 40 g 砂糖共同拌匀，在搅拌中移入已加入 425 mL 水的不锈钢锅内。水中已经加有 50 mL 柠檬酸溶液和 10 mL、6% 柠檬酸钠溶液。继续搅拌使样品和砂糖溶解，加入 140 g 砂糖，经搅拌溶解后煮沸，边搅拌边加入 25 mL 氯化钙溶液，继续煮沸至达到净质量 600 g。将锅取下，让泡沫升起，迅速撇去泡沫，将溶液立即倒入 2 只 Kidgelimeter 的玻璃杯中。杯边已用遮带包好，该带高于杯边约 12 mm，样品溶液加到离带边约 2 mm。带上边盖好盖，将胶冻在橱内放置 18~24 h，温度保持 25℃，然后测定。

进行胶冻凹落百分比测试时，去除边上的遮带，用细钢丝沿着杯边切下胶冻，弃去切下部分，小心转动玻璃杯，将胶冻倾倒在 Kidgelimeter 仪的玻璃板上，倒出后 2 min，将仪器的测微螺钉与胶冻面接触，记录 2 个样品的凹落百分比读数，取 2 个读数的平均凹落百分比，如式（5-15）所示。

$$凝胶力（级别）=\frac{600}{m}×[2.0-（凹落\%+4.5）/25.0] \tag{5-15}$$

式中：m——样品的质量，g。

其余数据是低酯果胶根据固形物百分浓度及果冻强度所得之常数。

（三）注意事项

果胶的有效凝胶力值中，胶冻应含有 30%~32% 固体，pH 值为 2.9~3.1，两个凹落百分比读数相差 0.6~25.0。

第三节 食用油脂功能特性的测定

（一）酸价的测定

酸价是指中和 1 g 油脂中游离脂肪酸所需氢氧化钾的质量（mg），是反映油脂酸败的主要指标。测定油脂酸价可以评定油脂品质的好坏和储藏方法是否恰当，并能为油脂碱炼工艺提供需要的加碱量。我国食用植物油都有国家标准规定的酸价。

1. 原理

用中性乙醇和乙醚混合溶剂溶解油样，然后用碱标准溶液滴定其中的游离脂肪酸，根据油样质量和消耗碱液的量计算出油脂酸价。

2. 试剂及仪器

（1）试剂：氢氧化钾标准溶液（0.1 mol/L）、酚酞指示剂（10 g/L 乙醇溶液）、中性乙醇–乙醚混合物（1∶2，使用前用氢氧化钾标准溶液滴定至中性）。

（2）仪器：滴定管和锥形瓶。

3. 操作步骤

称取 3.00~5.00 g 样品，置于锥形瓶中，加入 50 mL 用中性乙醇–乙醚混合溶剂，振摇使油溶解，加入 2~3 滴酚酞指示剂，用 KOH 标准溶液滴定至出现微红色且 30 s 不褪色即为终点。

4. 结果计算见式（5-16）

$$X = \frac{V \times c \times 56.11}{m}$$ (5-16)

式中：X——样品的酸价，mg/g；

V——样品消耗氢氧化钠标准溶液体积，mL；

c——氢氧化钾标准溶液的浓度，mol/L；

56.11——氢氧化钾的毫摩尔质量，mg/mmol；

m——样品的质量，g。

5. 注意事项

（1）实验中加入乙醇，可防止反应中生成的脂肪酸钾离解，乙醇的浓度最好大于 40%。

（2）测定深色油的酸价，可减少试样用量或适当增加混合溶剂的用量，也可将指示剂改为百里酚酞，终点由无色变为蓝色。

（3）酸价较高的油脂可适当减少样品质量。

（4）蓖麻油不溶于乙醚，因此测定蓖麻油的酸价时，只能用中性乙醇，不能用混合试剂。

（二）过氧化值的测定

脂类氧化是油脂和含油脂食品变质的主要原因之一，它能导致食用油和含脂食品产生不良的风味和气味，使食品不能被消费者接受。此外，氧化反应降低了食品的营养质量，有些氧化产物还是潜在的毒物。过氧化值是指 1 kg 样品中活性氧含量，以过氧化物的物质的量（mmol）表示，是反映油脂氧化程度的指标之一。

1. 原理

油脂氧化中产生过氧化物很不稳定，氧化能力较强，能氧化碘化钾析出碘，用硫代硫酸钠标准溶液滴定，以淀粉作为指示剂，根据消耗的硫代硫酸钠的量计算过氧化值。其反应式如下：

$$I_2 + 2Na_2S_2O_3 \longrightarrow Na_2S_4O_6 + 2NaI$$

2. 试剂及仪器

（1）试剂。

①饱和碘化钾溶液：称取 14 g 碘化钾，加 10 mL 水溶解，必要时微热使其溶解，冷却后贮于棕色瓶，临用时配置。

②三氯甲烷-冰乙酸混合液：量取 40 mL 三氯甲烷，加 60 mL 冰乙酸，混匀。

③硫代硫酸钠标准溶液（0.01 mol/L）。

④淀粉指示剂。

（2）仪器：250 mL 碘价瓶。

3. 操作步骤

准确称取 2~3 g 混匀样品（必要时过滤），置于碘价瓶中，加 30 mL 三氯甲烷-冰乙酸混合液，立即摇动使样品完全溶解。加入 1.00 mL 饱和 KI 溶液，加塞后轻轻振摇 0.5 min，放置暗处 3 min，取出加 100 mL 水，摇匀，立即用硫代硫酸钠标准溶液滴定，至淡黄色时，加入 1 mL 淀粉指示剂，继续滴定至蓝色消失为终点。同时做一空白试验。

4. 结果计算见式（5-17）

$$X = \frac{(V_1 - V_0) \times c}{m} \times 500 \tag{5-17}$$

式中　X——样品的过氧化值，mmol/kg；

　　　V_0——空白试验消耗硫代硫酸钠标准溶液体积，mL；

　　　V_1——样品消耗硫代硫酸钠标准溶液体积，mL；

　　　c——硫代硫酸钠标准溶液的浓度，mol/L；

　　　m——样品的质量，g。

5. 注意事项

（1）饱和碘化钾溶液中不能存在游离碘和碘酸盐。验证方法：在 30 mL 三氯甲烷-冰乙酸溶液中加入 2 滴淀粉指示剂和 0.5 mL 饱和碘化钾溶液，如果出现蓝色，需要 0.01 mol/L 硫代硫酸钠标准溶液 1 滴以上才能消除，则需重新配制此溶液。

（2）光线会促进空气对试剂的氧化，因此应将样品置于暗处进行反应或保存。

（3）三氯甲烷和乙酸的比例，加入碘化钾后静置时间的长短及加水量多少等对测定结果均有影响。操作过程应注意条件一致。

（4）用硫代硫酸钠滴定被测样品时，只有在溶液呈淡黄色时，才能加入淀粉指示剂，否则淀粉会包裹或吸附碘而影响测定结果。

（三）碘价的测定

碘价是指 100 g 油脂所能吸收的氯化碘或溴化碘，换算成碘的克数。碘价的高低表示油脂中脂肪酸的不饱和程度。

1. 原理

在溶剂中溶解试样，加入卤化碘的酸性溶液，卤化碘和不饱和脂肪酸发生加成反应，再加入过量的碘化钾与剩余卤化碘作用以析出碘，用硫代硫酸钠标准溶液滴定析出的碘。从而计算出试样加成的卤化碘（以碘计）的量。其反应式如下：

$$IX + KI \longrightarrow I_2 + KX$$
$$I_2 + 2Na_2S_2O_3 \longrightarrow Na_2S_4O_6 + 2NaI$$

2. 试剂及仪器

（1）试剂。

①饱和碘化钾溶液（150 g/L）。

②溴化碘-乙酸溶液：溶解 13.2 g 碘于 1000 mL 冰乙酸中，冷却至 25℃时，取出 20 mL，用硫代硫酸钠测定其碘量。计算溴的加入量（注意液溴有毒）。加入溴后，再用硫代硫酸钠溶液滴定并校正溴的加入量，使加溴后的滴定体积刚好为加溴前的 2 倍。

③硫代硫酸钠标准溶液（0.1 mol/L）。

④淀粉溶液（10 g/L）。

（2）仪器：250 mL 碘价瓶。

3. 操作步骤

准确称取油样 0.1~0.25 g，置于干燥碘量瓶中，加 10 mL 三氯甲烷溶解。准确加入溴化碘-乙酸溶液 25 mL，加塞摇匀后于暗处放置 30 min（碘价高于 130 放置 1 h）。然后加入 20 mL 碘化钾溶液，塞严，用力振摇。以 100 mL 新煮沸后冷却的蒸馏水将瓶口和瓶塞上的游离碘洗入瓶内，混匀。用硫代硫酸钠标准溶液滴定至淡黄色时，加入 1 mL 淀粉指示剂，继续滴定至蓝色消失为终点。同时做一空白试验。

4. 结果计算见式（5-18）

$$X = \frac{(V_0 - V_1) \times c \times 0.1269}{m} \times 100 \quad (5-18)$$

式中：X——样品的碘价，g/100 g；

V_0——空白试验消耗硫代硫酸钠标准溶液体积，mL；

V_1——样品消耗硫代硫酸钠标准溶液体积，mL；

c——硫代硫酸钠标准溶液的浓度，mol/L；

0.1269——1/2 碘的毫摩尔质量，g/mmol；

m——样品的质量，g。

5. 注意事项

（1）测定碘价时，常用卤化物（氯化碘、溴化碘、碘酸盐等）作为试剂，不能用游离碘作为试剂。因为在一定条件下卤化物只定量发生加成反应，而不发生取代反应。最常用的是氯化碘-乙酸溶液法（韦氏法）。

（2）碘化钾溶液中不能存在游离碘和碘酸盐。

（3）光线和水分对卤化碘的影响很大，因此要求所用仪器必须清洁、干燥，碘液试剂必须用棕色瓶装并放入暗处。

（4）加入碘液的速度、放置时间和温度要与空白试验一致。

（四）皂化价的测定

皂化价是指 1 g 油脂完全皂化时所需氢氧化钾的毫克数。皂化价与油脂中甘油三酯的平均分子量成反比，即相对分子量越大，皂化价越小。由于各种植物油的脂肪酸组成不同，故其皂化价也不同。另外，油脂中非甘油三酯物质的存在对皂化价也有影响。因此，测定油脂皂化价结合其他检验项目，可对油脂的种类和纯度等质量进行鉴定。

1. 原理

在回流条件下，将样品与过量的氢氧化钾-乙醇溶液共热皂化，待皂化完全后，用盐酸标准溶液滴定过量的氢氧化钾，同时做空白实验，由所消耗碱液量计算出皂化价。

2. 试剂及仪器

（1）试剂。

①中性乙醇（95%）：以酚酞为指示剂，用 0.1 mol/L 氢氧化钾溶液中和至中性。

②氢氧化钾-乙醇溶液（0.5 mol/L）：称取氢氧化钾 30 g，溶于 95% 中性乙醇，并定容至 1000 mL，摇匀，静置 24 h 后倾出上层清液，储于装有苏打石灰球的玻璃管中。

③盐酸标准溶液（0.5 mol/L）。

④酚酞指示剂（10 g/L）。

⑤淀粉溶液（10 g/L）。

（2）仪器：250 mL 锥形瓶（带磨口）、回流冷凝管、加热装置、滴定管、移液管。

3. 操作步骤

准确称取混匀试样 2 g 于锥形瓶中，加入 0.5 mol/L 氢氧化钾-乙醇溶液 25.0 mL，接上冷凝管，在水浴上煮沸约 30 min（不时摇动），煮至溶液清澈透明后，停止加热。取下锥形瓶，用 10 mL 中性乙醇冲洗冷凝管下端，加酚酞指示剂 5~6 滴，趁热用 0.5 mol/L 盐酸标准溶液滴定至红色消失为止。同时进行空白试验。

4. 结果计算见式（5-19）

$$X = \frac{(V_0 - V_1) \times c \times 56.11}{m} \tag{5-19}$$

式中：X——样品的皂化价，mg/g；

V_0——空白试验消耗盐酸标准溶液体积，mL；

V_1——样品消耗盐酸标准溶液体积，mL；

c——盐酸标准溶液的浓度，mol/L；

56.11——氢氧化钾的毫摩尔质量，mg/mmol；

m——样品的质量，g。

5. 注意事项

（1）用氢氧化钾-乙醇溶液能溶解油脂，也能使油脂的水解反应变成不可逆的。

（2）皂化后剩余的碱用盐酸滴定，不能用硫酸。因为生成的硫酸钾不溶于乙醇，易生成沉淀影响结果。

（3）由于回流加热的溶液为易燃的乙醇溶液，应采用不见明火的水浴等加热装置。

（4）若油脂颜色较深，可用碱性蓝 6B 乙醇溶液作指示剂，这样容易观察终点。

（五）羰基价的测定

羰基价是指 1 kg 样品中含醛类物质的毫摩尔数（mmol）数。油脂氧化生成的过氧化物，进一步分解为含羰基的化合物。一般油脂随储藏时间的延长和不良条件的影响，其羰基价的数值都呈不断增高的趋势，它和油脂的酸败劣变紧密相关。因为多数羰基化合物都具有挥发性，且其气味最接近于油脂自动氧化的酸败臭，因此，用羰基价来评价油脂中氧化产物的含量和酸败劣变的程度，具有较好的灵敏度和准确性。食品中羰基价的测定方法为 2，4-二硝基苯肼比色法。

1. 原理

油脂中的羰基化合物和2，4-二硝基苯肼反应生成腙，在碱性溶液中形成褐红色或酒红色的醌离子，在最大吸收波长440 nm处测定吸光度，可计算羰基价。其反应式如下：

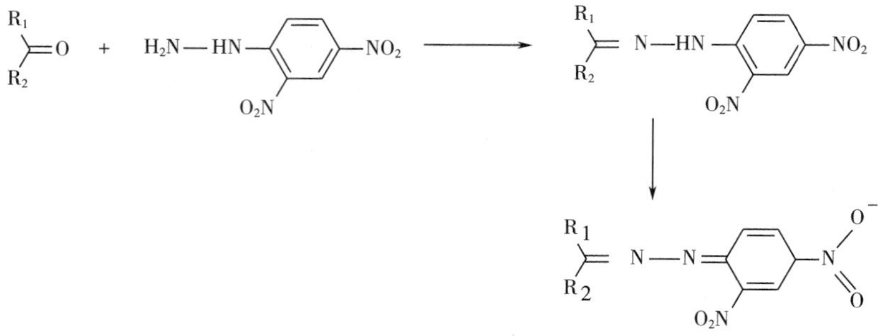

2. 试剂及仪器

（1）试剂。

①精制乙醇：取1000 mL乙醇，置于2000 mL圆底烧瓶中，加入5 g铝粉、10 g KOH，接好标准接口的回流冷凝管，在水浴上加热回流1 h。然后用全玻璃蒸馏装置蒸馏，收集馏液。

②精制苯：取500 mL苯，置于1000 mL分液漏斗中，加入50 mL硫酸，小心振摇5 min，开始振摇时注意放气。静置分层后弃去硫酸层，再加50 mL硫酸重复处理一次。将苯层移入另一分液漏斗中，用水洗涤3次，然后经无水硫酸钠脱水，用全玻璃蒸馏装置蒸馏，收集馏液。

③2，4-二硝基苯肼溶液：称取50 mg 2，4-二硝基苯肼，溶于100 mL精制苯中。

④三氯乙酸溶液：称取4.3 g固体三氯乙酸，溶于100 mL精制苯中。

⑤氢氧化钾-乙醇溶液：称取氢氧化钾4 g，加100 mL精制乙醇使其溶解，置冷暗处过夜，取上部澄清液使用。如果溶液变黄褐色则应重新配制。

（2）仪器：分光光度计。

3. 操作步骤

准确称取0.025~0.500 g样品，置于25 mL容量瓶中，加苯溶解并使稀释至刻度。吸取5.0 mL，置于25 mL具塞试管中，加入3 mL三氯乙酸溶液及5 mL 2，4-二硝基苯肼溶液，仔细振摇混匀，在60℃水浴中加热30 min。冷却后，沿试管壁慢慢加热10 mL氢氧化钾-乙醇溶液，使成为两液层，加塞，剧烈振摇混匀，放置10 min。以1 cm比色皿，用试剂空白调零，于波长440 nm处测吸光度。

4. 结果计算见式（5-20）

$$X = \frac{A}{854 \times m \times \dfrac{V_2}{V_1}} \times 1000 \tag{5-20}$$

式中：X——样品的羰基价，mmol/kg；

V_1——样品稀释后的总体积，mL；

V_2——测定用样品稀释液的体积，mL；

　　A——测定时样液吸光度；

　　m——样品的质量，g；

　　854——各种醛毫摩尔吸光系数的平均值。

5. 注意事项

（1）氢氧化钾-乙醇溶液极易褐变，并且新配置的溶液往往浑浊，一般是配置后过夜，取上清液使用，也可用玻璃纤维滤膜过滤。

（2）当油样中过氧化值较高时（超过 10 mmol/kg），则干扰羰基价的测定，此时最好先把过氧化物还原为非羰基化合物。

（3）乙醇中往往含有醇类的氧化产物，对测定结果有干扰，利用铝的强还原性，可以除去羰基化合物。

（4）所用仪器必须洁净、干燥。

第四节　酶活性的测定

一、多酚氧化酶的测定

　　多酚氧化酶（polyphenoloxidase，PPO）是自然界中分布极广的一种含铜的氧化酶。多酚氧化酶通常是包括酪氨酸酶（tyrosinase）、多酚酶（polyphenolase）、酚酶（phenolase）、儿茶酚氧化酶（catechol oxidase）、甲酚酶（cresolase）和儿茶酚酶（catecholase）等一类酶的总称，其名称取决于测定其活力时使用的底物以及酶在植物中的最高浓度。普遍存在于植物、真菌、昆虫的质体中，植物受到机械损伤和病菌侵染后，PPO 催化酶与 O_2 氧化形成醌，使组织形成褐变，以便损伤恢复，防止或减少感染，提高抗病能力。因此，检测食品中多酚氧化酶具有重要意义。

（一）原理

　　多酚氧化酶是一种含铜的氧化酶，在一定温度和 pH 条件下，有氧气存在时，能使催化邻苯二酚氧化生成有色物质，单位时间内有色物质在 525 nm 处的吸光度与酶活性强弱成正相关，通过 OD 值的变化确定 PPO 的酶活大小。

（二）试剂及仪器

1. 试剂

（1）0.05 mol/L pH 值为 5.5 磷酸盐缓冲液。

（2）20% 三氯乙酸。

（3）0.1 mol/L 邻苯二酚溶液。

2. 仪器

分光光度计、恒温水浴锅、离心机等实验常用设备。

（三）操作步骤

1. 酶液的提取

取 1 g 果肉，放入研钵中，加入 1 mL 磷酸缓冲液，将果肉研磨成匀浆，将匀浆全部转入离心管中,再用 1 mL 缓冲液冲洗,一并转入离心管中,在 10000 r/min 条件下离心 10 min,上清液转入 25 mL 容量瓶中,沉淀用 3 mL 磷酸缓冲液再提取一次,上清液也转入容量瓶中,用磷酸缓冲液定容后,于低温下保存备用。

2. 测定

(1) 取 4 支试管,编号 1、2、3、4。

(2) 空白对照:1、2 号试管各加 0.1 mL 酶液,在沸水中加热 5 min,冷却,再加入 3.9 mL、0.05 mol/L 磷酸缓冲液和 1 mL 儿茶酚溶液。

(3) 反应液:3、4 号试管各加 3.9 mL、0.05 mol/L 磷酸缓冲液和 1 mL 儿茶酚溶液,最后加入 0.1 mL 酶液,计时。

(4) 4 支试管立即于 37℃ 水浴中保温 10 min,然后迅速转入冰浴,并各加入 2.0 mL、20% 三氯乙酸终止反应,并 4000 r/min 离心 5 min,取上清液,适当稀释。

(5) 以空白对照,用分光光度计测定其在 525 nm 波长下的 OD 值。

(四) 结果计算见式 (5-21)

$$酶的比活力 [0.01\Delta A/(g \cdot min)] = \frac{\Delta A}{0.01 \times m \times t} \times D \tag{5-21}$$

式中:ΔA——OD 值的变化;

    t——反应时间,min;

    D——稀释倍数;

    m——样品的鲜重,g。

(五) 注意事项

(1) 反应混合液必须现配现用,否则会因邻苯二酚自动氧化而失效。

(2) 加样时,先加缓冲溶液,再加底物邻苯二酚,摇匀,在测量之前最后加酶提取液。

二、淀粉酶的测定

淀粉是植物最主要的贮藏多糖,经淀粉酶作用后生成葡萄糖、麦芽糖等小分子物质而被机体利用。淀粉酶主要包括 α-淀粉酶和 β-淀粉酶两种,两种酶作用淀粉的方式不同。α-淀粉酶可随机地作用于淀粉中的 α-1,4-糖苷键,生成葡萄糖、麦芽糖、麦芽三糖、糊精等还原糖,同时使淀粉的黏度降低,因此又称为液化酶。β-淀粉酶可从淀粉的非还原性末端进行水解,每次水解下一分子麦芽糖,又被称为糖化酶。淀粉酶催化产生的这些还原糖能使 3,5-二硝基水杨酸还原,生成棕红色的 3-氨基-5-硝基水杨酸。淀粉酶活力的大小与产生的还原糖的量成正比。用标准浓度的麦芽糖溶液制作标准曲线,用比色法测定淀粉酶作用于淀粉后生成的还原糖的量,以单位重量样品在一定时间内生成的麦芽糖的量表示酶活力。两种淀粉酶特性不同,α-淀粉酶不耐酸,在 pH 值 3.6 以下迅速钝化;β-淀粉酶不耐热,在 70℃ 时 15 min 钝化。根据它们的这种特性,在测定活力时钝化其中之一,就可测出另一种淀粉酶的活力。

(一) 原理

本实验采用加热的方法钝化 β-淀粉酶,测出 α-淀粉酶的活力。在非钝化条件下测定淀粉酶总活力 (α-淀粉酶活力+β-淀粉酶活力),再减去 α-淀粉酶的活力,就可求出 β-淀粉酶的活力。

（二）试剂与仪器

1. 试剂

（1）0.1 mol/L pH 值 5.6 的柠檬酸缓冲液（A 液、B 液）。

A 液（0.1 mol/L 柠檬酸）：称取柠檬酸 20.01 g，用蒸馏水溶解后定容至 1 L。

B 液（0.1 mol/L 柠檬酸钠）：称取柠檬酸钠 29.41 g，用蒸馏水溶解后定容至 1 L。

取 A 液 55 mL 与 B 液 145 mL 混匀，即为 pH 值 5.6 的柠檬酸缓冲液。

（2）1%淀粉溶液。称取 1 g 淀粉，溶于 100 mL、0.1 mol/L pH 值 5.6 的柠檬酸缓冲溶液中。

（3）3，5-二硝基水杨酸溶液。精确称取 3，5-二硝基水杨酸溶液 1 g，溶于 20 mL、2 mol/L 氢氧化钠溶液中，加入 50 mL 蒸馏水，加入 30 g 酒石酸钾钠，待溶解后用蒸馏水定容至 100 mL。盖紧瓶塞，勿使二氧化碳进入。若溶液混浊，可过滤后使用。

（4）麦芽糖标准液（1 mg/mL）：称取麦芽糖 0.10 g，溶解于少量蒸馏水中，缓慢移入 100 mL 容量瓶中，用蒸馏水定容至刻度。

2. 仪器

分光光度计、恒温水浴锅、离心机等实验常用设备。

（三）操作步骤

1. 麦芽糖标准曲线的制作

取 20 mL 具塞刻度试管 7 个，编号，按表 5-1 加入试剂摇匀，置沸水浴中煮沸 5 min，取出后流水冷却，加蒸馏水定容至 20 mL。以 1 号管作为空白调零点，在 540 nm 波长下比色测定吸光度值。以麦芽糖含量为横坐标，吸光度值为纵坐标，绘制标准曲线。

表 5-1　麦芽糖标准曲线制作

试剂	管号						
	1	2	3	4	5	6	7
麦芽糖标准/mL	0	0.2	0.6	1.0	1.4	1.8	2.0
蒸馏水/mL	2.0	1.8	1.4	1.0	0.6	0.2	0
麦芽糖含量/mg	0	0.2	0.6	1.0	1.4	1.8	2.0
水杨酸/mL	1.0	1.0	1.0	1.0	1.0	1.0	1.0

2. 淀粉酶液制备

称取 1 g 萌发 3 d 的小麦种子（芽长约 1 cm），置于研钵中，加入少量石英砂和 2 mL 蒸馏水，研磨匀浆。将匀浆倒入离心管中，用 6 mL 蒸馏水分次将残渣洗入离心管。提取液在室温下放置提取 15~20 min，每隔数分钟搅动 1 次，使其充分提取。然后在 3000 r/min 转速下离心 10 min，将上清液倒入 100 mL 容量瓶中，加蒸馏水定容至刻度，摇匀，即为淀粉酶原液，用于 α-淀粉酶活力测定。

吸取上述淀粉酶原液 10 mL，放入 50 mL 容量瓶中，用蒸馏水定容至刻度，摇匀，即为淀粉酶稀释液，用于淀粉酶总活力的测定。

3. 淀粉酶活力的测定

取干净试管 6 支，编号，按表 5-2 进行操作。

表 5-2　酶活力测定取样表

操作项目	α-淀粉酶活力测定			β-淀粉酶活力测定		
	Ⅰ-1	Ⅰ-2	Ⅰ-3	Ⅱ-1	Ⅱ-2	Ⅱ-3
淀粉酶原液（mL）	1.0	1.0	1.0	0	0	0
钝化 β-淀粉酶	置 70℃水浴 15 min，冷却					
淀粉酶稀释液（mL）	0	0	0	1.0	1.0	1.0
水杨酸（mL）	2.0	0	0	2.0	0	0
预保温	将各试管和淀粉溶液置于 40℃恒温水浴中保温 10 min					
1%淀粉溶液（mL）	1.0	1.0	1.0	1.0	1.0	1.0
保温	在 40℃恒温水浴中准确保温 5 min					
水杨酸（mL）	0	2.0	2.0	0	2.0	2.0

（四）结果计算

计算Ⅰ-2、Ⅰ-3 吸光度平均值与Ⅰ-1 吸光度之差，在标准曲线上查出相应的麦芽糖含量（mg/mL），按式（5-22）计算 α-淀粉酶的活力。

$$\alpha - 淀粉酶活力 = \frac{麦芽糖含量 \times 淀粉酶原液总体积}{样品质量 \times 5} \tag{5-22}$$

计算Ⅱ-2、Ⅱ-3 吸光度平均值与Ⅱ-1 吸光度之差，在标准曲线上查出相应的麦芽糖含量（mg/mL），按式（5-23）计算（α+β）淀粉酶总活力。

$$(\alpha + \beta) - 淀粉酶总活力 = \frac{麦芽糖含量 \times 淀粉酶原液总体积 \times 稀释倍数}{样品质量 \times 5} \tag{5-23}$$

$$\beta-淀粉酶活力 = (\alpha+\beta) 淀粉酶总活力 - \alpha-淀粉酶活力 \tag{5-24}$$

（五）注意事项

（1）样品提取液的定容体积和酶液稀释倍数可根据不同材料酶活性的大小而定。

（2）为了确保酶促反应时间的准确性，在进行保温这一步骤时，可以将各试管每隔一定时间依次放入恒温水浴，准确记录时间，到达 5 min 时取出试管，立即加入 3,5-二硝基水杨酸以终止酶反应，以便尽量减小因各试管保温时间不同而引起的误差。同时恒温水浴温度变化应不超过±0.5℃。

三、淀粉酶活性的影响因素

（一）pH 值对酶活性的影响

1. 原理

过酸或过碱都能使酶蛋白变性而丧失活性。在不致使变性的 pH 值范围内，酶的活性会因 pH 值不同而不同。唾液淀粉酶能使淀粉水解成一系列比较简单的化合物（淀粉→紫色糊精→红色糊精→麦芽糖），最终产物为麦芽糖，利用其与碘液的不同呈色反应（遇碘成蓝色→紫色→黄色→淡黄色），即可推知淀粉酶水解淀粉的程度和 pH 值对唾液淀粉酶的活性影响，并可指出唾液淀粉酶的最适 pH 值。

2. 试剂及仪器

（1）试剂。

①碘。

②0.5%淀粉溶液：称取 0.5 g 可溶性淀粉放入烧杯中，加少量蒸馏水成糊状，在搅拌下加入沸水，微沸 2 min，冷却后转移至 100 mL 容量瓶中，定容待用。

③磷酸氢二钠-柠檬酸缓冲溶液（表5-3）。

A 液（0.1 mol/L 柠檬酸）：称取 21.01 g 柠檬酸用蒸馏水定容至 1000 mL。

B 液（0.1 mol/L 磷酸氢二钠）：称取 35.61 g 磷酸氢二钠用蒸馏水定容至 1000 mL。

表 5-3　磷酸氢二钠-柠檬酸缓冲溶液的配制

pH 值	0.1 mol/L 柠檬酸体积/mL	0.1 mol/L 磷酸氢二钠体积/mL
5.0	48.5	51.5
6.8	22.75	77.25
8.0	2.75	97.25

（2）仪器。分光光度计、恒温水浴锅、离心机等实验常用设备。

3. 操作步骤

（1）制备唾液：将放一薄层棉花的漏斗置于 10 mL 量筒顶端，5 名以上学生吐 1 mL 唾液，倒入 100 mL 量筒中，用蒸馏水冲洗小量筒，洗液倒入大量筒中，加蒸馏水至 100 mL，用吸管吹匀。

（2）测定：取 3 支试管，均加入 1 mL 0.5%淀粉的溶液，然后各试管分别加入 pH 值 5.0、6.8、8.0 的磷酸氢二钠-柠檬酸缓冲溶液 2 mL 及 1 mL 的唾液样品，摇匀，放入 37℃ 水浴中保温 3 min，用滴管吸取 pH 值 6.8 管内的液体 1 滴，在白瓷盘中用碘液检查是否水解完全，然后向各管加碘液 3 滴，观察现象并解释结果。

4. 注意事项

（1）在实验过程的选择中，37℃ 恒温的主要原因是：在恒温的条件下，才能排除温度的因素对结果的干扰；37℃ 是唾液淀粉酶起催化作用的适宜温度。

（2）3 号试管加碘液后出现橙黄色，说明淀粉已完全水解。

（3）如果反应速度过快，应当提高唾液的稀释倍数。

（4）唾液淀粉酶的最适 pH 值是 6.8，高于或低于此 pH 时，酶的活性逐渐降低。

（二）温度对酶活性的影响

1. 原理

在低温时酶的催化反应速度一般很低，温度升高催化反应也随之升高，但酶是一种蛋白质，升高温度可以引起蛋白质的变性，使酶的活性降低。所以温度对酶的活性有两种反应的影响，一般在比较低温范围内（例如 0~40℃），温度对酶蛋白质变性影响不大，活性随温度升高而增高。各种酶都有它的最适温度，机体大多数酶的最适温度为 37~40℃。本实验利用碘与淀粉的反应，来比较唾液淀粉酶在不同温度对淀粉的水解速度。

2. 试剂及仪器

2 g/L 淀粉溶液，缓冲溶液配置同上。

3. 操作步骤

取试管 4 支，编号。在各管中均加入 2 g/L 淀粉液 2 mL 和 pH 值为 6.8 缓冲溶液 1 mL。然后，把第 1 支试管置于 40℃ 的水浴中，第 2 支试管放在室温下，第 3 支试管放在冰水中，约 2 min 后，向第 1、第 2、第 3 支试管再加稀释唾液 1 mL，第 4 支试管加入煮沸的唾液 1 mL，摇匀。隔 2 min 左右从第 1 支试管取出几滴反应液至白瓷盘内，检查完全水解后，取出各管，分别加碘液 1 滴，观察颜色变化并解释。

（三）金属离子对酶活性的影响

1. 原理

淀粉可被淀粉酶水解产生葡萄糖、麦芽糖等，不同金属离子对酶活性有显著的促进或抑制作用，虽然该作用没有普遍规律可循，但绝大多数金属离子具有显著的抑制大多数酶活性的功能，且在抑制程度上存在差异。

2. 试剂及仪器

0.5% 淀粉溶液、金属盐溶液（Fe^{3+}、Co^{2+}、K^+、Cu^{2+}）。

3. 操作步骤

取试管 4 支，编号。在各管中均加入 0.5% 淀粉液 1 mL 和 pH 值为 6.8 缓冲溶液 1 mL，然后分别加入不同的离子溶液 0.25 mL（Fe^{3+}、Co^{2+}、K^+、Cu^{2+}），各金属离子终浓度为 5 mmol/L，室温下放置 1 h，然后分别加入唾液 1 mL，摇匀。放入 37℃ 水浴中保温 3 min，用滴管吸取几滴第一管内的反应液至白瓷盘内，检查完全水解后，取出各管，分别加碘液 1 滴，观察颜色变化并解释。

课程思政案例

课程思政案例 4

本章思考题

（1）蛋白质的持水能力受哪些因素影响？

（2）蛋白质发泡形成的原因是什么？

（3）金属离子对卵清蛋白质的凝固有何影响？

（4）哪些因素会影响样品蛋白乳化性和发泡性的测定结果？

（5）淀粉糊化度和老化度的测定意义是什么？

（6）食用油脂特性（酸价、过氧化值、碘价、皂化价、羰基价）的定义及其测定方法和原理。

第六章　食品添加剂分析

教学目标和要求：

1. 熟悉食品添加剂理化分析检测的原理，依据相应的法规和标准，熟练应用常规的化学分析检测方法及仪器分析新方法对食品添加剂进行检测。

2. 能够独立地进行食品添加剂分析的检测操作，并利用合理的数据进行分析，结合分析实验数据，获得准确结果，并根据 GB 2760—2014 给出有效的结论。

3. 通过本章学习，学生能够采用正确的分析方法分析食品中添加剂，搭建和操作实验装置，安全开展实验，并能够科学采集、整理和分析实验数据。

第一节　概述

一、食品添加剂的作用和分类

食品添加剂这一名词虽始于西方工业革命，但其直接应用可追溯到一万年以前。中国在远古时代就有在食品中使用天然色素的记载。如《神农本草》《本草图经》中即有用栀子染色的记载；在周朝时已开始使用肉桂增香，北魏时期的《食经》《齐民要术》中也有用盐卤、石膏凝固豆浆等的记载。古埃及、古巴比伦及波斯国等食用香料相当广泛，"丝绸之路"其实也是"香料之路"。

世界各国对食品添加剂的定义不尽相同，联合国粮农组织（FAO）和世界卫生组织（WHO）联合食品法规委员会对食品添加剂定义为：食品添加剂指其本身通常不作为食品消费，不用作食品中常见的配料物质，无论其是否具有营养价值。在食品中添加该物质的原因是出于生产、加工、制备、处理、包装、装箱、运输或贮藏等食品的工艺需求（包括感官），或者期望它或其副产品（直接或间接地）成为食品的一个成分，或影响食品的特性。不包括污染物，或为了保持或提高营养质量而添加的物质。美国联邦法规（CFR）中则规定食品强化剂不但包括营养物质，还包括各种间接使用的添加剂（如包装材料、包装容器等）。我国 GB 2760—2014《食品安全国家标准食品添加剂使用标准》规定：食品添加剂是指为改善食品品质和色、香、味，以及为防腐、保鲜和加工工艺的需要而加入食品中的人工合成或者天然物质。食品用香料、胶基糖果中基础剂物质、食品工业用加工助剂也包括在内。

随着食品工业的发展，食品添加剂已成为食品加工不可缺少的基料，它们对改善食品的质量、档次和色香味，原料至成品的保质保鲜，食品加工工艺的顺利进行等方面，都起着极为重要的作用。主要体现在以下几个方面：

（1）防止食品腐败变质，延长食品保存期，提高食品安全性；

（2）改善食品的感官性状，使食品更易于被消费者接受；

（3）有利于食品加工操作，适应生产的机械化和连续化；

（4）保持食品营养价值；

（5）满足不同人群的饮食需要；

（6）丰富食品种类，提高食品的方便性；

（7）高原料利用率，节省能源；

（8）降低食品的成本。

因此，食品添加剂被誉为现代食品工业的灵魂，没有现代食品添加剂就没有现代食品工业。据统计，国际上使用的食品添加剂种类已达 14000 余种，其中直接使用的约 5000 余种，常用的在 2000 种左右。我国允许使用的食品添加剂有 23 个类别，2000 多个品种，规定了 1300 余项食品中各类添加剂的使用量。最常见的食品添加剂包括防腐剂、抗氧化剂、甜味剂、漂白剂、着色剂、护色剂等。除此之外，还包括酸度调节剂、抗结剂、消泡剂、膨松剂、乳化剂、酶制剂、增味剂、被膜剂、水分保持剂、营养强化剂、稳定剂、凝固剂、增稠剂、食用香料、食品工业用加工助剂等。

食品添加剂已与我们的生活密不可分，防腐、保鲜、调味等都属食品添加剂应用范畴。酱油中有防腐剂，饮料中有酸味剂、甜味剂，方便面有抗氧化剂、味精、肌苷酸、磷酸盐等。食品添加剂迫切需要科学而规范地使用，准确检测食品中添加剂则显得非常必要。

二、食品添加剂的现状及发展趋势

1. 食品添加剂现状

食品添加剂行业是一个涉及多学科、多领域的行业，也是一个技术密集、科研成果频出的领域。食品添加剂行业发展快速，生产能力和产量都实现了快速增长，整体呈现快速增长的态势。我国食品添加剂行业的具体现状如下：

（1）食品添加剂品种不断增多、产量持续上升，部分品种出现产能过剩。

随着全球食品工业的发展，食品总量的快速增加和科学技术的进步，全球食品添加剂品种不断增加，产量持续上升。我国食品添加剂实际允许使用的品种也由 1982 年的 621 种扩展到 2600 多种（截至 2018 年年底），其中 80% 为食用香料。

自 2008 年美国次贷危机以来，我国实体经济各行业的发展增速幅度随大环境的影响而出现减缓甚至下降，食品添加剂的产量从年均增长 12% 降到了 2016 年的 6%。2016 年，我国全行业食品添加剂的产量达 1056 万吨，销售额达 1035 亿元，相比 2015 年增长约 5.8%；出口额约 37.5 亿美元，与 2015 年基本持平。天然着色剂领域的辣椒红、红曲红、红曲黄、栀子黄等，防腐剂领域的丙酸钙等存在产能过剩，行业竞争激烈的问题。

（2）产业结构、产业布局不断优化。

近几年，通过产业结构调整，我国将可能对消费者存在潜在风险，或其生产过程中会对环境造成污染、高耗能的食品添加剂产品，已经完全或大部分被其他新型食品添加剂产品取代。主要变化有：产品质量的提高和品种结构的调整，产品结构的升级换代，以及产业布局的变化。

另外，随着食品加工技术的不断深化，食品配料的复杂程度会越来越高，分工的专业化会越来越强，必然会出现专业的配料公司为食品加工企业提供产品和技术服务，而食品企业对添加剂的要求会越来越趋向简单易用，功能完善。复合型食品添加剂因具有多重优势，十几年内在我国得到迅猛发展，从最早的几个应用品种发展到如今包括肉制品、烘焙食品、饮料、保健品、膨化食品等各种加工食品累计上百个品种。复合添加剂产品也正受到广大应用企业的普遍欢迎，产生了明显的经济效益和社会效益。

（3）食品添加剂的加工技术和装备水平不断提高。

现代食品工业中，借助食品添加剂已经成为食品创新的重要手段之一。几年来，全国科技发明奖和技术进步奖获奖成果中，与食品添加剂有关的成果在整个食品行业获奖成果中的比例较高。食品高新技术与工程化食品的出现为食品添加剂的发展提供了良好的发展机遇。我国食品添加剂行业在生物技术、高新分离技术、发酵技术方面发展非常迅速。微胶囊技术、真空冷冻干燥技术、膜分离技术、超临界二氧化碳萃取技术、色谱分析技术以及高压食品加工技术、超微粉碎技术等高新技术正广泛应用于我国食品添加剂的研究、开发中。

我国部分食品添加剂企业的生产装置也居于世界领先地位，食品添加剂企业普遍通过采用高新分离技术提高产品纯度和收率，提高产品档次，降低成本，改善生态环境，实现多重收益。如辣椒红采用超临界萃取技术、香精油采用分子蒸馏技术、木糖醇采用膜分离技术、柠檬酸采用色谱分离技术等。

（4）食品添加剂标准和法规不断完善。

我国政府已建立了比较完善的食品添加剂管理法规和标准，对食品添加剂的使用实行了科学、严格的审批制度。我国食品添加剂工业 20 世纪 60 年代开始起步，改革开放以来得到迅速发展。政府从 20 世纪 50 年代开始，对食品添加剂实行管理；60 年代后加强了对食品添加剂的生产管理和质量监督。根据食品添加剂的特殊情况制定了一系列法规。目前我国除了 GB 2760—2014《食品安全国家标准　食品添加剂使用标准》和 GB 14880—2012《食品安全国家标准　食品营养强化剂使用标准》两个使用标准外，已制定食品添加剂产品的国家和行业标准约 400 项，其中添加剂的产品标准主要为 GB 1886 系列，营养强化剂的产品标准主要为 GB 1903 系列；食品添加剂检测标准（微生物检测标准、含量检测标准、金属元素毒素、农药残留等检测标准）、毒理学评价标准都与食品相关标准共享，主要包括 GB 4789、GB 5009、GB 15193 系列等。

2. 食品添加剂发展趋势

随着我国食品工业的快速发展，食品添加剂行业也表现出强劲的发展势头。一般认为，推动食品添加剂行业发展的原因主要有如下几方面：①人们对于健康和营养认识程度的提高，食品安全意识的增强；②快捷方便食品的盛行；③科学技术的进步；④不断健全和完善的法律法规和监管机制。综合近几年国内外食品添加剂市场现状，食品添加剂行业主要表现出以下发展趋势：

（1）安全是食品添加剂发展的基本原则。

安全是食品工业永恒的话题，而这其中食品添加剂的安全性则受到更多的关注，尽管国际组织对现行食品添加剂品种进行了严格、细致的毒理学研究和评价，制定了详细的使用标准，人们对食品添加剂安全性的质疑似乎从未消除过。保障食品添加剂的安全性是食品添剂发展的前提条件。研究开发安全的食品添加剂，严格控制食品添加剂的使用量和使用范围，强化食品添加剂生产管理，不断增强监管执法力度，提高消费者的判断分析能力，多种手段共同促进食品添加剂的安全使用。

（2）天然食品添加剂备受青睐。

"天然"的概念不断得到普及，也越来越为广大消费者所接受。与合成添加剂受到安全性质疑相反，天然食品添加剂通常来源于我们经常食用的动植物食品或原料，具有相对较高的安全性，而且往往具有多重营养保健功能，已经成为消费者追逐的热点。我国拥有丰富的动植物资源，目前得到产业化生产的天然抗氧化剂茶多酚、天然甜味剂甘草提取物、天然抗菌剂大蒜素、天然色素和天然香料等天然提取物在国内外市场上广受好评，已经成为我国食品添加剂行业新的增长亮点。

（3）高效、多功能的食品添加剂得到广泛应用。

食品添加剂使用的一个基本特点是在较低使用量的情况下满足食品生产需要，改善食品感官品质，这同时也是对食品添加剂安全使用的一个有力保障，因此开发高效、多功能的食品添加剂成为食品科技工作者努力的重点。β-胡萝卜素、番茄红素等类胡萝卜素直接从植物中提取（或通过生物技术制造），具有清除自由基、抗癌、增强人体免疫力等保健功能，可兼做抗氧化剂、色素、营养强化剂；竹叶抗氧化物不仅具有很强的抗氧化作用，还有降低胆固醇浓度和低密度脂蛋白含量的功效，此外还能有效抑制沙门菌、金黄色葡萄球菌、肉毒梭状芽孢杆菌。这些多功能的食品添加剂正在不断得到开发和应用。

（4）复配型食品添加剂应用越来越普遍。

很多食品添加剂经过复配可以产生增效作用或派生出一些新的效用，在低使用量的情况下达到很好的应用效果，是食品添加剂行业研究的重点。复配大体分为两种情况：一种是两种以上不同类型的食品添加剂复配起到多功能、多用途的作用，如茶多酚与柠檬酸复配后抗氧化效果显著增强。另一种是同类型两种以上食品添加剂复配，以发挥协同、增效的作用，如明胶与羧甲基纤维素（CMC）复配可获得低用量高黏度的特性。

此外，与上述发展趋势相对应的是提取技术、生物发酵工程、酶工程、微乳化、微胶囊缓释包埋等高新技术在食品添加剂工业中得到越来越广泛的应用，朝着天然、安全、高效、便捷的食品添加剂工业前行。食品添加剂行业将成为我国食品工业新的增长点。

三、食品添加剂的安全分析与检测

食品添加剂对食品产业的发展起着重要作用，但食品添加剂的使用须遵循安全、必要、适量的原则，即首先应该无毒无害和有营养价值，其次才是色、香、味、形态。大多数国家明确规定了食品添加剂的使用标准及其配套的质量标准，必须使用符合指定质量规格标准的食品添加剂。我国 GB 2760—2014 对批准使用的食品添加剂的名称、分类、使用目的（用途）、使用原则、使用范围以及最大使用量（或残留量）等都做了明确说明。质量指标是各种食品添加剂能否使用和能否保证消费者安全及健康的关键，一般包含外观、含量和纯度 3 个方面质量指标，是进行添加剂安全性评价的前提，是保障食品安全的基本条件之一。然而在实际使用食品添加剂的过程中存在超限量、超范围使用，或使用本身质量不合格、伪劣、过期的食品添加剂，甚至使用未经批准或禁用的添加剂等问题，所引发的食品安全问题层出不穷，使添加剂的使用和食品安全成为政府监管机构、新闻媒体和老百姓关注的焦点。"三聚氰胺"奶粉、"瘦肉精"养殖的有毒生猪、添加"工业明胶"的老酸奶、添加洗衣粉的油条以及福尔马林浸泡的鱿鱼等事件，一次又一次的挑战了民众对于食品安全的底线。同时国际上如欧洲疯牛病牛肉、比利时二噁英污染食品、日本金黄色葡萄球菌污染牛奶等类似的恶性食品安全事件频发，在如今全球一体化时代也对我国的食品安全造成巨大影响。近年来，这类恶性事件之所以接连发生，除相关法规不健全之外，有关食品质量安全的检测方法和检测技术的滞后也是极其重要的因素。对各种质量指标的测定方法，在各国标准中均有规定。由于各种添加剂的性状不同，即使是同一指标，往往也需用不同的测定方法，而分析结果的准确性又与所规定的分析方法密切相关。同时随着检测技术的进步和对安全性的考虑，许多产品的质量指标也会不断提高，如美国 FCC 自 1981 年第三版至 1996 年第四版，其中对铅和重金属的限量，分别有 71 种和 111 种品种降低了一半。对香味料的含量分析，大部分改用气相色谱法代替原来的湿法化学法。

　　食品添加剂品种繁多，每种添加剂往往还有多种测定方法。测定时首先需要将待测物质从复杂的混合物中分离出来，再根据其物理、化学性质选择适当的方法进行测定。常用的测定方法有分光光度法、薄层层析法、色谱法等。因此，在使用或参考各种标准时，务必根据样品种类和性质合理选择分析方法，注意是否有内容更新的标准和指定的分析方法。

第二节　食品中甜味剂的测定

　　甜味剂是以赋予食品甜味为主要目的一类食品添加剂。目前我国批准使用的甜味剂约有 20 种，按其来源可分为天然甜味剂和人工合成甜味剂；按其营养价值分为营养性甜味剂和非营养性甜味剂；按其化学结构和性质分为糖醇类和非糖类甜味剂。通常人们所说的甜味剂是指人工合成非营养性甜味剂、糖醇类甜味剂、非糖天然甜味剂 3 种。常见的人工合成甜味剂有糖精及糖精钠、乙酰磺胺酸钾（安赛蜜）、环己基氨基磺酸钠（甜蜜素）、天门冬氨酰苯丙氨酸甲酯（甜味素或阿斯巴甜）、三氯蔗糖和纽甜等，具有甜度高、能量低的特点。常见的糖醇类甜味剂有木糖醇、山梨糖醇、甘露糖醇、麦芽糖醇和乳糖醇等，具有甜度低、能量低的特点，其代谢与胰岛素无关，人体摄入后不会引起血糖及胰岛素水平的波动，是糖尿病人理想的甜味剂。常见的非糖天然甜味剂有甜菊糖、甘草甜素、新橙皮苷等。

　　在人们的饮食中，添加的甜味剂以糖精钠、甜蜜素等化学合成甜味剂为主，随着过量摄取高热量食品特别是糖类所引发的疾病已成为一大社会问题，低能的天然甜味剂越来越受到重视。近年来，一些国家相继出台了对化学合成甜味剂的管理措施。我国规定，凡使用非营养性高倍甜味剂如糖精、甜蜜素等，均不得超过所规定的使用范围和用量，并严禁在婴幼儿食品中使用化学合成甜味剂。

　　下面主要介绍糖精及其钠盐、甜蜜素等为主的化学合成甜味剂的测定方法。

一、糖精钠的测定

　　糖精的化学名为邻磺酰苯酰亚胺，分子式为 $C_7H_5SO_3N$，白色结晶或粉状，无臭或微有酸性芳香气，微溶于水、乙醚和氯仿，溶于乙醇、乙酸乙酯、苯和丙酮。糖精的钠盐糖精钠，易溶于水，甜度为蔗糖的 300~500 倍，甜味残留时间较长，味浓甜带苦，与砂糖、葡萄糖并用，可使苦味有一定程度的减弱。糖精钠是食品工业中常用且使用历史最长的合成甜味剂，但其使用的安全性至今尚未有定论，其争议主要在其致癌性。一般认为糖精钠在体内不被利用、不吸收、不供给热能、无营养价值，可以随尿液排出体外而不损伤肾功能，因而被广泛使用数十年。20 世纪 70 年代，美国、欧洲等国的动物实验研究表明，过量食用糖精钠可能导致肿瘤发生率增大；最近的研究又显示糖精钠致癌性可能不是糖精所引起的，而是与钠离子及大鼠的高蛋白尿有关，糖精的阴离子可作为钠离子的载体而导致尿液生理性质的改变。在使用标准中一般规定了糖精钠在不同食品中的最大使用量，GB 2760—2014《食品添加剂使用标准》规定：糖精钠可在冷冻饮品、水果干类、果酱、蜜饯凉果、凉果类、果糕类、腌渍的蔬菜、新型豆制品（大豆蛋白及膨化食品、大豆素肉等）、熟制豆类、带壳/脱壳熟制坚果与籽类、复合调味料和配制酒等食品中应用。但实际使用中经常发现产品含量超标现象。

糖精钠的定量分析方法有多种，目前最新国家标准仅有高效液相色谱法，国内外文献报道的检测方法还有紫外分光光度法、离子选择电极分析方法、薄层色谱法、荧光分光光度法、电化学法、色谱法等。

（一）高效液相色谱法

1. 原理（GB 5009.28—2016 第一法）

样品经水提取，高脂肪样品经正己烷脱脂、高蛋白样品经蛋白沉淀剂沉淀蛋白，采用液相色谱分离、紫外检测器检测，外标法定量。按取样量 2 g，定容 50 mL 时，苯甲酸、山梨酸和糖精钠（以糖精计）的检出限均为 0.005 g/kg，定量限均为 0.01 g/kg。

2. 试剂及仪器

（1）试剂。氨水、亚铁氰化钾、乙酸锌、无水乙醇、正己烷、甲醇、乙酸铵、甲酸。

①氨水溶液（1+99）：取氨水 1 mL，加到 99 mL 水中，混匀。

②亚铁氰化钾溶液（92 g/L）：称取 106 g 亚铁氰化钾，加入适量水溶解，用水定容至 1000 mL。

③乙酸锌溶液（183 g/L）：称取 220 g 乙酸锌溶于少量水中，加入 30 mL 冰乙酸，用水定容至 1000 mL。

④乙酸铵溶液（20 mmol/L）：称取 1.54 g 乙酸铵，加入适量水溶解，用水定容至 1000 mL，经 0.22 μm 水相微孔滤膜过滤后备用。

⑤甲酸-乙酸铵溶液（2 mmol/L 甲酸+20 mmol/L 乙酸铵）：称取 1.54 g 乙酸铵，加入适量水溶解，再加入 75.2 μL 甲酸，用水定容至 1000 mL，经 0.22 μm 水相微孔滤膜过滤后备用。

⑥标准溶液配制。

a. 和糖精钠（以糖精计）、苯甲酸和山梨酸标准储备溶液（1000 mg/L）：分别准确称取糖精钠、苯甲酸钠和山梨酸钾和 0.117 g、0.118 g 和 0.134 g（精确到 0.0001 g），用水溶解并分别定容至 100 mL。于 4℃ 贮存，保存期为 6 个月。当使用苯甲酸和山梨酸标准品时，需要用甲醇溶解并定容。

注：糖精钠含结晶水，使用前需在120℃烘4 h，干燥器中冷却至室温后备用。

b. 和糖精钠（以糖精计）、苯甲酸和山梨酸混合标准中间溶液（200 mg/L）：分别准确吸取苯甲酸、山梨酸和糖精钠标准储备溶液各10.0 mL于50 mL容量瓶中，用水定容。于4℃贮存，保存期为3个月。

c. 和糖精钠（以糖精计）、苯甲酸和山梨酸混合标准系列工作溶液：分别准确吸取苯甲酸、山梨酸和糖精钠混合标准中间溶液0、0.05 mL、0.25 mL、0.50 mL、1.00 mL、2.50 mL、5.00 mL和10.0 mL，用水定容至10 mL，配制成质量浓度分别为0、1.00 mg/L、5.00 mg/L、10.0 mg/L、20.0 mg/L、50.0 mg/L、100 mg/L和200 mg/L的混合标准系列工作溶液。临用现配。

（2）仪器。高效液相色谱仪（配紫外检测器）、分析天平（感量为0.001 g和0.0001 g）、涡旋振荡器、离心机（转速>8000 r/min）、匀浆机、恒温水浴锅、超声波发生器。

3. 操作步骤

（1）试样制备。取多个预包装的饮料、液态奶等均匀样品直接混合；非均匀的液态、半固态样品用组织匀浆机匀浆；固体样品用研磨机充分粉碎并搅拌均匀；奶酪、黄油、巧克力等采用50~60℃加热熔融，并趁热充分搅拌均匀。取其中的200 g装入玻璃容器中，密封，液体试样于4℃保存，其他试样于-18℃保存。

（2）试样提取。

①一般性试样：准确称取约2 g（精确到0.001 g）试样于50 mL具塞离心管中，加水约25 mL，涡旋混匀，于50℃水浴超声20 min，冷却至室温后加亚铁氰化钾溶液2 mL和乙酸锌溶液2 mL，混匀，于8000 r/min离心5 min，将水相转移至50 mL容量瓶中，于残渣中加水20 mL，涡旋混匀后超声5 min，于8000 r/min离心5 min，将水相转移到50 mL容量瓶中，并用水定容至刻度，混匀。取适量上清液过0.22 μm滤膜，待液相色谱测定。

注：碳酸饮料、果酒、果汁、蒸馏酒等测定时可以不加蛋白沉淀剂。

②含胶基的果冻、糖果等试样：准确称取约2 g（精确到0.001 g）试样于50 mL具塞离心管中，加水约25 mL，涡旋混匀，于70℃水浴加热溶解试样，于50℃水浴超声20 min，之后的操作相同。

③油脂、巧克力、奶油、油炸食品等高油脂试样：准确称取约2 g（精确到0.001 g）试样于50 mL具塞离心管中，加正己烷10 mL，于60℃水浴加热约5 min，并不时轻摇以溶解脂肪，然后加氨水溶液（1∶99）25 mL，乙醇1 mL，涡旋混匀，于50℃水浴超声20 min，冷却至室温后，加亚铁氰化钾溶液2 mL和乙酸锌溶液2 mL，混匀，于8000 r/min离心5 min，弃去有机相，水相转移至50 mL容量瓶中，残渣再提取一次后测定。

（3）仪器参考条件如下：

①色谱柱：C_{18}柱，柱长250 mm，内径4.6mm，粒径5 μm，或等效色谱柱。

②流动相：甲醇+乙酸铵溶液=5∶95。

③流速：1 mL/min。

④检测波长：230 nm。

⑤进样量：10 μL。

注：当存在干扰峰或需要辅助定性时，可以采用加入甲酸的流动相来测定，如流动相：

甲醇+甲酸-乙酸铵溶液=8：92。

（4）标准曲线的制作。

将混合标准系列工作溶液分别注入液相色谱仪中，测定相应的峰面积，以混合标准系列工作溶液的质量浓度为横坐标，以峰面积为纵坐标，绘制标准曲线。

（5）试样溶液的测定。

将试样溶液注入液相色谱仪中，得到峰面积，根据标准曲线得到待测液中和糖精钠（以糖精计）、苯甲酸和山梨酸的质量浓度。

4. 结果计算

试样中糖精钠（以糖精计）的含量按式（6-1）计算：

$$X = \frac{\rho \times V}{m \times 1000} \qquad (6-1)$$

式中：X——试样中待测组分含量，g/kg；

ρ——由标准曲线得出的试样液中待测物的质量浓度，mg/L；

V——试样定容体积，mL；

m——试样质量，g；

1000——由 mg/kg 转换为 g/kg 的换算因子。

结果保留 3 位有效数字。

5. 注意事项

（1）此法可同时测定和糖精钠、苯甲酸和山梨酸。糖精钠、苯甲酸和山梨酸最大吸收波长分别在 200 nm、228 nm 和 254 nm 左右，为了照顾三者的灵敏度，本方法采用测定波长为 230 nm。如果只测定糖精钠，为提高检测灵敏度，检测波长可改为 200 nm，流动相需改用乙腈-水，流动相比例根据色谱柱适当调整即可。

（2）在酸性溶液中以糖精的形式存在，出峰较早；在碱性溶液中以糖精钠的形式存在，出峰较晚。因此加入少量氨水使其缓冲液的 pH 值在 7 左右，这样出峰顺序为苯甲酸、山梨酸、糖精钠，分离效果好。值得注意的是，一般色谱柱的最高允许 pH 值为 8，所以加入氨水的量不宜太多，以免损坏色谱柱。根据不同的柱子和柱子在不同的使用时期选择不同的比例，调节缓冲液的 pH 值非常重要。

（3）对于豆粉、奶粉、月饼等高油脂、高蛋白样品，应先尽可能除去脂肪和蛋白质。不处理的话会极大地影响苯甲酸、山梨酸的提取；同时处理不干净也会污染色谱柱，影响检测工作。

（二）紫外分光光度法

1. 原理

样品经处理后，在酸性条件下用乙醚提取其中的糖精，经薄层分离后，溶于碳酸氢钠溶液中，于波长 270 nm 处测定吸光度，与标准溶液比较定量。

2. 试剂与仪器

（1）试剂。碳酸氢钠、氢氧化钠、盐酸、硫酸铜、羧甲基纤维素钠（CMC-Na）、浓硫酸、碘化钾、无水硫酸钠、硅胶 GF254、聚酰胺（200 目）等，均为分析纯。

①乙醚（不含过氧化物）：过氧化物的存在易发生爆炸事故。除去过氧化物可用新配制

的硫酸亚铁稀溶液（配制方法是 $FeSO_4·6H_2O$ 60 g，100 mL 水和 6 mL 浓硫酸）。将 100 mL 乙醚和 10 mL 新配制的硫酸亚铁溶液放在分液漏斗中洗数次，至无过氧化物为止。

过氧化物的检验：在干净的试管中放入 2~3 滴浓硫酸，1 mL、2%碘化钾溶液（若碘化钾溶液已被空气氧化，可用稀亚硫酸钠溶液滴到黄色消失）和 1~2 滴淀粉溶液，混合均匀后加入乙醚，出现蓝色即表示有过氧化物存在。

②展开剂：苯-乙酸乙酯-乙酸（12∶7∶3）（硅胶薄层用）；或正丁醇-浓氨水-无水乙醇（7∶1∶2）（聚酰胺薄层用）。

③显色剂：0.04%溴甲酚紫的 50%乙醇溶液，用氢氧化钠溶液调至 pH 值为 8。

④糖精钠标准溶液：精密称取 0.0851 g 经 120℃干燥 4 h 后的糖精钠，置于 100 mL 容量瓶中，加 2%碳酸氢钠溶解并稀释至刻度，溶液的糖精钠质量浓度为 1.0 mg/mL。

（2）仪器。紫外光灯，喷雾器，薄层板 10 cm×20 cm 或 20 cm×20 cm，展开槽，微量注射器，紫外分光光度计。

3. 操作步骤

（1）糖精钠的提取。

①饮料、冰棍、汽水类样品：如样品中含有二氧化碳，先加热除去；如样品中含有乙醇，加 4%氢氧化钠溶液使其呈碱性，再沸水浴中加热除去。取 10 mL 均匀试样于 100 mL 分液漏斗中，加 2 mL 浓度 6 mol/L 盐酸酸化使糖精钠转化成糖精，然后用 30 mL、20 mL、20 mL 乙醚提取 3 次，合并上层的乙醚提取液。用 5 mL 经盐酸酸化的水洗涤 2 次，弃去水层以洗去水溶性杂质。用无水硫酸钠脱水，挥干乙醚，加 20 mL 乙醇溶解残渣，保存备用。

②酱油、果汁、果酱、乳类样品：称取 20.0 g 或吸取 20.0 mL 的样品于 100 mL 容量瓶中，加水至约 60 mL，加 20 mL、10%硫酸铜溶液，混匀，再滴加 4.4 mL、4%氢氧化钠溶液，加水至刻度，混匀。加硫酸铜和氢氧化钠的目的是沉淀蛋白质，澄清样品。静置 30 min 后过滤，取滤液 50 mL 于 150 mL 分液漏斗中，以下的处理同上述①的操作。

③固体果汁粉等：先称取 20.0 g 磨碎的均样，置于 200 mL 容量瓶中，加 100 mL 水，加温使其溶解，冷却后再按上述方法进行提取。

④糕点、饼干等蛋白质、脂肪含量高的样品：采用透析技术使相对分子质量较小的糖精钠渗入溶液中，以消除蛋白质、淀粉、脂肪等的干扰。称取捣碎、混匀的样品 25.0 g 于透析玻璃纸内，置于大小合适的烧杯中。加 50 mL 浓度 0.02 mol/L 的氢氧化钠溶液于透析膜内，充分混合，使样品成糊状，将玻璃纸口扎紧，放入盛有 200 mL 浓度 0.02 mol/L 的氢氧化钠的烧杯中，盖上表面皿，透析过夜。量取 125 mL 透析液（相当于 12.5 g 样品），加约 0.4 mL 浓度为 6 mol/L 的盐酸使成中性，加 20 mL 质量分数 10%的硫酸铜混匀，加 4.4 mL 质量分数 4%的氢氧化钠，混匀，静置 30 min，过滤。取 120 mL 滤液于 250 mL 分液漏斗中，以下处理同上述①的操作。

（2）薄层板制备。薄层板可以是硅胶 GF254 或聚酰胺薄层板，使用时选用一种。

①硅胶 GF254 薄层板：称取 1.4 g 硅胶 GF254，加 4.5 mL、0.5% CMC-Na 溶液于小研钵中研匀，倒在玻璃板上，涂成 0.25~0.30 mm 厚的薄层板，稍干后，在 110℃下活化 1 h，取出后置于干燥器内备用。

②聚酰胺薄层板：称取 1.6 g 聚酰胺，加 0.4 g 可溶性淀粉，加约 15 mL 水，研磨 3~

5 min，使其均匀即涂成 0.25～0.30 mm 厚的薄层板，室温下干燥后在 80℃烘箱中干燥 1 h，置干燥器内备用。烘干温度不能高于 80℃，否则聚酰胺变色。

（3）点样。在薄层板下端 2 cm 处中间，用微量注射器点样，将 200～400 μL 样液点成一横条状，条的右端 1.5 cm 处，点 10 μL 糖精钠标准溶液，使成一个小圆点。

（4）展开。将点好的薄层板放入盛有展开槽中，展开剂液层约 0.5 cm，并预先已达到饱和状态。展开至 10 cm，取出薄层板，挥发干。硅胶 GF 254 板可直接在波长 254 nm 紫外线灯下观察糖精钠的荧光条状斑。把斑点连同硅胶 GF254 或聚酰胺刮入小烧杯中，同时刮一块与样品条状大小相同的空白薄层板，置于另一烧杯中做对照，各加 5.0 mL、2%碳酸氢钠，于 50℃水浴中加热助溶，移入 10 mL 离心管中，离心分离（3000 r/min）20 min，取上清液备用。

（5）标准曲线绘制。分别吸取 0.0、2.0 mL、4.0 mL、6.0 mL、8.0 mL、10.0 mL 糖精钠标准液（相当于 0.0、2.0 mg、4.0 mg、6.0 mg、8.0 mg、10.0 mg 糖精钠）于 100 mL 容量瓶中，以质量分数为 2%的碳酸氢钠溶液定容，摇匀，270 nm 处测定吸光度，绘制标准曲线。

（6）样品测定。将经薄层分离的样品离心液及试剂空白液于 270 nm 处测定吸光度，从标准曲线上查出相应浓度，计算样品中糖精钠的含量。

4. 注意事项

（1）样品提取时加入 $CuSO_4$ 及 NaOH 用于沉淀蛋白质，防止用乙醚萃取发生乳化，其用量可根据样品情况按比例增减。

（2）样品处理液酸化的目的是使糖精钠转化成糖精，便于乙醚提取，因为糖精易溶于乙醚，而糖精钠难溶于乙醚。

（3）富含脂肪的样品，为防止用乙醚萃取糖精时发生乳化，可先在碱性条件下用乙醚萃取脂肪，然后酸化，再用乙醚提取糖精。

（4）对含 CO_2 的饮料，应先除去 CO_2，否则将影响样液的体积。

（5）聚酰胺薄层板，烘干温度不能高于 80℃，否则聚酰胺变色。

（6）在薄层板上的点样量，应估计其中糖精含量在 0.1～0.5 mg。

（三）离子选择电极测定法

1. 原理

糖精选择电极是以季铵盐制 PVC 薄膜为感应膜的电极，它和作为参比电极的饱和甘汞电极配合使用，以测定食品中糖精钠的含量。当测定温度、溶液总离子强度和溶液接界电位条件一致时，测得的电位满足能斯特方程，电位差随溶液中糖精离子的活度（或浓度）改变而变化。被测溶液中糖精钠质量浓度在 0.02～1 mg/mL 范围内，电极值与糖精离子浓度的负对数成直线关系。

2. 试剂及仪器

（1）试剂。

①乙醚：使用前用 6 mol/L 的盐酸饱和。

② 6 mol/L 盐酸：取盐酸 100 mL 加水稀释至 200 mL，使用前以乙醚饱和。

③0.06 mol/L 氢氧化钠溶液：取 2.4 g 氢氧化钠加水溶解并稀释至 1000 mL。

④40 g/L 氢氧化钠溶液：取 4 g 氢氧化钠溶于 100 mL 水中。

⑤100 g/L 硫酸铜溶液：称取硫酸铜（$CuSO_4 \cdot 5H_2O$）10 g 溶于 100 mL 水中。

⑥1 mol/L 磷酸二氢钠溶液：称取 78 g 磷酸二氢钠（$NaH_2PO_4 \cdot 2H_2O$）溶解并加水稀释至 500 mL。

⑦1 mol/L 磷酸氢二钠溶液：称取 89.5 g 磷酸氢二钠（$Na_2HPO_4 \cdot 12H_2O$）溶解并加水稀释至 250 mL。

⑧总离子强度调节缓冲液：87.7 mL 浓度 1 mol/L 的磷酸二氢钠溶液与 12.3 mL 浓度 1 mol/L 的磷酸氢二钠溶液混合即得。

⑨糖精钠标准溶液（1.0 mg/mL）：准确称取 0.0851 g 经 120℃ 干燥 4 h 的糖精钠，加水溶解并稀释至 100 mL，备用。

（2）仪器。

①精密酸度计或离子活度计或其他精密级电位计，准确到±1 mV。

②电极：糖精选择电极，217 型甘汞电极（具双盐桥式甘汞电极，下面的盐桥内装入含 1% 琼脂的 3 mol/L 氯化钾溶液）。

③磁力搅拌器、透析用玻璃纸等。

3. 操作步骤

（1）糖精钠的提取。

①果汁、饮料、汽水、汽酒、配制酒等液体样品：准确吸取 25 mL 均匀试样（汽水、汽酒等需先除去 CO_2 后取样）于 250 mL 分液漏斗中，加 2 mL、6 mol/L 的盐酸，用 20 mL、20 mL、10 mL 乙醚提取 3 次，合并乙醚提取液，用 5 mL 经盐酸酸化的水洗涤一次，弃去水层，乙醚层转移至 50 mL 容量瓶中，用少量乙醚洗涤分液漏斗合并入容量瓶，乙醚定容至刻度。必要时加入少许无水硫酸钠，摇匀，脱水备用。

②糕点、饼干、豆制品、油炸食品等含蛋白质、脂肪、淀粉量高的食品：称取 20.00 g 切碎小块均匀样品于透析用玻璃纸中，加 50 mL、0.02 mol/L 的氢氧化钠溶液，调匀后将玻璃纸口扎紧，放入盛有 200 mL、0.02 mol/L 的氢氧化钠溶液的烧杯中，盖上表面皿，透析 24 h，并不时搅动浸泡液。取 125 mL 透析液加约 0.4 mL、6 mol/L 盐酸使成中性，加 20 mL 硫酸铜溶液混匀，再加 4.4 mL、40 g/L 氢氧化钠溶液，混匀。静置 30 min，过滤。取 100 mL 滤液于 250 mL 分液漏斗中，以下处理按①自"加 2 mL、6 mol/L 盐酸"起操作。

③蜜饯类食品：称取 10.00 g 切碎的均匀试样。置透析用玻璃纸中，加 50 mL、0.06 mol/L 氢氧化钠溶液，调匀后将玻璃纸扎紧，放入盛有 200 mL、0.06 mol/L 氢氧化钠溶液的烧杯中，透析、沉淀、提取按②中操作。

④糯米制食品：称取 25.00 g 切成米粒状的小块均匀试样，按②中操作。

（2）标准曲线绘制。准确吸取 0.0、0.5 mL、1.0 mL、2.5 mL、5.0 mL、10.0 mL 糖精钠标准溶液（相当于 0.0、0.5 mg、1.0 mg、2.5 mg、5.0 mg、10.0 mg 糖精钠），分别置于 50 mL 容量瓶中，各加 5 mL 总离子强度调节缓冲液，加水至刻度，摇匀。将糖精选择电极和饱和甘汞电极分别与电位计的负极和正极相连接，将电极插入盛有水的烧杯中，按仪器使用说明书调节至使用状态，在搅拌下用水洗至起始电位。取出电极，用滤纸吸干。将上述标准系列溶液按浓度由低到高逐个测定，得其在搅拌时的平衡电位值（-mV）。在坐标纸上以糖精钠质量 mg 数或者浓度的负对数为纵坐标，电极电位值（-mV）为横坐标绘制标准曲线。

（3）样品测定。准确吸取 20 mL 上述乙醚提取液置于 50 mL 烧杯中，挥发至干，残渣中加 5 mL 总离子强度调节缓冲液。小心转动，振摇烧杯使残渣溶解，将烧杯内容物定量转移入 50 mL 容量瓶中，原烧杯用少量水多次漂洗后，并入容量瓶中，最后加水至刻度，摇匀。测定其电位值（-mV），根据标准曲线求得测定液中糖精钠的含量。

4. 结果计算

试样中糖精钠的含量按式（6-2）进行计算。

$$X = \frac{A \times 1000}{m \times \dfrac{V_2}{V_1} \times 1000} \tag{6-2}$$

式中：X——试样中糖精钠含量，g/kg；

A——进样体积中糖精钠的质量，mg；

V_2——进样体积，mL；

V_1——试样稀释液总体积，mL；

m——试样质量，g。

计算结果保留 3 位有效数字。

5. 注意事项

本法对苯甲酸钠的浓度在 200~1000 mg/kg 时无干扰；山梨酸的浓度在 50~500 mg/kg，糖精钠的含量在 100~150 mg/kg 范围内，有 3%~10% 的正误差，水杨酸及对羟基苯甲酸酯等对本法的测定有严重干扰。

（四）其他方法

（1）薄层色谱法：酸性条件下，食品中的糖精钠用乙醚提取、浓缩、薄层色谱分离、显色后，与标准比较，进行定性和半定量测定。

（2）荧光分光光度法：从样品中提取出糖精，在硫酸酸性条件下用高锰酸钾将干扰成分除去，于激发波长 277 nm，发射波长 410 nm 处测定荧光强度，与标准比较定量。本法检测下限低，可测定微量糖精，但干扰因素多，有待进一步完善。

（3）酚磺酞比色法：样品经除去蛋白质、果胶、CO_2、酒精等，在酸性条件下用乙醚提取分离后与酚和硫酸在 175℃作用，生成的酚磺酞与氢氧化钠反应产生红色化合物。测定吸光度值，与标准系列比较定量。本法受温度影响较大，要使糖精充分与酚在硫酸作用下生成酚磺酞，应严格控制在（175±2）℃温度下反应 2 h。

（4）纳氏比色法：利用糖精的溶解特性，先在碱性条件下用水溶解、浸取，再在酸性条件下用乙醚萃取，然后挥发干乙醚，残渣在强酸性条件下加热水解，使糖精成为铵盐，与纳氏试剂作用生成一种黄色化合物，该化合物颜色深浅与糖精的含量成正比，可比色定量。此法操作简单、精度高，但干扰物质多。

（5）非水滴定法：利用糖精钠是一种弱碱性盐，根据酸碱质子离子论，为了增强其碱性可以用酸性溶剂来溶解，采用冰乙酸为溶剂，为了提高滴定反应的速率和滴定终点的灵敏性，在非水滴定中采用强酸作滴定剂，选择高氯酸的冰乙酸溶液作为标准溶液，由于冰乙酸中常含有少量的水，在配置溶液的时候应加入适量的醋酸酐，醋酸酐与冰乙酸中的少量的水反应生成乙酸，从而除去少量的水。此法适用于弱碱类药物及其盐含量的测定，准确度高，方法简便，测定快速，且测试成本低，重现性好。具体步骤：称取约 0.3 g 干燥后的试样，精确至 0.0002 g，加入 20 mL 冰乙酸和 5 mL 乙酸酐，溶解后，加 2 滴结晶紫指示液，用高氯酸标准溶液滴定至溶液呈蓝绿色。

（6）水杨酸钠-次氯酸钠比色法：样品经除蛋白质等处理后，盐酸酸化、乙醚提取，再经消化而转化成铵盐溶液。在一定的碱性和温度条件下，可与水杨酸钠和次氯酸钠作用生成蓝色化合物，在 653 nm 处进行比色测定。

二、甜蜜素的测定

甜蜜素，化学名为环己基氨基磺酸钠，甜味好，后苦味比糖精低，甜度为蔗糖的 40~50 倍。由于其在食品加工中良好的稳定性，可以代替蔗糖或与蔗糖混合使用保持原有食品的风味，并能延长食品的保存时间，属于非营养型合成甜味剂。由于其价格仅为蔗糖的 1/3，而且它不像糖精那样用量稍多时有苦味，因而被广泛用于清凉饮料、果汁、冰激凌、糕点食品及蜜饯等食品中。甜蜜素的安全性一直有争议，有研究表明，经常食用甜蜜素含量超标的食品，会对肝脏和神经系统造成伤害，特别是对代谢排毒能力较弱的老年人和儿童危害更明显，并且其代谢产物环己胺对心血管系统和睾丸有毒副作用。美国食品与药物管理局（FDA）1970 年全面禁止使用，加拿大、日本等国已禁止其作为添加剂使用。我国将其列为限量使用的食品添加剂，规定绿色食品包括饮料、果脯和冷冻饮品中不能检出甜蜜素，一般食品中甜蜜素最大使用量 0.65~8.0 g/kg。GB 2760—2014《食品添加剂使用标准》规定：甜蜜素可在冷冻饮品、水果罐头、果酱、蜜饯凉果、凉果类、糕点类、腌渍的蔬菜、熟制豆类、腐乳类、带壳/脱壳熟制的坚果与籽类、面包、糕点、饼干、复合调味类、饮料类、配制酒、果冻等食品中的应用。目前甜蜜素的测定方法有气相色谱法、高效液相色谱法、比色法、薄层层析法、离子色谱法等，尤以气相色谱法研究最多。

（一）气相色谱法

1. 原理

在硫酸介质中甜蜜素与亚硝酸反应，生成环己醇亚硝酸酯，正己烷萃取，气相色谱法测定，该物质在氢火焰中具有良好的响应值，以保留时间定性，峰面积定量。

2. 试剂及仪器

（1）试剂。

①正己烷、氯化钠、亚硝酸钠、硫酸、层析硅胶（或海砂）等。

②环己基氨基磺酸钠标准溶液：精确称取 1.0 g 环己基氨基磺酸钠标准品，加水溶解并定容至 100 mL，得浓度 10 mg/mL 的标准溶液。

（2）仪器。

气相色谱仪（含氢火焰离子化检测器）、旋涡混合器、离心机、10 μL 微量注射器等。

参考色谱条件：色谱柱 U 形不锈钢柱（长 2 m、内径 3 mm）；固定相 ChromosorbWAW-DMCS（80~100 目，涂以 10% SE-30）；柱温 80℃，汽化温度 150℃，检测温度 150℃；流速为氮气 40 mL/min，氢气 30 mL/min，空气 300 mL/min。

3. 操作步骤

（1）样品处理。

①液体样品：含二氧化碳的试样先加热除去，含酒精的试样用 40 g/L 氢氧化钠溶液调至碱性，于沸水浴中加热除去，制成试样。取 20.0 g 样品置于 100 mL 的具塞比色管中，置冰浴中。

②固体样品：凉果、蜜饯类试样将其剪碎，取 2.0 g 已剪碎的试样于研钵中，加少许层析硅胶（或海砂）研磨至呈干粉状，经漏斗倒入 100 mL 容量瓶中，加水冲洗研钵，并将洗液一并转移至容量瓶中。加水至刻度，不时摇动，1 h 后过滤，即得试样，准确吸取 20 mL 于 100 mL 带塞比色管，置冰浴中。

（2）标准曲线绘制。准确吸取 1.0 mL 环己基氨基磺酸钠标准溶液于 100 mL 带塞比色管中，加水 20 mL。置冰浴中，加入 50 g/L 亚硝酸钠溶液 5 mL，100 g/L 硫酸溶液 5 mL，摇匀，在冰浴中放置 30 min，并经常摇动，然后准确加入正己烷 10 mL、氯化钠 5 g，摇匀后置旋涡混合器上振动 1 min，静止分层后吸出正己烷层于 10 mL 带塞离心管中进行离心分离，每毫升正己烷提取液相当 1 mg 环己基氨基磺酸钠，将标准提取液进样 1~5 μL 于气相色谱仪中进行分析，以保留时间定性，峰面积定量，绘制甜蜜素标准曲线。

（3）样品测定。将样品按照标准样品的处理方法同样处理，离心分离得到正己烷提取液，将试样提取液进样 1~5 μL 于气相色谱仪中进行分析，以保留时间定性，峰面积定量，根据标准曲线计算出样品中相应含量。

4. 注意事项

（1）本分析方法的色谱柱可以选用 HP-5 类似的弱极性毛细管柱。在重复性条件下获得的两次独立测定结果的绝对差值不得超过算术平均值的 10%。

（2）固体样品尽量打碎；亚硝酸钠、硫酸和正己烷的添加顺序有严格要求，不可混乱顺序；冰浴时间不宜过长，冰浴后应尽快分析。

（3）本方法主要适用于饮料、凉果等食品中环己基氨基磺酸钠的测定。对于不能直接酯化的试样，可以采用 Carrez 试剂等沉淀蛋白质，过滤后可除去试样中大部分有机物，而易溶于水的甜蜜素留在滤液中不损失，然后再按国标方法进行酯化测定甜蜜素。

（二）高效液相色谱法

1. 实验原理

在酸性介质中，甜蜜素经次氯酸钠溶液衍生，正己烷反相萃取衍生物 N,N-二氯环己胺，在 314 nm 波长下有最大吸收，根据保留时间定性，峰面积定量。

2. 试剂及仪器

（1）试剂。硫酸、次氯酸钠、正己烷等均为分析纯，乙腈色谱纯。

①硫酸溶液（1:1）：取 10 mL 超纯水于 50 mL 烧杯中，另量取 10 mL 浓硫酸小心缓慢加入水中，边加边搅拌，待温度降至室温后使用。

②甜蜜素标准溶液：精确称取 1.0 g 甜蜜素标准品，置于 100 mL 容量瓶中，超纯水定容，配制成 10 mg/mL 的标准储备液。取甜蜜素标准储备液，分别用超纯水稀释成 0.02 mg/mL、0.05 mg/mL、0.10 mg/mL、0.20 mg/mL、0.50 mg/mL、1.00 mg/mL 的标准溶液。

（2）仪器。高效液相色谱仪（含紫外检测器）、超纯水机、高速离心机、超声波清洗器、漩涡混合器。

色谱条件：色谱柱，ODS-C_{18}色谱柱；流动相，乙腈-水（70∶30）；检测波长，314 nm；流速，1.0 mL/min；进样量，20 μL；柱温，室温。

3. 操作步骤

（1）样品处理。

①半固体及固体样品（淀粉含量较少）：称取试样约 10 g（精确到 0.01 g），放入 250 mL烧杯中，加入 60~70 mL 蒸馏水，大火加热至沸后，小火加热 15 min。冷却后，转移至100 mL 量筒中，用蒸馏水定容至 100 mL。取 40 mL 左右的样液放入离心管中，3500 r/min 离心 5 min 后，上清液备用。

②半固体及固体样品（淀粉含量较高）：称取试样约 10 g（精确到 0.01 g），放入 250 mL烧杯中，加入 60~70 mL 蒸馏水，小火加热 1 min，振摇 15 min。振摇后，转移至 100 mL 量筒中，用蒸馏水定容至 100 mL。取 40 mL 左右的样液放入离心管中，3500 r/min 离心 5 min后，上清液备用。

③液体样品：直接从样品中吸取 10 mL 样品，备用。

（2）标准曲线绘制。分别准确吸取 10 mL 甜蜜素标准工作液至 50 mL 的带盖的玻璃瓶中，分别加入 2 mL 硫酸溶液（1∶1），5 mL 正己烷，1 mL 次氯酸钠溶液，旋紧盖子漩涡振荡 1 min。吸取上层的有机相转移到另一只玻璃瓶中，加入 30 mL 超纯水，漩涡振荡 1 min。重复一次水洗过程，吸取上层有机相，0.45 μm 滤膜过滤后进样检测。以样品浓度为横坐标，检测器的响应值为纵坐标建立标准工作曲线。

（3）样品测定。准确移取上清液 10 mL，按照上述标准品的衍生方法处理，吸取衍生处理后的有机相层过滤，取 20 μL 注入液相色谱仪检测，根据保留时间定性，峰面积定量，根据标准曲线计算出相应含量。如果样品中的甜蜜素含量过高可稀释至合适的浓度再移取10 mL 衍生处理。

4. 注意事项

（1）氯基环己烷被正己烷萃取后，由于正己烷挥发性极强，样品处理好后一定要密封保存，以防正己烷挥发掉。

（2）传统液相色谱方法采用直接进样测定甜蜜素，只适用于汽水等基质简单的样品，且对色谱柱损害较大。用次氯酸钠在酸性条件下将甜蜜素转化为氯基环己烷，用正己烷萃取，大大减少了酱油、腌渍蔬菜等中复杂基质的干扰，实际效果令人满意。

（3）对于一些淀粉含量较高的样品，由于加热后淀粉会糊化，加热时间不可太长，萃取振摇时不可太激烈，否则会加重淀粉乳化现象，从而影响萃取结果，无法萃取得到上清液而导致实验失败，因此对于淀粉类物质振摇不能太剧烈，但也不能摇太轻，使甜蜜素未被萃取完全，因此振摇要适中。而对于一些淀粉含量不高的样品，可以剧烈振摇，使甜蜜素提取彻底。

（4）分液漏斗萃取时要边摇边放气，因为反应时产生了大量的气泡，如果不放气，分液漏斗中的压力就会过大，容易发生液体外溅等危险。所以摇的时候要边摇边放气，放走分液漏斗里的气，减少压力。

（三）分光光度法

1. 原理

在硫酸介质中环己基氨基磺酸钠与亚硝酸钠反应，生成环己醇亚硝酸酯，与磺胺重氮化后再与盐酸萘乙二胺偶合生成红色燃料，在 550 nm 波长处测其吸光度，与标准比较定量。

2. 试剂及仪器

（1）试剂。甲醇、三氯甲烷、亚硝酸钠、硫酸、盐酸、盐酸萘乙二胺等，均为分析纯。

①100 g/L 尿素溶液：称取 10 g 尿素溶于 10 mL 纯水中，定容至 100 mL，临用时新配或冰箱保存。

②10 g/L 磺胺溶液：称取 1 g 磺胺溶于 10% 的盐酸溶液中，定容至 100 mL。

③透析剂：称取 0.5 g 二氯化汞和 12.5 g 氯化钠于烧杯中，以 0.01 mol/L 盐酸溶液定容至 100 mL。

④环己基氨基磺酸钠标准溶液：精确称取 0.1 g 环己基氨基磺酸钠，加水溶解，最后定容至 100 mL。此溶液每毫升含环己基氨基磺酸钠 1 mg，临用时稀释 10 倍，即每毫升含环己基氨基磺酸 0.1 smg。

（2）仪器。分光光度计、旋涡混合器、离心机、透析纸。

3. 操作步骤

（1）样品处理。

①液体试样：摇匀后可直接称取。含 CO_2 的样品要经加热后除去 CO_2，含酒精的样品则需加入氢氧化钠溶液调至碱性后，于沸水浴中加热以除去酒精，制成试样。

②固体试样：凉果、蜜饯类样品，将其剪碎，称取 2.0 g 已剪碎的试样于研钵中，加入少许层析硅胶（或海砂）研磨至呈干粉状，经漏斗倒入 100 mL 容量瓶中，加水冲洗研钵，洗液一并移入容量瓶中，加水定容至刻度。不时摇匀，1 h 后过滤，即得试样。

（2）环己基氨基磺酸钠的提取。准确吸取处理后的试样 10.0 mL 于透析纸中，加透析剂，将透析纸口扎紧。放入盛有 100 mL 水的广口瓶内，加盖，透析 20~24 h，得透析液。

（3）样品测定。取 2 支 50 mL 带塞比色管，分别加入 10 mL 透析液和 10 mL 标准液，于 0~3℃ 冰浴中，加入 10 g/L 亚硝酸钠溶液 1 mL，100 g/L 硫酸溶液 1 mL，摇匀后放入冰水中不时摇动，放置 1 h。取出冰水浴后，加 15 mL 三氯甲烷，置旋涡混合器上振动 1 min。静置分层后，吸去上层液。下层的三氯甲烷相中再加 15 mL 水，振动 1 min，静置后吸去上层液；加 100 g/L 尿素溶液 10 mL，100 g/L 盐酸溶液 2 mL，再振动 5 min，静置后吸去上层液；加 15 mL 水，振动 1 min，静置后吸去上层液。分别准确吸出 5 mL 三氯甲烷相于 2 支 25 mL 比色管中。另取一支 25 mL 比色管加入 5 mL 三氯甲烷作参比管。

于各管中加入甲醇 15 mL，10 g/L 磺胺 1 mL，置冰水中 15 min，取出，恢复常温后加入 1 g/L 盐酸萘乙二胺溶液 1 mL，加甲醇至刻度，在 15~30℃ 下放置 20~30 min，用 1 cm 比色杯于波长 550 nm 处测定吸光度，测得吸光度 A 及 A_s。

另取 2 支 50 mL 带塞比色管，分别加入 10 mL 水和 10 mL 透析液，除不加 10 g/L 亚硝酸钠外，其他步骤同上处理，测得吸光度 A_{s0} 及 A_0。

4. 结果计算

试样中环己基氨基磺酸钠的含量按式（6-3）计算：

$$X = \frac{c}{m} \times \frac{A - A_0}{A_s - A_{s0}} \times \frac{100 + 10}{V} \times \frac{1}{1000} \times \frac{1000}{1000} \tag{6-3}$$

式中：X——试样中环己基氨基磺酸钠的含量，g/kg；

　　　m——试样质量，g；

　　　V——透析液用量，mL；

　　　c——标准管质量浓度，pg/mL；

　　　A_s——标准液吸光度；

　　A_{s0}——水的吸光度；

　　　A——试样透析液吸光度；

　　　A_0——不加亚硝酸钠的试样透析液吸光度。

（四）薄层层析法

1. 原理

试样经酸化后，用乙醚提取，将试样提取液浓缩，点于聚酰胺薄层板上，展开，显色后，根据薄层板上环己基氨基磺酸钠的比移值及显色斑深浅，与标准比较进行定性、定量。

2. 样品处理方法

（1）饮料、果酱：称取经混合均匀的试样（汽水需加热去除 CO_2），置于带塞量筒中，加氯化钠饱和，加盐酸酸化，用乙醚提取 2 次，振摇，静置分层，用滴管将上层乙醚提取液通过无水硫酸钠滤入容量瓶中，用少量乙醚洗涤无水硫酸钠，加乙醚至刻度，混匀。吸取乙醚提取液分 2 次置于带塞离心管中，水浴挥干，加入无水乙醇溶解残渣，备用。

（2）糕点：称取试样，研碎，置于带塞量筒中，用石油醚提取 3 次，振摇，弃去石油醚，试样挥干后（在通风橱中不断搅拌试样，以除去石油醚），加入盐酸酸化，再加氯化钠，用乙醚提取 2 次，振摇，静置分层，用滴管将上层乙醚提取液通过无水硫酸钠滤入容量瓶中，用少量乙醚洗涤无水硫酸钠，加乙醚至刻度，混匀。吸取乙醚提取液分 2 次置于带塞离心管中，水浴挥干，加入无水乙醇溶解残渣，备用。

（五）滴定法

1. 原理

干燥后的试样以冰乙酸为溶剂，在 1-萘酚苯指示液存在下，用高氯酸标准滴定溶液滴定，根据消耗高氯酸标准滴定溶液的体积计算环己基氨基磺酸钠的含量。

2. 试剂

（1）冰乙酸；

（2）0.1 mol/L 高氯酸标准滴定溶液；

（3）2 g/L 1-萘酚苯指示液：称取 1-萘酚苯 0.2 g，溶于冰乙酸中，用冰乙酸稀释至 100 mL。

3. 操作步骤

称取干燥后的试样 0.3 g，精确至 0.0002 g，加冰乙酸 30 mL，加热使之溶解，冷却至室温，加 1-萘酚苯指示液 5~6 滴，用高氯酸标准滴定溶液滴定至溶液由黄色变为绿色为终点。在测定的同时，按与测定相同的步骤，对不加试样而使用相同数量的试剂溶液做空白试验。

4. 结果计算

甜蜜素的含量按式（6-4）计算：

$$X = \frac{(V_1 - V_2) \times c \times M}{m \times 1000} \times 100\% \qquad (6-4)$$

式中：X——试样中甜蜜素的含量；

V_1——试样消耗高氯酸标准滴定溶液的体积，mL；

V_2——空白消耗高氯酸标准滴定溶液的体积，mL；

c——高氯酸标准滴定溶液的浓度，mol/L；

M——环己基氨基磺酸钠的摩尔质量，g/mol（$M = 201.22$）；

m——试样质量，g；

1000——体积换算系数。

试验结果以平行测定结果的算术平均值为准。在重复性条件下获得的两次独立测定结果的绝对差值不大于0.3%。

三、天然甜味剂的测定

天然甜味剂又分糖类甜味剂和非糖天然甜味剂。糖类甜味剂主要分为糖、糖醇、低聚糖，其中糖醇类甜味剂应用最广泛。糖醇类甜味剂应用较多的是山梨糖醇和麦芽糖醇。山梨糖醇是一种己六醇，最初发现于花楸的浆果果实中，存在于多种水果和蔬菜中。山梨糖醇纯品为无色、无嗅的针状晶体，是由葡萄糖还原而来。山梨糖醇主要用作糖尿病患者的甜味剂，通常与中等甜度甜味剂混合使用，具有特殊的风味，并且在液体中具有良好的黏性。山梨糖醇可在无糖食品、口香糖和糖尿病患者食品中使用，当与其他糖类混合时，可以改善食品的结晶性。GB 2760—2014《食品添加剂使用标准》规定：山梨糖醇可用于炼乳及其调制产品、冷冻饮品（食用冰除外）、果酱、腌渍的蔬菜、熟制坚果与籽类（仅限油炸坚果与籽类）、巧克力和巧克力制品、糖果、生湿面制品（如面条、饺子皮、混沌皮、烧卖皮）、面包、糕点、饼干、焙烤食品馅料及表面用挂浆（仅限焙烤食品馅料）、冷冻鱼糜制品、调味品、饮料类、膨化食品等食品中。

主要应用的非糖天然甜味剂有以下几种：罗汉果甜苷（罗汉果提取物），甜度为300倍，有罗汉果特征风味；甘草类甜味剂（甘草提取物），甜度为200~500倍，其甜刺激来得较慢，消退也较慢，持续时间较长，有特殊风味；甜菊糖苷（原产于巴拉圭和巴西的甜叶菊提取物），甜度为250~450倍，带有轻微涩味。因其不被人体吸收、无热量，适用于糖尿病、肥胖症患者。甜菊糖苷是从菊科草本植物甜叶菊中精提的新型天然甜味剂。实验表明，甜菊糖苷无副作用，无致癌物，食用安全，经常食用可预防高血压、糖尿病、肥胖症等病症，是一种可替代蔗糖的理想甜味剂，是目前已发现并批准使用的最接近蔗糖口味的天然低热值甜味剂，被国际上誉为"世界第三糖源"。罗汉果甜苷是从中国独特植物罗汉果中提取而成，主要成分为罗汉果甜苷，具有良好的保健作用，对清热止咳、止渴化痰、滑肠排毒、嫩肤益颜、清热润肺和促进肠胃机能具有显著的作用。相比于人工合成甜味剂及其他甜味剂，罗汉果甜苷食用安全，甜度高（纯品甜度为蔗糖的300倍），是肥胖症、高血压、糖尿病、心脏病等患者优质的甜味剂及保健品。甘草甜味素主要成分为天然甘草提取物，口感自然，甘草酸含量高、甘醇味道浓、甘味清凉，对热、酸稳定，在常温下极易溶于水，具有消炎、解毒、降火、生津、护肝之功效，适用于糖尿病患者。

糖类甜味剂的检测主要应用液相谱法，用氨基色谱柱或其他相同效果的色谱柱将其分离后，采用示差折光检测器检出折光指数，得到折光指数后采用外标法计算含量。以下列出山梨糖醇的常见测定方法。

（一）高效液相色谱法

1. 原理

用高效液相色谱法，在选定的工作条件下，以水作流动相，通过色谱柱使试样溶液中各组分分离，用示差折光检测器进行检测，由数据处理系统记录和处理色谱信号。

2. 试剂及仪器

（1）试剂。

水：符合 GB/T 6682 的一级水，山梨糖醇标准试样：质量分数≥98.0%。

（2）仪器。

高效液相色谱仪：配备示差折光检测器。

参考色谱条件：流动相：水，用 0.22 μm 微孔滤膜过滤，超声脱气后备用。色谱柱：以钙型强酸性阳离子交换树脂为填充剂专用于糖及糖醇的分析柱，柱长 300 mm，柱内径 7.8 mm，或其他等效色谱柱。柱温：70~90℃，并控制温度波动不得超过1℃。流动相流速：0.5~1.0 mL/min。进样量：20 μL。

3. 操作步骤

（1）标准溶液的制备：称取 5.0 g 山梨糖醇标准试样，精确至 0.0002 g，于 100 mL 容量瓶中，用流动相溶解，稀释定容至刻度，混匀。色谱分析前用 0.45 μm 微孔滤膜过滤。试样溶液的制备：称取 5.0 g 试样，精确至 0.0002 g，于 100 mL 容量瓶中，用流动相溶解，稀释定容至刻度，混匀，色谱分析前用 0.45 μm 微孔滤膜过滤。

（2）测定：面积归一化法，参考色谱条件下，对试样溶液进行色谱分析，记录每个色谱峰的峰面积。根据峰面积，以面积归一化法计算山梨糖醇的含量。

4. 结果计算

山梨糖醇的含量按式（6-5）计算：

$$X = \frac{A_u}{A_{sum}} \times 100\% \qquad (6-5)$$

式中：X——试样中山梨糖醇的含量；

　　A_u——试样溶液中的山梨糖醇的峰面积；

　　A_{sum}——试样溶液中的所有峰的峰面积总和。

试验结果以平行测定结果的算术平均值为准。在重复性条件下获得的两次独立测定结果的绝对差值不大于 0.5%。

（二）高锰酸钾滴定法

1. 原理

在一定温度、时间和浓度条件下加热，试样中的还原糖被过量的费林溶液氧化，反应生成氧化亚铜沉淀，氧化亚铜将硫酸铁还原为硫酸亚铁，用高锰酸钾标准滴定溶液滴定生成的硫酸亚铁。根据高锰酸钾标准滴定溶液的消耗量，查高锰酸钾法氧化亚铜-葡萄糖换算表得到葡萄糖质量，经计算，得出还原糖（以葡萄糖计）含量。

2. 试剂

（1）50 g/L 费林溶液-硫酸铁溶液：称取 50 g 硫酸铁，加入 200 mL 水溶解后，慢慢加入 100 mL 硫酸，搅拌冷却后加水稀释至 1000 mL。

（2）0.1 mol/L 高锰酸钾标准滴定溶液。

3. 操作步骤

称取 20~50 g 试样（根据含还原糖的量确定称样量），精确至 0.0002 g，置于已盛有少量水的 250 mL 锥形瓶中。加 40 mL 费林溶液及几颗玻璃珠，充分摇匀。置于电炉上加热，控制在 4 min 内沸腾，继续煮沸 3 min，快速冷却至室温，立即用砂芯坩埚进行减压抽滤，用温水反复洗涤烧杯及沉淀使滤液清亮，直至滤液不呈碱性，弃去滤液，洗净抽滤瓶。在砂芯坩埚中分 3 次加入共 60 mL 硫酸铁溶液，使氧化亚铜沉淀充分溶解，抽滤，用水洗涤砂芯坩埚数次，收集滤液。用高锰酸钾标准滴定溶液滴定滤液，至微红色为终点。记录实际消耗高锰酸钾标准滴定溶液的体积 V_0。

4. 结果计算

高锰酸钾标准滴定溶液的换算体积按式（6-6）计算：

$$V_1 = \frac{V_0 \times c_1}{0.1000} \tag{6-6}$$

式中：V_1——高锰酸钾标准滴定溶液 $[c(1/5\ KMnO_4)]$ 的换算体积，mL；

$\quad\quad\ \ V_0$——消耗高锰酸钾标准滴定溶液的体积，mL；

$\quad\quad\ \ c_1$——高锰酸钾标准滴定溶液的浓度，mol/L；

0.1000——高锰酸钾标准滴定溶液的浓度，mol/L。

第三节　食品中防腐剂的测定

食品中含有丰富的营养物质，在物理、生物化学和有害微生物等的作用下会发生腐烂变质，其中有害微生物的作用是导致食品腐烂变质的主要原因。通常采用物理方法或化学方法来防止有害微生物的破坏。物理方法是通过低温冷藏、隔绝空气、干燥、高渗、高酸度、辐射等来杀菌或抑菌；化学方法即利用防腐剂来杀菌或抑菌。因此，食品的保鲜与防腐是食品加工、储存、运输、销售过程中的首要问题，而食品防腐剂的选择和安全性的检测与鉴定则是社会关注的热点问题。

食品防腐剂是指一类加入食品中能防止或延缓食品腐败的食品添加剂，其本质是具有抑制微生物增殖或杀灭微生物能力的一类化合物。食品防腐剂应具备如下特征：性质稳定，在一定的时间内有效；使用过程中或分解后无毒，不阻碍胃肠道酶类的正常作用，也不影响有益的肠道正常菌群的活动；在较低浓度下有抑菌或杀菌作用；本身无刺激味和异味；使用方便等。

食品防腐剂按组分和来源可分为：有机防腐剂、无机防腐剂和生物防腐剂。有机防腐剂主要包括苯甲酸及其盐类、山梨酸及其盐类、对羟基苯甲酸酯类、丙酸及其盐类、单辛酸甘油酯、双乙酸钠及脱氢乙酸等。其中苯甲酸及其盐类、山梨酸及其盐类、丙酸及其盐类只能通过未解离分子及盐类转变成相应的酸后，才能起抗菌作用，酸性越大，效果越好，在碱性环境中几乎无效，所以被称为酸型防腐剂，是目前食品中最常用的防腐剂。无机防腐剂主要包括：亚硫酸及其盐类、亚硝酸盐类、各种来源的二氧化碳等。其中亚硝酸盐能抑制肉毒梭状芽孢杆菌生长，防止肉类中毒，同时具有维持肉类颜色的作用，主要作为护色剂使用。亚硫酸盐类具有酸性防腐剂的特性，但主要作为漂白剂来使用。生物防腐剂主要指由微生物产生的具有防腐作用的物质，以乳酸链球菌素和纳他霉素、甲壳质和鱼精蛋白为代表，优点是在人体的消化道内可为蛋白水解酶所降解，是一种比较安全的防腐剂。

食品防腐剂作用机理：①对微生物细胞壁和细胞膜产生一定的效应，如乳酸链球菌，当孢子发芽膨胀时，乳酸链球菌素作为阳离子表面活性剂影响细菌细胞膜和抑制革兰阳性细菌的胞壁质合成；②干扰细胞中酶的活力，如亚硫酸盐可以通过三种不同的途径对酶的活性进行抑制；③使细胞中蛋白质变性，如亚硫酸盐能使蛋白质中的二硫键断裂，从而导致细胞蛋白质产生变性；④对细胞原生质部分的遗传机制产生效应。

食品添加防腐剂与辅助试剂的基本原则是在不影响人们身体健康的情况下，加入微量、副作用较小的试剂，以达到食品防腐保鲜或改进色香味性能的作用。这些防腐剂或添加剂都有严格筛选和控制的标准，但一些不法商贩为了延长食品的保存期限或吸引消费者，擅自扩大食品添加剂的使用量和使用范围，甚至使用非食品级添加剂掺入食品，如擅自超量添加亚硝酸盐混合硝酸盐形成的防腐剂等违规添加剂，使食品呈鲜艳的颜色并抑制微生物生长，而亚硝酸盐过量使用后能与蛋白质代谢中间产物仲胺反应生成亚硝胺，有很强的致癌性。例如，将含甲醛成分的致癌的工业用品"吊白块"违禁添加到米粉等食品中，可使其看上去光洁白净，但消费者食用后必然对身体健康造成损害，严重的可能导致死亡。因此，食品防腐剂的定性与定量的检测对保证食品安全是非常重要的。

目前，防腐剂的测定方法主要有：气相色谱法、高效液相色谱法、薄层色谱法、毛细管电泳法等。其中，气相色谱法因具有较高的灵敏度和分离度而成为检测防腐剂最重要的分析手段之一。随着越来越多的食品工业、药物配方和化妆品里使用复配防腐剂，能够同时测定多种防腐剂的方法显得越来越重要。

一、苯甲酸及苯甲酸钠的测定

苯甲酸又称安息香酸，为具有苯或甲醛的气味的白色有丝光的鳞片或针状结晶，在热空气中微挥发，100℃左右迅速升华，具有很强的刺激性。苯甲酸的化学性质稳定，微溶于水，易溶于乙醇、氯仿、丙酮、乙醚等有机溶剂。苯甲酸钠为白色颗粒或晶体粉末，无臭或微带安息香气味，在空气中稳定，易溶于水和乙醇，难溶于有机溶剂。因而实际使用中多用苯甲酸钠。苯甲酸及苯甲酸钠在各类食品中允许添加量范围不同，在食品中的最大使用量为 0.2 ~ 2.0 g/kg 不等。苯甲酸和苯甲酸钠属于广谱抗菌剂，其浓度 0.05% ~ 0.1% 时可以抑制大多数的酵母和霉菌，浓度 0.01% ~ 0.02% 时能抑制一些病原菌，而抑制腐败菌则需要更高的浓度。苯甲酸盐抑菌作用的最适 pH 值为 2.5 ~ 4.0，pH>4.5 时，显著失效。GB 2760—2014《食品添加剂使用标准》规定，苯甲酸及其钠盐可在风味冰、冰棍类、果酱（罐头除外）、蜜饯凉果、腌渍的蔬菜、糖果、调味糖浆、醋、酱油、酱及其制品、复合调味料、半固体复合调味料、液体符合调味料、浓缩果蔬（浆）汁（仅限食品加工用）、果蔬汁（浆）类饮料、蛋白饮料、碳酸饮料、茶、咖啡、植物（类）饮料、特殊用途饮料、风味饮料、配料酒、果酒等食品中应用。

苯甲酸及苯甲酸钠的检测方法很多，包括气相色谱法、高效液相色谱法、薄层层析法、分光光度法等。国家标准（GB 5009.28—2016）采用气相色谱法和液相色谱法两种方法，均可同时测定苯甲酸（钠）和山梨酸（钾）。

（一）气相色谱法

1. 原理（GB 5009.28—2016 第二法）

试样经盐酸酸化后，用乙醚提取苯甲酸、山梨酸，采用气相色谱-氢火焰离子化检测器进行分离测定，外标法定量。

取样量 2.5 g，按试样前处理方法操作，最后定容到 2 mL 时，苯甲酸、山梨酸的检出限均为 0.005 g/kg，定量限均为 0.01 g/kg。

2. 试剂及仪器

（1）试剂：乙醚（不含过氧化物）、乙醇、正己烷、乙酸乙酯、盐酸、氯化钠、无水硫酸钠（500℃烘 8 h，于干燥器中冷却至室温后备用）。

①盐酸（1:1）：取 100 mL 盐酸，加水稀释至 200 mL。

②40 g/L 氯化钠酸性溶液：于氯化钠溶液（40 g/L）中加少量盐酸（1:1）酸化。

③正己烷-乙酸乙酯混合溶液（1:1）：取 100 mL 正己烷和 100 mL 乙酸乙酯，混匀。

④苯甲酸、山梨酸标准储备溶液（1000 mg/L）：分别准确称取苯甲酸、山梨酸各 0.1 g（精确到 0.0001 g），用甲醇溶解并分别定容至 100 mL。转移至密闭容器中，于-18℃贮存，保存期为 6 个月。

⑤苯甲酸、山梨酸混合标准中间溶液（200 mg/L）：分别准确吸取苯甲酸、山梨酸标准储备溶液各 10.0 mL 于 50 mL 容量瓶中，用乙酸乙酯定容。转移至密闭容器中，于-18℃贮存，保存期为 3 个月。

⑥苯甲酸、山梨酸混合标准系列工作溶液：分别准确吸取苯甲酸、山梨酸混合标准中间溶液 0、0.05 mL、0.25 mL、0.50 mL、1.00 mL、2.50 mL、5.00 mL 和 10.0 mL，用正己烷-乙酸乙酯混合溶剂（1+1）定容至 10 mL，配制成质量浓度分别为 0、1.00 mg/L、5.00 mg/L、10.0 mg/L、20.0 mg/L、50.0 mg/L、100 mg/L 和 200 mg/L 的混合标准系列工作溶液。临用现配。

（2）仪器。气相色谱仪（含氢火焰离子化检测器 FID）、分析天平（感量为 0.001 g 和 0.0001 g）、涡旋振荡器、离心机（转速>8000 r/min）、匀浆机、氮吹仪。

3. 操作步骤

（1）试样制备。

取多个预包装的样品，其中均匀样品直接混合，非均匀样品用组织匀浆机充分搅拌均匀，取其中的 200 g 装入洁净的玻璃容器中，密封，水溶液于 4℃保存，其他试样于-18℃保存。

（2）试样提取。

准确称取约 2.5 g（精确至 0.001 g）试样于 50 mL 离心管中，加 0.5 g 氯化钠、0.5 mL 盐酸溶液（1:1）和 0.5 mL 乙醇，用 15 mL 和 10 mL 乙醚提取两次，每次振摇 1 min，于

8000 r/min 离心 3 min。每次均将上层乙醚提取液通过无水硫酸钠滤入 25 mL 容量瓶中。加乙醚清洗无水硫酸钠层并收集至约 25 mL 刻度，最后用乙醚定容，混匀。准确吸取 5 mL 乙醚提取液于 5 mL 具塞刻度试管中，于 35℃ 氮吹至干，加入 2 mL 正己烷-乙酸乙酯（1:1）混合溶液溶解残渣，待气相色谱测定。

（3）仪器参考条件。

①色谱柱：聚乙二醇毛细管气相色谱柱，内径 320 μm，长 30m，膜厚度 0.25 μm，或等效色谱柱。

②载气：氮气，流速 3 mL/min。

③空气：400 L/min。

④氢气：40 L/min。

⑤进样口温度：250℃。

⑥检测器温度：250℃。

⑦柱温程序：初始温度 80℃，保持 2 min，以 15℃/min 的速率升温至 250℃，保持 5 min。

⑧进样量：2 μL。

⑨分流比：10:1。

（4）标准曲线绘制。将混合标准系列工作溶液分别注入气相色谱仪中，以质量浓度为横坐标，以峰面积为纵坐标，绘制标准曲线。

（5）试样溶液测定。将试样溶液注入气相色谱仪中，得到峰面积，根据标准曲线得到待测液中苯甲酸、山梨酸的质量浓度。

4. 结果计算

试样中苯甲酸、山梨酸含量按式（6-7）计算：

$$X = \frac{\rho \times V \times 25}{m \times 5 \times 1000} \tag{6-7}$$

式中：X——试样中待测组分含量，g/kg；

ρ——由标准曲线得出的样液中待测物的质量浓度，mg/mL；

V——加入正己烷-乙酸乙酯（1+1）混合溶剂的体积，mL；

25——试样乙醚提取液的总体积，mL；

m——试样质量，g；

5——测定时吸取乙醚提取液的体积，mL；

1000——由 mg/kg 转换为 g/kg 的换算因子。

结果保留 3 位有效数字。

5. 注意事项

（1）此方法可同时测定苯甲酸和山梨酸，山梨酸出峰时间一般比苯甲酸的出峰时间短。

（2）由于苯甲酸沸点（249℃）高、难挥发，汽化室温度应在 250℃ 或更高较为合适。当汽化室温度较低时易发生拖尾现象；同时进样的时候建议进样针在进样口停留 20~30 s，以保证苯甲酸汽化完全。

（二）高效液相色谱法

GB 5009.28—2016 第一法液相色谱法可同时测定食品中苯甲酸、山梨酸和糖精钠，具体原理、试剂及仪器、操作步骤、结果计算同糖精钠测定。

（三）其他方法

1. 薄层层析法

样品酸化后，用乙醚提取苯甲酸。将样品提取液浓缩，点于聚酰胺薄层板上，展开。显色后，根据薄层板上苯甲酸的比移值，与标准比较定性，并可进行定量。薄层色谱用的溶剂系统不可存放太久，否则浓度和极性都会变化，影响分离效果，应在使用前配制。用湿法制薄层，应在水平的台面上，否则会造成薄层厚度不一致；晾干应放在通风良好的地方，无灰尘，以防薄层被污染；烘干后应放在干燥器中冷却、储存。在展开之前，展开剂在缸中应预先平衡 1 h，使缸内蒸汽压饱和，以免出现边缘效应。展开剂液层高度 0.5~1.0 cm，不能超过原线高度，展开至上端，待溶液前沿上展至 10 cm 时，取出挥干。在点样时最好用吹风机边点边吹干，在原线上点，直至点完一定量，且点样点直径不宜超 2 mm。本法可同时测定食品中苯甲酸、山梨酸和糖精钠的含量，适用于酱油、果汁、果酱，灵敏度高，但用乙醚反复提取浓缩后再进行测定，这种方式存在着费时费力，有机溶剂消耗量大，工作强度高，且易受时间、杂质等因素干扰，准确性相对较低，重现性差等缺点。

2. 紫外分光光度法

样品中的苯甲酸在酸性条件下可随水蒸气蒸出，与样品中的非挥发组分分开，然后用硫酸和重铬酸钾溶液处理，使苯甲酸以外的其他有机物氧化分解，将此氧化后的溶液再次蒸馏，用碱液吸收苯甲酸。纯净的苯甲酸钠在 225 nm 处有最大吸收，测定吸光度值并与标准品比较即可计算出样品中苯甲酸的含量。紫外分光光度法可用于饮料、蜜饯、调味品等样品中的苯甲酸测定，仪器普及，方法简便，灵敏度高，分析时间短，成本低，结果准确，适用于批量检测。

3. 酸碱滴定法

将样品加入饱和氯化钠溶液在碱性条件下进行提取，分离除去蛋白质、脂肪等，经酸化，用乙醚提取样品中的苯甲酸，将乙醚蒸去，溶于中性醚醇混合液中，以酚酞作为指示剂，用标准氢氧化钠溶液进行滴定。

高效液相色谱法和气相色谱法检出限低，快速、准确、稳定；但单纯的色谱法只通过保留时间进行定性，专属性和特异性较差，易产生假阳性或假阴性结果。因此，随着待测食品种类扩大和食品基质成分复杂化，来自食品中非测定成分干扰将日益增多，因此对检测样品纯化、检测手段的要求将越来越高，简单、准确、廉价、灵敏、专一、快速净化手段和检测方法将是今后的研究方向。目前出现了色谱-质谱联用分析检测方法，集合色谱的高分离能力和质谱的高灵敏度、极强的定性专属特异性于一体。

二、山梨酸及山梨酸钾的测定

山梨酸，又为 2,4-己二烯酸，为无色、无臭的针状结晶，难溶于水，易溶于乙醇、乙醚、氯仿等有机溶剂，化学性质稳定。山梨酸钾易溶于水，长期暴露在空气中易吸潮、被氧化分解而变色。山梨酸（钾），在酸性介质中对霉菌、酵母菌、好氧性细菌有良好的抑制作用，还能防止肉毒杆菌、葡萄球菌、沙门氏菌等有害微生物的生长和繁殖，但对厌氧性芽孢菌与嗜酸乳杆菌等有益微生物几乎无效，其抑止发育的作用比杀菌作用更强，从而达到有效延长食品的保存时间，并保持原有食品的风味，是高效无毒防腐剂，在食品中应用广泛，根据 GB 2760—2014，其在各类食品中的最大使用量（以山梨酸计）从 0.075～2.0 g/kg 不等。山梨酸的防腐性在未解离状态时最强，其防腐效果随 pH 值升高而降低，在 pH<5.6 时使用防腐效果最好，解离和未解离形式的山梨酸都有抑菌性，但是未解离酸的效果是解离酸的 10～600 倍。然而，当 pH>6 时，解离酸对抑菌效果的贡献超过 50%。相同 pH 值条件下，与丙酸盐或苯甲酸盐相比，山梨酸盐能够更好地抑制腐败微生物的生长。GB 2760—2014《食品添加剂使用标准》规定山梨酸及其钾盐可应用于干酪、氢化植物油、人造黄油（人造奶油）及其类似制品、风味冰、冰棍类、经表面处理的鲜水果、果酱、蜜饯凉果、经表面处理的新鲜蔬菜、腌渍的蔬菜、加工食用菌和藻类、豆干再制品、新型豆制品（大豆蛋白及其膨化食品、大豆素肉等）、糖果、其他杂粮制品（仅限杂粮灌肠制品）、方面米面制品（仅限米面灌肠制品）、面包、糕点、焙烤食品馅料及表面用挂浆、熟肉制品、肉灌肠类、风干（烘干、压干等）水产品、预制水产品（半成品）、熟制水产品（可直接食用）、其他水产品及其制品、蛋制品（改变其物理性状）、调味糖浆、醋、酱油、酱及酱制品、复合调味料、饮料类、浓缩果蔬汁（浆）（仅限食品工业用）、乳酸菌饮料、配制酒、果酒、葡萄酒、果冻、胶原蛋白肠衣等食品中。

山梨酸及山梨酸钾的检测方法很多，与苯甲酸及苯甲酸钠的检测方法相似。GB 5009.28—2016 中的气相色谱法和高效液相色谱法对两者的原理、试剂及仪器、操作步骤等完全相同，只需要将苯甲酸的标准溶液换为山梨酸（钾）即可，具体参见前面的内容。下面主要介绍分光光度法。

（一）硫代巴比妥酸比色法

1. 原理

样品中的山梨酸在酸性溶液中，用水蒸气蒸馏出来，在硫酸和重铬酸钾的氧化作用下产生丙二醛，丙二醛与硫代巴比妥酸作用产生红色化合物，于 530 nm 处有最大吸收，其颜色深浅与丙二醛浓度成正比。

2. 试剂及仪器

（1）试剂。

①硫代巴比妥酸溶液：准确称取硫代巴比妥酸 0.5 g，加蒸馏水 20 mL，1 mol/L 氢氧化钠溶液 10 mL，充分溶解后再加 1 mol/L 盐酸 10 mL，蒸馏水定容至 100 mL。临用时配制，6 h 内使用。

②重铬酸钾–硫酸溶液：浓度为 0.1 mol/L 的重铬酸钾与浓度为 0.15 mol/L 的硫酸以 1∶1 混合，备用。

③山梨酸钾标准溶液（1 mg/mL）：准确称取 250 mg 山梨酸钾于 250 mL 容量瓶中，用蒸馏水溶解并定容。

（2）仪器。分光光度计、组织捣碎机。

3. 操作步骤

（1）样品处理。称取 100 g 样品于组织捣碎机中，加蒸馏水 200 mL 捣成匀浆。称取匀浆

100 g，加水 200 mL 继续捣 1 min，然后称取 10 g 放入 250 mL 容量瓶中，加水定容，摇匀，过滤备用。

（2）标准曲线绘制。分别吸取 0.0、2.0 mL、4.0 mL、6.0 mL、8.0 mL、10.0 mL 山梨酸钾标准溶液于 250 mL 容量瓶中，蒸馏水定容。分别吸取 2.0 mL 于相应的 10 mL 比色管中，加 2 mL 重铬酸钾-硫酸溶液，100℃水浴加热 7 min，立即加入 2.0 mL 硫代巴比妥酸，继续加热 10 min，立刻用冷水冷却，530 nm 处测吸光度，绘制标准曲线。

（3）样品测定。吸取样品处理液 2 mL 于 10 mL 比色管中，按标准曲线绘制方法操作，530 nm 处测吸光度，根据标准曲线计算出样品中山梨酸钾的含量。

4. 注意事项

食品中的山梨酸及其盐类可以采用紫外分光光度法进行测定，但测定时干扰因素较多，影响了方法的准确度和精密度，目前主要以色谱法为主。

（二）紫外分光光度法

1. 原理

样品经氯仿提取后，再加入碳酸氢钠，使山梨酸形成山梨酸钠而溶于水溶液中。纯净的山梨酸钠水溶液在 254 nm 处有最大吸收，经紫外分光光度计测定其吸光度后即可测得其含量。

2. 试剂及仪器

（1）试剂。

①0.5 mol/L 碳酸氢钠：取 21 g 碳酸氢钠于小烧杯中，纯水溶解，转移至 500 mL 容量瓶中，纯水定容。

②0.3 mol/L 碳酸氢钠：25.2 g 碳酸氢钠+1000 mL 蒸馏水。

③三氯甲烷：以三氯甲烷体积 50% 的碳酸氢钠（0.5 mol/L）提取 2 次，后以无水硫酸钠干燥，过滤备用。

④山梨酸标准溶液：准确称取 250 mg 山梨酸，用 0.3 mol/L 的碳酸氢钠定容至 250 mL，使用时稀释 10 倍，得浓度为 0.1 mg/mL 的山梨酸标准溶液。

（2）仪器。紫外分光光度计，组织捣碎机。

3. 操作步骤

（1）样品处理。称取 50.0 g 样品，加入 450 mL 蒸馏水于组织捣碎机中捣碎 5 min，使匀浆。称取 10.0 g 匀浆于 50 mL 容量瓶中，加水定容，摇匀。再从中移取 10 mL 于 250 mL 分液漏斗中，加 100 mL 三氯甲烷提取 1 min。静置分层后，将三氯甲烷层分至 125 mL 锥形瓶中，加 5 g 无水硫酸钠，振荡后静置，备用。

（2）标准曲线绘制。分别吸取山梨酸标准溶液 0.0、1.0 mL、2.0 mL、3.0 mL、4.0 mL、5.0 mL 于 100 mL 容量瓶中，用 0.3 mol/L 碳酸氢钠定容（相当于 0.0、1.0 μg/mL、2.0 μg/mL、3.0 μg/mL、4.0 μg/mL、5.0 μg/mL）。于紫外分光光计中 254 nm 处测定吸光度，以浓度为横坐标，吸光度为纵坐标绘制标准曲线。

（3）样品测定。取样品三氯甲烷提取液 50 mL 于 125 mL 分液漏斗中，用 50 mL 碳酸氢钠（0.3 mol/L）溶液提取 1 min，静置分层，小心弃去三氯甲烷层，将碳酸氢钠提取液于紫外分光光度计 254 nm 处测定，根据标准曲线计算出样品中山梨酸的含量。

4. 注意事项

分光光度法测定山梨酸样品处理及操作比较简单，设备通用，但不能同时测定苯甲酸。

三、对羟基苯甲酸酯类的测定

对羟基苯甲酸酯类，又称尼泊金酯类，常温条件下为无色晶体或结晶性粉末。用于食品防腐剂的有：对羟基苯甲酸甲酯、对羟基苯甲酸乙酯、对羟基苯甲酸丙酯、对羟基苯甲酸丁酯等，易溶于醇，醚和丙酮，极微溶于水，可以通过合成其钠盐来提高水溶性。对羟基苯甲酸酯类属酚类防腐剂，对各种霉菌、酵母菌、细菌有广泛的抗菌作用，抗细菌性能强于苯甲酸、山梨酸。随着烷基碳链的增长，亲油性能增强，对菌体的吸附量越大，抗菌作用越强。研究发现对羟基苯甲酸酯类的毒性明显低于苯甲酸钠，每日允许摄入量每人每千克体重10 mg。但近来的研究报道其可能具有潜在的雌激素活性，可能是环境内分泌干扰物；化妆品中过量使用对羟基苯甲酸酯可引起接触性皮炎。因此，有科学家建议对其安全性评价指标重新予以审定。GB 2760—2014《食品添加剂使用标准》规定：对羟基苯甲酸酯类及其钠盐可用于经表面处理的新鲜水果和蔬菜、果酱（罐头除外）、酱油、酱及酱制品、醋、果蔬汁（肉）饮料、风味饮料、焙烤食品馅料及表面用挂浆（仅限糕点馅）、热凝固蛋制品（如蛋黄酪、松花蛋肠）、蚝油、虾油、鱼露、果蔬汁（浆）类饮料、碳酸饮料、风味饮料（仅限果味饮料）等食品中。对羟基苯甲酸酯类的检测方法主要包括高效液相色谱法、气相色谱法等。

（一）高效液相色谱法

1. 原理

样品中对羟基苯甲酸酯类，用乙腈提取，过滤后进高效液相色谱仪测定，以保留时间定性，与标准系列比较定量。

2. 试剂及仪器

（1）试剂。对羟基苯甲酸甲酯、对羟基苯甲酸乙酯、对羟基苯甲酸丙酯、对羟基苯甲酸丁酯等标样、乙腈（色谱纯）、乙酸铵（分析纯）。

（2）仪器。高效液相色谱仪（含紫外检测器或 DAD 检测器）。

色谱参考条件：色谱柱 C_{18}ODS 柱（4.6 mm×150 mm×5 μm，或相当者），流动相 0.02 mol/L 乙酸铵–乙腈（60：40），流速 1.0 mL/min，检测波长 256 nm，柱温 25℃。

3. 操作步骤

（1）样品提取。样品粉碎，准确称取粉碎样品 2 g 于 10 mL 具塞离心管中，加入 5.0 mL 乙腈，塞上塞子，振摇 30 s 后，于 500 r/min 离心 5 min，上清液转移到 25.0 mL 容量瓶中，重复操作 3 次，乙腈定容至刻度。0.45 μm 滤膜过滤，待测。

（2）标准曲线绘制。

标准储备液：分别称取 50 mg 相应的酯类化合物于 50 mL 容量瓶中，乙腈溶解，得到浓度为 1 mg/mL 的对羟基苯甲酸酯类化合物标准储备液。

标准工作液：取 5 mL 浓度为 1 mg/mL 的上述酯类化合物标准储备液稀释到 100 mL 容量瓶中，得浓度为 50 μg/mL 的 4 种酯类化合物溶液；分别取 1 mL 浓度为 50 μg/mL 的上述酯类化合物溶液于 10 mL 容量瓶中定容得到 5.0 μg/mL 的标准工作液。

标准混合工作液：分别取 0.0、1.0 mL、2.0 mL、4.0 mL、6.0 mL、8.0 mL、10.0 mL 浓度

为 50 μg/mL 的单个酯类化合物溶液于 50 mL 容量瓶中，乙腈定容，摇匀，得到浓度分别为 0.0、1.0 μg/mL、2.0 μg/mL、4.0 μg/mL、6.0 μg/mL、8.0 μg/mL、10.0 μg/mL 的标准混合工作液，备用。

分别吸取 20 μL 浓度为 5.0 μg/mL 的对羟基苯甲酸酯单标工作液加入高效液相色谱仪中，确定各组分的保留时间。再分别吸取 20 μL 不同浓度的标准混合工作液进样分析，根据保留时间定性，峰面积定量。不同浓度标准溶液的峰面积与浓度回归建立标准曲线。

（3）样品测定。吸取 20 μL 样品溶液进样分析，测得峰面积，根据标准曲线计算样品中各酯类化合物的含量。要求在重复条件下获得的两次独立测定的结果绝对差值不超过算术平均值的 10%。

4. 注意事项

（1）样品提取后需要经过 0.45 μm 滤膜过滤或者离心沉淀来去除杂物，否则可能堵塞流路或色谱柱。对牛奶、醋等基质复杂的样品，乙腈提取后最好采用 C_{18} 固相萃取柱净化，以减少基质干扰。

（2）使用后要冲洗干净进样阀中残留的样品和缓冲盐，防止无机盐沉积和样品微粒磨损阀转子。

（二）气相色谱法

1. 原理（GB 5009.31—2016）

与标准系列比较定量。试样酸化后，乙醚提取浓缩后，用具氢火焰离子化检测器的气相色谱仪进行分离测定，外标法定量。

当试样量为 5 g（精确至 0.001 g）、定容体积为 2.0 mL 时，对羟基苯甲酸甲酯、对羟基苯甲酸乙酯、对羟基苯甲酸丙酯、对羟基苯甲酸丁酯的方法定量限（LOQ）为 2.0 mg/kg；对羟基苯甲酸甲酯、对羟基苯甲酸乙酯、对羟基苯甲酸丙酯、对羟基苯甲酸丁酯的检出限（LOD）为 0.6 mg/kg。

2. 试剂及仪器

（1）试剂。乙醚（重蒸）、无水乙醇、氯化钠、碳酸氢钠、盐酸、无水硫酸钠等均为分析纯。

①饱和氯化钠溶液：称取 40 g 氯化钠加 100 mL 水，充分搅拌溶解。

②碳酸氢钠溶液（10 g/L）：称取 1 g 碳酸氢钠溶于水并稀释至 100 mL。

③盐酸（1∶1）：取 100 mL 盐酸，加水稀释至 200 mL。

（2）仪器。气相色谱仪（含氢火焰离子化检测器）。

色谱参考条件：色谱柱 SE-54（30 m×0.32 mm×0.25 μm，或相当者），载气流速（氮气）2.0 mL/min，氢气流速 40 mL/min，空气流速 450 mL/min，分流进样（分流比＝10∶1），进样口温度 220℃，检测器温度 260℃，柱温 100℃ 保持 1 min，20℃/min 速率升到 170℃，12℃/min 速率升到 220℃ 保持 1 min，10℃/min 速率升到 250℃ 保持 6 min。

3. 操作步骤

（1）样品提取。

①酱油、醋、饮料：一般液体试样摇匀后可直接取样。称取 5 g（精确至 0.001 g）试样于小烧杯中，并转移至 125 mL 分液漏斗中，用 10 mL 饱和氯化钠溶液分次洗涤小烧杯，合并

洗涤液于 125 mL 分液漏斗，加入 1 mL 盐酸（1∶1）酸化，摇匀，分别以 75 mL、50 mL、50 mL 无水乙醚提取 3 次，每次 2 min，放置片刻，弃去水层，合并乙醚层于 250 mL 分液漏斗中，加入 10 mL 饱和氯化钠溶液洗涤一次，再分别以碳酸氢钠溶液 30 mL、30 mL、30 mL 洗涤 3 次，弃去水层。用滤纸吸去漏斗颈部水分，将有机层经过无水硫酸钠（约 20 g）滤入浓缩瓶中，在旋转蒸发仪上浓缩近干，用氮气除去残留溶剂，准确加入 2.0 mL 无水乙醇溶解残留物，供气相色谱用。

②果酱：称取 5 g（精确至 0.001 g）事先均匀化的果酱试样于 100 mL 具塞试管中，加入 1 mL 盐酸（1∶1）酸化，10 mL 饱和氯化钠溶液，涡旋混匀 1~2 min，使其为均匀溶液，再分别以 50 mL、30 mL、30 mL 无水乙醚提取 3 次，每次 2 min，用吸管转移至 250 mL 分液漏斗中，加入 10 mL 饱和氯化钠溶液洗涤一次，再分别以碳酸氢钠溶液 30 mL、30 mL、30 mL 洗涤 3 次，弃去水层。用滤纸吸去漏斗颈部水分，将有机层经过无水硫酸钠（约 20 g）滤入浓缩瓶中，在旋转蒸发仪上浓缩近干，用氮气除去残留溶剂，准确加入 2.0 mL 无水乙醇溶解残留物，供气相色谱用。

（2）标准曲线绘制。

标准储备液：分别称 50 mg 相应的酯类化合物于 50 mL 容量瓶中，无水乙醇溶解，得到浓度为 1 mg/mL 的单个对羟基苯甲酸酯类化合物溶液。4℃左右冰箱保存，可保存 1 个月。

标准中间液：分别准确吸取单个对羟基苯甲酸酯类标准储备液 1.0 mL 于 10.0 mL 容量瓶中，用无水乙醇稀释至刻度，摇匀，得到浓度为 100 μg/mL 的单个对羟基苯甲酸酯类化合物溶液。临用时配制。

标准工作液：分别吸取各对羟基苯甲酸酯类标准中间液 0.0、0.5 mL、1.0 mL、2.0 mL、5.0 mL、10.0 mL 于 50.0 mL 容量瓶中，无水乙醇稀释并定容。此即为 0.0、1.0 μg/mL、2.0 μg/mL、5.0 μg/mL、10.0 μg/mL、20 μg/mL 的标准混合工作液，临用时配制。

取 1.0 μL 的单个标准溶液分别注入气相色谱仪中确定各组分的保留时间。取 1.0 μL 的标准混合工作液分别注入气相色谱仪中，测定相应的不同浓度标准溶液的峰面积，以标准工作液的浓度为横坐标，峰面积为纵坐标，绘制标准曲线。

（3）样品测定。取 1.0 μL 的试样溶液注入气相色谱仪中，以保留时间定性，峰面积定量，根据标准曲线计算待测液中组分浓度；试样待测液响应值若超出标准曲线线性范围，适当稀释后再进样分析。

4. 结果计算

试样中对羟基苯甲酸含量按式（6-8）计算：

$$X = (c \times V \times f) / m \tag{6-8}$$

式中：X——试样中对羟基苯甲酸的含量，mg/kg；

c——由标准曲线计算出进样液中对羟基苯甲酸酯类的浓度，μg/mL；

V——定容体积，mL；

f——对羟基苯甲酸酯类转换为对羟基苯甲酸的换算系数；

m——试样质量，g；

0.9078——对羟基苯甲酸甲酯转换为对羟基苯甲酸的换算系数；

0.8312——对羟基苯甲酸乙酯转换为对羟基苯甲酸的换算系数；

0.7665——对羟基苯甲酸丙酯转换为对羟基苯甲酸的换算系数；

0.7111——对羟基苯甲酸丁酯转换为对羟基苯甲酸的换算系数。

计算结果保留 3 位有效数字。

（三）滴定法——对羟基苯甲酸乙酯含量的测定

1. 原理

试样与一定量的氢氧化钠进行皂化反应，过量的氢氧化钠用硫酸标准滴定溶液滴定，用 pH 计指示终点。根据消耗硫酸标准滴定溶液的体积，计算对羟基苯甲酸乙酯的含量。

2. 试剂及仪器

（1）试剂。

①氢氧化钠溶液：40 g/L。

②缓冲溶液：25℃时，pH 值为 4.01 和 6.86 的缓冲溶液，按 GB/T 9724 配制。

③硫酸标准滴定溶液：$c\ (1/2H_2SO_4) = 1\ mol/L$。

（2）仪器。pH 计（精度为 0.1）。

3. 操作步骤

称取约 2 g 在（80±2）℃干燥 2 h 后的试样，精确至 0.0002 g，置于 250 mL 的碘量瓶中，准确加入 40 mL 氢氧化钠溶液，缓缓加热至沸，回流 1 h，冷却至室温，定量转移至烧杯中，移到事先用 pH 值为 6.86 缓冲溶液调好的 pH 计上，用硫酸标准滴定溶液滴定至 pH 值为 6.50，并稳定 30 s，即为终点。在测定的同时，按与测定相同的步骤，对不加试样而使用相同数量的试剂溶液做空白试验。

4. 结果计算

对羟基苯甲酸乙酯的含量按式（6-9）计算：

$$X = \frac{\dfrac{V_1 - V_2}{1000} \times c \times M}{m} \times 100\% \tag{6-9}$$

式中：X——试样中对羟基苯甲酸乙酯的含量，mL；

V_1——空白试验消耗硫酸标准滴定溶液的体积，mL；

V_2——试样消耗硫酸标准滴定溶液的体积，mL；

1000——毫升和升的转换系数；

c——硫酸标准滴定溶液的浓度，mol/L；

M——对羟基苯甲酸乙酯的摩尔质量，g/mol［$M\ (C_9H_{10}O_3) = 166.2$］；

m——试样的质量，g。

取两次平行测定结果的算术平均值为测定结果，两次平行测定结果的绝对差值不大于 0.2%。

第四节 食品中抗氧化剂的测定

食品抗氧化剂是能阻止或延缓食品氧化变质、提高食品稳定性和延长储存期的食品添加剂。氧化作用不仅会使食品中的油脂变质，而且会引起食品变色、褪色，破坏维生素等，从而降低食品的感官质量和营养价值，甚至产生有害物质，引发食物中毒。食品抗氧化剂通常用于油脂和含油食品的抗氧化，一般都是直接添加到脂肪和油中。因其作用是阻止或延缓食品氧化变质的时间，而不能改变已经氧化的结果，所以使用时必须在油脂氧化前添加。在使用酚型抗氧化剂同时，添加某些酸性物质，如柠檬酸和磷酸等，可显著提高抗氧化作用。这些酸性物质称为增效剂。通常认为它们可与促进氧化的微量金属离子螯合，从而起到抗氧化增效的作用。

根据抗氧化剂的作用类型，抗氧化机理可以概括为以下几种：

（1）通过抗氧化剂自身氧化，使空气中的氧与抗氧化剂结合，从而防止食品氧化。这类抗氧化剂具有很强的抗氧化性，易与氧气发生反应，消耗食品内部和周围环境中的氧，减缓食品中的氧化还原反应。这类抗氧化剂主要有抗坏血酸、抗坏血酸棕榈酸酯、异抗坏血酸或异抗坏血酸钠等。

（2）抗氧化剂释放出氢原子与油脂自动氧化反应产生的过氧化物结合，中断连锁反应，阻止氧化过程的继续进行。食用油脂中使用的抗氧化剂主要是酚类化合物，通常称为酚类抗氧化剂。酚类本身作为抗氧化剂是不活泼的，但是烷基取代2、4或6位后，由于诱导效应提高了羟基的电子云密度，增强了与脂质自由基的反应活性。酚类抗氧化剂能够从根本上抑制脂肪酸甘油酯氧化过程中自由基的自动氧化反应。酚类化合物通过羟基抑制油脂游离基（R）的形成，从而延迟油脂（RH）自动氧化的开始，延迟程度取决于抗氧化剂的活性、浓度及其他因素，如光、热、金属离子和体系中其他的助氧化剂。根据酚类抗氧化剂的作用机理，当抗氧化剂的添加量可以抑制由于自动氧化引起脂肪游离基的形成时，抗氧化效果最佳。常用的酚类抗氧化剂产生的醌式自由基，可通过分子内部的电子共振而重新排列，呈现比较稳定的结构，这些醌式自由基不再具备夺取脂肪酸中氢原子所需的能量，从而具有保护油脂免于氧化的作用。

（3）通过抑制氧化酶的活性防止食品氧化变质。有些抗氧化剂可以抑制或者破坏酶的活性，从而排除氧的影响，阻止食品因氧化而产生的酶促褐变，减轻对食品造成的损失，如L-抗坏血酸具有抑制水果蔬菜酶促褐变的作用。

（4）将能催化、引起氧化反应的物质络合。如抗氧化增效剂能络合催化氧化反应的金属离子等。食用油脂中通常含有从加工过程中接触金属容器带来的微量金属离子，高价态的金属离子之间存在氧化还原电势，能缩短链式反应的引发期，从而加快脂肪酸氧化的速度。柠檬酸、EDTA等均含有氧配位原子，能与金属离子发生螯合作用，从而抑制金属离子的促氧化作用。多聚磷酸盐也具有络合金属离子的良好特性。

（5）通过阻止空气中的氧渗透或进入油脂内部，或者抑制油脂表层上的空气对流，保护油脂免受氧化，从而起到抗氧化作用。

（6）兼具多重抗氧化特性。例如磷脂既能络合金属离子、清除氧化促进剂，又能通过键的均裂释放出氢自由基消除链式反应自由基。美拉德反应的中间产物还原酮也具有这种双重特性。不仅能借助键的均裂产生氢自由基，而且可以清除氧化促进剂金属离子。因此，磷脂和美拉德反应产物能够在不同的油脂氧化历程中延缓氧化反应。

抗氧化剂一般都是还原性物质，种类繁多，最常用的是酚类物质；按来源分为天然抗氧化剂和合成抗氧化剂两类。丁基羟基茴香醚（BHA）、二丁基羟基甲苯（BHT）、没食子酸丙酯（PG）、特丁基对苯二酚（TBHQ）等是国际上使用最广泛的抗氧化剂，它们可以单独使用或与柠檬酸、抗坏血酸等酸性增效剂复合使用，可满足大部分食品制品的需要。BHA主要用于食用油脂，BHT用于食用油脂、干鱼制品，PG、TBHQ用于油炸食品、方便面和罐头等。不同的物质其抗氧化性能不同，而实际应用时经常是两种或两种以上的抗氧化剂复配，以提高其抗氧化效果。研究表明过量摄入抗氧化剂会对人体健康造成危害，根据GB 2760—2014的规定，BHA及BHT在脂肪、油和乳化脂肪制品等食品中最大使用量为0.2 g/kg，胶基糖果中最大使用量为0.4 g/kg；PG、TBHQ在允许使用的食品中的最大使用量则分别为0.1 g/kg、0.2 g/kg。由于人工合成抗氧化剂如BHA和BHT等的毒性较大，国内外对研究和开发天然抗氧化剂十分重视，尤其是从天然植物等资源中提取的低毒或无毒的抗氧化剂，如茶多酚、植酸、维生素E、黄酮类、香辛料等。

抗氧化剂的测定方法主要有气相色谱法、液相色谱法、分光光度法、极谱法、薄层色谱法、毛细管胶束电动色谱法、气质联用法等。

一、丁基羟基茴香醚和二丁基羟基甲苯的测定

丁基羟基茴香醚（BHA）为白色结晶或结晶性粉末，基本无臭，无味，不溶于水、甘油和丙二醇，易溶于乙醇（25%）和油脂，热稳定性相当良好，在弱碱性条件下不容易被破坏，是一种良好的抗氧化剂，尤其适用于使用动物脂肪的焙烤制品。二丁基羟基甲苯（BHT）稳定性高，与金属离子反应不变化，抗氧化能力强，在食品中的应用与BHA基本相同。

BHA和BHT检测的标准主要有GB 1886.12—2015，GB/T 5009.30—2003，GB 1900—2010。其中GB 1886.12—2015中采用的是气相色谱法，而GB/T 5009.30—2003则包括气相色谱法、薄层层析和分光光度法。除上述3种方法外，还有气相色谱-质谱联用法和薄层色谱法等。

（一）高效液相色谱法

1. 原理

根据丁基羟基茴香醚（BHA）和二丁基羟基甲苯（BHT）在油脂中的作用原理，将样品提取净化，高效液相色谱仪测定，根据保留时间定性，峰面积定量。

2. 试剂及仪器

（1）试剂。丁基羟基茴香醚、二丁基羟基甲苯等标样、甲醇（色谱纯）、乙酸（分析纯）。

（2）仪器。高效液相色谱仪（含紫外检测器或DAD检测器）。

色谱参考条件：色谱柱 C_{18} ODS柱（4.6 mm×150 mm×5 μm，或相当者），流动相1%乙酸-甲醇溶液（10∶90），流速1.0 mL/min，检测波长280 nm，柱温25℃。

3. 操作步骤

（1）样品提取。准确称取混合均匀样品5 g于15 mL具塞离心管中，加入8 mL甲醇，塞上塞子，旋涡混合3 min，静置2 min，4000 r/min离心5 min，上清液转移到25 mL容量瓶中，重复提取3次，上清液合并于25 mL容量瓶中，甲醇定容至刻度。将萃取液放置于冰箱中冷冻2 h，趁冻过滤（可有效除去萃取液中的油脂）。滤液放至室温，0.45 μm滤膜过滤，待测。

（2）标准曲线绘制。

①标准储备液：分别称取 50 mg 的 BHA 和 BHT 于 50 mL 容量瓶中，甲醇溶解，得到浓度为 1 mg/mL 的标准储备液。

②标准工作液：取 1 mL 标准储备液稀释到 10 mL 容量瓶中，得到浓度为 100 μg/mL 的 BHA 和 BHT 单标工作液。

③标准混合工作液：分别取 0.0、0.5 mL、1.0 mL、2.0 mL、3.0 mL、4.0 mL、5.0 mL 浓度为 1 mg/mL 的标准储备液于 50 mL 容量瓶中，甲醇定容，摇匀，得到浓度分别为 0、10 μg/mL、20 μg/mL、40 μg/mL、60 μg/mL、80 μg/mL、100 μg/mL 的标准混合工作液，备用。

④分别吸取 20 μL 浓度为 100 μg/mL 的 BHA 和 BHT 单标工作液到高效液相色谱仪中进行分析，确定各组分的保留时间。再分别吸取 20 μL 不同浓度的标准混合工作液进样分析，根据保留时间定性，峰面积定量。不同浓度标准溶液的峰面积与浓度回归建立标准曲线。

（3）样品测定。吸取 20 μL 样品滤液进样分析，测得峰面积，根据标准曲线计算样品中 BHA 和 BHT 的含量。要求在重复条件下获得的两次独立测定的结果绝对差值不超过算术平均值的 10%。

4. 注意事项

（1）此法适用于植物油中 BHT、BHA 的检测，也可同时检测 TBHQ。

（2）如果样品基质复杂，为减少基质干扰可对提取溶液进行 C18 固相萃取柱净化。

（3）高效液相色谱法可同时检测样品中多种抗氧化剂的含量。此方法采用甲醇提取样品，减少了其他有机溶剂的使用，提取效果较好，方法简便，快捷，适合大批量样品中多种抗氧化剂的同时检测。

（二）气相色谱法

1. 试剂及仪器

（1）试剂。4-叔丁基苯酚、丙酮、3-叔丁基-4-羟基茴香醚（3-BHA）和 2-叔丁基-4-羟基茴香醚（2-BHA）标准品。

（2）仪器。气相色谱仪：配有氢火焰离子化检测器。

参考色谱条件色谱柱：1.8 m×2 mm（内径）不锈钢柱或其他等效色谱柱，填充 10%GE XE-60 硅树脂或其他等同物。流速：30 mL/min。柱温：175～185℃。载气：氮气。进样量：5 μL。

2. 操作步骤

（1）内标溶液的制备。称取约 500 mg 4-叔丁基苯酚（精确至 0.2 mg），用丙酮溶解并定容至 100 mL。

（2）标准溶液的制备。分别称取约 90 mg 3-叔丁基-4-羟基茴香醚（3-BHA）标准品和约 10 mg 2-叔丁基-4-羟基茴香醚（2-BHA）标准品（精确至 0.2 mg），用内标溶液溶解并定容至 10 mL，使 3-BHA 和 2-BHA 的最终浓度分别为 9 mg/mL 和 1 mg/mL。

（3）试样溶液的制备。称取约 100 mg 试样（精确至 0.2 mg），用内标溶液溶解并定容至 10 mL。

（4）测定。参考色谱条件下，标准溶液和试样溶液各进样约 5 μL，记录色谱图。测定各异构体的峰面积。

3. 结果计算

试样中各异构体的含量按式（6-10）计算：

$$X_i = \frac{\rho_i \times \dfrac{R_u}{R_i} \times 10}{m} \times 100\% \tag{6-10}$$

式中：X_i——试样中 3-BHA 或 2-BHA 的含量；

ρ_i——标准溶液中 3-BHA 或 2-BHA 的质量浓度，mg/mL；

R_u——试样溶液色谱图中 3-BHA 或 2-BHA 峰面积和内标液峰面积之比；

R_i——标准溶液色谱图中 3-BHA 或 2-BHA 峰面积和内标液峰面积之比；

10——试样处理后定容的体积，mL；

m——试样的质量，mg。

由公式计算得到两异构体 3-BHA 和 2-BHA 含量之和即为丁基羟基茴香醚含量。

4. 注意事项

抗氧化剂本身会被氧化，样品随着存放时间的延长含量会下降，所以样品进入实验室应尽快分析，避免结果偏低。BHT 稳定性较差，易受阳光和热的影响，操作时应尽量避光。

（三）薄层色谱法

1. 原理

用甲醇提取油脂或食品中的抗氧化剂，薄层色谱定性，根据其在薄层板上显色后的最低检出量与标准品最低检出量比较而概略定量，对高脂肪食品中的 BHT、BHA 能定性检出。

2. 样品处理

（1）植物油（花生油、豆油、菜籽油、芝麻油）样品处理：称取 5 g 油样于 10 mL 具塞离心管中称取油样，加入 5 mL 甲醇，密塞振摇 5 min，放置 2 min，3000 r/min 离心 5 min。吸取上层清液置 25 mL 容量瓶中，如此重复提取共 5 次，合并每次甲醇提取液，甲醇定容。吸取 5 mL 甲醇提取液置于浓缩瓶中，于 40℃水浴减压浓缩至 0.5 mL，留作薄层色谱用。

（2）猪油样品的处理：称取 5 g 猪油于 50 mL 具塞磨口的锥形瓶中称取猪油，加入 25 mL 甲醇，装上冷凝管于 75℃水浴上放置 5 min，待猪油完全溶解后将锥形瓶连同冷凝管一起自水浴中取出，振摇 30 s，再放入水浴 30 s；如此振摇 3 次后放入 75℃水浴，使甲醇层与油层分清后，将锥形瓶同冷凝管一起置冰水浴中冷却，猪油凝固。甲醇提取液通过滤纸滤入 50 mL 容量瓶中，再自冷凝管顶端加入 25 mL 甲醇，重复振摇提取 1 次，合并 2 次甲醇提取液，将该容量瓶置暗处放置，待升至室温后，甲醇定容。吸取 10 mL 甲醇提取液置浓缩瓶中，于 40℃水浴上减压浓缩至 0.5 mL，留作薄层色谱用。

（3）油炸花生米、酥糖、巧克力、饼干等含油食品：首先测定脂肪含量，与气相色谱法中固体样品提取脂肪方法相同。而后称取约 2 g 的脂肪，视提取的油脂是植物油还是动物油而决定提取方法。此法可同时定性检出 BHT、BHA、PG。如果试样点的色斑颜色较标准点深，可稀释后重新点样，估算含量。显色剂溶液见光易变质，应将此溶液配制后存于棕色瓶，临用时配制。配制时的溶液保存于冰箱中可供 3 d 使用。若点样量较大，可边点样边用吹风机吹干，点上一滴吹干后再继续点加。以免样点过大，影响展开结果。增大点样量，杂质干扰明显，尤其对硅胶板上的 BHA。薄层板必须涂布均匀。当点大量样液时，由于杂质多，样品中 BHT 或 BHA 点的 Rt 值（保留时间）可能略低于标准点。这时应在样品点上滴加标准溶液作内标，比较 Rt 值。PG 在硅胶 G 板上定性及半定量不可靠，有干扰，且 Rt 值太小，应进一步用聚酰胺板展开。

（四）比色法

试样通过水蒸气蒸馏，使 BHT 分离，用甲醇吸收、遇邻联二茴香胺与亚硝酸钠溶液生成橙红色，用三氯甲烷提取，与标准比较定量。称取试样于蒸馏瓶中，加无水氯化钙粉末及水，当甘油浴温度达到 165℃ 恒温时，将蒸馏瓶浸入甘油浴中，连接好水蒸气发生装置及冷凝装置，冷凝管下端浸入盛有甲醇的容量瓶中，进行蒸馏，蒸馏速度 1.5～2.0 mL/min，在 50～60 min 内收集约 100 mL 馏出液，用温热的甲醇分次洗涤冷凝管，洗液并入容量瓶中并稀释至刻度。

比色法仪器普及，方法较简便。薄层色谱法费用低、较快捷且简便易行。气相色谱法在样品前处理中，使用石油醚溶解油样过层析柱，用二氯甲烷分数次淋洗减压提干，最后用二硫化碳定容。其前处理净化、分离过程复杂烦琐容易造成样品中测定成分损失、净化不彻底，且采用试剂毒性大。而高效液相色谱法检测很好地避免了上述缺点，但在日常检测工作中，使用该标准方法进行检测，会因不同抗氧化剂的提取率不一致，而造成检测回收率偏低的问题。用于分析脂肪类食品中 BHA、BHT 的方法现有很多，选择哪种方法取决于待分析的食品。这些检测方法主要应用于液态食品，比如油脂类，随着方法的进一步发展，将使分析检测方法可适用于所有食品中 BHA 和 BHT 的检测。

二、没食子酸丙酯的测定

没食子酸丙酯（PG），白色至淡黄褐色结晶性粉末或乳白色针状结晶，无臭，稍具苦味，水溶液无味。难溶于水，易溶于热水、乙醇、乙醚、丙二醇、甘油、棉籽油、花生油等。熔点 146～150℃，对热较敏感，在熔点时即分解，因此应用于食品中其稳定性较差，不耐高温，不宜用于焙烤。遇铜、铁离子发生呈色反应，变为紫色或暗绿色，有吸湿性，对光不稳定，产生分解。对油脂的抗氧化能力强，与增效剂柠檬酸复配使用，抗氧化能力更强，尤其是与 BHA、BHT 复配使用抗氧化效果最好。

BHT 有臭味，对大白鼠有致癌作用，已有一些国家禁用；BHA 合成成本高，毒性较大，其是否有致癌作用尚在试验之中；TBHQ 在较高温度下易挥发并且过量食用可能对动物机体产生毒害作用。相比之下 PG 不仅低毒，使用安全性高，而且抗氧化性优于 BHT 及 BHA，因而广泛用于食用油脂、饲料、油炸食品、干鱼制品、富脂饼干、罐头及腊肉制品，是联合国粮农组织（FAO）和世界卫生组织（WTO）批准使用的优良油脂抗氧化剂之一。根据 GB 2760—2014 的规定，PG 在脂肪、油和乳化脂肪制品等食品中最大使用量为 0.1 g/kg，与 BHA 和 BHT 混合使用时，最大使用量不得超过 0.05 g/kg。PG 的检测方法主要有分光光度计法、高效液相色谱法和酶催化氧化法等。

（一）分光光度计法

1. 原理

试样经石油醚溶解，用乙酸铵水溶液提取后，没食子酸丙酯（PG）与亚铁-酒石酸盐起颜色反应，在波长 540 nm 处测定吸光度，与标准比较定量。

2. 试剂及仪器

（1）试剂。

①石油醚（沸程 30~60℃）、乙酸铵、硫酸亚铁、酒石酸钾钠等均为分析纯；PG 标准品。

②显色剂：称取 0.1 g 硫酸亚铁（$FeSO_4 \cdot 7H_2O$）和 0.5 g 酒石酸钾钠（$NaKC_4H_4O_6 \cdot 4H_2O$），加水溶解，稀释至 100 mL，临用前配制。

（2）仪器。分光光度计。

3. 操作步骤

（1）样品提取。称取 10 g 样品，用 100 mL 石油醚溶解，移入 250 mL 分液漏斗中，加 20 mL 乙酸铵溶液（16.7 g/L），振摇 2 min，静置分层，将水层放入 125 mL 分液漏斗中（如乳化，连同乳化层一起放下），石油醚层再用 20 mL 乙酸铵溶液（16.7 g/L）重复提取 2 次，合并水层。石油醚层用水振摇洗涤两次，每次 15 mL，水洗涤液并入同一 125 mL 分液漏斗中，振摇，静置。将水层通过干燥滤纸滤入 100 mL 容量瓶中，用少量水洗涤滤纸，加 2.5 mL 乙酸铵溶液（100 g/L），加水至刻度，摇匀。将此溶液用滤纸过滤，弃去初滤液的 20 mL，收集滤液供比色测定用。

（2）标准曲线绘制。

①PG 标准溶液：准确称取 10 mg PG 标准品溶于水中，转移到 200 mL 容量瓶中，纯水稀释至刻度。此溶液每毫升含 50 μg PG。

②准确吸取 0、1.0 mL、2.0 mL、4.0 mL、6.0 mL、8.0 mL、10.0 mLPG 标准溶液（相当于 0、50 μg、100 μg、200 μg、300 μg、400 μg、500 μgPG），分别置于 25 mL 带塞比色管中，加入 2.5 mL 乙酸铵溶液（100 g/L），准确加水至 24 mL，加入 1 mL 显色剂，摇匀。用 1 cm 比色杯，以零管调节零点，在波长 540 nm 处测定吸光度，根据吸光度与浓度线性回归绘制标准曲线。

（3）样品测定。吸取 20 mL 上述处理后的样品提取液于 25 mL 具塞比色管中，加入 1 mL 显色剂，加 4 mL 水，摇匀。波长 540 nm 处测定吸光度，根据标准曲线计算样品中 PG 的含量。

（二）高效液相色谱法

与采用高效液相色谱法测定食品中 BHA 和 BHT 抗氧化剂方法类似，采用甲醇或乙腈提取试样中的 PG，提取液净化后，280 nm 处高效液相色谱分析，外标法定量。

三、特丁基对苯二酚的测定

特丁基对苯二酚（TBHQ），又称叔丁基对苯二酚，白色到亮褐色晶状结晶或结晶粉末，无异味无臭，TBHQ 可溶于油、乙醇、乙酸乙酯、异丙酯、乙醚，稍溶于水，与金属离子（铁、铜）结合不变色，但碱存在时可转为粉红色。TBHQ 可显著增加食用油或脂肪的氧化稳定性，尤其是植物油。有研究表明：TBHQ 与游离胺类物反应产生不被接受的红色物质，影响了其在蛋白质食品中的应用。

TBHQ 的抗氧化活性与 BHA、BHT 相当或者优于它们，在油脂、焙烤食品、油炸谷物食品、肉制品中广泛应用。按脂肪含量添加 0.015% TBHQ 的自制香肠，20℃保存 30 d，其过氧化值为 0.061，而对照样升至 0.160（肉制品中过氧化值超过 0.10 为败坏指标）。TBHQ 主要测定方法为气相色谱法。

1. 试剂

丙酮，对苯二酚标准品，特丁基对苯二酚标准品：纯度≥99%，特丁基对苯醌标准品：纯度≥99%，2，5-二特丁基对苯二酚标准品：纯度≥99%。

2. 仪器

气相色谱仪：配有氢火焰离子化检测器和自动积分仪。

参考色谱条件色谱柱：HP-5 弹性石英毛细管柱，柱长 30 m，内径 0.32 mm，涂层厚度 0.25 μm；或其他等效的色谱柱。气流速度：载气为高纯氮气，线速为 30 cm/s。温度：柱温 220℃，进样口 250℃，检测器 300℃。分流比：20∶1。进样量：1 μL。

3. 操作步骤

（1）标准溶液的制备。分别称取 10 mg 对苯二酚、特丁基对苯二酚、特丁基对苯醌和 2，5-二特丁基对苯二酚标准品，用丙酮溶解，分别转移至 10 mL 容量瓶中，稀释定容至刻度，摇匀。

（2）试样液的制备。称取 0.2 g 试样，用丙酮溶解，转移至 10 mL 容量瓶中，稀释定容至刻度，摇匀。

（3）测定。在参考色谱条件下，对各标准溶液进行气相色谱分析，确定各标准品的保留时间，再注入试样液 1 μL，进行色谱分析。

4. 结果计算

采用面积归一法分别算出特丁基对苯二酚、特丁基对苯醌、2，5-二特丁基氢醌及对苯二酚的含量。实验结果以平行测定结果的算术平均值为准，特丁基对苯二酚测定结果的相对偏差不超过 0.2%，其他物质测定结果的相对偏差不超过 2%。

四、茶多酚的测定

茶多酚（TP）是茶叶中多酚类物质的总称，主要化学成分为儿茶素类（黄烷醇类）、黄酮及黄酮醇类、花青素类、酚酸及缩酚酸类、聚合酚类等化合物的复合体。其中儿茶素类化合物为茶多酚的主体成分，占茶多酚总量的 60%~80%。儿茶素类化合物主要包括儿茶素（EC）、没食子儿茶素（EGC）、儿茶素没食子酸酯（ECG）和没食子儿茶素没食子酸酯（EGCG）4 种物质。茶多酚为淡黄至茶褐色略带茶香的粉状固体或结晶，有涩味，易溶于水、乙醇、乙酸乙酯，微溶于油脂。耐热性及耐酸性好，在 pH 值 2~7 范围内均十分稳定，在碱性条件下易氧化褐变，遇铁离子生成绿黑色化合物。

茶多酚能竞争性的与自由基结合，终止自由基的链式反应，从而具有较强的抗氧化作用，是维生素 E 的 6~7 倍，维生素 C 的 5~10 倍。而化学合成的维生素 E、维生素 C 对于人体有潜在的毒副作用，自然状态下的维生素 E、维生素 C 怕光、不耐高温，易于氧化，而茶多酚弥补了这些缺点。茶多酚还具有抑菌作用，如对葡萄球菌、大肠杆菌、枯草杆菌等有抑制作用。茶多酚可吸附食品中的异味，因此具有一定的除臭作用。对食品中的色素具有保护作用，它既可起到天然色素的作用，又可防止食品褪色，茶多酚还具有抑制亚硝酸盐的形成和积累作用。茶多酚与维生素 C、维生素 E 有协同效应，与柠檬酸共同使用效果更好。所以建立准确、高效的茶多酚检测方法对茶叶及茶多酚制品（茶饮料、茶食品、保健品）的质量评价、茶多酚代谢的生理调控机制研究等具有非常重要的作用。茶多酚测定主要包括总量检测与组分检测两部分。总量测定方法包括分光光度法、电化学分析方法、近红外光谱法，组分测定方法包括色谱法、毛细管电泳法。

（一）分光光度法

1. 原理

茶叶磨碎样中的茶多酚用 70% 的甲醇在 70℃ 水浴上提取，福林酚试剂氧化茶多酚中的羟基基团并显蓝色，最大吸收波长为 765 nm，用没食子酸作校正标准定量茶多酚。

2. 试剂及仪器

（1）试剂。

①甲醇、碳酸钠、福林酚试剂等均为分析纯，没食子酸标准品。

②10% 福林酚试剂：将 20 mL 福林酚试剂用纯水稀释并定容于 200 mL 容量瓶中，现用现配。

③7.5% 碳酸钠溶液：称取 37.5 g 碳酸钠，蒸馏水溶解，转移到 500 mL 容量瓶中，定容至刻度，摇匀（室温下可保存 1 个月）。

（2）仪器：分光光度计，酸度计，离心机。

3. 操作步骤

（1）样品提取。准确称取 0.2 g 茶叶于 10 mL 离心管中，加入在 70℃ 中预热过的 70% 甲醇水溶液 5 mL，玻璃棒充分搅拌均匀，立即转入 70℃ 水浴中浸提 10 min（隔 5 min 搅拌一次），浸提后冷却至室温，4000 r/min 离心 10 min，上清液转移至 10 mL 容量瓶中，滤渣再加入 70% 甲醇水溶液 5 mL 提取一次，合并两次滤液，定容至 10 mL。

（2）标准曲线绘制。

①没食子酸标准溶液：称取 0.110 g 没食子酸于 100 mL 容量瓶中，纯水溶解定容，得浓度为 1000 μg/mL 的标准储备液。准确吸取 0、1.0 mL、2.0 mL、3.0 mL、4.0 mL、5.0 mL 标准储备液于 100 mL 容量瓶中，纯水定容至刻度，摇匀，得到浓度分别为 0、10 μg/mL、20 μg/mL、30 μg/mL、40 μg/mL、50 μg/mL 的标准溶液。

②准确吸取没食子酸标准溶液 1.0 mL 于刻度试管中，加入 10% 福林酚试剂 5.0 mL，摇匀，反应 3~8 min。再加入 7.5% 碳酸钠溶液 4.0 mL，加水定容至刻度，摇匀，室温下放置 60 min。用 1 cm 比色皿，以零管调节零点，在波长 765 nm 处测定吸光度，根据吸光度与没食子酸浓度线性回归绘制标准曲线。

（3）样品的测定。吸取 1.0 mL 上述处理后的茶叶提取液，同标准溶液处理。765 nm 处测定吸光度，根据标准曲线计算茶叶中茶多酚的含量。

4. 注意事项

福林酚法主要利用福林酚的强氧化性，与多酚反应变蓝，在 765 nm 处进行检测。福林酚还经常用于蛋白质的检测，所以福林酚法并不能有效区分茶多酚，一些还原性氨基酸、植物中非多酚类酚性物质、抗坏血酸等均影响测定结果。

（二）邻二氮菲间接测定法

邻二氮菲是测定微量铁的高灵敏、高选择性试剂。利用在 pH 值为 4~7 的 HAc-NaAc 缓冲溶液中，茶多酚能将 Fe^{3+} 还原成 Fe^{2+}，生成橘红色配位化合物，表面活性剂溴化十六烷基三甲胺（CTMAB）可以增敏 Fe^{2+} 与邻二氮菲的反应，间接测定茶多酚。用鞣酸为标样配制浓度为 1 mg/mL 的水溶液作为茶多酚标准溶液。吸取适量茶多酚标准溶液于 50 mL 容量瓶中，然后依次加入 0.05 mol/L 的 $NH_4Fe(SO_4)_2$ 溶液 1.0 mL，邻二氮菲（0.369 g/L）3.0 mL，溴化十六烷基三甲胺（2 g/L）9.0 mL，HAc-NaAc 缓冲溶液（pH 值为 4~7）5.0 mL，摇匀，纯水稀释至刻度，摇匀，放置 1 h，以试剂空白为参比，测定溶液在 510 nm 处的吸光度。茶叶经纯水提取后，吸取提取液 1 mL 同样测定。

（三）高效液相色谱法

1. 原理

茶叶磨碎样中的儿茶素类用 70% 的甲醇在 70℃ 水浴上提取，C_{18} 柱分离，梯度洗脱分离检测，根据保留时间定性，峰面积定量。

2. 试剂及仪器

（1）试剂：乙二胺四乙酸、抗坏血酸、乙酸等均为分析纯，乙腈色谱纯。

①乙二胺四乙酸（EDTA）溶液：10 mg/mL，现配现用。

②抗坏血酸溶液：10 mg/mL，现配现用。

③稳定液：分别将 EDTA 溶液 25 mL、抗坏血酸溶液 25 mL、乙腈 50 mL 加入 500 mL 容量瓶中，水定容至刻度，摇匀。

（2）仪器。高效液相色谱仪（含紫外检测器或 DAD 检测器）。

色谱参考条件：色谱柱 Hypersil BDS C18（4.6 mm×150 mm×5 μm，或相当者），流动相 A 相为体积分数 0.5% HAc 水溶液与乙腈体积比为 95：5，B 相为甲醇与乙腈与 0.5% 醋酸水溶液体积比为 50：30：20，梯度洗脱（洗脱程序见表 6-1）；流速为 0.8 mL/min，检测波长为 280 nm，柱温 25℃。

表 6-1　流动相梯度程序

t/min	φ（A）/%	φ（B）/%
0	100	0
10	85	15
20	80	20
24	75	25
25	50	50
30	50	50

3. 操作步骤

（1）样品提取。同"分光光度法"中的样品提取，滤液放置室温，0.45 μm 滤膜过滤，待测。

（2）标准曲线的绘制。准确称取 EC、EGC、ECG、EGCG 等标样各 5 mg，用甲醇定容至

50 mL，摇匀。分别进样，根据保留时间定性，峰面积定量。不同浓度标准溶液的峰面积与浓度回归建立标准曲线。

（3）样品的测定。吸取 20 μL 样品滤液进样分析，测得峰面积，根据标准曲线计算样品中茶多酚各组分的含量。

第五节　食品中漂白剂的测定

漂白剂是破坏、抑制食品的发色因素，使其褪色或使食品免于褐变的物质，通过氧化还原反应以达到漂白物品的功用，而把一些物品的颜色去除或变淡。常用的漂白剂从作用机制可分为还原型漂白剂和氧化型漂白剂两类。还原型漂白剂主要有二氧化硫、亚硫酸钠、亚硫酸氢钠、焦亚硫酸钠等；氧化型漂白剂主要有双氧水、次氯酸、漂白粉、高锰酸钾等，具有相当的氧化能力。

已列入 GB 2760—2014《食品添加剂使用标准》的漂白剂全部以亚硫酸及其盐制剂为主，主要包括硫黄、二氧化硫、亚硫酸氢钠、亚硫酸钠、偏重亚硫酸盐（焦亚硫酸盐）、低亚硫酸盐（连二亚硫酸钠、次硫酸钠、保险粉）。下文将主要介绍二氧化硫的应用和测定方式。

二氧化硫又称无水亚硫酸，是一种无色、有刺激气味的气体，是一种很强的还原剂；对食品有漂白和防腐作用，常用作漂白剂和防腐剂。常温下为无色不燃性气体，有强烈的刺激味。易溶于水，与水化合为亚硫酸，亚硫酸不稳定，易分解放出二氧化硫。二氧化硫随着食品进入体内后生成亚硫酸盐，并由组织细胞中的亚硫酸氧化酶将其氧化为硫酸盐，通过正常解毒后最终由尿排出体外。少量的二氧化硫进入机体可以认为是安全无害的，气体二氧化硫对眼、咽喉、上呼吸道有强烈刺激，液态二氧化硫对皮肤可致冷冻灼伤，过量二氧化硫则会对人体健康造成危害，会使人嗓子变哑、流泪、流涕甚至失去知觉，同时对胃肠和肝脏造成损害。因此，GB 2760—2014《食品添加剂使用标准》对食品中二氧化硫的允许残留量做了强制性的规定。其 ADI 值为 $0 \sim 0.7$ mg/kg（以 SO_2 计，FAO/WHO，2001），我国允许在葡萄酒、果酒中添加二氧化硫最大使用量不超过 0.25 g/L（以 SO_2 残留量计）。

目前，在果脯加工过程中，使用较多的是含二氧化硫的添加剂，借其所具有的氧化或还原能力抑制、破坏果脯中的变色基团，使果脯褪色或免于发生褐变。使用二氧化硫作为添加剂主要有两个用途，一是用于果干、果脯等的漂白，令其外观色泽均匀，被称为食品"化妆品"。二是二氧化硫还具有防腐、抗氧化等功效，能使食品延长保质期。二氧化硫可与有色物质作用而进行漂白，同时还具有还原作用可以抑制氧化酶的活性，从而抑制酶促褐变。由于亚硫酸可与葡萄糖作用而阻断由于"羰氨反应"所造成的非酶褐变。一般在果脯加工过程中要求漂白剂除了对果脯色泽有一定作用外，对果脯品质、营养价值及保存期应有良好的作用。测定食品中亚硫酸盐的含量也就是测定食品中二氧化硫的含量，常用的测定方法有：盐酸副玫瑰苯胺法、滴定法、碘量法、高效液相色谱法、极谱法、离子排阻色谱法等，其中常用的是前两种方法。

一、盐酸副玫瑰苯胺法

（一）原理

二氧化硫（或来自亚硫酸盐）被四氯汞钠吸收后，反应生成稳定的络合物，再与甲醛和盐酸副玫瑰苯胺作用，生成紫红色的络合物，其颜色深浅与二氧化硫的浓度成正比，可用分光光度计测定。

（二）试剂及仪器

1. 试剂

（1）四氯汞钠溶液：称取 13.6 g 氯化汞及 6.0 g 氯化钠，溶于水中并稀释至 1000 mL，放置过夜，过滤后使用。

（2）12 g/L 氨基磺酸铵溶液：称取 1.2 g 氨基磺酸铵于 50 mL 烧杯中，用水转入 100 mL 容量瓶中，定容。

（3）2 g/L 甲醛溶液：吸取 0.55 mL、36% 无聚合沉淀的甲醛，加水定容至 100 mL，混匀。

（4）10 g/L 淀粉指示液：称取 1 g 可溶性淀粉，用少许水调成糊状，缓缓倾入 100 mL 沸水中，随加随搅拌，煮沸，放冷备用。该指示剂的使用期限 2 周，如果在溶液中加入几滴甲醛溶液，使用期限可延长数月。

（5）亚铁氰化钾溶液：称取 10.6 g 亚铁氰化钾 $[K_4Fe(CN)_6 \cdot 3H_2O]$，加水溶解并稀释至 100 mL。

（6）乙酸锌溶液：称取 22 g 乙酸锌 $[Zn(CH_3COO)_2 \cdot 2H_2O]$ 溶于少量水中，加入 3 mL 冰乙酸，加水稀释至 100 mL。

（7）盐酸副玫瑰苯胺溶液：称取 0.1 g 盐酸副玫瑰苯胺（$C_{19}H_{18}N_3Cl \cdot 4H_2O$）于研钵中，加少量水研磨使其溶解并稀释至 100 mL。取出 20 mL 于 100 mL 容量瓶中，加盐酸（1:1）充分摇匀后使溶液由红变黄，如不变黄再滴加少量盐酸至出现黄色，再加水稀释至刻度，混匀备用（如无盐酸副玫瑰苯胺可用盐酸品红代替）。

（8）0.1 mol/L 碘溶液：称取 12.7 g 碘及 35 g 碘化钾，溶于 100 mL 水中，稀释至 1000 mL，摇匀，储存于棕色瓶中。

（9）浓度 0.1 mol/L 硫代硫酸钠标准溶液的配制与标定。

①配制：称取 25 g 硫代硫酸钠（$Na_2S_2O_3 \cdot 5H_2O$）（或 16 g 无水硫代硫酸钠），加 0.2 g 无水碳酸钠，溶于 1000 mL 水中，缓缓煮沸 10 min，冷却。放置两周后过滤。

②标定：称取 0.18 g 于 120℃ 干燥至恒重的工作基准试剂重铬酸钾，置于碘量瓶中，溶于 25 mL 水，加 2 g 碘化钾及 20 mL 硫酸溶液（20%），摇匀，于暗处放置 10 min。加 150 mL 水（15~20℃），用配制好的硫代硫酸钠溶液滴定，近终点时加 2 mL 淀粉指示液（10 g/L），继续滴定至溶液由蓝色变为亮绿色。同时做空白试验。计算硫代硫酸钠标准溶液浓度。

（10）二氧化硫标准溶液的配制和标定。

①配制：称取 0.5 g 亚硫酸钠溶于 200 mL 四氯汞钠溶液中，放置过夜，上清液用定量滤纸过滤，备用。

②标定：吸取 10.0 mL 亚硫酸钠-四氯汞钠溶液于 250 mL 碘量瓶中，加 100 mL 水，准确

加入 20.00 mL、0.1 mol/L 碘溶液，5 mL 冰乙酸，摇匀，放于暗处 2 min 后迅速用浓度为 0.1 mol/L 的硫代硫酸钠标准溶液滴定至淡黄色，加 0.5 mL 淀粉指示液，继续滴定至无色。另取 100 mL 水，准确加入 20.0 mL、0.1 mol/L 的碘溶液，5 mL 冰乙酸，按同一方法做试剂空白。计算二氧化硫标准溶液质量浓度。

（11）二氧化硫使用液的配制。临用前将二氧化硫标准溶液以四氯汞钠吸收液稀释成每毫升当于 2 μg 的二氧化硫。

（12）20 g/L 氢氧化钠溶液、硫酸（1：71）。

2. 仪器

分光光度计。

（三）操作步骤

1. 样品处理

（1）水溶性固体（白砂糖等）。称取约 10 g 均匀样品（样品量可视二氧化硫含量而定），用少量水溶解后转入 100 mL 容量瓶中，加 4 mL、20 g/L 氢氧化钠溶液，5 min 后再加 4 mL 硫酸（1：71），混匀，加入 20 mL 四氯汞钠吸收液，用蒸馏水定容至刻度，备用。

（2）其他固体样品（如饼干、粉丝等）。称取 5～10 g 研磨均匀的样品，用少量水湿润并移入 100 mL 容量瓶中，加入 20 mL 四氯汞钠吸收液浸泡 4 h 以上。若上层溶液不澄清，可加入亚铁氰化钾溶液及乙酸锌溶液各 2.5 mL，再用水定容至刻度，过滤后备用。

（3）液体样品（如葡萄酒等）。直接吸取 5～10 mL 样品于 100 mL 容量瓶中，以少量水稀释，加 20 mL 四氯汞钠吸收液摇匀，加水定容至刻度，混匀，必要时过滤备用。

2. 标准曲线绘制

分别吸取 0、0.2 mL、0.4 mL、0.6 mL、0.8 mL、1.0 mL、1.5 mL、2.0 mL 二氧化硫标准使用液（相当于 0，0.4 μg、0.8 μg、1.2 μg、1.6 μg、2.0 μg、3.0 μg、4.0 μg 二氧化硫）于 25 mL 带塞比色管中。各加入四氯汞钠吸收液至 10 mL，然后再加 12 g/L 氨基磺酸铵溶液、2 g/L 甲醛溶液及盐酸副玫瑰苯胺溶液各 1 mL，摇匀，放置 20 min。用 1 cm 比色皿，以零管调零，于波长 550 nm 处测吸光度，绘制标准曲线。

3. 样品测定

吸取 0.5～5.0 mL 样品处理液于 25 mL 带塞比色管中，按照标准曲线的方法处理，550 nm 处测吸光度。根据所测样品的吸光度从标准曲线上查出其二氧化硫的含量，计算样品中二氧化硫的含量。

（四）注意事项

（1）本法适用于食品中亚硫酸盐残留物的测定，检出限为 1 mg/kg。颜色较深的样品需用活性炭脱色。亚硝酸对反应有干扰，可加入氨基磺酸铵使其分解。

（2）样品中的亚硫酸可以与食品中的醛、酮、糖结合成结合型的亚硫酸，加入碱可以使其释放出来有利于测定。由于最后的显色反应是在微酸性条件下进行的，因此需要加入硫酸调节酸度。

（3）样品中加入四氯汞钠吸收液以后，溶液中的 SO_2 含量在 24 h 之内稳定，测定需在 24 h 内进行。

（4）配置盐酸副玫瑰苯胺溶液时，盐酸用量须严格控制。加入量过大，显色浅；加入量过少，显色深。盐酸副玫瑰苯胺加入盐酸调节成黄色，必须放置过夜后使用，以空白管不显色为宜，否则需重新用盐酸调节。

（5）盐酸副玫瑰苯胺精制方法：称取20 g盐酸副玫瑰苯胺于400 mL水中，用50 mL盐酸（1∶5）酸化，慢慢搅拌，4~5 g活性炭，加热煮沸2 min。将混合物倒入大漏斗中，过滤（用保温漏斗趁热过滤）。滤液放置过夜，出现结晶，然后再用布氏漏斗抽滤，将结晶再悬浮于1000 mL乙醚-乙醇（10∶1）的混合液中，振摇3~5 min，以布氏漏斗抽滤，再用乙醚反复洗涤至醚层不带色为止，于硫酸干燥器中干燥，研细后储于棕色瓶中保存。

（6）SO_2标准溶液的浓度随放置时间的延长逐渐降低，因此临用前必须标定其浓度。

（7）本方法用四氯汞钠作为萃取剂，如果用水作萃取剂易造成SO_2的丢失；四氯汞钠吸收液是剧毒试剂，易造成对实验室内外环境的汞污染，应注意安全防护。

（8）此方法适用于含SO_2<50 mg/kg的样本。如果样本中SO_2含量高时，适于用碘量法测定。

（9）本方法检测时间长，对于某些种类的样品，可能存在干扰物质产生假阳性；红色或玫瑰红色的样品，如葡萄酒等，则在550 nm处测定波长时会产生干扰，并且偏差无规律可循，无法消除干扰。

二、蒸馏法

（一）原理

在密闭容器中对样品酸化并加热蒸馏，以释放出其中的二氧化硫，释放物用乙酸铅溶液吸收。吸收后用浓盐酸酸化，再以碘标准溶液滴定，根据所消耗的碘标准溶液量计算出样品中的二氧化硫含量。蒸馏法适用于果脯、干菜、米粉类、粉条、砂糖、食用菌和葡萄酒等食品中总二氧化硫的测定。

（二）试剂及仪器

1. 试剂

（1）盐酸。浓盐酸用水稀释1倍。

（2）20 g/L乙酸铅溶液。称取2 g乙酸铅，溶于少量水中并稀释至100 mL。

（3）0.01 mol/L碘标准溶液的配制和标定。先配制和标定0.1 mol/L的碘标准溶液，然后稀释10倍得到浓度为0.01 mol/L的碘标准溶液。

①配制：称取13 g左右的碘及35 g碘化钾，溶于少量水中，转入1000 mL的棕色容量瓶中，加水定容，混匀，暗处保存备用。碘溶液的浓度可用已标定好的$Na_2S_2O_3$标准溶液来标定，也可用As_2O_3来标定。

②标定：准确吸取20~25 mL碘溶液，加50 mL水，30 mL、0.1 mol/L的盐酸溶液，摇匀，用浓度为0.1 mol/L的$Na_2S_2O_3$的标准溶液滴定至微黄色时，加3 mL质量分数为0.5%的淀粉指示剂，继续滴定至溶液的蓝色消失即为终点。碘标准溶液浓度计算如式（6-11）所示：

$$c = \frac{V_1 \times c_1}{V} \tag{6-11}$$

式中：c——碘标准溶液的浓度，mol/L；

V_1——滴定消耗 $Na_2S_2O_3$ 的标准溶液的体积，mL；

c_1——$Na_2S_2O_3$ 标准溶液的浓度，mol/L；

V——吸取碘标准溶液的体积，mL。

（4）10 g/L 淀粉指示液：与盐酸副玫瑰苯胺比色法中淀粉指示剂的配制方法相同。

2. 仪器

全玻蒸馏器、碘量瓶、酸式滴定管。

（三）操作步骤

1. 样品处理

固体样品用刀切或剪刀剪成碎末后混匀，称取约 5 g 均匀样品（样品量可视其中二氧化硫的含量高低而定）；液体样品可直接吸取 5~10 mL 于 500 mL 圆底蒸馏烧瓶中。

2. 样品测定

（1）蒸馏。将称好的样品放入圆底烧瓶中，加入 250 mL 水，接好冷凝装置。碘量瓶中加入 25 mL、20 g/L 乙酸铅作吸收液，将冷凝管的下端插入其中。这些准备工作完成后，向蒸馏瓶中加入 10 mL 盐酸（1：1），立即盖好并开始加热蒸馏。当收集到的蒸馏液约 200 mL 时，使冷凝管下端离开液面，再蒸馏 1 min。用少量蒸馏水冲洗冷凝管下端。同时做空白实验。

（2）滴定。在取下的碘量瓶中依次加入 10 mL 浓盐酸，1 mL、10 g/L 淀粉指示液，摇匀，用浓度为 0.01 mol/L 碘标准溶液滴定至溶液变蓝且在 30 s 内不褪色为终点，记录碘标准溶液的用量。根据消耗的碘标准溶液的体积计算样品中二氧化硫的含量。

（四）结果计算见式（6-12）

$$X = \frac{(V_1 - V_2) \times 0.01 \times 0.032 \times 1000}{m} \tag{6-12}$$

式中：X——样品中二氧化硫总含量，g/kg；

V_1——滴定样品所用碘标准溶液的体积，mL；

V_2——滴定试剂空白所用碘标准溶液的体积，mL；

m——样品质量，g；

0.032——1 mL、1.0 mol/L 碘标准溶液相当的二氧化硫的质量，g；

0.01——碘标准溶液的浓度，mol/L。

当二氧化硫含量≥1 g/kg（L）时，结果保留 3 位有效数字；当二氧化硫含量<1 g/kg（L）时，结果保留两位有效数字。

（五）注意事项

蒸馏滴定法所用吸收液中含铅，毒性较大且易造成环境污染和可能产生假阴性等问题。滴定法操作简便，但灵敏度低，不适合乙酸等挥发性有机酸含量较高的食品。各种新型检测方法也不断应用于食品中亚硫酸盐的检测中，如荧光法、化学发光法、电化学法和酶法等，同时一些新的分离检测技术，如气体扩散膜分离、流动注射、离子色谱、毛细管电泳和各类传感器等的发展也十分迅速，未来的趋势是进一步建立更加简洁、精确、快速的检测方法。

第六节　食品中护色剂的测定

在食品加工中，为了保护或改善食品的色泽，除了使用色素直接对食品着色外，有时还需要使用护色剂。食品护色剂是指本身不具有颜色，但能使食品产生颜色或使食品的色泽得到改善（如加强或保护）的食品添加剂，也叫发色剂或呈色剂。护色剂主要用于肉制品，在肉类腌制品中最常使用的护色剂有硝酸钠（钾）和亚硝酸钠（钾）。硝酸盐用于肉类制品中不仅用于固定和增强肉的红色，改善肉的感官性状，而且具有防腐作用，能抑制微生物的生长。但是亚硝酸盐的毒性较大，过量亚硝酸盐进入血液后，可使人体正常的血红蛋白变成高铁血红蛋白，从而失去携氧功能，引起消费者急性中毒；亚硝酸盐还是致癌物Ⅳ–亚硝基化合物合成的前体物质，在一定的条件下可以与胺类作用，生产具有致癌性的Ⅳ–亚硝基化合物。如果消费者长期摄入含亚硝酸盐的食品将影响健康，因此食品标准除规定了护色剂的使用量外，还规定了残留量标准。GB 2760—2014《食品添加剂使用标准》规定：硝酸钠可用于肉制品，最大使用量为 0.5 g/kg，残留量以亚硝酸钠计，不得超过 0.03 g/kg，CCFA（国际食品添加剂法典委员会）建议此添加剂可用于火腿和猪脊肉，最大用量 0.5 g/kg，单独或与硝酸钾并用。此外，本品还可用于多种干酪防腐，最大用量为 0.5 g/kg，单独或与硝酸钾并用。亚硝酸盐可用于肉类罐头和肉制品，最大使用量为 0.15 g/kg，残留量以亚硝酸钠计，肉类罐头不得超过 0.05 g/kg，肉制品不得超过 0.03 g/kg，本品多配成混合盐对原料肉进行腌制，CCFA 建议用于午餐肉、碎猪肉、猪脊肉和火腿时，最大用量为 0.125 g/kg，咸牛肉罐头为 0.05 g/kg，单独或与亚硝酸钾并用。硝酸盐和亚硝酸盐测定方法很多，广泛使用的测定方法为格里斯试剂比色法（盐酸萘乙二胺比色法），镉柱法测定硝酸盐含量。其他还有示波极谱法、气相色谱法、荧光法和离子选择性电极法等。

一、离子色谱法

（一）原理

试样经沉淀蛋白质、除去脂肪后，采用相应的方法提取和净化，以氢氧化钾溶液为淋洗液，阴离子交换柱分离，电导检测器检测。以保留时间定性，外标法定量。

（二）试剂及仪器

1. 试剂

（1）乙酸、氢氧化钾、亚硝酸根离子（NO_2^-）标准溶液（100 mg/L）、硝酸根离子（NO_3^-）标准溶液（1000 mg/L）。

（2）3%乙酸溶液：量取乙酸 3 mL 于 100 mL 容量瓶中，以水稀释至刻度，混匀。

（3）亚硝酸盐（以 NO_2^- 计，下同）和硝酸盐（以 NO_3^- 计，下同）混合标准使用液：准确移取亚硝酸根离子（NO_2^-）和硝酸根离子（NO_3^-）的标准溶液各 1.0 mL 于 100 mL 容量瓶中，用水稀释至刻度，此溶液每 1 L 含亚硝酸根离子 1.0 mg 和硝酸根离子 10.0 mg。

2. 仪器

离子色谱仪（配电导检测器或紫外检测器）、超声波清洗机、高速离心机。

（三）操作步骤

1. 样品预处理

（1）新鲜蔬菜、水果：将试样用去离子水洗净，晾干后，取可食部切碎混匀。将切碎的样品用四分法取适量，用食物粉碎机制成匀浆备用。如需加水应记录加水量。

（2）肉类、蛋、水产及其制品：用四分法取适量或取全部，用食物粉碎机制成匀浆备用。

（3）乳粉、豆奶粉、婴儿配方粉等固态乳制品（不包括干酪）：将试样装入能够容纳2倍试样体积的带盖容器中，通过反复摇晃和颠倒容器使样品充分混匀直到使试样均一化。

（4）发酵乳、乳、炼乳及其他液体乳制品：通过搅拌或反复摇晃和颠倒容器使试样充分混匀。

（5）干酪：取适量样品研磨成均匀泥浆状；为避免水分损失，研磨过程中应避免产生过多热量。

2. 提取

（1）水果、蔬菜、鱼类、肉类、蛋类及其制品：称取试样匀浆 5 g（可根据样品含量适当调整试样取样量，以下相同），以 80 mL 水洗入 100 mL 容量瓶中，超声提取 30 min，每隔 5 min 振摇一次，保持固相完全分散。于 75℃ 水浴中放置 5 min，取出放置至室温，加水稀释至刻度。溶液经滤纸过滤后，取部分溶液于 10000 r/min 离心 15 min，上清液备用。

（2）腌鱼类、腌肉类及其他腌制品：称取试样匀浆 2 g，以 80 mL 水洗入 100 mL 容量瓶中，超声提取 30 min，每 5 min 振摇一次，保持固相完全分散。于 75℃ 水浴中放置 5 min，取出放置至室温，加水稀释至刻度。溶液经滤纸过滤后，取部分溶液于 10000 r/min 离心 15 min，上清液备用。

（3）乳：称取试样 10 g，置于 100 mL 容量瓶中，加水 80 mL，摇匀，超声 30 min，加入 3%乙酸溶液 2 mL，于 4℃ 放置 20 min，取出放置至室温，加水稀释至刻度。溶液经滤纸过滤，取上清液备用。

（4）乳粉：称取试样 2.5 g，置于 100 mL 容量瓶中，加水 80 mL，摇匀，超声 30 min，加入 3%乙酸溶液 2 mL，于 4℃ 放置 20 min，取出放置至室温，加水稀释至刻度。溶液经滤纸过滤，取上清液备用。

（5）取上述备用的上清液约 15 mL，通过 0.22 μm 水性滤膜针头滤器、C18 柱，弃去前面 3 mL（如果氯离子大于 100 mg/L，则需要依次通过针头滤器、C18 柱、Ag 柱和 Na 柱，弃去前面 7 mL），收集后面洗脱液待测。

固相萃取柱使用前需进行活化，如使用 On-GuardIIRP 柱（1.0 mL）、On-GuardIIAg 柱（1.0 mL）和 On-GuardIINa 柱（1.0 mL），其活化过程为：On-GuardIIRP 柱（1.0 mL）使用前依次用 10 mL 甲醇、15 mL 水通过，静置活化 30 min。On-GuardIIAg 柱（1.0 mL）和 On-GuardIINa 柱（1.0 mL）用 10 mL 水通过，静置活化 30 min。

3. 参考色谱条件

（1）色谱柱。应为具有氢氧化物选择性，可兼容梯度洗脱的高容量阴离子交换柱，或性能相当的离子色谱柱。

（2）淋洗液。

①一般试样：氢氧化钾溶液，浓度为 6~70 mmol/L；洗脱梯度为 6 mmol/L、30 min，70 mmol/L、5 min，6 mmol/L、5 min；流速 1.0 mL/min。

②粉状婴幼儿配方食品：氢氧化钾溶液，浓度为 5~50 mmol/L；洗脱梯度为 5 mmol/L、33 min，50 mmol/L、5 min，5 mmol/L、5 min；流速 1.3 mL/min。

（3）抑制器：连续自动再生膜阴离子抑制器或等效抑制装置。

（4）检测器：电导检测器，检测池温度为 35℃。

（5）进样体积：50 μL（可根据试样中被测离子含量进行调整）。

4. 标准曲线绘制

移取亚硝酸盐和硝酸盐混合标准使用液，加水稀释，制成系列标准溶液，含亚硝酸根离子浓度为 0.00、0.02 mg/L、0.04 mg/L、0.06 mg/L、0.08 mg/L、0.10 mg/L、0.15 mg/L、0.20 mg/L；硝酸根离子浓度为 0.0、0.2 mg/L、0.4 mg/L、0.6 mg/L、0.8 mg/L、1.0 mg/L、1.5 mg/L、2.0 mg/L 的混合标准溶液，从低到高浓度依次进样。得到上述各浓度标准溶液的色谱图。以亚硝酸根离子或硝酸根离子的浓度（mg/L）为横坐标，以峰高（μS）或峰面积为纵坐标，绘制标准曲线或计算线性回归方程。

5. 样品测定

分别吸取空白和试样溶液 50 μL，在相同工作条件下，依次注入离子色谱仪中，记录色谱图。根据保留时间定性，分别测量空白和样品的峰高（μS）或峰面积。

（四）结果计算

试样中亚硝酸盐（以 NO_2^- 计）或硝酸盐（以 NO_3^- 计）含量按式（6-13）计算：

$$X = \frac{(c - c_0) \times V \times f \times 1000}{m \times 1000} \qquad (6-13)$$

式中：X——试样中亚硝酸根离子或硝酸根离子的含量，mg/kg；

c——测定用试样溶液中的亚硝酸根离子或硝酸根离子浓度，mg/L；

c_0——试剂空白液中亚硝酸根离子或硝酸根离子的浓度，mg/L；

V——试样溶液体积，mL；

f——试样溶液稀释倍数；

m——试样取样量，g。

说明：试样中测得的亚硝酸根离子含量乘以换算系数 1.5，即得亚硝酸盐（按亚硝酸钠计）含量；试样中测得的硝酸根离子含量乘以换算系数 1.37，即得硝酸盐（按硝酸钠计）含量。

以重复性条件下获得的两次独立测定结果的算术平均值表示，结果保留两位有效数字。

二、盐酸萘乙二胺法

（一）原理

亚硝酸盐采用盐酸萘乙二胺法测定，硝酸盐采用镉柱还原法测定。试样经沉淀蛋白质、除去脂肪后，在弱酸条件下亚硝酸盐与对氨基苯磺酸重氮化后，再与盐酸萘乙二胺偶合形成紫红色染料，外标法测得亚硝酸盐含量。采用镉柱将硝酸盐还原成亚硝酸盐，测得亚硝酸盐总量，由此总量减去亚硝酸盐含量，即得试样中硝酸盐含量。

（二）试剂及仪器

1. 试剂

（1）亚铁氰化钾（$K_4Fe(CN)_6 \cdot 3H_2O$）、乙酸锌（$Zn(CH_3COO)_2 \cdot 2H_2O$）、冰乙酸、硼酸钠（$Na_2B_4O_7 \cdot 10H_2O$）、盐酸、对氨基苯磺酸（$C_6H_7NO_3S$）、盐酸萘乙二胺（$C_{12}H_{14}N_2 \cdot 2HCl$）、亚硝酸钠、硝酸钠等均为分析纯。

（2）亚铁氰化钾溶液（106 g/L）：称取106.0 g亚铁氰化钾，用水溶解，并稀释至1000 mL。

（3）乙酸锌溶液（220 g/L）：称取220.0 g乙酸锌，先加30 mL冰乙酸溶解，用水稀释至1000 mL。

（4）饱和硼砂溶液（50 g/L）：称取5.0 g硼酸钠，溶于100 mL热水中，冷却后备用。

（5）0.1 mol/L盐酸溶液：吸取8.4 mL盐酸，用水稀释至1 L。

（6）对氨基苯磺酸溶液（4 g/L）：称取0.4 g对氨基苯磺酸，溶于100 mL、20%（V/V）盐酸中，置棕色瓶中混匀，避光保存。

（7）盐酸萘乙二胺溶液（2 g/L）：称取0.2 g盐酸萘乙二胺，溶于100 mL水中，混匀后，置棕色瓶中，避光保存。

（8）硫酸镉溶液（0.14 mol/L）：称取37 g硫酸镉（$CdSO_4 \cdot 8H_2O$），用水溶解，定容至1 L。

（9）亚硝酸钠标准溶液（200 μg/mL）：准确称取0.1000 g于110~120℃干燥恒重的亚硝酸钠，加水溶解移入500 mL容量瓶中，加水稀释至刻度，混匀。

（10）亚硝酸钠标准使用液（5.0 μg/mL）：临用前，吸取亚硝酸钠标准溶液5.00 mL，置于200 mL容量瓶中，加水稀释至刻度。

（11）硝酸钠标准溶液（200 μg/mL，以亚硝酸钠计）：准确称取0.1232 g于110~120℃干燥恒重的硝酸钠，加水溶解，移入500 mL容量瓶中，并稀释至刻度。

（12）硝酸钠标准使用液（5.0 μg/mL）：临用时吸取硝酸钠标准溶液2.50 mL，置于100 mL容量瓶中，加水稀释至刻度。

（13）镉柱。

①海绵状镉的制备：投入足够的锌皮或锌棒于500 mL硫酸镉溶液（200 g/L）中，经过3~4 h，当其中的镉全部被锌置换后，用玻璃棒轻轻刮下，取出残余锌棒，使镉沉底，倾去上层清液，以水用倾泻法多次洗涤，然后移入组织捣碎机中，加500 mL水，捣碎约2 s，用水将金属细粒洗至标准筛上，取20~40目之间的部分。

②镉柱还原效率的测定：取25 mL酸式滴定管数支，向柱底压入1 mL高的玻璃棉作垫，上置一小漏斗，将新配制的镉粉带水加入柱内，边装边轻轻敲击柱排出柱内空气；加镉粉至8~10 cm高，上面用1 cm高的玻璃棉覆盖，上置一储液漏斗。

当镉柱填装好后，先用25 mL盐酸（0.1 mol/L）洗涤，再以水洗两次，每次25 mL，镉柱不用时用水封盖，随时都要保持水平面在镉层之上，不得使镉层夹有气泡。镉柱每次使用完毕后，应先以25 mL盐酸（0.1 mol/L）洗涤，再以水洗两次，每次25 mL，最后用水覆盖镉柱。

柱先加25 mL氯化铵缓冲液，至液面接近海绵镉时，吸取2.0 mL硝酸钠标准使用液。经柱还原，控制流速 3~5 mL/min，用 50 mL 容量瓶接收。加入 5 mL 氯化铵缓冲溶液，液面接近海绵镉时，加入 15 mL 水洗柱，还原液和洗液一并流入 50 mL 容量瓶中。加 60%、5 mL 乙酸，显色剂 10 mL，加水稀释至刻度，混匀，暗处放置 25 min。用 1 cm 比色杯，以标准零管调节零点，于波长 550 nm 处测吸光度，根据亚硝酸钠标准曲线计算还原效率（如镉柱还原率小于95%，应经盐酸浸泡活化处理）。

③还原效率按式（6-14）进行计算：

$$X = \frac{A \times 1.232}{20} \times 100 \quad (6-14)$$

式中：X——还原效率，%；

　　20——硝酸盐的质量，μg；

　　A——20 μg 硝酸盐还原后测得亚硝酸盐的质量，μg；

1.232——亚硝酸盐换算成硝酸盐的系数。

2. 仪器

天平、组织捣碎机、超声波清洗器、恒温干燥箱、分光光度计。

（三）操作步骤

1. 试样预处理

（1）新鲜蔬菜、水果。将试样用去离子水洗净，晾干后，取可食部切碎混匀。将切碎的样品用四分法取适量，用食物粉碎机制成匀浆备用。如需加水应记录加水量。

（2）肉类、蛋、水产及其制品。用四分法取适量或取全部，用食物粉碎机制成匀浆备用。

（3）乳粉、豆奶粉、婴儿配方粉等固态乳制品（不包括干酪）。将试样装入能够容纳 2 倍试样体积的带盖容器中，通过反复摇晃和颠倒容器使样品充分混匀直到使试样均一化。

（4）发酵乳、乳、炼乳及其他液体乳制品。通过搅拌或反复摇晃和颠倒容器使试样充分混匀。

（5）干酪：取适量样品研磨成均匀泥浆状。为避免水分损失，研磨过程中应避免产生过多的热量。

2. 提取

称取 5 g 制成匀浆的试样（可根据样品含量适当调整试样的取样量），置于 50 mL 烧杯中，加 12.5 mL 饱和硼砂溶液，搅拌均匀，以约 300 mL 70℃左右的水将试样洗入 500 mL 容量瓶中，于沸水浴中加热 15 min，取出后冷却至室温。

3. 提取液净化

在振荡上述提取液时加入 5 mL 亚铁氰化钾溶液，摇匀，再加入 5 mL 乙酸锌溶液，以沉淀蛋白质。加水至刻度，摇匀，放置 30 min，除去上层脂肪，上清液用滤纸过滤，弃去初滤液 30 mL，滤液备用。

4. 亚硝酸盐的测定

吸取 40.0 mL 上述滤液于 50 mL 带塞比色管中，另吸取 0、0.2 mL、0.4 mL、0.6 mL、0.8 mL、1.0 mL、1.5 mL、2.0 mL、2.5 mL 亚硝酸钠标准使用液（相当于 0.0、1.0 μg、2.0 μg、3.0 μg、4.0 μg、5.0 μg、7.5 μg、10.0 μg、12.5 μg 亚硝酸钠），分别置于 50 mL 带塞比色管中。于标准管与试样管中分别加入 2 mL 对氨基苯磺酸溶液，混匀，静置 3~5 min

后各加入 1 mL 盐酸萘乙二胺溶液，加水至刻度，混匀，静置 15 min，用 2 cm 比色杯，以零管调节零点，于波长 538 nm 处测吸光度，绘制标准曲线比较。同时做试剂空白。

5. 硝酸盐的测定

经活化的镉柱先以 25 mL 稀氨缓冲液冲洗镉柱，流速控制在 3~5 mL/min（以滴定管代替的可控制在 2~3 mL/min）。吸取 20 mL 滤液于 50 mL 烧杯中，加 5 mL 氨缓冲溶液，混合后注入储液漏斗，使流经镉柱还原，以原烧杯收集流出液，当储液漏斗中的样液流尽后，再加 5 mL 水置换柱内留存的样液。将全部收集液如前再经镉柱还原一次，第二次流出液收集于 100 mL 容量瓶中，继续以水流经镉柱洗涤 3 次，每次 20 mL，洗液一并收集于同一容量瓶中，加水至刻度，混匀。

吸取 10~20 mL 还原后的样液于 50 mL 比色管中。以下按亚硝酸盐测定自"吸取 0、0.2 mL、0.4 mL、0.6 mL、0.8 mL、1.0 mL……"起依法操作。

（四）结果计算

1. 亚硝酸盐含量计算

亚硝酸盐（以亚硝酸钠计）的含量按式（6-15）进行计算：

$$X_1 = \frac{A_1 \times 1000}{m \times \dfrac{V_1}{V_0} \times 1000} \tag{6-15}$$

式中：X_1——试样中亚硝酸钠的含量，mg/kg；

A_1——测定用样液中亚硝酸钠的质量，μg；

m——试样质量，g；

V_1——测定用样液体积，mL；

V_0——试样处理液总体积，mL。

以重复性条件下获得的两次独立测定结果的算术平均值表示，结果保留两位有效数字。

2. 硝酸盐含量的计算

硝酸盐（以硝酸钠计）的含量按式（6-16）计算：

$$X_2 = \left(\frac{A_2 \times 1000}{m \times \dfrac{V_2}{V_0} \times \dfrac{V_4}{V_3} \times 1000} - X_1 \right) \times 1.232 \tag{6-16}$$

式中：X_2——试样中硝酸钠的含量，mg/kg；

A_2——经镉粉还原后测得总亚硝酸钠的质量，μg；

m——试样的质量，g；

1.232——亚硝酸钠换算成硝酸钠的系数；

V_2——测总亚硝酸钠的测定用样液体积，mL；

V_0——试样处理液总体积，mL；

V_3——经镉柱还原后样液总体积，mL；

V_4——经镉柱还原后样液的测定用体积，mL；

X_1——由式（6-15）计算出的试样中亚硝酸钠的含量，mg/kg。

以重复性条件下获得的两次独立测定结果的算术平均值表示，结果保留两位有效数字。

（五）注意事项

蔬菜、腌菜类食品中硝酸盐含量较高，可根据样品中硝酸盐的实际含量，将样品溶液稀释至适当浓度。

三、直接测定法

（一）硝酸钠含量的测定

1. 原理

用盐酸将硝酸钠转化为氯化钠，加热蒸干除去硝酸和多余的盐酸，用银量法测定氯离子。

2. 试剂

盐酸溶液（4+1）、硝酸银标准滴定溶液（0.1 mol/L）、铬酸钾溶液（100 g/L）、石蕊溶液（10 g/L）。

3. 操作步骤

称取约 0.8 g 预先在 105~110℃下干燥至恒量的试样（也可以直接称样，计算结果时减掉水分），精确至 0.0002 g，置于一个小烧杯中。加 20 mL 盐酸溶液，盖上表面皿，在蒸汽浴（或可调电炉）上蒸发至干。再加 20 mL 盐酸溶液溶解残留物，再次蒸发至干。继续加热，直至残留物溶于水时对石蕊显中性。将溶液转移至 100 mL 容量瓶中，稀释至刻度，摇匀。移取 25 mL 溶液置于 150 mL 烧杯中，加 4 滴铬酸钾指示液，在均匀搅拌下，用硝酸银标准滴定溶液滴定，至呈现稳定的淡橘红色悬浊液即为终点，同时做空白试验。

空白试验应与测定平行进行，并采用相同的分析步骤，取相同量的所有试剂，但空白试验不加试样。

4. 结果计算

硝酸钠的含量（以干基计）按式（6-17）计算：

$$X = \frac{c \times (V - V_0) \times M}{m \times \left(\dfrac{25}{100}\right) \times 1000} \times 100\% \tag{6-17}$$

式中：X——试样中硝酸钠的含量；

c——硝酸银标准滴定溶液的浓度，mol/L；

V——滴定试样溶液所消耗硝酸银标准滴定溶液的体积，mL；

V_0——滴定空白溶液所消耗硝酸银标准滴定溶液的体积，mL；

M——硝酸钠的摩尔质量，g/mol［M（$NaNO_3$）= 84.99］；

m——试样的质量，g；

$\dfrac{25}{100}$——换算系数；

1000——换算系数。

取平行测定结果的算术平均值为测定结果，两次平行测定结果的绝对差值不大于 0.2%。

（二）亚硝酸钠含量的测定

1. 原理

在酸性介质中，用高锰酸钾氧化亚硝酸钠，根据高锰酸钾标准滴定溶液的消耗量计算出亚硝酸钠含量。

2. 试剂

（1）硫酸溶液（1+5）。

（2）高锰酸钾标准滴定溶液 $[c(1/5\ KMnO_4)=0.1\ mol/L]$。

（3）草酸钠标准滴定溶液（0.1 mol/L）：称取约 6.7 g 草酸钠，溶解于 300 mL（1+29）硫酸溶液中，用水稀释至 1000 mL，摇匀。用高锰酸钾标准滴定溶液标定。

3. 操作步骤

称取 2.5~2.7 g 试样，精确至 0.0002 g，置于 500 mL 容量瓶中，加水使其溶解，并稀释至刻度，摇匀。在 250 mL 锥形瓶中，用滴定管滴加约 40 mL 高锰酸钾标准滴定溶液。加入 10 mL 硫酸溶液，用移液管移取 25 mL 试验溶液，加热至约 40℃。用移液管加入 10 mL 草酸钠标准滴定溶液，加热至 70~80℃，继续用高锰酸钾标准滴定溶液滴定至溶液呈粉红色并保持 30 s 不消失为止。

4. 结果计算

亚硝酸钠的含量（以干基计）按式（6-18）计算：

$$X_1 = \frac{(c_1 \times V_1 - c_2 \times V_2) \times M}{m \times \dfrac{25}{500} \times (1 - \dfrac{X_2}{100}) \times 1000} \times 100\% \qquad (6-18)$$

式中：X_1——试样中亚硝酸钠的含量；

　　　c_1——高锰酸钾标准滴定溶液的浓度，mol/L；

　　　V_1——加入和滴定试验溶液所消耗的高锰酸钾标准滴定溶液的体积，mL；

　　　c_2——草酸钠标准滴定溶液的浓度，mol/L；

　　　V_2——移取草酸钠标准滴定溶液的体积，mL；

　　　X_2——按测定的干燥减量的含量；

　　　m——试样的质量，g；

　　　M——与 1.00 mL 高锰酸钾标准滴定溶液相当的以克表示的亚硝酸钠的摩尔质量，

　　　　　g/mol $[M(1/2\ NaNO_3)=34.50]$；

试验结果以平行测定结果的算术平均值为准。在重复性条件下获得的两次独立测定结果绝对差值不大于 0.2%。

第七节　食品中着色剂的测定

着色剂又称食品色素，是以为食品着色为主要目的，使食品赋予色泽和改善食品色泽的物质。目前世界上常用的食品着色剂有 60 余种，我国允许使用的有 46 种。根据食用色素的来源，可分成天然色素和合成色素两大类。天然色素一般是从动植物组织中提取而得，安全性较高，但它们的稳定性和着色能力都较差，且资源较短缺，实际应用中受到限制；合成色素主要来自于煤焦油及其副产品，稳定性好、色泽鲜艳、着色力强、能调出任意颜色，而且价格低廉，因而得到广泛应用，但由于许多合成色素本身或其代谢产物具有一定的毒性、致泻性与致癌性，因此必须对合成色素的使用范围及用量加以限制，确保其使用的安全性。GB 2760—2014 规定了各类食品中各种着色剂的使用限量，其中日落黄为 0.025 ~ 0.6 g/kg、亮蓝为 0.025 ~ 0.5 g/kg、苋菜红为 0.05 ~ 0.3 g/kg、喹啉黄为 0.1 g/kg、专利蓝为 0.05 ~ 0.5 g/kg、柠檬黄为 0.05 ~ 0.5 g/kg、靛蓝为 0.05 ~ 0.3 g/kg、胭脂红为 0.05 ~ 0.5 g/kg、诱惑红为 0.3 g/kg，而酸性红 52、红色 2G 和酸性红 26 为不得添加物质。在食品行业中使用单一色素已较少，需使用复合色素方可达到较满意的色泽，因而给其分析测定带来了一定困难。

一、合成着色剂的测定

食品合成色素测定方法有多种，国家标准方法有高效液相色谱法、薄层色谱法、示波极谱法。国内文献报道的检测方法有紫外–可见吸收光谱法、分光光度法、微柱法、纸层析法、毛细管电泳法、HPLC-MS 法、毛细管胶束电动色谱法等，现代仪器分析方法已经成为色素分析的主流。

（一）高效液相色谱法

1. 原理

食品中人工合成着色剂用聚酰胺吸附法或液–液分配法提取，制成水溶液，注入高效液相色谱仪，经反相色谱分离，根据保留时间定性，峰面积定量。

2. 试剂及仪器

（1）试剂。

①甲醇：色谱纯，经 0.45 μm 滤膜过滤，脱气后使用。

②聚酰胺粉（尼龙 6）：过 200 目筛后备用。

③0.02 mol/L 乙酸铵溶液：称取 1.54 g 乙酸铵，加水溶解后定容至 1000 mL，经 0.45 μm 滤膜过滤备用。

④氨水：取 2 mL 氨水，加水至 100 mL，混匀。

⑤0.02 mol/L 氨水–乙酸铵溶液：取配好的氨水 0.5 mL 加浓度为 0.02 mol/L 乙酸铵溶液至 1000 mL，混匀。

⑥甲醇–甲酸溶液（6∶4）：取甲醇 60 mL，甲酸 40 mL，混匀。

⑦柠檬酸溶液：取 20 g 柠檬酸（$C_6H_8O_7 \cdot H_2O$），加水至 100 mL，溶解，混匀。

⑧无水乙醇–氨水–水溶液（7∶2∶1）：取无水乙醇 70 mL、氨水 20 mL、水 10 mL，混匀。

⑨三正辛胺–正丁醇溶液：取三正辛胺 5 mL，加正丁醇至 100 mL，混匀。

⑩pH 值 6.0 的水溶液：在蒸馏水中加质量分数为 2%的柠檬酸溶液，调 pH 值为 6.0。

⑪饱和硫酸钠溶液，2 g/L 硫酸钠溶液，正己烷，盐酸，乙酸。

（2）仪器：高效液相色谱仪（含紫外检测器或者 DAD 检测器）。

参考色谱条件：色谱柱 C18 ODS 柱（4.6 mm × 150 mm × 5 μm，或相当者），流速 1.0 mL/min，检测波长 254 nm，柱温 25℃，流动相为甲醇–0.02 mol/L 乙酸铵（pH 值为 4）。

梯度洗脱：甲醇 20% ~ 35%，3%/min；35% ~ 98%，9%/min；98%继续洗脱 6 min。

3. 操作步骤

（1）样品处理。

①橘子汁、果味水、果子露汽水等：称取 20 ~ 40 g 的样品溶液于 100 mL 烧杯中。含二氧

化碳的样品需要加入玻璃珠数粒或小碎瓷片数片，加热驱除二氧化碳。

②配制酒类：称取 20~40 g 样品溶液于 100 mL 烧杯中，加入玻璃珠数粒或小碎瓷片数片，加热去除乙醇。

③硬糖、蜜饯类、淀粉软糖等：先将样品粉碎，称取 5~10 g 于 100 mL 小烧杯中，加水 30 mL，温热溶解。若样品溶液的 pH 值较高，用柠檬酸溶液调 pH 值至 6 左右。

④巧克力豆及着色糖衣制品：称取 5~10 g 样品于 100 mL 小烧杯中，用水反复洗涤色素，至巧克力豆无色素为止。合并色素漂洗液即为样品溶液。

（2）色素提取。

①聚酰胺吸附法：样品溶液加柠檬酸溶液调 pH 值到 6.0，加热至 60℃，将 1 g 聚酰胺粉加少许水调成糊状后倒入样品溶液中，搅拌片刻，以 G3 垂融漏斗抽滤，用 60℃、pH 值 4.0 的水洗涤 3~5 次，然后用甲醇-甲酸混合溶液洗涤 3~5 次，再用水洗至中性。用乙醇-氨水-水混合溶液解吸 3~5 次，每次 5 mL，收集解吸液，加乙酸中和，蒸发至近干，加水溶解残渣，定容至 5 mL。经 0.45 μm 的膜过滤。

②液-液分配法（适用于食品样品中含赤藓红的提取）：将制备好的样品溶液放入分液漏斗中，加 2 mL 盐酸、10~20 mL 三正辛胺-正丁醇溶液。振摇提取，分取有机相，重复提取，直到有机相无色。合并有机相，用饱和硫酸钠溶液洗 2 次，每次 10 mL，分取有机相，放蒸发皿中，水浴加热浓缩至 10 mL，转移至分液漏斗中，加 60 mL 正己烷，混匀，加氨水提取 2~3 次，每次 5 mL。合并氨水溶液层（含水溶性酸性色素），用正己烷洗 2 次，氨水层加乙酸调成中性，水浴加热蒸发至近干，加水定容至 5 mL。经 0.45 μm 滤膜过滤。

（3）标准曲线绘制。

①合成着色剂标准溶液：准确称取按其纯度折算为 100% 质量分数的柠檬黄、日落黄、苋菜红、胭脂红、新红、赤藓红、亮蓝、靛蓝等各 0.100 g，加 pH 值为 6.0 的水溶解后，转入 100 mL 容量瓶中，加 pH 值为 6.0 的水定容，混匀。该溶液每毫升相当于 1.00 mg 合成着色剂。

②合成着色剂标准使用液：临用时将上述溶液加水稀释 20 倍，经 0.45 μm 滤膜过滤。该使用液每毫升相当 50 μg 的合成着色剂。

③标准溶液的测定：吸取 20 μL 标准混合工作液进样分析，根据保留时间定性，峰面积定量。

（4）样品测定。吸取 20 μL 样品滤液进样分析，峰面积定量，计算样品中相应着色剂的含量。

4. 注意事项

（1）聚酰胺吸附法提取时，聚酰胺在酸性条件下吸附色素，用 pH 值为 4.0 的柠檬酸水溶液洗涤聚酰胺粉的目的是除去酸性可溶性物质。要求水的 pH 值为 4.0 以防止聚酰胺上的色素在洗涤过程中脱落下来。一般能溶解在水中的物质，如食盐、糖、味精、香精等在用酸性水洗涤聚酰胺粉时都能除去，明胶、果胶也可以通过大量水除去。如果食品中含有油脂类物质，可以用丙酮或石油醚洗涤脱脂。对于样品中蛋白质、淀粉含量高时，可用蛋白酶或钨酸钠、淀粉酶水解后除去；对于天然色素可用甲醇-甲酸（6：4）洗涤除去。

（2）液-液分配法提取色素时，在浓缩样液时应控制水浴温度在 70~80℃ 使样品溶液缓慢蒸发，勿溅出皿外，防止色素干结在蒸发皿的壁上（应经常摇动蒸发皿）。

（3）此方法采用梯度洗脱单波长检测，在该条件下会产生较严重的基线漂移，影响灵敏度。但 HPLC 法对色素分析具有干扰小、测定快速、准确、简便的特点，是色素现代分析仪器分析测定的发展趋势，是目前用于食品中合成色素检测的最常用的方法之一。

（二）薄层色谱法

在酸性条件下，用聚酰胺吸附水溶性合成色素，从而与天然色素、蛋白质、脂肪、淀粉等物质分离。然后在碱性条件下，用适当的溶液将其解吸，再用薄层层析法进行分离鉴别，与标准比较定性、定量。薄层色谱法简便快捷、现象明显、经济实用、结果可靠，尤其适合于基层检测机构及小工厂的有关食品检验。

（三）示波极谱法

食品中的合成着色剂，在特定的缓冲溶液中，在滴汞电极上可产生敏感的极谱波，波高与着色剂的浓度成正比，当食品中存在一种或两种以上互不影响测定的着色剂时，可用其进行定性定量分析。极谱法具有结果准确度高，检出限低的优点，且样品处理无特殊的要求，较其他方法简单，只需选择好测定介质即可。极谱法适宜于食品中混合色素的分析，但在实际检测中，该方法只适用于成分比较简单的样品，对于成分复杂的样品，如葡萄酒、果汁、茶饮料、绿豆糕、冰激凌等进行测定时，由于抗干扰性差，严重地影响着合成色素在滴汞电极上产生还原波，以至于无法进行测定。同时测定所用汞如果操作处理不当会给环境带来很大的污染问题。

（四）紫外-可见吸收光谱法

根据物质对光的吸收具有选择性，应用紫外-可见分光光度计进行吸收光谱扫描，发现胭脂红、苋菜红、柠檬黄、日落黄和靛蓝 5 种不同的食用合成色素具有不同的吸收谱图，与标准谱图对照，即可直观、快速地定性，且一定浓度下，峰高与含量成正比，可以定量检测，从而建立了紫外-可见吸收光谱法测定食用合成色素体系。紫外吸收光谱法的优点是测定线性范围宽，灵敏度高，操作简便、快速、准确，易普及推广，但如果存在多组分共存时，有些吸收峰可能存在叠加现象，对测定造成很大的误差。

（五）液相色谱-质谱联用法

液相色谱-质谱联用法是近年来迅速发展的一种方法，质谱作为液相色谱的检测器，具有灵敏度高、专属性好和抗干扰能力强的特点，将液相色谱的分离能力和质谱的定性检测能力结合起来，对复杂基质中的微量组分实现更为准确和灵敏的定性定量分析。目前，在食品着色剂的分析检测中也得到越来越多的应用。采用液质联用方法可同时根据母离子及其子离子保留时间和特征的信息更准确地对目标物进行定性和定量分析，是目前国际上普遍采取的高灵敏度的检测方法。

二、天然着色剂的测定

天然着色剂是从动、植物和微生物中提取的色素，包括动物色素、植物色素、微生物色素等，其中植物色素居多。天然着色剂安全性高，而且许多还具有一定的营养价值和生理活性，如 β-胡萝卜素不仅是天然着色剂，还是一种重要的营养强化剂，在预防心血管疾病、白内障等方面也有显著作用。天然着色剂按结构又可分为吡咯类、多烯类、酮类、醌类和多酚类等。目前市场中被广泛接受和使用的天然食用色素有叶绿素铜钠盐、β-胡萝卜素、姜黄、红花黄色素、辣椒红色素、虫胶色素、红曲米、酱色等。食品天然着色剂的测定方法有高效液相色谱法、分光光度法等。

（一）高效液相色谱法测定叶绿素及其钠盐

叶绿素铜钠盐又称铜叶绿素钠盐，是一种具有很高稳定性的金属卟啉，具有促进创口愈合、抗溃疡、抗微生物、抗诱变、保肝、抗贫血等方面的生物活性。呈墨绿色粉末，着色力强，色泽亮丽，其水溶液呈蓝绿色澄清透明液，钙离子存在时则有沉淀析出。当其水溶液pH值小于6.0时，溶液底部出现粉末状沉淀，这是由于平面空间结构的叶绿素铜钠分子在酸性条件下易于聚集。叶绿素铜钠盐可以用菠菜或蚕粪为原料，用丙酮或乙醇提取叶绿素，添加适量硫酸铜，叶绿素卟啉环中的镁原子被铜置换即生成。叶绿素铜钠盐已被国际有关卫生组织批准用于食品上，也是中国批准允许使用的食用天然色素，广泛应用作食品添加剂、化妆品添加剂、食品着色剂、药品等领域。叶绿素包括叶绿素a、叶绿素b、叶绿素c、叶绿素d、叶绿素f以及原叶绿素和细菌叶绿素等。叶绿素不是很稳定，光、酸、碱、氧、氧化剂等都会使其分解。酸性条件下叶绿素分子很容易失去卟啉环中的镁成为去镁叶绿素。

国内外的研究报道显示叶绿素的测定方法主要有3类，分别是分光光度法、荧光法和高效液相色谱（HPLC）法。其中分光光度法和荧光法是最常用于光合色素及其降解产物的含量测定，方法操作简便、快速、灵敏度高，但最大的局限是只能对多种色素的混合体进行粗略的鉴定，无法对多种色素单体进行正确区分。而HPLC法能对色素粗提物中的叶绿素单体及其衍生物分离，是目前叶绿素单体准确测定最有效的方法。

1. 原理

叶绿素可以采用正相或反相高效液相色谱法分析，反相高效液相色谱法更加方便，采用梯度洗脱方式以改善分离和缩短分析时间。

2. 试剂及仪器

（1）试剂：甲醇、乙腈、乙酸、丙酮（色谱纯），其他试剂均为国产分析纯；叶绿素a、叶绿素b标准品（美国Fluka公司）；实验中所用溶液均用超纯水配制，HPLC用所有试剂均经过0.45 μm微孔滤膜过滤及超声脱气处理。

（2）仪器：高效液相色谱仪（含紫外检测器或者DAD检测器）。

参考色谱条件：色谱柱为Hypersil BDS C18柱（4.6 mm×150 mm×5 μm，或相当者），流速1.5 mL/min，检测波长254 nm，柱温25℃，流动相为二氯甲烷-乙腈-甲醇-水（20∶10∶65∶5，V/V），检测波长为430 nm，进样体积为20 μL。

3. 操作步骤

（1）色素的提取：取0.5 g左右干净的新鲜的蔬菜菜叶，准确称重。剪碎，置于研钵中，加0.1 g MgCO$_3$和5 mL、90%丙酮，研磨至浆状，分次加入5 mL丙酮，沥出提取液。高速离心后，移出上清液。重复提取直至植物组织无色。合并上清液，转入50 mL容量瓶中，以90%丙酮定容。试液经过0.45 μm微孔滤膜过滤后注入色谱仪分析。

（2）标准曲线绘制：于6个10 mL容量瓶中，分别移入0、0.20 mg/L、0.40 mg/L、0.60 mg/L、0.80 mg/L和1.00 mL 0.10 mg/L色素标准混合液，用流动相定容，分别吸取10 μL进样分析。标准试液组分的出峰顺序依次为叶绿素b、叶绿素a，根据保留时间定性，峰面积定量。

（3）样品测定：吸取 10 μL 经 0.45 μm 微孔滤膜过滤的样品滤液进样分析，峰面积定量，计算样品中相应着色剂的含量。

4. 注意事项

（1）在所有的提取过程中，应尽可能防止色素发生分解、氧化。操作过程中均应在避免高温、强光照射、高湿度、低 pH 值条件下迅速完成。

（2）色素提取液可能含有不溶物（如植物组织），必须除去，否则将缩短柱寿命。实验过程可采用保护柱和针头过滤器保护色谱柱。

（3）开启仪器应按操作规程，观察仪器参数是否在设定范围内。待仪器稳定后，方可进样分析。

（4）每完成一种试液分析，应用丙酮等溶剂将进样注射针彻底洗干净。否则会引起样品残留，影响下一种样品分析。

（5）实验结束，应按规定清洗仪器，方能关机。

（二）分光光度计测定食品中叶绿素铜钠

1. 原理

试样中的叶绿素铜钠在酸性条件下经聚酰胺粉吸附，解吸液洗脱，分光光度计测定，标准曲线法定量。

2. 试剂

（1）氢氧化钠、乙酸铵、甲醇、冰乙酸、聚酰胺粉（粒径 0.150~0.180 mm）、标准品（叶绿素铜钠，含量≥99.0%）。

（2）氢氧化钠溶液（4 mol/L）：称取 16.0 g 氢氧化钠，用水溶解并定容至 100 mL。

（3）氢氧化钠溶液（0.1 mol/L）：称取 0.40 g 氢氧化钠，用水溶解并定容至 100 mL。

（4）乙酸铵缓冲溶液（0.2 mol/L）：称取 7.708 g 乙酸铵，用水溶解并定容至 500 mL。

（5）解吸液：0.1 mol/L 氢氧化钠溶液+甲醇=1+10（体积比）。

（6）标准溶液配制

①标准贮备溶液：精确称取经（105±1）℃干燥至恒重并按其纯度折算为 100%质量的叶绿素铜钠标准品 0.0500 g，用水溶解并定容至 100 mL 棕色容量瓶中，此溶液浓度为 500 μg/mL，当天配制，避光保存。

②标准工作溶液：准确移取 500 μg/mL 标准溶液 10 mL 至 100 mL 烧杯中，加入 0.2 mol/L 的乙酸铵溶液 30 mL，用 4 mol/L 氢氧化钠溶液和冰乙酸调 pH 值为 5~6。加入 3.0 g 聚酰胺粉，充分搅拌 2 min，避光静置 5 min，用约 20 mL 蒸馏水转移至 G3 砂芯漏斗中抽滤，弃去滤液。用 75 mL 解吸液分 3 次解吸色素：每次倒入约 25 mL 解吸液，浸泡 2 min，再振摇 2 min，抽滤并用 20 mL 解吸液洗净抽滤瓶中残液。收集滤液，用解吸液定容至 100 mL，配制成浓度为 50 μg/mL 的标准溶液，此溶液临用时配制。

3. 操作步骤

（1）试样制备。

①饮料、酒样品的预处理：将样品摇匀，准确称取 5~10 mL（精确至 0.1 mL）样品至 100 mL 烧杯中，在 55~60℃的水浴中加热 3~5 min，去除酒精。

②罐头样品的预处理：取有代表性的样品置于捣碎机中充分捣碎，准确称取 1~10 g（精确至 0.001 g）混匀浆液至 100 mL 烧杯中。

③糖果样品的预处理：将样品置于瓷研钵中研细、混匀，准确称取 1~10 g（精确至 0.001 g）样品至 100 mL 烧杯中。

（2）被测样品溶液后期处理。向含有被测样品粉末或样品浆液的 100 mL 烧杯中加入 0.2 mol/L 的乙酸铵溶液 30 mL，溶解并混匀样液，用 4 mol/L 氢氧化钠溶液和冰乙酸调 pH 值为 5~6。加入 3.0 g 聚酰胺粉，充分搅拌 2 min。将样品溶液用约 20 mL、（60±2）℃蒸馏水转移至 G3 砂芯漏斗中抽滤，弃去滤液。再用 75 mL 解吸液分 3 次解吸色素，抽滤并用 20 mL 解吸液洗净抽滤瓶中残液，收集滤液，用解吸液定容至 100 mL。

（3）标准曲线的制作。分别取标准工作液 0、5.0 mL、10 mL、20 mL、30 mL、40 mL、50 mL 至 100 mL 容量瓶中，用解吸液稀释至刻度，配制成浓度为 0、5 μg/mL、10 μg/mL、20 μg/mL、30 μg/mL、40 μg/mL、50 μg/mL 的标准系列。以 0 溶液为空白，测定其吸光值。以浓度为横坐标，以吸光值为纵坐标绘制标准曲线。

（4）试样溶液的测定。取经过前处理的样品的制备液，以标准曲线的 0 为空白，测定其吸光值，根据标准曲线获得样品溶液中叶绿素铜钠的浓度。

4. 结果计算

试样中叶绿素铜钠的含量按式（6-19）计算：

$$X = \frac{c \times V}{m \times 1000} \tag{6-19}$$

式中：X——试样中叶绿素铜钠的含量，g/kg 或 g/L；

　　　c——从标准曲线上查得的叶绿素铜钠的浓度，μg/mL；

　　　V——样品定容体积，mL；

　　　m——称取样品量，g 或 mL。

计算结果以重复性条件下获得的两次独立测定结果的算术平均值表示，结果保留小数点后 3 位。

在重复性条件下获得的两次独立测定结果的绝对差值不得超过算术平均值的 10%。本标准检出限为 0.001 g/kg，定量限为 0.005 g/kg。

（三）高效液相色谱法测定类胡萝卜素

类胡萝卜素（Carotenoids）是一类重要的天然色素的总称，属于类萜化合物，普遍存在于动物、高等植物、真菌、藻类中的黄色、橙红色或红色的色素之中，又称多烯色素。其中最多的是胡萝卜素和叶黄素，它们都是由碳氢链组成的分子。类胡萝卜素不溶于水，溶于脂肪和脂肪溶剂。有些类胡萝卜素在工业上作为食物和脂肪的着色剂，如 β-胡萝卜素、番茄红素、玉米黄质、叶黄素、辣椒红等。测定方法详见第四章第七节中脂溶性维生素测定。

第八节　食品中酸度调节剂的测定

酸度调节剂又称酸味剂、酸化剂、pH 调节剂，是指用于维持或改变食品酸碱度的物质。

除赋予食品酸味外，还具有调节食品 pH 值、用作抗氧化剂增效剂、防止食品酸败或褐变、抑制微生物生长等作用。

GB 2760—2014《食品添加剂使用标准》已经批准许可使用的酸度调节剂有：DL-苹果酸钠、L-苹果酸、DL-苹果酸、冰乙酸、冰乙酸（低压羰基化法）、柠檬酸、柠檬酸钾、柠檬酸钠、柠檬酸一钠、葡萄糖酸钠、乳酸、乳酸钠、乳酸钙、碳酸钾、碳酸钠、碳酸氢钾、碳酸氢钠、富马酸、富马酸一钠、己二酸、L-酒石酸、DL-酒石酸、偏酒石酸、磷酸、焦磷酸二氢二钠、焦磷酸钠、磷酸二氢钙、磷酸二氢钾、磷酸氢二铵、磷酸氢二钾、磷酸氢钙、磷酸三钙、磷酸三钾、磷酸三钠、六偏磷酸钠、三聚磷酸钠、磷酸二氢钠、磷酸氢二钠、焦磷酸四钾、焦磷酸一氢三钠、聚偏磷酸钾、酸式焦磷酸钙、硫酸钙、偏酒石酸、氢氧化钙、氢氧化钾、碳酸氢三钠、盐酸、乙酸钠。酸度调节剂按化学性质可分为：①无机酸：磷酸、盐酸；②无机碱：氢氧化钙、氢氧化钾；③有机酸：柠檬酸、酒石酸、L-苹果酸、DL-苹果酸、富马酸、抗坏血酸、乳酸、冰乙酸等；④无机盐：碳酸钾、碳酸钠、碳酸氢钾、碳酸氢钠等；⑤有机盐：DL-苹果酸钠、柠檬酸钾、柠檬酸钠、葡萄糖酸钠、乳酸钠、乳酸钙、富马酸一钠等。食品的酸味除与游离氢离子浓度有关外，还受酸度调节剂阴离子的影响。有机酸的阴离子容易吸附在舌黏膜上，中和舌黏膜中的正电荷，使氢离子更易与舌面的味蕾接触；而无机酸的阴离子易与口腔黏膜蛋白质相结合，对酸味的感觉有钝化作用，所以在相同 pH 值时，有机酸的酸味强度一般会大于无机酸。由于不同有机酸的阴离子在舌黏膜上的吸附能力有差别，酸味强度也不同。

比较酸味的强弱通常以柠檬酸为标准，将柠檬酸的酸度确定为 100，其他酸味剂在相同浓度条件下与其比较，酸味强于柠檬酸，则其相对酸度超过 100，反之则低于 100。以无水柠檬酸的酸味强度为 100，其他酸接近无水柠檬酸酸味强度的用量（经验值）为：富马酸 67%～73%，酒石酸 80%～85%，L-苹果酸 78%～83%，己二酸 110%～115%，磷酸（浓度为 85%）55%～60%。

美国官方分析化学家协会制订了酸度调节剂的基本分析方法。一般而言，采用何种方法对酸度调节剂进行分析取决于该酸味剂从食品产品中分离的难易程度及定性、定量分析的需要。乙酸、柠檬酸、异柠檬酸、L-乳酸、D-乳酸、L-苹果酸和琥珀酸等有机酸一般采用酶法进行分析鉴定。薄层层析法、气相色谱法及高效液相色谱法（HPLC）可对酸度调节剂进行定量分析。

一、柠檬酸测定

柠檬酸及其盐对细菌、真菌和霉菌的抑制作用已有许多研究，柠檬酸对番茄酱中分离出的平酸菌具有特殊的抑制作用，这种作用和产品的 pH 值有关。同时柠檬酸对嗜热细菌、沙门菌有一定的抑制效果。柠檬酸含量为 0.3% 时就能降低禽肉中沙门菌总数，在 pH 值 4.7 和 pH 值 4.5 的条件下，金黄色葡萄球菌 12 h 后分别被抑制 90% 和 99%。另外，柠檬酸对霉菌如寄生霉菌、杂色霉菌的生长和毒素产生具有一定的限制作用。寄生霉菌在 0.75% 柠檬酸的环境中，毒素产生受到抑制而霉菌生长不受影响；杂色霉菌在此条件下的生长也受到限制，而毒素在柠檬酸浓度仅为 0.25% 时就停止产生。

（一）原理

在水介质中，以酚酞作指示液，采用氢氧化钠标准滴定溶液滴定柠檬酸溶液，根据消耗的氢氧化钠标准滴定溶液的量计算柠檬酸的含量。

（二）试剂

氢氧化钠标准滴定溶液（0.5 mol/L）、酚酞指示液（10 g/L）、无二氧化碳的水。

（三）操作步骤

称取试样1 g，精确至0.0001 g，置于150 mL锥形瓶内，加入无二氧化碳的水50 mL溶解，加酚酞指示液3滴，用氢氧化钠标准滴定溶液滴定至粉红色为终点。同时做空白试验。

（四）结果计算

一水柠檬酸含量按式（6-20）计算，无水柠檬酸含量按式（6-21）计算：

$$X_1 = \frac{(V_1 - V_0) \times c \times 0.06404}{m \times (1 - 0.08570)} \times 100\% \qquad (6-20)$$

$$X_2 = \frac{(V_1 - V_0) \times c \times 0.06404}{m} \times 100\% \qquad (6-21)$$

式中：X_1——试样中一水柠檬酸含量；

$\qquad$ X_2——试样中无水柠檬酸含量；

$\qquad$ V_1——试样滴定所耗氢氧化钠标准滴定溶液的体积，mL；

$\qquad$ V_0——空白滴定所耗氢氧化钠标准滴定溶液的体积，mL；

$\qquad$ c——氢氧化钠标准滴定溶液的浓度，mol/L；

0.06404——与1.00 mL氢氧化钠标准滴定溶液相当的以克表示的无水柠檬酸的克数；

$\qquad$ m——试样质量，g；

0.08570——一水柠檬酸中水的理论含量，即18.01/210.14＝0.08570。

试验结果以平行测定结果的算术平均值为准，保留1位小数。在重复性条件下获得的两次独立测定结果的绝对差值不大于算术平均值的0.2%。

二、乳酸测定

乳酸主要对结核分枝杆菌有抑制作用，而且随着pH值的降低其作用效果逐渐升高。乳酸对在番茄酱中引起平酸腐败的凝结杆菌的抑制效果是苹果酸、柠檬酸、丙酸以及乙酸效果的4倍。在pH值为6.0条件下乳酸抑制产孢细菌的最小抑制浓度（MIC）31~63 mmol/L，而对于酵母和霉菌最小抑制浓度为250 mmol/L以上。当pH值降低到5.0时乳酸对产孢细菌的最小抑制浓度降至6~8 mmol/L，而酵母和霉菌的最小抑制浓度未发生变化。

（一）试剂

氢氧化钠溶液（40 g/L）、硫酸标准滴定溶液 $[c(1/2 H_2SO_4) = 0.5 mol/L]$。酚酞指示液（10 g/L）。

（二）操作步骤

称取试样1 g（精确至0.0002 g），加50 mL水，准确加入氢氧化钠溶液20 mL，煮沸5 min，加酚酞指示液2滴，趁热用0.5 mol/L硫酸标准滴定溶液滴定，同时做空白试验。

（三）结果计算

乳酸含量按下式计算：

$$X = \frac{(V_0 - V_1) \times c \times M}{1000 \times m} \times 100\%　\quad（6-22）$$

式中：X——试样中乳酸含量；

　　　V_0——滴定空白溶液所消耗的硫酸标准滴定溶液的体积，mL；

　　　V_1——滴定试样溶液所消耗的硫酸标准滴定溶液的体积，mL；

　　　c——硫酸标准滴定溶液的实际浓度，mol/L；

　　　M——乳酸的摩尔质量，g/mol $[M (C_3H_6O_3) = 90.08]$；

　1000——质量换算系数；

　　　m——试样的质量，g。

　　试验结果以平行测定结果的算术平均值为准。在重复性条件下获得的两次独立测定结果的绝对差值不大于0.2%。

课程思政案例

课程思政案例5

本章思考题

（1）简述食品添加剂的种类和作用。

（2）食品中甜味剂有哪几种？简述几种代表性甜味剂的测定原理。

（3）食品中防腐剂的作用及其测定原理。

（4）食品中漂白剂的测定方法及其原理。

（5）食品中常用护色剂和着色剂的测定原理及步骤。

第七章 食品中有毒有害物质的分析

教学目标和要求：

1. 掌握食品中有毒元素、有机污染物、农药残留、兽药残留、生物毒素以及加工过程中形成的各种有毒有害物质的分析测定方法，并能依据规定标准正确选择合适的分析方法。

2. 能够对食品有毒有害物质独立分析，并对数据合理、科学地处理，最终获得可靠的试验结果并得出有效结论。

3. 通过本章学习，学生能熟悉并掌握食品行业的环境保护和可持续发展等方面的法律、法规，并能正确认识环境污染对食品工业的不良影响。

第一节 概述

一、食品中有毒有害物质的定义

《中华人民共和国食品安全法》（2021 年修正版）第一百五十条规定"食品安全，指食品无毒、无害，符合应当有的营养要求，对人体健康不造成任何急性、亚急性或者慢性危害"。食品安全不仅要求食品具有应有的营养功能，而且不可以含有在正常食用条件下会对人体健康造成危害的"有毒或有害的物质"。

在自然界中，当某物质或含有该物质的物料被按其原来的用途正常使用时，若因该物质而导致人体生理机能、自然环境或生态平衡遭受破坏，则称该物质为有害物质。从对机体健康影响的角度可将有害物质分为普通有害物质、有毒物质、致癌物和危险物。有毒物质的定义为凡是以小剂量进入机体，通过化学或物理化学作用能够导致健康受损的物质。有毒物质是相对的，剂量决定着一种成分是否有毒，因而，一般有毒物质的毒性分级也是以中毒剂量作为基准。

二、食品中有毒有害物质的种类与来源

食品中有毒有害物质主要包括有毒元素、食品中的有机污染物（如亚硝基化合物、苯并芘）、农药、兽药、生物毒素以及食品加工中形成的或非法添加的其他有害物质等。其中，食品中的有毒元素主要包括汞（Hg）、镉（Cd）、铬（Cr）、铅（Pb）、砷（As）、锌（Zn）、锡（Sn）等。根据它们对人体危害程度的不同，可分为中等毒性元素（Cu、Sn、Zn 等）和强毒性元素（Hg、As、Cd、Pb、Cr 等）。

这些有毒有害物质的来源主要有：环境中天然存在或残存的污染物，如生物毒素、放射性元素等；滥用农药、兽药，包括施药过量、施药期不当或使用被禁药物，而导致的农药残

留、兽药残留；加工、贮藏或运输带来的污染，如操作不卫生、杀菌不合要求或贮藏方法不当等导致的病毒、微生物等；某些食品加工过程中产生的副产物，如肉类熏烤产生的苯并 (a) 芘、蔬菜腌制产生的亚硝酸盐等；包装材料中有毒有害物质的迁移，如乙烯类、苯类、酰胺类、增塑剂、重金属等；非法添加其他非食用物质和食品添加剂的滥用；某些食品原料中天然存在的有毒有害物质。

三、食品中有毒有害物质分析的意义

食品安全已经成为全球的焦点之一。近年来，我国食品安全问题也很突出，如苏丹红、吊白块、塑化剂、三聚氰胺等事件对我国的食品工业造成了恶劣影响。我国目前最常见的食品质量问题包括微生物指标超标、违法添加非食用物质或滥用食品添加剂。这些不合格的食品给人们的健康、财产及生活带来了很大危害，在国内外造成了不良影响，严重打击了我国食品进出口贸易。

因此，积极推动食品中有毒有害物质的分析检测可以保证消费者的健康，有效促进食品企业改进加工工艺、控制食品质量，有利于确保食品安全、促进我国食品的进出口贸易、提高我国国际地位及信誉。因此，我们需要加强食品中有毒有害物质的检测。另外，随着食品中安全卫生指标限量值的逐步降低，对检测技术提出了更高的要求，检验检测应向高技术化、速测化、便携化以及信息共享化迈进。

第二节　食品中污染物的测定

一、食品中有毒元素的测定

（一）铅的测定

铅为灰白色软金属，在地壳中的含量约为 0.16%，一般较少以游离态存在于自然界。食品由铅污染导致的中毒作用主要以慢性损害为主，表现为贫血、神经衰弱、神经炎和消化系统症状等。食品中铅污染的来源主要有金属包装材料与食品容器、工业三废排放、化石燃料燃烧、含铅农药、含铅的食品添加剂或加工助剂以及某些劣质食品添加剂等。食品中铅的来源主要有 3 个方面：一是植物通过植物根部直接吸收土壤中的铅；二是食品在生产、加工、包装、运输过程中接触到的设备、工具、容器及包装材料都有可能含有铅，在一定条件下会逐渐进入食品中，如食品罐头马口铁焊锡中铅的含量达 40%~60%，有时会溶于罐头中形成污染；三是工业"三废"（废水、废气、固体废弃物）污染环境，从而污染食品。

铅可通过消化道及呼吸道进入人体并在体内蓄积，产生铅中毒。铅中毒会引起血管病、脑卒中及肾炎。铅还是一种潜在致癌物。特别值得关注的是，铅可严重影响婴幼儿和少年儿童的生长发育及智力，由于铅中毒的损害不可逆，治疗后的儿童其智力水平仍然低于正常人的智力的水平。因此对食品中铅含量的控制比较严格，1993 年联合国粮农组织/世界卫生组织（FAO/WHO）之食品添加剂联合专家委员会（JECFA）建议每人每周允许摄入量（PTWI）为 25 $\mu g/(kg \cdot bw)$，以人体重 60 kg 计，即每人每日允许摄入量约为 214 μg。

现行"食品安全国家标准食品中铅的测定"（GB 5009.12—2017）中铅的测定方法有 4 种，分别是石墨炉原子吸收光谱法（第一法）、电感耦合等离子体质谱法（第二法）、火焰原子吸收光谱法（第三法）、二硫腙比色法（第四法）。本节重点介绍应用较广泛的石墨炉原子吸收光谱法测定食品中的铅含量。

1. 原理

试样消解处理后，注入原子吸收分光光度计石墨炉中，电热原子化后吸收 283.3 nm 共振线，在一定浓度范围内，其吸收值与铅含量成正比，可与标准系列比较定量。

2. 试剂及仪器

（1）试剂：硝酸（HNO_3）、高氯酸（$HClO_4$）、磷酸二氢铵（$NH_4H_2PO_4$）、硝酸钯［$Pd(NO_3)_2$］。

①硝酸溶液（5∶95）：量取 50 mL 硝酸，缓慢加入到 950 mL 水中，混匀。

②硝酸溶液（1∶9）：量取 50 mL 硝酸，缓慢加入到 450 mL 水中，混匀。

③磷酸二氢铵-硝酸钯溶液：称取 0.02 g 硝酸钯，加少量硝酸溶液（1∶9）溶解后，再加入 2 g 磷酸二氢铵，溶解后用硝酸溶液（5∶95）定容至 100 mL，混匀。

④铅标准储备液（1000 mg/L）：准确称取 1.5985 g（精确至 0.0001 g）硝酸铅，用少量硝酸溶液（1∶9）溶解，移入 1000 mL 容量瓶，加水至刻度，混匀。

⑤铅标准中间液（1.00 mg/L）：准确吸取铅标准储备液（1000 mg/L）1.00 mL 于 1000 mL 容量瓶中，加硝酸溶液（5∶95）至刻度，混匀。

⑥铅标准系列溶液：分别吸取铅标准中间液（1.00 mg/L）0、0.500 mL、1.00 mL、2.00 mL、3.00 mL 和 4.00 mL 于 100 mL 容量瓶中，加硝酸溶液（5∶95）至刻度，混匀。此铅标准系列溶液的质量浓度分别为 0、5.00 μg/L、10.0 μg/L、20.0 μg/L、30.0 μg/L 和 40.0 μg/L。

（2）仪器。

①原子吸收分光光度计（配石墨炉原子化器及铅空心阴极灯）。

②分析天平：感量为 0.1 mg 和 1 mg。

③可调式电热炉。

④可调式电热板。

⑤微波消解系统：配聚四氟乙烯消解内罐。

⑥恒温干燥箱。

⑦压力消解罐：配聚四氟乙烯消解内罐。

所用玻璃仪器和聚四氟乙烯消解内罐均需以硝酸（1∶5）浸泡过夜，用自来水反复冲洗，最后用去离子水冲洗干净。

3. 操作步骤

（1）试样预处理。

在采样和制备过程中，应注意不使试样污染。粮食、豆类去杂物后，磨碎，过 20 目筛，储于塑料瓶中，保存备用。蔬菜、水果、鱼类、肉类及蛋类等水分含量高的海鲜，用食品加工机或匀浆机打成匀浆，储于塑料瓶中，保存备用。

（2）试样消解（可根据实验室条件选用以下任何一种方法消解）。

①湿法消解：称取固体试样 0.2~3 g（精确至 0.001 g）或准确移取液体试样 0.500~5.00 mL 于带刻度消化管中，加入 10 mL 硝酸和 0.5 mL 高氯酸，在可调式电热炉上消解（参考条件：120℃/0.5~1 h，升至 180℃/2~4 h，升至 200~220℃）。若消化液呈棕褐色，再加少量硝酸，消解至冒白烟，消化液呈无色透明或略带黄色，取出消化管，冷却后用水定容至 10 mL，混匀备用。同时做试剂空白试验。也可采用锥形瓶，于可调式电热板上，按上述操作方法进行湿法消解。

②微波消解：称取固体试样 0.2~0.8 g（精确至 0.001 g）或准确移取液体试样 0.500~3.00 mL 于微波消解罐中，加入 5 mL 硝酸，按照微波消解的操作步骤消解试样，消解条件参考表 7-1 所示。冷却后取出消解罐，在电热板上于 140~160℃ 赶酸至 1 mL 左右。消解罐放冷后，将消化液转移至 10 mL 容量瓶中，用少量水洗涤消解罐 2~3 次，合并洗涤液于容量瓶中并用水定容至刻度，混匀备用。同时做试剂空白试验。

表 7-1　微波消解升温程序

步骤	设定温度/℃	升温时间/min	恒温时间/min
1	120	5	5
2	160	5	10
3	180	5	10

③压力罐消解：称取固体试样 0.2~1 g（精确至 0.001 g）或准确移取液体试样 0.500~5.00 mL 于消解内罐中，加入 5 mL 硝酸。盖好内盖，旋紧不锈钢外套，放入恒温干燥箱，于 140~160℃ 下保持 4~5 h。冷却后缓慢旋松外罐，取出消解内罐，放在可调式电热板上于 140~160℃ 赶酸至 1 mL 左右。冷却后将消化液转移至 10 mL 容量瓶中，用少量水洗涤内罐和内盖 2~3 次，合并洗涤液于容量瓶中并用水定容至刻度，混匀备用。同时做试剂空白试验。

（3）测定。

①仪器条件：根据各自仪器性能调至最佳状态，参考条件为波长 283.3 nm，狭缝 0.5 nm，灯电流 8~12 mA，干燥温度 85~120℃，持续 40~50 s，灰化温度 750℃，持续 20~30 s，原子化温度 2300℃，持续 4~5 s，背景校正为氘灯或塞曼效应。

②标准曲线的绘制：按质量浓度由低到高的顺序分别将 10 μL 铅标准系列溶液和 5 μL 磷酸二氢铵-硝酸钯溶液（可根据所使用的仪器确定最佳进样量）同时注入石墨炉，原子化后测其吸光度值，以质量浓度为横坐标，吸光度值为纵坐标，制作标准曲线。

③试样溶液的测定：在与测定标准溶液相同的实验条件下，将 10 μL 空白溶液或试样溶液与 5 μL 磷酸二氢铵-硝酸钯溶液（可根据所使用的仪器确定最佳进样量）同时注入石墨炉，原子化后测其吸光度值，与标准系列比较定量。

4. 结果计算见式（7-1）

$$X = \frac{(C_1 - C_0) \times V}{m \times 1000} \tag{7-1}$$

式中：X——试样中铅含量，mg/kg 或 mg/L；

C_1——测定样液中铅含量，$\mu g/L$；

C_0——空白液中铅含量，$\mu g/L$；

V——试样消化液定量总体积，mL；

m——试样质量或体积，g 或 mL；

1000——换算系数。

（二）总砷的测定

砷是非金属元素，在自然界主要以氧化物的形式存在，常呈现不同价态，如五氧化二砷常被用作杀菌剂，砷酸盐与亚砷酸盐衍生物用作除草剂，砷酸则被用于木材防腐等。此外，砷在印染颜料、制药工业等也有较多的使用。一般来说，元素砷的毒性较低，而砷化合物均有一定的毒性。食品中的砷元素主要来源于环境污染、自然环境本底、含砷农药或兽药的使用、被污染的食品原料等。

砷可通过呼吸道、消化道、皮肤接触等进入人体，可引起人体急性、慢性中毒。急性中毒可以引起重度胃肠道损伤和心脏功能失常，表现为剧烈的腹痛、昏迷、惊厥，甚至死亡。长期饮用含砷量较高的水而导致的砷慢性中毒，主要表现为皮肤色素沉着，皮肤变黑或呈雨点状，有的为暗褐色密集斑点分布于全身，在躯干、臀、腿等非裸露部位最为明显的是"皮肤黑变病"。国际癌症研究机构确认，无机砷化合物可引起人类肺癌和皮肤癌。在各种食品中砷含量都有限量规定，一般为 0.1~0.5 mg/kg。

现行"食品安全国家标准食品中总砷及无机砷的测定"（GB 5009.11—2014）中总砷的测定方法有 3 种，分别是电感耦合等离子体质谱法（第一法）、氢化物发生原子荧光光谱法（第二法）、银盐法（第三法）。对稻米、水产动物、婴幼儿谷类辅助食品、婴幼儿灌装辅助食品中无机砷（包括砷酸盐和亚砷酸盐）含量的测定方法有 2 种，分别是液相色谱-原子荧光光谱法（LC-AFS）、液相色谱-电感耦合等离子质谱法（LC-ICP/MS）。本节重点介绍电感耦合等离子体质谱法和氢化物发生原子荧光光谱法测定食品中的总砷。

1. 电感耦合等离子体质谱法

（1）原理。样品经酸消解处理为样品溶液，样品溶液经雾化由载气送入 ICP 矩管中，经过蒸发、解离、原子化和离子化等过程，转化为带电荷的离子，经离子采集系统进入质谱仪，质谱仪根据质荷比进行分离。对于一定的质荷比，质谱的信号强度与进入质谱仪的离子数成正比，即样品浓度与质谱信号强度成正比。通过测量质谱的信号强度对试样溶液中的砷元素进行测定。

（2）试剂及仪器。

①试剂。

a. 硝酸（HNO_3）：MOS 级（电子工业专用高纯化学品）、BV（Ⅲ）级；

b. 过氧化氢（H_2O_2）；

c. 质谱调谐液：Li、Y、Ce、Ti、Co，推荐使用浓度为 10 ng/mL；

d. 内标储备液：Ge，浓度为 100 $\mu g/mL$；

e. 氢氧化钠（NaOH）。

②试剂配制。

a. 硝酸溶液（2∶98）：量取 20 mL 硝酸，缓缓倒入 980 mL 水中，混匀。

b. 内标溶液 Ge 或 Y（1.0 μg/mL）：取 1.0 mL 内标溶液，用硝酸溶液（2∶98）稀释并定容至 100 mL。

c. 氢氧化钠溶液（100 g/L）：称取 10.0 g 氢氧化钠，用水溶解和定容至 100 mL。

d. 砷标准储备液（100 mg/L，按 As 计）：准确称取于 100℃ 干燥 2 h 的三氧化二砷 0.0132 g，加 1 mL 氢氧化钠溶液（100 g/L）和少量水溶解，转入 100 mL 容量瓶中，加入适量盐酸调整其酸度近中性，用水稀释至刻度。4℃ 避光保存，保存期一年，或购买经国家认证并授予标准物质证书的标准溶液物质。

e. 砷标准使用液（1.00 mg/L，按 As 计）：准确吸取 1.00 mL 砷标准储备液（100 mg/L）于 100 mL 容量瓶中，用硝酸溶液（2∶98）稀释定容至刻度。现用现配。

③仪器：电感耦合等离子体质谱仪（ICP-MS）、微波消解系统、压力消解器、恒温干燥箱（50~300℃）、控温电热板（50~200℃）、超声水浴箱、天平（感量为 0.1 mg 和 1 mg）。

注：玻璃器皿及聚四氟乙烯消解内罐均需以硝酸溶液（1∶4）浸泡 24 h，用水反复冲洗，最后用去离子水冲洗干净。

（3）操作步骤。

①试样预处理：在采样和制备过程中，应注意不使试样污染。粮食、豆类等样品去杂物后粉碎均匀，装入洁净聚乙烯瓶中，密封保存备用。蔬菜、水果、鱼类、肉类及蛋类等新鲜样品，洗净晾干，取可食部分匀浆，装入洁净聚乙烯瓶中，密封，于 4℃ 冰箱冷藏备用。

②试样消解。

a. 微波消解法：蔬菜、水果等含水分高的样品，称取 2.0~4.0 g（精确至 0.001 g）样品于消解罐中，加入 5 mL 硝酸，放置 30 min；粮食、肉类、鱼类等样品，称取 0.2~0.5 g（精确至 0.001 g）样品于消解罐中，加入 5 mL 硝酸，放置 30 min，盖好安全阀，将消解罐放入微波消解系统中，根据不同类型的样品，设置适宜的微波消解程序（如表 7-2~表 7-4 所示），按相关步骤进行消解，消解完全后赶酸，将消化液转移至 25 mL 容量瓶或比色管中，用少量水洗涤内罐 3 次，合并洗涤液并定容至刻度，混匀，同时做空白试验。

表 7-2　粮食、蔬菜类试样微波消解参考条件

步骤	功率		升温时间/min	控制温度/℃	保持时间/min
1	1200 W	100%	5	120	6
2	1200 W	100%	5	160	6
3	1200 W	100%	5	190	20

表 7-3　乳制品、肉类、鱼肉类试样微波消解参考条件

步骤	功率		升温时间/min	控制温度/℃	保持时间/min
1	1200 W	100%	5	120	6
2	1200 W	100%	5	180	10
3	1200 W	100%	5	190	15

表 7-4　油脂、糖类试样微波消解参考条件

步骤	功率/%	温度/℃	升温时间/min	保温时间/min
1	50	50	30	5
2	70	75	30	5
3	80	100	30	5
4	100	140	30	7
5	100	180	30	5

　　b. 高压密闭消解法：称取固体试样 0.20~1.0 g（精确至 0.001 g），湿样 1.0~5.0 g（精确至 0.001 g）或取液体试样 2.00~5.00 mL 于消解内罐中，加入 5 mL 硝酸浸泡过夜。盖好内盖，旋紧不锈钢外套，放入恒温干燥箱，140~160℃保持 3~4 h，自然冷却至室温，然后缓慢旋松不锈钢外套，将消解内罐取出，用少量水冲洗内盖，放在控温电热板上于 120℃赶去棕色气体。取出消解内罐，将消化液转移至 25 mL 容量瓶或比色管中，用少量水洗涤内罐 3 次，合并洗涤液并定容至刻度，混匀。同时做空白试验。

　　③仪器参考条件：RF 功率 1550 W；载气流速 1.14 L/min；采样深度 7 mm；雾化室温度 2℃；Ni 采样锥，Ni 截取锥。质谱干扰主要来源于同量异位素、多原子、双电荷离子等，可采用最优化仪器条件、干扰校正方程校正或采用碰撞池、动态反应池技术方法消除干扰。砷的干扰校正方程为：$^{75}As = {}^{75}As - {}^{77}M\,(3.127) + {}^{82}M\,(2.733) - {}^{83}M\,(2.757)$；采用内标校正、稀释样品等方法校正非质谱干扰。砷的 m/z 为 75，选 ^{72}Ge 为内标元素。推荐使用碰撞/反应池技术，在没有碰撞/反应池技术的情况下使用干扰方程消除干扰的影响。

　　④标准曲线的制作：吸取适量砷标准使用液（1.00 mg/L），用硝酸溶液（2∶98）配制砷浓度分别为 0.00、1.0 ng/mL、5.0 ng/mL、10 ng/mL、50 ng/mL 和 100 ng/mL 的标准系列溶液。当仪器真空度达到要求时，用调谐液调整仪器灵敏度、氧化物、双电荷、分辨率等各项指标，当仪器各项指标达到测定要求，编辑测定方法，选择相关消除干扰方法，引入内标，观测内标灵敏度，脉冲与模拟模式的线性拟合，符合要求后，将标准系列引入仪器。进行相关数据处理，绘制标准曲线，计算回归方程。

　　⑤试样溶液的测定：相同条件下，将试剂空白、样品溶液分别引入仪器进行测定。根据回归方程计算出样品中砷元素的浓度。

　　（4）结果计算见式（7-2）。

　　试样中砷含量按下式计算：

$$X = \frac{(C - C_0) \times V \times 1000}{m \times 1000 \times 1000} \tag{7-2}$$

式中：X——试样中砷的含量，mg/kg 或 mg/L；

　　　　C——试样消化液中砷的测定浓度，ng/mL；

　　　　C_0——试样空白消化液中砷的测定浓度，ng/mL；

　　　　V——试样消化液总体积，mL；

　　　　m——试样质量，g 或 mL；

　　1000——换算系数。

2. 氢化物发生原子荧光光谱法

（1）原理。

食品试样经湿消解或干灰化后，加入硫脲使五价砷预还原为三价砷，再加入硼氢化钠或硼氢化钾使还原成砷化氢，由氩气载入石英原子化器中分解为原子态砷，在特制的砷空心阴极灯的发射光激发下产生原子荧光，其荧光强度在固定条件下与被测液中的砷浓度成正比，与标准系列比较定量。

（2）试剂及仪器。

①试剂。

a. 氢氧化钠溶液（2 g/L）。

b. 硫脲溶液（50 g/L）。

c. 硼氢化钠溶液（10 g/L）：称取硼氢化钠 10.0 g，溶于 2 g/L 氢氧化钠溶液 1000 mL 中，混匀，此液于冰箱可保存 10 d，取出后应当日使用。

d. 硫酸溶液（1:9）：量取硫酸 100 mL，小心倒入 900 mL 水中，混匀。

e. 氢氧化钠溶液（100 g/L）：供配制砷标准溶液用，少量即可。

f. 砷标准储备液：含砷 0.1 mg/mL，精确称取于 100℃ 干燥 2 h 以上的三氧化二砷（As$_2$O$_3$）0.1320 g，加 100 g/L 氢氧化钠 10 mL 溶解，用适量水转入 1000 mL 容量瓶中，加（1:9）硫酸 25 mL，用水定容至刻度。

g. 砷使用标准液：含砷 1 μg/mL，吸取 1.00 mL 砷标准储备液于 100 mL 容量瓶中，用水稀释至刻度，此液应用时现配。

h. 湿消解试剂：硝酸、硫酸、高氯酸。

i. 干灰化试剂：六水硝酸镁（150 g/L）、氯化镁、盐酸（1:1）。

②仪器：原子荧光光谱仪。

（3）操作步骤。

①湿法消解：固体试样称 1~2.5 g，液体试样称 5~10 g（mL），置入 50~100 mL 锥形瓶中，同时做两份试剂空白。加硝酸 20~40 mL，硫酸 1.25 mL，摇匀后放置过夜，置于电热板上加热消解。若消解液处理至 10 mL 左右时仍有未分解物质或色泽变深，取下放冷，补加硝酸 5~10 mL，再消解至 10 mL 左右观察，如此反复两三次，注意避免炭化。如仍不能消解完全，则加入高氯酸 1~2 mL，继续加热至消解完全后，再持续蒸发至高氯酸的白烟散尽，硫酸的白烟开始冒出。冷却，加水 25 mL，再蒸发至冒硫酸白烟。冷却，用水将内容物转入 25 mL 容量瓶或比色管中，加入 50 g/L 硫脲 2.5 mL，补水至刻度并混匀，备测。

②干法灰化：一般应用于固体试样。称取 1~2.5 g 于 50~100 mL 坩埚中，同时做两份试剂空白。加 150 g/L 硝酸镁 10 mL 混匀，低热蒸干，将氧化镁 1 g 仔细覆盖在干渣上，与电炉火上炭化至无黑烟，移入 550℃ 高温炉灰化 4 h。取出放冷，小心加入（1:1）盐酸 10 mL 以中和氧化镁并溶解灰分，转入 25 mL 容量瓶或比色管中，向容量瓶或比色管中加入 50 g/L 硫脲 2.5 mL，另用（1:9）硫酸分次涮洗坩埚后转出合并，直至 25 mL 刻度，混匀备测。

③标准系列制备：取 25 mL 容量瓶或比色管 6 支，依次准确加入 1 μg/mL 砷使用标准液体 0、0.05 mL、0.2 mL、0.5 mL、2.0 mL、5.0 mL（各相当于砷浓度 0、2.0 ng/mL、8.0 ng/mL、20.0 ng/mL、80.0 ng/mL、200.0 ng/mL），各加（1:9）硫酸 12.5 mL、50 g/L 硫脲 2.5 mL，

补加水至刻度，混匀备测。

④测定。

仪器参考条件如下：光电倍增管电压：400 V；砷空心阴极灯电流：35 mA；原子化器：温度820~850℃；高度：7 mm；氩气速流：载气600 mL/min；测量方式：荧光强度或浓度直读；读数方式：峰面积；读数延迟时间：1 s；读数时间：15 s；硼氢化钠溶液加入时间：5 s；标液或样液加入体积：2 mL。

浓度方式测量：如直接测荧光强度，则在开机并设定好仪器条件后，预热稳定约20 min。按"B"键进入空白值测量状态，连续用标准系列的"0"管进样，待读数稳定后，按空档键记录下空白值（即让仪器自动扣底）即可开始测量，先依次测标准系列（可不再测"0"管）。标准系列测完后应仔细清洗进样器（或更换一支），并再用"0"管测试使读数基本回零后，才能测试试剂空白和试样，每测不同的试样前都应清洗进样器，记录（或打印）下测量数据。

仪器自动打开方式：利用仪器提供的软件功能可进行浓度直接测定，为此在开机、设定条件和预热后，还需输入必要的参数，即：试样量（g或mL）；稀释体积（mL）；进样体积（mL）；结果的浓度单位；标准系列各点的重复测量次数；标准系列的点数（不计零点）及各点的浓度值。首先进入空白值测量状态，连续用标准系列的"0"管进样以获得稳定的空白值并执行自动扣底后，再依次测标准系列（此时"0"管需再测一次）。在测样液前，需再进入空白值测量状态，先用标准系列"0"管测试使读数复原并稳定后，再用两个试剂空白各进一次样，让仪器取其均值作为扣底的空白值，随后即可依次测试样。测定完毕后退回主菜单，选择"打印报告"即可将测定结果打出。

（4）结果计算。

如果采用荧光强度测量方式，则需先对标准系列的结果进行回归运算（由于测量时"0"管强制为0，故零点值应该输入以占据一个点位），然后根据回归方程求出试剂空白液和试样被测液的砷浓度，再按式（7-3）计算试样的砷含量。

$$X = \frac{C_1 - C_2}{m} \times \frac{25}{100} \qquad (7-3)$$

式中：X——试样的砷含量，mg/kg或mg/L；

C_1——试样被测液的浓度，ng/mL；

C_2——试剂空白液的浓度，ng/mL；

m——试样的质量或体积，g或mL。

（三）总汞的测定

汞及其化合物广泛应用于工农业生产和医疗卫生行业，可通过废水、废气、废渣等途径污染环境。除职业接触外，进入人体的汞主要来源于受污染的食物，又尤其以水产品中鱼、虾、贝类食品所富含的甲基汞污染对人体的危害最大。含汞的废水排入江河湖海后，其中所含的金属汞或无机汞在微生物的作用下转变为有机汞（主要是甲基汞），并可由食物链的生物富集作用而在鱼体内达到很高的含量。由于水体的汞污染而导致其中生活的鱼、贝类含有大量的甲基汞，成为影响水产品安全性的主要因素之一。食品中的金属汞几乎不被吸收，无机汞吸收率亦很低，而有机汞的消化道吸收率很高，如甲基汞90%以上可被人体吸收。

吸收的汞迅速分布到全身组织和器官，以肝、肾、脑等器官含量最多。甲基汞的毒性主要是侵害神经系统，特别是中枢神经系统，损害最严重的部位是小脑和大脑两半球，脊髓后束及末梢感觉神经一般在中毒的晚期受到损害。甲基汞的毒害是不可逆的，即在脱离接触或接受治疗后，不能再恢复健康，"水俣病"即病例之一。因此，甲基汞是对人类威胁最大的一种汞化合物。一般食品中总汞的限量为 0.01~0.1 mg/kg，有机汞限量为 0.5~1.0 mg/kg。

现行"食品安全国家标准食品中总汞及有机汞的测定"（GB 5009.17—2021）中总汞的测定方法有 4 种，分别是原子荧光光谱法（第一法）、直接进样测汞法（第二法）、电感耦合等离子体质谱法（第三法）、冷原子吸收光谱法（第四法）。本节重点介绍原子荧光光谱法测定食品中的总汞。

1. 原理

试样经酸加热消解后，在酸性介质中，试样中的汞被硼氢化钾（KBH_4）或硼氢化钠（$NaBH_4$）还原成原子态汞，由载气（氩气）带入原子化器中，在特制汞空心阴极灯照射下，基态汞原子被激发至高能态，在去活化回到基态时，发射出特征波长的荧光，其荧光强度与汞含量成正比，可与标准系列比较定量。本方法检出限 0.15 μg/kg，标准曲线最佳线性范围为 0~60 μg/L。

2. 试剂及仪器

（1）试剂：硝酸（优级纯）、30%过氧化氢、硫酸（优级纯）。

①硫酸：硝酸：水 =（1：1：8）：量取 10 mL 硝酸和 10 mL 硫酸，缓缓倒入 80 mL 水中，冷却后小心混匀。

②硝酸溶液（1：9）：量取 50 mL 硝酸，缓缓倒入 450 mL 水中，混匀。

③氢氧化钾溶液（5 g/L）：称取 5.0 g 氢氧化钾，溶于水中，稀释至 1000 mL，混匀。

④硼氢化钾溶液（5 g/L）：称取 5.0 g 硼氢化钾，溶于 5.0 g/L 的氢氧化钾溶液中，并稀释至 1000 mL，混匀，现用现配。

⑤汞标准储备溶液：精密称取 0.1354 g 干燥过的二氧化汞，加硫酸：硝酸：水混合酸（1：1：8）溶解后移入 100 mL 容量瓶，并稀释至刻度，混匀，此溶液每毫升相当于 1 mg 汞。

⑥汞标准使用溶液：用移液管吸取汞标准储备液（1 mg/mL）1 mL 于 100 mL 容量瓶中，用硝酸溶液（1：9）稀释至刻度，混匀，此溶液浓度为 10 μg/mL；再分别吸取 10 μg/mL 汞标准溶液 1 mL 和 5 mL 于两个 100 mL 容量瓶中，用硝酸溶液（1：9）稀释至刻度，混匀，溶液浓度分别为 100 ng/mL 和 500 ng/mL，分别用于测定低浓度和高浓度的试样，制作标准曲线。

（2）仪器：原子荧光光谱仪（配汞空心阴极灯）、高压消解罐（100 mL 容量）、微波消解炉、控温电热板、超声水浴箱、匀浆机、高速粉碎机、电子天平等。

3. 操作步骤

（1）试样消解。

①高压消解法：本方法适用于粮食、豆类、蔬菜、水果、瘦肉类、鱼类、蛋类及乳与乳制品类食品中总汞的测定。

a. 粮食豆类等干样：称取经粉碎混匀过 40 目筛的干样 0.2~1.00 g，置于聚四氟乙烯塑料内罐中，加5 mL硝酸，混匀后放置过夜，再加7 mL过氧化氢，盖上内盖放入不锈钢外套中，施紧密封。然后将消解器放入普通的干燥箱（烘箱）中加热，升温至120℃后保持恒温2~3 h，至消解完全，自然冷却室温。将消解液用硝酸溶液（1:9）定量转移并定容25 mL，摇匀。同时做试剂空白试验。待测。

b. 蔬菜、瘦肉、鱼类及蛋类等水分含量高的鲜样：用捣碎机打成匀浆，称取匀浆1.00~5.00 g，置于聚四氟乙烯塑料内罐中，加盖留缝放于65℃鼓风干燥烤箱或一般烤箱中烘至近干，取出，以下按粮食及豆类的方法自"加5 mL硝酸……"起依法操作。

②微波消解法：称取0.20~0.50 g试样于消解罐中，加入1~5 mL硝酸，1~2 mL过氧化氢，盖好安全阀后，将消解罐放入微波炉消解系统中，根据不同种类的试样设置微波炉消解系统的最佳分析条件（表7-5），至消解完全，冷却后用硝酸溶液（1:9）定量转移并定容至25 mL（低含量试样可定容至10 mL），混匀待测。

表7-5　试样微波消解参考条件

步骤	温度/℃	升温时间/min	保温时间/min
1	120	5	5
2	160	5	10
3	190	5	25

③回流消化法。

a. 粮食：称取1.0~4.0 g（精确到0.001 g）试样，置于消化装置锥形瓶中，加玻璃珠数粒，加45 mL硝酸、10 mL硫酸，转动锥形瓶防止局部炭化。装上冷凝管后，低温加热，待开始发泡即停止加热，发泡停止后，加热回流2 h。如加热过程中溶液变棕色，再加5 mL硝酸，继续回流2 h，消解到样品完全溶解，一般呈淡黄色或无色，待冷却后从冷凝管上端小心加入20 mL水，继续加热回流10 min，放置冷却后，用适量水冲洗冷凝管，冲洗液并入消化液中，将消化液经玻璃棉过滤于100 mL容量瓶内，用少量水洗涤锥形瓶、滤器，洗涤液并入容量瓶内，加水至刻度，混匀备用；同时做空白试验。

b. 植物油及动物油脂：称取1.0~3.0 g（精确到0.001 g）试样，置于消化装置锥形瓶中，加玻璃珠数粒，加入7 mL硫酸，小心混匀至溶液颜色变为棕色，然后加40 mL硝酸。后续步骤同上述"装上冷凝管后，低温加热……同时做空白试验"。

c. 薯类、豆制品：称取1.0~4.0 g（精确到0.001 g）试样，置于消化装置锥形瓶中，加玻璃珠数粒及30 mL硝酸、5 mL硫酸，转动锥形瓶防止局部炭化。后续步骤同上述"装上冷凝管后，低温加热……同时做空白试验"。

d. 肉、蛋类：称取0.5~2.0 g（精确到0.001 g）试样，置于消化装置锥形瓶中，加玻璃珠数粒及30 mL硝酸、5 mL硫酸，转动锥形瓶防止局部炭化。后续步骤同上述"装上冷凝管后，低温加热……同时做空白试验"。

e. 乳及乳制品：称取1.0~4.0 g（精确到0.001 g）试样，置于消化装置锥形瓶中，加玻璃珠数粒及30 mL硝酸，乳加10 mL硫酸，乳制品加5 mL硫酸，转动锥形瓶防止局部炭化。后续步骤同上述"装上冷凝管后，低温加热……同时做空白试验"。

（2）标准系列配置。

低浓度标准系列：分别吸取 100 mg/mL 汞标准使用液 0.25 mL、0.50 mL、1.00 mL、2.00 mL、2.50 mL 于 25 mL 容量瓶中，用硝酸溶液（1∶9）稀释至刻度，混匀。各自相当于汞溶液 1.00 ng/mL、2.00 ng/mL、4.00 ng/mL、8.00 ng/mL、10.00 ng/mL。此标准系列适用于一般试样测定。

高浓度标准系列：分别吸取 500 mg/mL 汞标准使用液 0.25 mL、0.50 mL、1.00 mL、1.50 mL、2.00 mL 于 25 mL 容量瓶中，用硝酸溶液（1∶9）稀释至刻度，混匀。各自相当于汞溶液 5.00 ng/mL、10.00 ng/mL、20.00 ng/mL、30.00 ng/mL、40.00 ng/mL。此标准系列适用于鱼及含汞量偏高的试样测定。

（3）测定。

①仪器参考条件：根据各自仪器性能调至最佳状态。光电倍增管负高压：240 V；汞空心阴极灯电流：30 mA；原子化器：温度 300℃，高度 8.0 mm；氩气流速：载气 500 mL/min，屏蔽气 1000 mL/min；测量方式：标准曲线；读数方式：峰面积；读数延迟时间：1.0 s；读数时间：10.0 s；硼氢化钾溶液加液时间：8.0 s；标液和样液体积：2 mL。

注：AFC 系列原子荧光仪如 230，230a 等仪器属于全自动和断续流动的仪器，都附有本仪器的操作软件，仪器分析条件应设置本仪器所提示的分析条件。仪器稳定后，测标准系列，至标准曲线的相关系数 r>0.999 后测试样。试样前处理可适用任何型号的原子荧光仪。

②测定方法：根据情况任选以下一种方法。

a. 浓度测定方式测量：设定好仪器最佳条件，逐步将炉温升至所需温度后，稳定 10～20 min 后开始测量。连续用硝酸溶液（1∶9）进样，待读数稳定之后，转入标准系列测量，绘制标准曲线。转入试样测量，先用硝酸溶液（1∶9）进样，使读数基本回零，再分别测定试样空白和试样消化液，每测不同的试样前都应清洗进样器。试样测定结果按下式计算。

b. 仪器自动计算结果方式测量：设定好仪器最佳条件，在试样参数画面输入以下参数：试样质量（g 或 mL），稀释体积（mL），并选择结果的浓度单位，逐步将炉温升至所需温度，稳定后测量。连续用硝酸溶液（1∶9）进样，待读数稳定之后，转入标准系列测量，绘制标准曲线。在转入试样测定之前，再进入空白值测量状态，用试样空白消化液进样，让仪器取其均值作为扣底的空白值。随后即可依法测定试样。测定完毕后，可选择自动打印报告，生成结果。

4. 结果计算

试样中汞含量按式（7-4）计算：

$$X = \frac{(A_1 - A_2) \times V \times 1000}{m \times 1000 \times 1000} \tag{7-4}$$

式中：X——式样中汞含量，mg/kg；

　　A_1——测定试样消化液中汞含量，μg/L；

　　A_2——试样空白液中汞含量，μg/L；

　　V——试样消化液总体积，mL；

　　m——试样质量，g。

1000——换算系数。

以上计算结果保留两位有效数字。

（四）镉的测定

镉是人体非必需元素，在自然界中常以化合物状态存在，一般含量很低，正常环境状态下不会影响人体健康。镉和锌是同族元素，在自然界中镉常与锌、铅共生。镉通过被污染的食物、水、空气等经消化道和呼吸道进入人体全身各个器官，主要储存于肝脏、肾脏组织中，骨骼中较少。肾脏含镉量随接触年限的增加而逐渐积累（新生婴儿的肾脏中几乎不含镉），造成慢性中毒，可引起肾衰退、肝脏损害等。其症状表现为疲劳、嗅觉失灵和血红蛋白降低等。中毒严重形成骨痛病、钙质严重缺乏和骨质软化萎缩，引起骨折，卧床不起，疼痛不止，最后可发生其他并发症而死亡。镉的致癌、致畸胎和致突变作用已经成为许多学者研究的对象，并且有较多的报道，而且大部分为前列腺癌。锌和硒能拮抗镉的有害作用。食品中镉含量受自然环境影响，一般食品中镉允许量为 0.05~2.0 mg/kg。

现行"食品安全国家标准食品中镉的测定"（GB 5009.15—2014）中镉的测定方法仅有 1 种，即石墨炉原子吸收光谱法，适用于各类食品中镉的测定。

1. 原理

样品经灰化或酸消解后，样液注入原子吸收分光光度计石墨炉中电热原子化后，镉原子吸收 228.8 nm 共振线，在一定浓度范围，其吸光值与镉含量成正比，可与标准系列比较定量。

2. 试剂及仪器

（1）试剂。硝酸、盐酸、30%过氧化氢、高氯酸、磷酸二氢铵。

①硝酸溶液（1%）：取 10.0 mL 硝酸加入 100 mL 水中，稀释至 1000 mL。

②盐酸（1∶1）：取 50 mL 盐酸，慢慢加入 50 mL 水中。

③磷酸二氢铵溶液（10 g/L）：称取 10.0 g 磷酸二氢铵，以 100 mL 硝酸溶液（1%）溶解后定量移入 1000 mL 容量瓶，用硝酸溶液（1%）定容至刻度。

④硝酸-高氯酸混合溶液（9∶1），取 9 份硝酸与 1 份高氯酸混合。

⑤镉标准储备液：准确称取 1.000 g 金属镉（99.99%），分次加 20 mL 盐酸，加 2 滴硝酸，移入 1000 mL 容量瓶中，加水至刻度，混匀，此溶液每毫升含 1.0 mg 镉。

⑥镉标准使用液：每次吸取镉标准储备液 10.0 mL 于 100 mL 容量瓶中，加硝酸 0.5 mol/L 至刻度，如此经多次稀释至每毫升含 100.0 ng 镉的标准使用液。

（2）仪器。原子吸收分光光度计（附石墨炉及镉空心阴极灯）、马弗炉或恒温干燥箱、瓷坩埚、压力消解器、压力消解罐或压力溶弹、可调式电热板、可调式电炉。所用玻璃仪器均需以硝酸（1∶5）浸泡过夜，用水反复冲洗，最后用去离子水冲洗干净。

3. 操作步骤

（1）样品预处理。

①干试样：粮食、豆类，去除杂质；坚果类去杂质、去壳；磨碎成均匀的样品，颗粒度不大于 0.425 mm。储于洁净的塑料瓶中，并标明标记，于室温下或按样品保存条件下保存备用。

②鲜（湿）试样：蔬菜、水果、肉类、鱼类及蛋类等，用食品加工机打成匀浆或碾磨成匀浆，储于洁净的塑料瓶中，并标明标记，于-18~-16℃冰箱中保存备用。

③液态试样：按样品保存条件保存备用。含气样品使用前应除气。

（2）样品消解（可根据实验条件可任选一方法）。

①压力消解罐消解法：称取干试样 0.3~0.5 g（精确至 0.0001 g）、鲜（湿）试样 1~2 g（精确到 0.001 g）于聚四氟乙烯内罐，加硝酸 5 mL 浸泡过夜。再加过氧化氢溶液（30%）2~3 mL（总量不能超过罐容积的 1/3）。盖好内盖，旋紧不锈钢外套，放入恒温干燥箱，120~160℃保持 4~6 h，在箱内自然冷却至室温，打开后加热赶酸至近干，将消化液洗入 10 mL 或 25 mL 容量瓶中，用少量硝酸溶液（1%）洗涤内罐和内盖 3 次，洗液合并于容量瓶中并用硝酸溶液 1% 定容至刻度，混匀备用；同时做试剂空白试验。

②微波消解：称取干试样 0.3~0.5 g（精确至 0.0001 g）、鲜（湿）试样 1~2 g（精确到 0.001 g）置于微波消解罐中，加 5 mL 硝酸和 2 mL 过氧化氢。微波消化程序可以根据仪器型号调至最佳条件。消解完毕，待消解罐冷却后打开，消化液呈无色或淡黄色，加热赶酸至近干，用少量硝酸溶液（1%）冲洗消解罐 3 次，将溶液转移至 10 mL 或 25 mL 容量瓶中，并用硝酸溶液（1%）定容至刻度，混匀备用；同时做试剂空白试验。

③湿式消解法：称取干试样 0.3~0.5 g（精确至 0.0001 g）、鲜（湿）试样 1~2 g（精确到 0.001 g）于锥形瓶中，放数粒玻璃珠，加 10 mL 硝酸-高氯酸混合溶液（9∶1），加盖浸泡过夜，加一小漏斗在电热板上消化，若变棕黑色，再加硝酸，直至冒白烟，消化液呈无色透明或略带微黄色，放冷后将消化液洗入 10~25 mL 容量瓶中，用少量硝酸溶液（1%）洗涤锥形瓶 3 次，洗液合并于容量瓶中并用硝酸溶液（1%）定容至刻度，混匀备用；同时做试剂空白试验。

④干法灰化：称取 0.3~0.5 g 干试样（精确至 0.0001 g）、鲜（湿）试样 1~2 g（精确到 0.001 g）、液态试样 1~2 g（精确到 0.001 g）于瓷坩埚中，先小火在可调式电炉上炭化至无烟，移入马弗炉 500℃灰化 6~8 h，冷却。若个别试样灰化不彻底，加 1 mL 混合酸在可调式电炉上小火加热，将混合酸蒸干后，再转入马弗炉中 500℃继续灰化 1~2 h，直至试样消化完全，呈灰白色或浅灰色。放冷，用硝酸溶液（1%）将灰分溶解，将试样消化液移入 10 mL 或 25 mL 容量瓶中，用少量硝酸溶液（1%）洗涤瓷坩埚 3 次，洗液合并于容量瓶中并用硝酸溶液（1%）定容至刻度，混匀备用；同时做试剂空白试验。

注：实验要在通风良好的通风橱内进行。对含油脂的样品，尽量避免用湿式消解法消化，最好采用干法消化，如果必须采用湿式消解法消化，样品的取样量最大不能超过 1 g。

（3）测定。

①仪器条件。根据各自仪器性能调至最佳状态。参考条件为波长 228.8 nm，狭缝 0.2~1.0 nm，灯电流 2~10 mA，干燥温度 105℃，20 s；灰化温度 400℃~700℃，灰化时间 20~40 s，原子化温度 1300~2300℃，3~5 s，背景校正为氘灯或塞曼效应。

②标准曲线绘制。吸取上面配制的镉标准使用液 0、1.0 mL、2.0 mL、3.0 mL、5.0 mL、7.0 mL、10.0 mL 于 100 mL 容量瓶中稀释至刻度，相当于 0、1.0 ng/mL、2.0 ng/mL、3.0 ng/mL、5.0 ng/mL、7.0 ng/mL、10.0 ng/mL，各吸取 10 μL 注入石墨炉，测得其吸光值并求得吸光值与浓度关系的一元线性回归方程。

③样品测定。分别吸取样液和试剂空白液各 20 μL 注入石墨炉，测得其吸光值，代入标准系列的一元线性回归方程中求得样液中镉含量。

④基体改进剂的使用。对有干扰样品，则注入适量的基体改进剂磷酸二氢铵溶液（10 g/L）（一般为 5 μL）消除干扰。绘制镉标准曲线时也要加入与样品测定时等量的基体改进剂磷酸铵溶液。

4. 结果计算见式（7-5）

$$X = \frac{(A_1 - A_2) \times V \times 1000}{m \times 1000} \tag{7-5}$$

式中：X——样品中镉含量，μg/kg 或 μg/L；

　　A_1——测定样品消化液中镉含量，ng/mL；

　　A_2——空白液中镉含量，ng/mL；

　　V——样品消化液总体积，mL；

　　m——样品质量或体积，g 或 mL；

　　1000——换算系数。

二、食品中有机污染物的测定

有机污染物是指以碳水化合物、蛋白质、氨基酸以及脂肪等形式存在的天然有机物质及某些其他可生物降解的人工合成有机物质为组成的污染物。环境中存在着多种稳定的食品有机污染物，它们大部分沉积在脂肪食品中，包括多环芳香碳水化合物（PAH）、多氯化联（二）苯（PGB）、多氯化（二）氧（二）苯并-对-二噁类（PCDDs）、多氯二苯并呋喃（PCDFs）、邻苯二甲酸甲酯和有机磷酸酯等。

（一）食品中多环芳烃的测定

多环芳烃（Polycyclic Aromtic Hydrocarbon，PAH）是煤、石油、木材、烟草、有机高分子化合物等有机物不完全燃解时产生的挥发性碳氢化合物，是重要的环境和食品污染物。迄今已发现有 200 多种 PAH，其中有相当一部分具有致癌性。PAH 广泛分布于环境中，可以在我们生活的每一个角落发现，任何有有机物加工、废弃、燃烧或使用的地方都有可能产生多环芳烃。大多数加工食品中的多环芳烃主要源于加工过程本身，而环境污染只起到很小的作用。

熏制食品（熏鱼、熏香肠、腊肉、火腿等），烘烤食品（饼干、面包等）和煎炸食品（罐装鱼、方便面等）中主要的毒素和致癌物是多环芳烃（PAHs），具体来讲主要是 3，4-苯并芘。苯并芘是已发现的 200 多种多环芳烃中最主要的环境和食品污染物，而且污染广泛、污染量大、致癌性强。多环芳烃也广泛分布于环境中，对食品造成直接的污染。蔬菜中的多环芳烃明显是环境污染所致，大多数加工食品中的多环芳烃主要源于加工过程本身，而环境污染只起到很小的作用。

烧烤和熏制食品中的苯并芘含量一般在 0.5~20 μg/kg。但从国际抗癌研究组织发表的材料中看到，熏肉中 3，4-苯并芘的含量可高达 107 μg/kg。熏火腿和熏肉肠的苯并芘含量可超过 15 μg/kg。熏鱼的苯并芘含量更高，一盒油浸熏鱼的苯并芘含量相当于 60 包香烟或一个人在一年内从空气中呼吸到的苯并芘量的总和。苯并芘在人体中有累计效应，而且也有极强的致癌性。下面主要介绍荧光分光光度法测定食品中的苯并芘。

1. 原理

试样先用有机溶剂提取，或经皂化后提取，再将提取液经液-液分配或色谱柱净化，然后在乙酰化滤纸上分离苯并芘，因苯并芘在紫外光照射下呈蓝紫色荧光斑点。将分离后有苯并芘的滤纸部分剪下，用溶剂浸出后，再用荧光分光光度计测荧光强度与标准比较定量。

2. 试剂及仪器

（1）试剂。

苯：重蒸馏。

环己烷（或石油醚，沸程30~60℃）：重蒸馏或经氧化铝处理无荧光时，可用适当方法加压，待环己烷液面下降至无水硫酸钠层时，用30 mL苯洗脱，此时应在紫外光灯下观察，以蓝紫色荧光物质完全从氧化铝层洗下为止，如30 mL苯不足时，可适当增加苯量。收集苯液于50~60℃水浴上减压浓缩至0.1~0.5 mL（可根据样品中苯并芘含量而定，应注意不可蒸干）。

（2）仪器。荧光分光光度计。

3. 操作步骤

（1）分离。

在乙酰化滤纸条上的一端5 cm处，用铅笔画一横线，吸取一定量净化后的浓缩液，点于滤纸条上，用电吹风从纸条背面吹冷风，使溶剂挥散，同时点20 μL苯并芘的标准使用液（1 μg/mL），点样时斑点的直径不超过3 mm，层析缸（筒）内盛有展开剂，滤纸条下端浸入展开剂约1 cm，待溶剂前沿至约20 cm时取出阴干。

在365 nm或254 nm紫外光灯下观察展开后的纸条，用铅笔画出标注苯并芘及与其同一位置的样品的蓝紫色斑点，剪下此斑点分别放入小比色管中，各加4 mL苯加盖，插入50~60℃水浴中不时振摇，浸泡15 min。

（2）测定。

将样品及标准斑点的苯浸出液移入荧光分光光度计的石英杯中，以365 nm为激发光波长，以365~460 nm波长进行荧光扫描，所得荧光光谱与标准苯并芘的荧光光谱比较定性。

做样品分析的同时做试剂空白，包括处理样品所用的全部试剂同样操作，分别读取样品、标准及试剂空白于波长406 nm、411 nm、401 nm处的荧光强度，按基线法由式（7-6）计算所得的数值，为定量计算的荧光强度。

$$F = \frac{F_{406} - (F_{401} + F_{411})}{2} \tag{7-6}$$

4. 结果计算

试样中苯并芘的含量按式（7-7）进行计算：

$$X = \frac{\dfrac{S}{F} \times F_1 - F_2 \times 1000}{m \times \dfrac{V_2}{V_1}} \tag{7-7}$$

式中：X——试样中苯并芘的含量，μg/kg；

　　　S——苯并芘标准斑点浸出液的质量，μg；

　　　F——标准的斑点浸出液荧光强度，mm；

　　　F_1——样品斑点浸出液荧光强度，mm；

F_2——试剂空白浸出液荧光强度，mm；

V_1——样品浓缩液体积，mL；

V_2——点样体积，mL；

m——试样质量，g。

第三节　食品中药物残留的测定

食品中药物残留主要包括两类：农药残留和兽药残留。

农药残留是指农药使用后一个时期内没有被分解，而残存在生物体、收获物、土壤、水体、大气中的微量农药原体、有毒代谢产物、降解物和杂质的总称。施用于作物上的农药，其中一部分附着于作物上，一部分散落在土壤、大气和水等环境中，环境残存的农药中的一部分又会被植物吸收。残留农药直接通过植物果实、水或大气到达人、畜体内，或通过环境、食物链最终传递给人、畜。残留的数量称为残留量，单位为 mg/kg。当农药过量或长期施用，导致食物中农药残存数量超过最大残留限量时，将对人和动物产生不良影响，或通过食物链对生态系统中其他生物造成毒害。导致和影响农药残留的原因有很多，其中农药本身的性质、环境因素及农药的使用方法是影响农药残留的主要因素。现行《食品安全国家标准食品中农药最大残留限量》（GB 2763—2021）给出了食品中 2，4-滴丁酸等 564 种农药 10092 项最大残留限量。

兽药残留是指动物用药后，动物产品的任何食用部分中与所有药物有关的物质的残留，包括原型药物或其代谢产物。不遵守休药期的规定、非法使用违禁药物、不合理用药等是造成兽药残留超标的主要原因。休药期是指从停止给药到允许动物或其产品上市的间隔时间。未能正确遵守休药期是兽药残留超标的主要原因。非法使用违禁药物是指在养殖过程中不遵守用药规定，违法使用国家明令禁止的兽药。不合理用药是指滥用药物及兽药添加剂，重复、超量使用兽药和用药方式方法不规则。为加强兽药残留监控工作，保证动物性食品卫生安全，农业农村部、国家卫生健康委员会、国家市场监督管理总局三部门联合发布的《食品安全国家标准食品中兽药最大残留限量》（GB 31650—2019）自 2020 年 4 月 1 日起正式实施。

一、食品中有机氯农药多组分残留的测定

有机氯农药是一类含氯的有机杀虫剂。大多数有机氯农药难溶于水，因化学性质稳定，降解极为缓慢，半衰期为 1~10 年。过去几十年的使用，造成其在自然环境及生物体内的蓄积，其残效仍然存在，通过食物进入人体后会积累在肝脏和脂肪组织内，产生慢性中毒。因此，世界各国到目前为止仍将有机氯在食品中的含量作为重要食品卫生限量指标。常见的品种有六氯环己烷（六六六）、2，2-双（4-氯苯基）-1，1，1-三氯乙烷（DDT）、艾氏剂、狄氏剂、氯丹、五氯酚等。

六六六分子式为 $C_6H_6Cl_6$，英文简称 BHC，有多种异构体。六六六为白色或淡黄色固体，纯品为无色无臭晶体，工业品有霉臭味。BHC 在常温下具有一定蒸气压，不溶于水，可溶于脂肪及丙酮、乙醚、石油醚及环己烷等有机溶剂。六六六对高温、日光、强酸稳定，在碱性

溶液中，除 β-666 分解较慢外，遇碱能分解（脱去 HCl）。

滴滴涕分子式为 $C_{14}H_9Cl_{15}$，英文简写 DDT，也有多种异构体。DDT 为白色或淡黄色固体，纯品为白色结晶，熔点 108.5~109℃，在土壤中半衰期 3~10 年（土壤中消失 95% 的时间需 16~33 年）不溶于水，可溶于脂肪及丙酮、乙醚、石油醚及环己烷等有机溶剂。DDT 对光、酸均很稳定，对热亦较稳定，但温度高于自身熔点时，DDT 会脱去 HCl 而生成毒性小的 DDE，对碱不稳定，遇碱亦会脱去 HCl。

《食品中有机氯农药多组分残留量的测定》（GB/T 5009.19—2008）主要适用于各类食品中六六六、DDT 等有机氯农药残留量的测定。下面主要介绍气相色谱法。

（一）原理

样品中六六六、DDT 经提取、净化后用气相色谱法测定，与标准定量。根据电子捕获检测器对负电极强的化合物具有较高的灵敏度用这一特点，可分别测出微量的六六六和 DDT。不同异构体和代谢物可同时分别测定。出峰顺序：α-HCH、γ-HCH、β-HCH、δ-HCH、p，p'-DDE、o，p'-DDT、p，p'-DDD、p，p'-DDT。

（二）试剂及仪器

1. 试剂

（1）丙酮、乙醚、石油醚：沸程 30~60℃、苯、无水硫酸钠、硫酸、硫酸钠溶液（20 g/L）。

（2）农药标准品。六六六（α-HCH，β-HCH，γ-HCH 和 δ-HCH）纯度>99%；DDT（ρ，ρ'-DDE，o，ρ'-DDT，ρ，ρ'-DDD 和 ρ，ρ'-DDT）纯度>99%。

（3）农药标准储备液。精密称取 α-HCH，β-HCH，γ-HCH、δ-HCH，ρ，ρ'-DDE，o，ρ'-DDT，ρ，ρ'-DDD，和 ρ，ρ'-DDT 各 10 mg，溶于苯中，分别移于 100 mL 容量瓶中，以苯稀释至刻度，混匀，浓度为 100 mg/L。

（4）农药混合标准工作液。分别量取上述各标准储备液于同一容量瓶中，以正己烷稀释至刻度。α-HCH，δ-HCH 和 γ-HCH 的浓度为 0.005 mg/L，β-HCH 和 ρ，ρ'-DDE，浓度为 0.01 mg/L，o，ρ'-DDT 浓度为 0.05 mg/L，ρ，ρ'-DDD 浓度为 0.02 mg/L，ρ，ρ'-DDT 浓度为 0.1 mg/L。

2. 仪器

气相色谱仪（具有电子捕获仪器（ECD）和微处理机）、旋转蒸发器、N-蒸发器、匀浆机、调速多用振荡器、离心机、植物样本粉碎机。

（三）操作步骤

1. 试样制备

谷物类须制成粉末；果蔬及其制品类须制成匀浆；蛋及其制品须去壳制成匀浆；各种肉品须去皮去筋后制成肉糜；鲜乳或食用油等混匀即可。

2. 试样前处理

（1）粉末样品的前处理。称取 2 g 粉末试样，加石油醚 20 mL，振荡 30 min，过滤、浓缩，定容至 5 mL。

（2）匀浆样品的前处理。称取各类待测食品样品匀浆 20 g，加水 5 mL，加丙酮 40 mL，振荡 30 min，加氯化钠 6 g，摇匀。再加石油醚 30 mL，振荡 30 min，待静置分层。取上清液 35 mL 经无水硫酸钠脱水，于旋转蒸发器中浓缩近干，再以石油醚定容至 5 mL。

（3）乳液样品的前处理。取乳液 0.5 g，以石油醚溶解于 10 mL 刻度试管中，定容至刻度。以上各类前处理的样品，再加硫酸 0.5 mL，振荡处理 0.5 min，在 3000 r/min 下离心分离 15 min。取上清液进行气相色谱分析。

（四）结果计算

试样中六六六、DDT 及异构体或代谢物的含量按式（7-8）计算：

$$X = \frac{A_1 \times m_1 \times V_1 \times 1000}{A_2 \times m_2 \times V_2 \times 1000} \tag{7-8}$$

式中：X——样品中待检成分的含量，mg/kg；

A_1——待检测组分的峰面积；

A_2——标准待检测组分的峰面积；

V_1——待检测试样的稀释体积，mL；

V_2——待检测试样的进样体积，μL；

m_1——单一待检测成分含量，ng；

m_2——被测试样的取样量，g。

二、植物性食品中有机氯和拟除虫菊酯类农药多种残留的测定

拟除虫菊酯类农药是一类合成杀虫剂，常见的菊酯类农药有溴氰菊酯和氯氰菊酯等。该类农药大多以无色晶体的形式存在，为较黏稠的液体，拥有高效、广谱、低毒和生物降解性等特点。由于多种拟除虫菊酯类农药对鱼类和贝类等水产品毒性较大，一些国家已对其使用做出了严格地限定。因此，对农作物、果蔬和水产品中拟除虫菊酯类农药残留的及时检测非常重要。《植物性食品中有机氯和拟除虫菊酯类农药多种残留的测定》（GB/T 5009.146—2008），主要适用于粮食、蔬菜等作物，以及水果和浓缩果汁中有机氯农药残留的检测。

（一）粮食、蔬菜中 16 种有机氯和拟除虫菊酯类农药残留量的测定

1. 原理

试样中有机氯和拟除虫菊酯类农药用有机溶剂提取，经液液分配及层析净化除去干扰物质，用电子捕获检测器检测，根据色谱峰的保留时间定性，外标法定量。

2. 试剂及仪器

（1）试剂。

①石油醚：沸程 60～90℃，重蒸。

②苯：重蒸。

③丙酮：重蒸。

④乙酸乙酯：重蒸。

⑤无水硫酸钠。

⑥弗罗里硅土：层析用，于 620℃灼烧 4 h 后备用，用前 140℃烘 2 h，趁热加 5% 水灭活。

⑦农药标准品。

⑧标准溶液：分别准确称取各标准品，用苯溶解并配制成 1 mg/mL 的储备液，使用时用石油醚稀释成单品种的标准使用液，再根据各农药品种在仪器上的响应情况，吸取不同量的

标准储备液，用石油醚稀释成混合标准使用液。除非另有说明，在分析中仅使用确定为分析纯的试剂和蒸馏水或相当浓度的水。

（2）仪器。气相色谱仪（附电子捕获检测器 ECD）、电动振荡器、组织捣碎机、旋转蒸发仪、过滤器具、布氏漏斗（直径 80 mm）、抽滤瓶（20 mL）、具塞三角瓶（100 mL）、分液漏斗（250 mL）、层析柱。

3. 操作步骤

（1）试样制备。粮食试样经粮食粉碎机粉碎，过 20 目筛制成粮食试样。蔬菜试样擦净，去掉非可食部分后备用。

（2）提取。

①粮食试样：称取 10 g 粮食试样，置于 100 mL 具塞三角瓶中，加入 20 mL 石油醚，于振荡器上振摇 0.5 h。

②蔬菜试样：称取 20 g 蔬菜试样，置于组织捣碎杯中，加入 30 mL 丙酮和 30 mL 石油醚，于捣碎机上捣碎 2 min，捣碎液经抽滤，滤液移入 250 mL 分液漏斗中，加入 100 mL、2% 硫酸钠水溶液，充分摇匀，静置分层，将下层溶液转移到另一 250 mL 分液漏斗中，用 2×20 mL 石油醚萃取，合并 3 次萃取的石油醚层，过无水硫酸钠层，于旋转蒸发仪上浓缩至 10 mL。

（3）净化。

①层析柱的制备：玻璃层析柱中先加入 1 cm 高无水硫酸钠，再加入 5 g、5% 水脱活弗罗里硅土，最后加入 1 cm 高无水硫酸钠，轻轻敲实，用 20 mL 石油醚淋洗净化柱，弃去淋洗液，柱面要留有少量液体。

②净化与浓缩：准确吸取试样提取液 2 mL，加入已淋洗过的净化柱中，用 100 mL 石油醚–乙酸乙酯（95∶5）洗脱，收集洗脱液于蒸馏瓶中，于旋转蒸发仪上浓缩近干，用少量石油醚多次溶解残渣于刻度离心管中，最终定容至 1.0 mL，供气相色谱分析。

（4）测定。

①气相色谱参考条件：

a. 色谱柱：石英弹性毛细血管柱 0.25 mm（内径）×15 m，内涂有 OV–101 固定液。

b. 气体流速：氮气 40 mL/min，尾吹气 60 mL/min，分流比 1∶50。

c. 温度：柱温自 180℃升至 230℃保持 30 min；检测器进样口温度 250℃。

②色谱分析。吸收 1 μL 试样液进入气相色谱仪，记录色谱峰的保留时间和峰高。再吸取 1 μL 混合标准使用液进样，记录色谱峰的保留时间和峰高。根据组分在色谱上的出峰时间与标准组分比较定性；用外标法与标准组分比较定量。

4. 结果计算

试样中农药的含量按式（7-9）进行计算：

$$X = \frac{h_i \times V_2 \times m_{xi} \times K}{h_{ix} \times V_1 \times m} \tag{7-9}$$

式中：X——试样中农药的含量，mg/kg；

h_i——试样中 i 组分农药峰高，mm；

m_{xi}——标准样品中 i 组分农药的含量，ng；

V_2——最后定容体积，mL；

h_{ix}——标准样品中 i 组分农药峰高，mm；

V_1——试样进样体积，μL；

m——试样的质量，g；

K——稀释倍数。

5. 检出限（表7-6）

表7-6　检出限

农药名称	检出限/（μg/kg）
α-六六六	0.1
β-六六六	0.2
γ-六六六	0.6
δ-六六六	0.6
七氯	0.8
艾氏剂	0.8
ρ，ρ'-滴滴伊	0.8
o，ρ'-DDT	1
氯氟氰菊酯	0.8
氯菊酯	16
氰戊菊酯	3
溴氰菊酯	1.6

（二）果蔬中40种有机氯和拟除虫菊酯农药残留量的测定

1. 原理

试样中用水-丙酮均质提取，经二氯甲烷液-液分配，以凝胶色谱柱净化，再经活性炭固相柱净化，洗脱液浓缩并溶解定容后，供气相色谱-质谱（GC-MS）测定和确证，外标法定量。

2. 试剂及仪器

（1）试剂。

①丙酮（C_3H_6O）：残留级；二氯甲烷（CH_2Cl_2）：残留级；乙酸乙酯（$C_4H_8O_2$）：残留级；环己烷（$Cyclo$-C_6H_{14}）：残留级；正己烷（n-C_6H_{14}）：残留级；甲醇（CH_4O）：残留级；苯（C_6H_6）：残留级；氯化钠（NaCl）：优级纯。

②无水硫酸钠（Na_2SO_4）：650℃灼烧 4 h，储于密封容器中备用。

③氯化钠水溶液：20 g/L。

④活性炭固相萃取柱（Pesticarb）：0.5 g，或相当者，使用前用 5 mL 正己烷预淋洗。

⑤40 种农药标准品：纯度均≥93.5%。

⑥标准储备液：分别准确称取适量的每种农药标准品，用丙酮或相应溶剂配制成浓度为 500~1000 μg/mL 的标准储备液，该溶液可在 0~4℃冰箱中保存 3 个月。

⑦标准中间工作液：根据需要用丙酮将一定体积的各农药标准储备液进行稀释，即为混合的标准中间工作液，该溶液可在 0~4℃ 冰箱中保存 6 个月。

⑧混合标准工作液：准确移取一定体积的混合标准中间工作液，可根据需要用正己烷稀释成适用浓度的混合标准工作液，该溶液可在 0~4℃ 冰箱中保存 1 个月。

（2）仪器。

①气相色谱-质谱仪，配有电子轰击源（EI）；

②凝胶色谱仪；配有馏分收集器；

③食品捣碎机；

④均质器；

⑤旋转蒸发器；

⑥氮吹仪；

⑦漩涡混合器；

⑧无水硫酸钠柱：7.5 cm×1.5 cm（内径），内装 5 cm 高无水硫酸；

⑨具塞锥形瓶：250 mL；

⑩浓缩瓶：50 mL、250 mL；

⑪移液器：1000 μL、100 μL、10 μL。

3. 操作步骤

（1）试样制备。抽取水果或蔬菜样品 500 g，或去壳，去籽、去皮、去径、去根，去冠（不可用水洗涤），将其可食用部分切碎后，依次用食品捣碎机将样品加工成浆状。混匀，均分成两份作为试样分装入洁净的盛样袋内，密闭，标明标记。

将试样于 0~4℃ 下保存。在抽样及制样的操作过程中，应防止样品受到污染或发生残留物含量的变化。

（2）提取。称取约 25 g（精确至 0.1 g）试样于 250 mL 具塞锥形瓶中，加入 20 mL 水，混摇后放置 1 h。然后加入 1000 mL 丙酮，高速均质提取 3 min。将提取液抽滤于 250 mL 浓缩瓶中。将浓缩提取液移至 250 mL 分液漏斗中。

在上述分液漏斗中，加入 100 mL 氯化钠水溶液和 100 mL 二氯甲烷，振摇 3 min，静置分层，收集二氯甲烷相。水相再用 2×50 mL 二氯甲烷重复提取两次，合并二氯甲烷相。经无水硫酸钠柱脱水，收集于 250 mL 浓缩瓶中，于 40℃ 水浴中旋转浓缩至近干，加入 5 mL 乙酸乙酯环己烷（1∶1）以溶解残渣，并用 0.45 μm 滤膜过滤，待净化。

（3）净化。

①凝胶色谱净化（GPC）条件如下：

a. 净化柱：700 mm×25 mm，BioBeads/S-X31，或相当者。

b. 流动相：乙酸乙酯-环己烷（1∶1）。

c. 流速：5.0 mL/min。

d. 样品定量环：5.0 mL。

e. 预淋洗体积：50 mL。

f. 洗脱体积：210 mL。

g. 收集体积：105~185 mL。

②凝胶色谱净化步骤：将 5 mL 待净化液按上述凝胶净化色谱规定条件进行净化，合并馏分收集器中的收集液于 250 mL 浓缩瓶中，于 40℃ 水浴中旋转浓缩至近干，加入 2 mL 正己烷以溶解残渣，待净化。

③固相萃取净化（SPE）：将 2 mL 溶解液倾入已预淋洗后的活性炭固相萃取柱中，用 30 mL 正己烷-乙酸乙酯（3∶2）进行洗脱。收集全部洗脱液于 50 mL 浓缩瓶中，于 40℃ 水浴中旋转浓缩至干。用乙酸乙酯溶解并定容至 2.0 mL，供气相色谱-质谱测定。

（4）气相色谱-质谱测定。

①气相色谱-质谱条件如下：

a. 色谱柱：30 m×0.25 mm（内径），膜厚 0.25 μm，DB-5MS 白英毛细管柱，或相当者。

b. 色谱柱温度：50℃（2 min）$\xrightarrow{(10℃/min)}$180℃（1 min）$\xrightarrow{(3℃/min)}$270℃（14 min）。

c. 进样口温度：280℃。

d. 色谱-质谱接口温度：280℃。

e. 载气：氦气，纯度≥99.999%，1.2 mL/min。

f. 进样量：1 μL。

g. 进样方式：无分流进样，1.5 min 后开阀。

h. 电离方式：EI。

i. 电离能量：70 eV。

j. 测定方式：选择离子监测方式。

k. 溶剂延迟：5 min。

l. 选择监测离子（m/z）：每种农药分别选择 1 个定量离子、2~3 个定性（阳性确证）离子，选择监测离子时间设定参数参见表 7-7。

表 7-7　果蔬中 40 种农药残留量测定的选择监测离子时间设定参数表

序号	时间/min	选择离子	驻留时间/min
1	10	261、306、219、284、295、177	100
2	19	272、263、353、373、123、246、241	40
3	25.2	263、318、235、116、241、235	100
4	29	171、317、164、181、349、123、281	80
5	35	181、183	300
6	39	199、181	300
7	43	167、250、181、209	150

②定量测定：根据样液中被测农药含量，选定浓度相近的标准工作溶液。标准工作溶液和待测样液中农药的响应值均应在仪器检测的线性范围内。对混合标准溶液与样液等体积分组分时段参插进样测定，外标法定量。

③定性测定：在相同保留时间有峰出现，则根据定性选择离子的种类及其丰度比对其进行阳性确证。

4. 结果计算

按式 (7-10) 计算试样中每种农药残留含量：

$$X = \frac{A_i \times c_i \times V}{A_{is} \times m} \qquad (7-10)$$

式中：X_i——试样中农药 i 残留量，μL/g；

　　　A_i——样液中农药 i 的峰面积（或峰高）；

　　　c_i——标准工作溶液中农药 i 的浓度，μg/mL；

　　　V——样液最终定容体积，mL；

　　　A_{is}——标准工作液中农药 i 的峰面积（或峰高）；

　　　m——最终试液的试样质量，g。

三、动物性食品中有机氯和拟除虫菊酯类农药多组分残留量的测定

现行《动物性食品中有机氯农药和拟除虫菊酯农药多组分残留量的测定》（GB/T 5009.162—2008）中给出了两种方法，分别是气相色谱-质谱法（GC-MS）（第一法）和气相色谱-电子捕获器法（GC-ECD）（第二法）。第一法主要适用于肉类、蛋类、乳类食品及油脂（含植物油）中六六六、DDT、六氯苯、七氯、环氧七氯、氯丹、艾氏剂、狄氏剂、异狄氏剂、灭蚁灵、五氯硝基苯、硫丹、除螨酯、丙烯菊酯、杀螨磺、杀螨酯、胺菊酯、甲氰菊酯、氯菊酯、氯氰菊酯、氰戊菊酯、溴氰菊酯的测定。第二法主要适用于肉类、蛋类、乳类动物性食品中六六六、DDT、五氯硝基苯、七氯、环氧七氯、艾氏剂、狄氏剂、除螨酯、杀螨酯、胺菊酯、氯菊酯、氯氰菊酯、α-氰戊菊酯、溴氰菊酯的测定。下面主要介绍气相色谱-质谱法。

（一）原理

在均匀的试样溶液中定量加入^{13}C-六氯苯和^{13}C-灭蚁灵稳定性同位素内标，经有机溶剂振荡提取、凝胶色谱层析净化，采用选择离子监测的气相色谱-质谱法（GC-MS）测定，以内标法定量。

（二）试剂及仪器

1. 试剂

（1）丙酮、石油醚、乙酸乙酯、环己烷、正己烷、氯化钠、无水硫酸钠、凝胶、农药标准品。

（2）标准溶液。分别准确称取上述农药标准品适量，用少量苯溶解，再用正己烷稀释成一定浓度的标准储备溶液。量取适量标准储备溶液，用正己烷稀释为系列混合标准溶液。

（3）内标溶液。将浓度为 1000 mg/L、体积为 1 mL 的 $^{13}C_6$-六氯苯和 $^{13}C_{10}$-灭蚁灵稳定性同位素内标溶液转移至容量瓶中，分别用正己烷定容至 10.00 mL，配制成 100 mg/L 的标准储备液，-20℃冰箱保存。取此标准储备液 0.6 mL，分别用正己烷定容至 10.00 mL，配制成 6.0 mg/L 的标准工作液。

2. 仪器

气相色谱-质谱联用仪、组织匀浆机、粉碎机、振荡器、旋转蒸发仪、全自动凝胶色谱系统（附固定波长 254 nm 的紫外检测器）、氮气浓缩器、凝胶净化柱。

（三）操作步骤

1. 提取与分配

蛋品去壳，制成匀浆；肉品去筋后，切成小块，制成肉糜；乳品混匀待用。

（1）蛋类：称取试样 20 g 置于 200 mL 具塞三角瓶中，加水 5 mL（视试样水分含量加水，使总含水量约 20 g。通常鲜蛋水分含量约 75%，加水 5 mL 即可），加入 $^{13}C_6$-六氯苯（6 mg/L）和 $^{13}C_{10}$-灭蚁灵（6 mg/L）各 5 μL，加入 40 mL 丙酮，振摇 30 min 后，加入氯化钠 6 g，充分摇匀，再加入 30 mL 石油醚，振摇 30 min。静置分层后，将有机相全部转移至 100 mL 具塞三角瓶中经无水硫酸钠干燥，并量取 35 mL 于旋转蒸发瓶中，浓缩至约 1 mL，加 2 mL 乙酸乙酯-环己烷（1:1）溶液再浓缩，如此重复 3 次，浓缩至约 1 mL，供凝胶色谱层析净化使用，或将浓缩液转移至全自动凝胶渗透色谱系统配套的进样试管中，用乙酸乙酯-环己烷（1:1）溶液洗涤旋转蒸发瓶数次，将洗涤液合并至试管中，定容至 10 mL。

（2）肉类：称取试样 20 g 加水 6 mL（视试样水分含量加水，使总含水量约为 20 g。通常鲜肉水分含量约 70%，加水 6 mL 即可），加入 $^{13}C_6$-六氯苯（6 mg/L）和 $^{13}C_{10}$-灭蚁灵（6 mg/L）各 5 μL，再加入 40 mL 丙酮，振摇 30 min。其余操作与上述从"加入氯化钠 6 g"开始的蛋类操作相同，按照执行。

（3）乳类：称取试样 20 g（鲜乳不需加水，直接加丙酮提取），加入 $^{13}C_6$-六氯苯（6 mg/L）和 $^{13}C_{10}$-灭蚁灵（6 mg/L）各 5 μL，再加入 40 mL 丙酮，振摇 30 min。其余操作与上述从"加入氯化钠 6 g"开始的蛋类操作相同，按照执行。

（4）油脂：称取 1 g 加 $^{13}C_6$-六氯苯（6 mg/L）和 $^{13}C_{10}$-灭蚁灵（6 mg/L）各 5 μL，加入 30 mL 石油醚振摇 30 min 后，将有机相全部转移至旋转蒸发瓶中，浓缩至约 1 mL，加入 2 mL 乙酸乙酯-环己烷（1:1）溶液再浓缩，如此重复 3 次，浓缩至约 1 mL，供凝胶色谱层析净化使用，或将浓缩液转移至全自动凝胶渗透色谱系统配套的进样试管中，用乙酸乙酯-环己烷（1:1）溶液洗涤旋转蒸发瓶数次，将洗涤液合并至试管中，定容至 10 mL。

2. 净化

选择手动或全自动净化方法的任何一种进行。

（1）手动凝胶色谱柱净化。将试样浓缩液经凝胶柱以乙酸乙酯-环己烷（1:1）溶液洗脱，弃去 0~35 mL 流分，收集 35~70 mL 流分。将其旋转蒸发浓缩至约 1 mL，再重复上述步骤，收集 35~70 mL 流分，蒸发浓缩，用氮气吹除溶剂，再用正己烷定容至 1 mL，留待 GC-MS 分析。

（2）全自动凝胶渗透色谱系统（GPC）净化。试样由 5 mL 试样环注入 GPC 柱，泵流速 5.0 mL/min，用乙酸乙酯-环己烷（1:1）溶液洗脱，时间程序为：弃去 0~7.5 min 流分，收集 7.5~15 min 流分，15~20 min 冲洗 GPC 柱。将收集的流分旋转蒸发浓缩至约 1 mL，用氮气吹至近干，以正己烷定容至 1 mL，留待 GC-MS 分析。

3. 气相色谱测定

（1）气相色谱参考条件。

①色谱柱：CP-sil8 毛细管柱或等效柱，柱长 30 m，膜厚 0.25 μm，内径 0.25 mm。

②进样口温度：230℃。

③柱温程序：初始温度 50℃，保持 1 min，以 30℃/min 升至 150℃，再以 5℃/min 升至

185℃，然后以 10℃/min 升至 280℃，保持 10 min。

④进样方式：不分流进样，不分流阀关闭时间 1 min。

⑤进样量：1 μL。

⑥载气：使用高纯氦气（纯度>99.999%），柱前压为 41.4 kPa（相当于 6 psi）。

（2）质谱参数。

①离子化方式：电子轰击源（EI），能量为 70 eV。

②离子检测方式：选择离子监测（SIM），各组分选择的特征离子不同。

③离子源温度：250℃。

④接口温度：285℃。

⑤分析器电压：450 V。

⑥扫描质量范围：50～450 u。

⑦溶剂延迟：9 min。

⑧扫描速度：每秒扫描 1 次。

（3）测定。吸取试样溶液 1 μL 进样，记录色谱图及各目标化合物和内标的峰面积，计算目标化合物与相应内标的峰面积比。

（四）结果计算

试样中各农药组分的含量按式（7-11）计算：

$$X = \frac{A \times f}{m} \qquad\qquad (7-11)$$

式中：X——试样中各农药组分的含量，μg/kg；

　　　A——试样色谱峰与内标色谱峰的峰面积比值对应的目标化合物质量，ng；

　　　f——试样溶液的稀释因子；

　　　m——试样的取样量，g。

四、食品中有机磷农药残留量的测定

有机磷农药，是用于防治植物病、虫、害的含有机磷农药的有机化合物。这一类农药品种多、药效高、用途广、易分解，在人、畜体内一般不积累，在农药中是极为重要的一类化合物。但有不少品种对人、畜的急性毒性很强。有机磷类农药在农药中占有重要地位，对农业发展起了重要作用，最常用的有敌百虫、敌敌畏、乐果、马拉硫磷等。现行主要依据《食品安全国家标准食品中有机磷农药残留量的测定气相色谱–质谱法》（GB 23200.93—2016）对其进行测定。

（一）原理

试样用水–丙酮溶液均质提取，二氯甲烷液–液分配，凝胶色谱柱净化，再经石墨化炭黑固相萃取柱净化，气相色谱–质谱检测，外标法定量。

（二）试剂及仪器

1. 试剂

（1）丙酮、二氯甲烷、环己烷、乙酸乙酯、正己烷、氯化钠、农药标准品。

（2）无水硫酸钠：650℃灼烧 4 h，贮于密封容器中备用。

（3）氯化钠水溶液（5%）：称取 5.0 g 氯化钠，用水溶解，并定容至 100 mL。

（4）乙酸乙酯-正己烷（1∶1，*V/V*）：量取 100 mL 乙酸乙酯和 100 mL 正己烷，混匀。

（5）环己烷-乙酸乙酯（1∶1，*V/V*）：量取 100 mL 环己烷和 100 mL 正己烷，混匀。

（6）标准储备溶液：分别准确称取适量的每种农药标准品，用丙酮分别配制成浓度为 100~1000 g/mL 的标准储备溶液。

（7）混合标准工作溶液：根据需要再用丙酮逐级稀释成适用浓度的系列混合标准工作溶液。保存于 4℃ 冰箱内。

2. 材料

（1）弗罗里硅土固相萃取柱：Florisil，500 mg，6 mL，或相当者。

（2）石墨化炭黑固相萃取柱：ENVI-Carb，250 mg，6 mL，或相当者，使用前用 6 mL 乙酸乙酯-正己预淋洗。

（3）有机相微孔滤膜：0.45 μm。

（4）石墨化炭黑：60~80 目

3. 仪器

气相色谱-质谱联用仪（配电子轰击源）、均质机、旋转蒸发仪、凝胶色谱仪（配有单元泵、馏分收集器）、离心机、浓缩瓶。

（三）操作步骤

取代表性样品约 1 kg 样品，取样部位按 GB 2763 附录 A 执行，经捣碎机充分捣碎均匀，装入洁净容器，密封，标明标记。试样于 -18℃ 保存。在抽样及制样的操作过程中，应防止样品受到污染或发生残留物含量的变化。

1. 提取

称取解冻后的试样 20 g（精确到 0.01 g）于 250 mL 具塞锥形瓶中，加入 20 mL 水和 100 mL 丙酮，均质提取 3 min。将提取液过滤，残渣再用 50 mL 丙酮重复提取一次，合并滤液于 250 mL 浓缩瓶中，于 40℃ 水浴中浓缩至约 20 mL。

将浓缩提取液转移至 250 mL 分液漏斗中，加入 150 mL 氯化钠水溶液和 50 mL 二氯甲烷，振摇 3 min，静置分层，收集二氯甲烷相。水相再用 50 mL 二氯甲烷重复提取两次，合并二氯甲烷相。经无水硫酸钠脱水，收集于 250 mL 浓缩瓶中，于 40℃ 水浴中浓缩至近干。加入 10 mL 环己烷-乙酸乙酯溶解残渣，用 0.45 μm 滤膜过滤，待凝胶色谱（GPC）净化。

2. 净化

（1）凝胶色谱（GPC）净化。

①凝胶色谱条件：

a. 凝胶净化柱：Bio Beads S-X3，700 mm×25 mm（i.d.），或相当者；

b. 流动相：乙酸乙酯-环己烷（1∶1，*V/V*）；

c. 流速：4.7 mL/min；

d. 样品定量环：10 mL；

e. 预淋洗时间：10 min；

f. 凝胶色谱平衡时间：5 min；

g. 收集时间：23~31 min；

h. 凝胶色谱净化步骤。

②将 10 mL 待净化液按规定的条件进行净化，收集 23~31 min 区间的组分，于 40℃下浓缩至近干，并用 2 mL 乙酸乙酯-正己烷溶解残渣，待固相萃取净化。

（2）固相萃取（SPE）净化。将石墨化炭黑固相萃取柱（对于色素较深试样，在石墨化炭黑固相萃取柱上加 1.5 cm 高的石墨化炭黑）用 6 mL 乙酸乙酯-正己烷预淋洗，弃去淋洗液；将 2 mL 待净化液倾入上述连接柱中，并用 3 mL 乙酸乙酯-正己烷分 3 次洗涤浓缩瓶，将洗涤液倾入石墨化炭黑固相萃取柱中，再用 12 mL 乙酸乙酯-正己烷洗脱，收集上述洗脱液至浓缩瓶中，于 40℃水浴中旋转蒸发至近干，用乙酸乙酯溶解并定容至 1.0 mL，供气相色谱-质谱测定和确证。

3. 气相色谱-质谱测定条件

（1）色谱柱：30 m×0.25 mm（i. d.），膜厚 0.25 μm，DB-5 MS 石英毛细管柱，或相当者；

（2）色谱柱温度：50℃（2 min），30℃/min；180℃（10 min），30℃/min；270℃（10 min）；

（3）进样口温度：280℃；

（4）色谱-质谱接口温度：270℃；

（5）载气：氦气，纯度≥99.999%，流速 1.2 mL/min；

（6）进样量：1 μL；

（7）进样方式：无分流进样，1.5 min 后开阀；

（8）电离方式：EI；

（9）电离能量：70 eV；

（10）测定方式：选择离子监测方式；

（11）选择监测离子（m/z）：参见表 7-8；

（12）溶剂延迟：5 min；

（13）离子源温度：150℃；

（14）四级杆温度：200℃。

表 7-8　选择离子监测方式的质谱参数表

通道	时间/(t_g/min)	选择离子/amu
1	5.00	109、125、137、145、179、185、199、220、270、285、304
2	17.00	109、127、158、169、214、235、245、247、258、260、261、263、285、286、314
3	19.00	153、125、384、226、210、334

4. 气相色谱-质谱测定与确证

根据样液中被测物含量情况，选定浓度相近的标准工作溶液，对标准工作溶液与样液等体积参插进样测定，标准工作溶液和待测样液中每种有机磷农药的响应值均应在仪器检测的线性范围内。如果样液与标准工作溶液的选择离子色谱图中，在相同保留时间有色谱峰出现，则根据每种有机磷农药选择离子的种类及其丰度比进行确证。

（四）结果计算

试样中每种有机磷农药残留量按式（7-12）计算：

$$X_i = \frac{A_i \times C_i \times V}{A_{is} \times m} \qquad (7-12)$$

式中：X_i——试样中每种有机磷农药残留量，mg/kg；

  A_i——样液中每种有机磷农药的峰面积（或峰高）；

  A_{is}——标准工作液中每种有机磷农药的峰面积（或峰高）；

  C_i——标准工作液中每种有机磷农药的浓度，μg/mL；

  V——样液最终定容体积，mL；

  m——最终样液代表的试样质量，g。

五、食品中氨基甲酸酯类农药残留量的测定

氨基甲酸酯类农药是继有机磷类农药之后发现的一种新型农药，已被广泛应用于粮食、蔬菜和水果等各种农作物。常见的氨基甲酸酯类农药有呋喃丹和速灭威等。此类农药具有合成快、残留期短、低毒、高效和筛选性强等特点。20世纪70年代以来氨基甲酸酯类农药的用量正逐年增加。氨基甲酸酯类农药对人体的慢性毒作用与有机磷农药相似，现有一些研究证明此类农药具有致畸、致突变和致癌作用。下面介绍气相色谱法测定氨基甲酸酯类农药残留量的方法步骤。

（一）原理

含氮有机化合物被色谱柱分离后在加热的碱金属片的表面产生热分解，形成氰自由基（·CN），并且从被加热的碱金属表面放出的原子状态的碱金属（Rb）接受电子变成CN⁻，再与氢原子结合。放出电子的碱金属变成正离子，由收集极收集，并作为信号电流而被测定。电流信号的大小与含氮化合物的含量成正比。可与峰面积或峰高比较定量。

（二）试剂及仪器

1. 试剂

（1）无水硫酸钠：于4500℃焙烧4 h后备用。

（2）丙酮：重蒸。

（3）无水甲醇：重蒸。

（4）二氯甲烷：重蒸。

（5）石油醚：沸程30~60℃，重蒸。

（6）速灭威（Tsumacide）：纯度≥99%。

（7）异丙威（MIPC）：纯度≥99%。

（8）残杀威（Propoxur）：纯度≥99%。

（9）克百威（Carbofuran）：纯度≥99%。

（10）抗蚜威（Pirimicarb）：纯度≥99%。

（11）甲萘威（Carbaryl）：纯度≥99%。

（12）50 g/L氯化钠溶液：称取25 g氯化钠，用水溶解并稀释至50 mL。

（13）甲醇-氯化钠溶液：取无水甲醇和50 g/L氯化钠溶液等体积混合。

（14）氨基甲酸酯杀虫剂标准溶液的配制：分别准确称取速灭威、异丙威、残杀威、克百威、抗蚜威及甲萘威各种标准品，用丙酮分别配制1 mg/mL的标准储备液，使用时用

丙酮稀释配制成单一品种的标准使用液（5 μg/mL）和混合标准工作液（每个品种浓度为
2~10 μg/mL）。

2. 仪器

（1）气相色谱仪：附有 FTD（火焰热离子检测器）。

（2）电动振荡器。

（3）组织捣碎机。

（4）粮食粉碎机：带 20 目筛。

（5）恒温水浴锅。

（6）减压浓缩装置。

（7）分液漏斗：250 mL、500 mL。

（8）量筒：50 mL、1000 m。

（9）具塞三角烧瓶：250 mL。

（10）抽滤瓶：250 mL。

（11）布氏漏斗：Φ = 10 cm。

（三）操作步骤

1. 试样制备

（1）提取。

粮食经粮食粉碎机粉碎，过 20 目筛制成粮食试样。蔬菜去掉非食部分剁碎或经组织捣碎
机捣碎制成蔬菜试样。

①粮食试样：称取约 40 g 粮食试样，精确至 0.0001 g。置于 250 mL 具塞三角烧瓶中，加
入 20~40 g 无水硫酸钠（视试样的水分而定）、100 mL 无水甲醇。塞紧，摇匀，于电动振荡
器上振荡 30 min。然后经快速滤纸过滤于量筒中，收集 50 mL 滤液，转入 250 mL 分液漏斗
中，用 50 mL、50 g/L 氯化钠溶液洗涤量筒，并入分液漏斗中。

②蔬菜试样：称取 20 g 蔬菜试样，精确至 0.001 g，置于 250 mL 具塞锥形瓶中，加入
80 mL 无水甲醇，塞紧，于电动振荡器上振荡 30 min。然后经铺有快速滤纸的布氏漏斗抽滤
于 250 mL 抽滤瓶中，用 500 mL 无水甲醇分次洗涤提取瓶及滤器。将滤液转入 500 mL 分液漏
斗中，用 100 mL、50 g/L 氯化钠溶液分次洗涤滤器，并入分液漏斗中。

（2）净化。

①粮食试样：于盛有试样提取液的 250 mL 分液漏斗中加入 50 mL 石油醚，振荡 1 min，
静置分层后将下层（甲醇-氯化钠溶液）放入第二个 250 mL 分液漏斗中，加 25 mL 甲醇-氯
化钠溶液于石油醚层中，振摇 30 s。静置分层后，将下层并入甲醇-氯化钠溶液中。

②蔬菜试样：于盛有试样提取液的 500 mL 分液漏斗中加入 50 mL 石油醚，振荡 1 min，
静置分层后将下层放入第二个 500 mL 分液漏斗中，并加入 50 mL 石油醚，振荡 1 min，静置
分层后将下层放入第三个 500 mL 分液漏斗中。然后用 25 mL 甲醇-氯化钠溶液并入第三个分
液漏斗中。

（3）浓缩。于盛有试样净化液的分液漏斗中，用二氯甲烷（50 mL、25 mL、25 mL）依
次提取 3 次，每次振摇 1 min，静置分层后将二氯甲烷层经铺有无水硫酸钠（玻璃棉支撑）
的漏斗（用二氯甲烷预洗过）过滤于 250 mL 蒸馏瓶中，用少量二氯甲烷洗涤漏斗，并入蒸

馏瓶中。将蒸馏瓶接上减压浓缩装置，于 50℃ 水浴上减压浓缩至 1 mL 左右，取下蒸馏瓶，将残余物转入 10 mL 刻度离心管中，用二氯甲烷反复洗涤蒸馏瓶并入离心管中。然后吹氮气除尽二氯甲烷溶剂，用丙酮溶解残渣并定容至 2.0 mL，供气相色谱分析用。

2. 气相色谱分析条件

（1）色谱柱。

①色谱柱 1：玻璃柱，3.2 mm（内径）×2.1 m，内涂有 2% OV-101+60 AOV-210 混合固定液的 Chromosorb W（HP）80~100 目担体。

②色谱柱 2：玻璃柱，3.2 mm（内径）×1.5 m，内涂有 1.5% OV-17+1.95% OV-210 混合固定液的 Chromosorb W（AW-DMCS）80~100 目担体。或具有相同分离效果的石英毛细管色谱柱。

（2）气体条件。氮气 65 mL/min；空气 150 mL/min；氢气 3.2 mL/min。

（3）温度条件。柱温 190℃；进样口或检测室温度 240℃。

3. 测定

取试样液及标准试样液各 1 μL，注入气相色谱仪中，做色谱分析。根据组分在两根色谱柱上的出峰时间与标准组分比较定性；用外标法与标准组分比较定量。

（四）结果计算

试样中氨基甲酸类农药的含量按式（7-13）计算：

$$X_i = \frac{E_i \times \dfrac{A_i}{A_E} \times 2000}{m \times 1000} \qquad (7-13)$$

式中：X_i——试样中组分 i 的含量，mg/kg；

E_i——标准试样中组分 i 的含量，ng；

A_i——试样中组分 i 的峰面积或峰高；

A_E——标准试样中组分 i 的峰面积或峰高；

m——试样质量，g；

2000——进样液的定容体积；

1000——换算单位。

六、动物性食品中兽药残留量的测定

在动物源食品中较容易引起兽药残留超标的兽药主要有抗生素类、磺胺类、呋喃类、抗寄生虫类和激素类药物。大量、频繁地使用抗生素，使动物机体中的耐药致病菌很容易感染人类，而且抗生素药物残留可使人体中细菌产生耐药性，扰乱人体微生态而产生各种毒副作用。目前，在畜产品中容易造成残留量超标的抗生素主要有氯霉素、四环素、土霉素、金霉素等。磺胺类药物主要通过输液、口服、创伤外用等用药方式或作为饲料添加剂而残留在动物源食品中。近 20 年，动物源食品中磺胺类药物残留量超标现象十分严重，多在猪、禽、牛等动物中发生。

在养殖业中常见使用的激素和 β 兴奋剂类主要有性激素类、皮质激素类和盐酸克伦特罗（瘦肉精）等。目前，许多研究已经表明盐酸克伦特罗、己烯雌酚等激素类药物在动物源食品中的残留超标可极大危害人类健康。其中，盐酸克伦特罗很容易在动物源食品中造成残留，健康人摄入盐酸克伦特罗超过 20 μg 就有药效，5~10 倍的摄入量则会导致中毒。

动物在经常反复接触某一种抗菌药物后，其体内的敏感菌株将受到选择性抑制，细菌产生耐药性，使耐药菌株大量繁殖。人体经常食用含药物残留的动物性食品，动物体内的耐药菌株可传播给人体，当人体发生疾病时，就给临床感染性疾病的治疗带来一定的困难，从而延误正常的治疗。已发现长期食用低剂量的抗生素能导致金黄色葡萄球菌耐药菌株的出现，也能引起大肠杆菌耐药菌株的产生。迄今为止，具有耐药性的微生物通过动物性食品转移到人体内对人体健康产生危害的问题尚未得到解决。长期食用含低剂量激素的动物性食品的后果也不可忽视。因此，测定兽药残留有很重要的意义。

（一）动物性食品中抗生素类药物残留的测定

动物性食品中抗生素类药物残留的测定依据《畜、禽肉中土霉素、四环素、金霉素残留量的测定（高效液相色谱法）》（GB/T 5009.116—2003）进行测定。

1. 原理

试样经提取、微孔滤膜过滤后直接进样，用反相色谱分离，紫外检测器检测，与标准比较定量，出峰顺序为土霉素、四环素、金霉素。

2. 试剂及仪器

（1）试剂。

①乙腈（分析纯）。

②0.01 mol/L 磷酸二氢钠溶液：称取 1.56 g（精确到 0.01 g）磷酸二氢钠（Na H_2PO_4 · $2H_2O$）溶于蒸馏水中，定容到 100 mL，经微孔滤膜（0.45 μm）过滤，备用。

③土霉素（OTC）标准溶液：称取土霉素 0.0100 g（精确到 0.0001 g），用 0.1 mol/L 盐酸溶液定容至 10.00 mL，此溶液每毫升含土霉素 1 mg。

④四环素（TC）标准溶液：称取四环素 0.0100 g（精确到 0.0001 g），溶于蒸馏水中并定容至 10.00 mL，此溶液此溶液每毫升含四环素 1 mg。

⑤金霉素（CTC）标准溶液：称取金霉素 0.0100 g（精确到 0.0001 g），溶于蒸馏水中并定容至 10.00 mL，此溶液每毫升含金霉素 1 mg。

⑥混合标准溶液：取土霉素（OTC）标准溶液、四环素（TC）标准溶液各 1.00 mL，取金霉素（CTC）标准溶液 2.00 mL，至于 10 mL 容量瓶中，加蒸馏水至刻度，此溶液每毫升含土霉素、四环素各 0.1 mg，金霉素 0.2 mg，临时用现配。

⑦5% 高氯酸溶液。

（2）仪器。高效液相色谱仪（HPLC）：配有紫外检测器。

3. 操作步骤

（1）色谱条件。柱 ODS-C_{18}（5 μm）：6.2 mm×15 cm；检测波长：355 nm；柱温：室温；流速：0 mL/min；进样量：10 μL；流动相：乙腈与 0.01 mol/L 磷酸二氢钠溶液（用 30% 硝酸溶液调节 pH 值至 2.5）= 35 : 65，使用前用超声波脱气 20 min 以上。

（2）试样测定。称取 5.00 g（±0.01 g）切碎的肉样（<5 mm），置于 50 mL 锥形烧瓶中，加入 5% 高氯酸 25.0 mL，于振荡器上提取 10 min，移入离心管中，以 2000 r/min 离心 3 min，取上清溶液经 0.45 μm 滤膜过滤，取滤液 10 μL 进样分析。

（3）工作曲线。分别称取 7 份切碎的肉样，每份 5.00 g（精确到 0.01 g），分别加入混合标准溶液 0、25 μg、50 μg、100 μg、150 μg、200 μg、250 μL（含土霉素、四环素各为 0、2.5 μg、5.0 μg、10.0 μg、15.0 μg、20.0 μg、25.0 μg；含金霉素 0、5.0 μg、10.0 μg、15.0 μg、20.0 μg、25.0 μg），以峰高为纵坐标，以抗生素含量为横坐标，绘制工作曲线。

4. 结果计算

试样中抗生素残留量按式（7-14）计算：

$$X = \frac{A \times 1000}{m \times 1000} \tag{7-14}$$

式中：X——试样中抗生素含量，mg/kg；

　　　A——试样溶液测得抗生素质量，μg；

　　　m——试样质量，g。

（二）动物性食品中激素类药物残留的测定

猪肉、猪肝、鸡蛋、牛奶、牛肉、鸡肉和虾等动物源食品中 50 激素残留的确证和定量测定依据《动物源食品中激素多残留检测方法液相色谱-质谱/质谱法》（GB/T 21981—2008）。

1. 原理

试样中的目标化合物经均质、酶解，用甲醇-水溶液提取，经固相萃取富集净化，液相色谱-质谱/质谱仪测定，内标法定量。

2. 试剂及仪器

（1）试剂。除特殊注明外，所用试剂均为色谱纯，水为 GB/T 6682—2008 规定的一级水。

①β-葡萄糖醛酸酶/芳香基硫酸酯酶溶液（β-glucuronidase/arylsulfatase）：4.5 U/mL β-葡萄糖醛酸酶，14 U/mL 芳香基硫酸酯酶。

②乙酸-乙酸钠缓冲溶液（pH 值 5.2）：称取 43.0 g 乙酸钠（NaOAc·4H$_2$O），加入 22 mL 乙酸，用水溶解并定容到 1000 mL，用乙酸调节 pH 值到 5.2。

③甲醇-水溶液（1∶1，体积比）：取 50 mL 甲醇和 50 mL 水混合。

④二氯甲烷-甲醇溶液（7∶3，体积比）：取 70 mL 二氯甲烷和 30 mL 甲醇混合。

⑤0.1%甲酸水溶液：精确量取甲酸 1 mL 加水稀释至 1000 mL。

⑥标准品：去甲雄烯二酮、群勃龙、勃地酮、氟甲睾酮、诺龙、雄烯二酮、睾酮、普拉睾酮、甲睾酮、异睾酮、表雄酮、司坦唑醇、17β-羟基雄烷-3-酮、美皋酮、达那己烯雌酚、己二烯雌酚、炔诺酮、21α-羟基孕酮、17α-羟基孕酮、左炔诺孕酮、甲羟孕松、可的松、氢化可的松、泼尼松龙、氟米松、地塞米松、乙酸氟氢可的松、甲基泼尼松龙、倍氟米松、曲安奈德、氟轻松、氟米龙、布地奈德、丙酸氯倍他索等，纯度均大于 97%。

⑦标准储备液：分别准确称取 10.0 mg 的标准品及内标于 10 mL 容量瓶中，用甲醇溶解并定容至刻度，制成 1.0 mg/mL 标准储备液于 18℃ 以下保存，标准储备液在 12 个月内稳定。

⑧混合内标工作液：用甲醇将各标准储备液配制成浓度 100 μg/L 的混合内标工作液。

⑨混合标准工作液：根据需要，用甲醇-水溶液将各标准储备溶液配制为适当浓度（0.5 μg/L、1 μg/L、2 μg/L、5 μg/L、10 μg/L、20 μg/L 和 40 μg/L，其中炔诺酮、表雄酮、布地奈德、17β-羟基雄烷-3-酮、氟米龙、氟甲睾酮为其他化合物浓度的 5 倍），标准

工作溶液中含各内标浓度为 10μ g/L。

⑩ENVI-Carb 固相萃取柱（500 mg，6 mL）或相当者，使用前依次用 6 mL 二氯甲烷–甲醇溶液、6 mL 甲醇、6 mL 水活化。

⑪安吉固相萃取柱（500 mg，6 mL）或相当者，使用前用 6 mL 二氯甲烷–甲醇溶液活化。

（2）仪器。液相色谱串联四级杆质谱仪（配有电喷雾离子源）、电子天平（感量为 0.0001 g 和 0.1 g）、组织匀浆机、涡旋混合器、恒温振荡器、超声清洗仪、离心机（10000 r/min）、固相萃取装置、氮吹仪、pH 计、转液器。

3. 操作步骤

（1）试样制备。

①动物肌肉、肝脏、虾：从所取全部样品中取出有代表性样品约 500 g，剔除筋膜，虾去除头和壳。用组织捣碎机充分捣碎均匀，均分成两份，分别装入洁净容器中，密封，并标明标记，于−18℃以下冷冻存放。

②牛奶：从所取全部样品中取出有代表性的样品约 500 g，充分摇匀，均分成两份，分别装入洁净容器中，密封，并标明标记，于 0~4℃以下冷藏存放。

③鸡蛋：从所取全部样品中取出有代表性的样品约 500 g，去壳后用组织捣碎机充分搅拌均匀，均分成两份，分别装入洁净容器中，密封，并标明标记，于 0~4℃以下冷藏存放。

注：制样操作过程中应防止样品被污染或其中的残留物发生变化。

（2）提取。称取 5 g 试样（精确至 0.01 g）于 50 mL 具塞塑料离心管中，准确加入内标溶液 100 μL 和 10 mL 乙酸–乙酸钠缓冲溶液，涡旋混匀，再加入 β–葡萄糖醛酸酶/芳香基硫酸酯酶溶液 100 μL，于（37±1）℃振荡酶解 12 h。取出冷却至室温，加入 25 mL 甲醇超声提取 30 min，0~4℃下 10000 r/min 离心 10 min。将上清液转入洁净烧杯，加水 100 mL，混匀后待净化。

（3）净化。提取液以 2~3 mL/min 的速度上样于活化过的 ENVI-Carb 固相萃取柱。将小柱减压抽干。再将活化好的氨基柱串接在 ENVI-Carb 小柱，用 6 mL 二氯甲烷–甲醇溶液洗氨基柱，再用 2 mL 二氯甲烷–甲醇溶液洗氨基柱，洗脱液在微弱的氮气流下吹干，用 1 mL 甲醇–水溶液溶解残渣，供仪器测定。

（4）测定。

①雄激素、孕激素、皮质醇激素测定。

液相色谱条件如下：色谱柱：ACQUITYUPLC™BE HC$_{18}$ 柱，2.1 mm（内径）×100 mm，1.7 μm，或相当者；流动相：A（0.1%甲酸水溶液）；B（甲醇）。梯度淋洗，参考梯度条件参见表 7–9。流速：0.3 mL/min。柱温：40℃。进样量：10 μL。

表 7–9 雄激素、孕激素、皮质醇激素参考液相色谱梯度条件

时间/min	A/%	B/%
0	50	50
8	36	64
11	16	84

续表

时间/min	A/%	B/%
12.5	0	100
14.5	0	100
15	50	50
17	50	50

雄激素、孕激素测定参考质谱条件如下：电力源：电喷雾正离子模式。毛细管电压：3.5 kV。源温度：100℃。脱溶剂气温度：450℃。脱溶剂气流量：700 L/h。碰撞室压力：0.31 Pa（$3.1×10^{-3}$ mbar）。

皮质醇激素测定参考质谱条件如下：电离源：电喷雾负离子模式。毛细管电压：3.0 kV。源温度：100℃。脱溶剂气温度：450℃。脱溶剂气流量：700 L/h。碰撞室压力：0.31 Pa（$3.1×10^{-3}$ mbar）。

②雌激素测定。

液相色谱条件如下：色谱柱：ACQUITYUPLC™BEHC$_{18}$柱，2.1 mm（内径）×100 mm×1.7 μm，或相当者。流动相：A（水）；B（乙腈）。梯度洗脱，参考梯度条件参见表7-10。流速：0.3 mL/min。柱温：40℃。进样量：10 μL。

表7-10　雌激素参考液相色谱梯度条件

时间/min	A/%	B/%
0	65	35
4	50	50
4.5	0	100
5.5	0	100
5.6	65	35
9	65	35

激素测定质谱条件如下：电离源：电喷雾负离子模式；毛细管电压：3.0 kV；源温度：100℃；脱溶剂气温度：450℃；脱溶剂气流量：700 L/h；碰撞室压力：0.31 Pa（$3.1×10^{-3}$ mbar）。

（5）定性。各测定目标化合物以保留时间和与两对离子（特征离子对/定量离子对）所对应的LC-MS/MS色谱峰相对丰度进行定性。要求被测试样中目标化合物的保留时间与标准溶液中目标化合物的保留时间一致，同时被测试样中目标化合物的两对离子对应的LC-MS/MS色谱峰丰度比与标准溶液中目标化合物的色谱峰丰度比一致，允许的偏差见表7-11。

表7-11　定性测定时相对离子丰度的最大允许偏差

相对离子丰度	>50%	>20%~50%	>10%~20%	≤10%
允许的相对偏差	±20%	±25%	±30%	±50%

（6）定量。本标准采用内标法定量。每次测定前配置标准系列，按浓度由大到小的顺序，依次上机测定，得到目标物浓度与峰面积比的工作曲线。

4. 结果计算

试样中检测目标物的残留量 X_i（μg/kg）按式（7-15）计算：

$$X_i = \frac{c_{si} \times V}{m} \qquad (7-15)$$

式中：X_i——试样中待检测目标化合物残留量，μg/kg；

　　　c_{si}——由回归曲线计算得到的上机试样溶液中目标化合物含量，μg/L；

　　　V——浓缩至干后试样的定容体积，mL；

　　　m——试样的质量，g。

第四节　食品中生物毒素的测定

生物毒素（Biotoxin）是指生物来源并不可自复制的有毒化学物质。按来源可分为微生物毒素、动物毒素和植物毒素，其中来源于海洋动物、藻类及海洋细菌的毒素被称为海洋毒素。

微生物毒素（Microtoxin）包括霉菌毒素、细菌毒素、藻类毒素、蘑菇毒素，其中食品中较常见的微生物毒素主要有：霉菌毒素、细菌毒素、海藻毒素。

动物毒素（Zootoxin）大多是有毒动物毒腺制造并以毒液形式注入其他动物体内的蛋白类化合物，如蛇毒、蜂毒、蝎毒、蜘蛛毒、蜈蚣毒、蚁毒等，也包括某些海洋动物产生的毒素，如河豚毒素、西加毒素、扇贝毒素、岩蛤毒素、骨螺毒素、海兔毒素等。其中食品中常见的动物性毒素有牛磺胆酸、河豚毒素、岩蛤毒素、组胺等。

植物毒素（Phytotoxin）成分上主要属于非蛋白质氨基酸、肽类、蛋白质、生物碱及苷类等。世界上有毒植物有两千多种，中国有毒植物有900多种，某些植物毒素，如乌头碱、鱼藤酮、莨菪毒素、相思子毒素、荫莲根毒素具有剧毒，乌头碱对人的致死量为3~5 mg。食品中常见的植物毒素有氰苷、红细胞凝集素、皂苷（也称皂素）、龙葵碱（也称茄碱）、秋水仙碱、棉酚等。

一、霉菌毒素及其测定

霉菌是一些丝状真菌的通称，在自然界分布很广，几乎无处不有，主要生长在不通风、阴暗、潮湿和温度较高的环境中。霉菌可非常容易地生长在各种食品上并产生危害性很强的霉菌毒素。目前已知的霉菌毒素有200余种，与食品关系较为密切的霉菌毒素有黄曲霉毒素、脱氧雪腐镰刀菌烯醇、展青霉素、储曲霉毒素、玉米赤霉烯酮、杂色曲霉素、岛青霉素、黄天精、橘青霉素、丁烯酸内醋等。已知有5种毒素可引起动物致癌，它们是黄曲霉毒素（B₁、G₁、M₁）、黄天精、环氯素、杂色曲霉素和展青霉素。GB 2761—2017《食品安全国家标准食品中真菌毒素限量》规定了食品中黄曲霉毒素 B₁、黄曲霉毒素 M₁、脱氧雪腐镰刀菌烯醇、展青霉素、赭曲霉毒素 A 及玉米赤霉烯酮的限量指标。

　　黄曲霉毒素是由黄曲霉和寄生曲霉产生的一类代谢产物，具有极强的毒性和致癌性。黄曲霉毒素相对分子质量为 $312\sim346$，难溶于水、乙醚、石油醚及己烷中，易溶于油和甲醇、丙酮、氯仿、苯等有机溶剂中。黄曲霉毒素是一组性质比较稳定的化合物，其对光、热、酸较稳定，而对碱和氧化剂则不稳定。黄曲霉毒素污染食品相当普遍，不仅在我国，在世界上其他国家的农产品污染也相当严重，在许多食品中都能检出，污染最严重的是花生和玉米。目前已分离鉴定出 20 余种、两大类即 B 类和 G 类，其基本结构相似，均有二呋喃环和氧杂苯邻酮（香豆素），其结构中最有意义的是二呋喃末端有双键者是决定毒性的基团，与毒性、致癌性有密切关系，如黄曲霉毒素 B_1、黄曲霉毒素 G_1、黄曲霉毒素 M_1。其中黄曲霉毒素 B_1 毒性及危害性最大，在食品卫生监测中常以黄曲霉毒素 B_1 为污染指标。黄曲霉毒素 B_1、黄曲霉毒素 M_1 在食品中的限量见表 7-12、表 7-13。

表 7-12　食品中黄曲霉毒素 B_1 的限量

食品种类	限量/($\mu g \cdot kg^{-1}$)
玉米、花生及其制品	20
大米、植物油（除玉米油、花生油）	10
其他粮食、豆类、发酵食品	5
婴幼儿食品	5

表 7-13　食品中黄曲霉毒素 M_1 的限量

食品种类	限量/($\mu g \cdot kg^{-1}$)
乳及乳制品	0.5
特殊膳食用食品（婴幼儿配方食品、辅食营养补充品、运动营养食品、孕妇及乳母营养补充食品）	0.5

　　黄曲霉毒素均为荧光物质，因此，可采用荧光法对其进行测定。

（一）荧光法

1. 原理

　　试样中黄曲霉毒素 B_1 经提取、浓缩、薄层分离后，在波长 365 nm 紫外光下产生蓝紫色荧光，根据其在薄层上显示荧光的最低检出量来测定含量。

2. 试剂及仪器

（1）试剂。

①三氯甲烷、正己烷或石油醚（沸程 $30\sim60$℃或 $60\sim90$℃）、甲醇、苯、乙腈、无水乙醚或乙醚经无水硫酸钠脱水、丙酮、三氯乙酸、无水硫酸钠、氯化钠。

②硅胶 G：薄层色谱用。

③苯-乙腈混合液：量取 98 mL 苯，加 2 mL 乙腈，混匀。

④甲醇水溶液：55∶45。

⑤仪器矫正。测定重铬酸钾溶液的摩尔消光系数，以求出使用仪器的校正因素，准确称取 25 mg 经干燥的重铬酸钾（基准级），用硫酸（0.5+1000）溶解后并准确稀释至 200 mL，

相当于 [c（$K_2Cr_2O_7$）= 0.0004 mol/L]。再吸取 25 mL 此稀释液于 50 mL 容量瓶中，加硫酸（0.5+1000）稀释至刻度，相当于 0.0002 mol/L 溶液。再吸收 25 mL 此稀释液于 50 mL 容量瓶中，加硫酸（0.5+1000）稀释至刻度，相当于 0.0001 mol/L 溶液。用 1 cm 石英杯，在最大吸收峰的波长（接近 350 nm）处用硫酸（0.5+1000）作空白，测得以上 3 种不同摩尔浓度的溶液的吸光度，并按式（7-16）计算出以上 3 种溶液的摩尔消光系数的平均值。

$$E_1 = \frac{A}{c} \tag{7-16}$$

式中：E_1——重铬酸钾溶液的摩尔消光系数；

　　　A——测得重铬酸钾溶液的吸光度；

　　　c——重铬酸钾溶液的摩尔浓度。

再以此平均值与重铬酸钾的摩尔消光系数值 3160 比较，即求出使用仪器的校正因素，按式（7-17）进行计算：

$$f = \frac{3160}{E} \tag{7-17}$$

式中：f——使用仪器的校正因素；

　　　E——测得的重铬酸钾摩尔消光系数平均值。

若 f 大于 0.95 或小于 1.05，则使用仪器的校正因素可忽略而不计。

⑥黄曲霉毒素 B_1 标准溶液的制备。准确称取 1~1.2 mg 黄曲霉毒素 B_1 标准品，先加入 2 mL 乙腈溶解后，再用苯稀释至 100 mL，避光，置于 4℃冰箱保存。该标准溶液约为 10 μg/mL，用紫外分光光度计测此标准溶液的最大吸收峰的波长及该波长的吸光度值。黄曲霉毒素 B_1 标准溶液的浓度按式（7-18）进行计算：

$$X = \frac{A \times M \times 1000 \times f}{E_2} \tag{7-18}$$

式中：X——黄曲霉毒素 B_1 标准溶液的浓度，μg/mL；

　　　A——测得的吸光度值；

　　　f——使用仪器的校正因素；

　　　M——黄曲霉毒素 B_1 的相对分子质量为 312；

　　　E_2——黄曲霉毒素 B_1 在苯-乙腈混合液的摩尔消光系数为 19800。

根据计算，用苯-乙腈混合液调剂调到标准溶液浓度恰为 10.0 μg/mL，并用分光光度计核对其浓度。

⑦纯度的测定。取 5 μL、10 μg/mL 黄曲霉毒素 B_1 标准溶液，滴加于涂层厚度 0.25 mn 的硅胶 G 薄层板上，用甲醇-三氯甲烷（4:96）与丙酮-三氯甲烷（8:92）展开剂展开，在紫外光灯下观察荧光的产生，应符合以下条件：在展开后，只有单一的荧光的荧光点，无其他杂质荧光点；原点上没有任何残留的荧光物质。

⑧黄曲霉毒素 B_1 标准使用液。准确吸收 1 mL 标准溶液（10 μg/mL）于 10 mL 容量瓶中，加苯-乙腈混合液至刻度，混匀。此溶液每毫升相当于 1.0 μg 黄曲霉毒素 B_1。吸取 0 mL 此稀释液，置于 5 mL 容量瓶中，加苯-乙腈混合液稀释至刻度，此溶液每毫克相当于 0.2 μg 黄曲霉毒素 B_1。再吸收黄曲霉毒素 B_1 标准溶液（0.2 μg/mL）1.0 mL 于容量瓶中，加苯-乙

腈混合液稀释至刻度。此溶液每毫升相当于 $0.04~\mu g$ 黄曲霉毒素 B_1。

⑨次氯酸钠溶液（消毒用）。取 $100~g$ 漂白粉，加入 $500~mL$ 水，搅拌均匀。另将 $80~g$ 工业用碳酸钠（$Na_2CO_3 \cdot 10H_2O$）溶于 $500~mL$ 温水中，再将两液混合、搅拌，澄清后过滤。此滤液含次氯酸浓度约为 $25~g/L$。若用漂粉精制备，则碳酸钠的含量可以加倍，所得溶液的浓度约为 $50~g/L$。污染的玻璃仪器用 $10~g/L$ 次氯酸钠溶液浸泡半天或用 $50~g/L$ 次氯酸钠溶液浸泡片刻后，即可达到去毒效果。

（2）仪器。

①小型粉碎机。

②样筛。

③电动振荡器。

④全玻璃浓缩器。

⑤玻璃板：$5~cm \times 20~cm$。

⑥薄层板涂布器。

⑦展开槽：内长 $25~cm$、宽 $6~cm$、高 $4~cm$。

⑧紫外光灯：$100 \sim 125~W$，带有波长 $365~nm$ 的滤光。

⑨微量注射器或血色素吸管。

3. 操作步骤

（1）取样。试样中污染黄曲霉素高的霉粒一粒就可以左右测定结果，而且有毒霉粒的比例小，同时分布不均匀。为避免取样的误差，应大量取样，并将大量试样粉碎，混合均匀，才有可能得到确能代表一批试样的相对可靠的结果，因此采样应注意以下几点：

①根据规定采取有代表性的试样。

②对局部发霉变质的试样检验时，应单独取样。

③每份分析测定用的试样应从大样中取经粗碎的试样，并且连续多次用四分法缩减至 $0.5 \sim 1~kg$，然后全部粉碎。粮食试样全部通过 20 目筛，混匀。花生试样全部通过 10 目筛，混匀。或将好、坏分别测定，再计算其含量。花生油和花生酱等试样不需制备，但取样时应搅拌均匀。必要时，每批试样可采取 3 份大样作试样制备及分析测定用，以观察所采试样是否具有一定的代表性。

（2）提取。

①玉米、大米、麦类、面粉、薯干、豆类、花生、花生酱等。

甲法：称取 $20.00~g$ 粉碎过筛试样（面粉、花生酱不需要粉碎），置于 $250~mL$ 具塞锥形瓶中，加 $30~mL$ 正己烷或石油醚和 $100~mL$ 甲醇水溶液，在瓶塞上涂上一层水，盖严防漏。振荡 $30~min$，静置片刻，以叠成折叠式的快速定性滤纸过滤于分液漏斗中，待下层甲醇水溶液分清后，放出甲醇水溶液于另一具塞锥形瓶内。取 $20.00~mL$ 甲醇水溶液（相当于 $4~g$ 试样）置于另一 $125~mL$ 分液漏斗中，加 $20~mL$ 三氯甲烷层，振摇 $2~min$，静置分层，如出现乳化现象可滴加甲醇促使分层。放出三氯甲烷层，经盛有约 $10~g$ 预先用三氯甲烷湿润的无水硫酸钠定量慢速滤纸，过滤于 $50~mL$ 蒸发皿中，再加 $5~mL$ 三氯甲烷于分液漏斗中，重复振摇提取，三氯甲烷层一并滤于蒸发皿中，最后用少量三氯甲烷洗过滤器，洗液并于蒸发皿中。将蒸发皿放在通风柜 $65℃$ 水浴上通风挥干，然后放在冰盒上冷却 $2 \sim 3~min$ 后，准确加入 $1~mL$ 苯-乙腈混合液（或将三氯甲烷用浓缩蒸馏器减压吹气蒸干后，准确加入 1 mL 苯-乙腈混合液）。用带橡皮头的滴管的管尖将残渣充分混合，若有苯的结晶析出，将蒸发皿从冰盒上取出，继续溶解、混合，晶体即消失，再用此滴管吸取上清液转移于 2 mL 具塞试管中。

乙法（限于玉米、大米、小麦及其制品）：称取 20.00 g 粉碎过筛试样于 250 mL 具塞锥形瓶中，用滴管滴加约 6 mL 水，使试样湿润，准确加入 60 mL 三氯甲烷，振荡 30 min，加 12 g 无水硫酸钠，振摇后，静置 30 min，用叠成折叠式的快速定性滤纸过滤于 100 mL 具塞锥形瓶中。取 12 mL 滤液（相当于 4 g 试样）于 250 mL 具塞锥形瓶中。取 12 mL 滤液（相当 4 g 试样）于蒸发皿中，在 65℃ 水浴上通风挥干，准确加入 1 mL 苯-乙腈混合液，以下按甲法中自"用带橡皮头的滴管的管尖将残渣充分混合……"起依法操作。

②花生油、香油、菜油等：称取 4.00 g 试样置于小烧杯中，用 20 mL 正己烷或石油醚将试样移于 125 mL 分液漏斗中。用 20 mL 甲醇水溶液分次洗烧杯，洗液一并移入分液漏斗中，振摇 2 min，静置分层后，将下层甲醇水溶液移入第二个分液漏斗中，再用 5 mL 甲醇水溶液重复振摇提取一次，提取液一并移入第二个分液漏斗中，在第二个分液漏斗中加入 20 mL 三氯甲烷，以下按①中甲法的自"振摇 2 min，静置分层……"起依法操作。

③酱油、醋：称取 10.00 g 试样于小烧杯中，为防止提取时乳化，加 0.4 g 氯化钠，移入分液漏斗中，用 15 mL 三氯甲烷分次洗涤烧杯，洗液并入分液漏斗中，用 15 mL 三氯甲烷分次洗涤烧杯，洗液并入分液漏斗中。以下按①中甲法自"振摇 2 min，静置分层……"起依法操作，最后加入 2.5 mL 苯-乙腈混合液，此溶液每毫升相当于 4 g 试样。或称取 10.00 g 试样，置于分液漏斗中，再加 12 mL 甲醇（以酱油体积代替水，故甲醇与水的体积比仍约为 55：45），用 20 mL 三氯甲烷提取，以下按①中甲法自"振摇 2 min，静置分层……"起依法操作。最后加入 2.5 mL 苯-乙腈混合液，此溶液每毫升相当于 4 g 试样。

④干酱类（包括豆豉、腐乳制品）：称取 20.00 g 研磨均匀的试样，置于 250 mL 具塞锥形瓶中，加入 20 mL 正己烷或石油醚与 50 mL 甲醇水溶液振荡 30 min，静置片刻，以叠成折叠式快速定性滤纸过滤，滤液静置分层后，取 24 mL 甲醇水层（相当 8 g 试样，其中包括 8 g 干酱类本身约含有 4 mL 水的体积在内）置于分液漏斗中，加入 20 mL 三氯甲烷，以下按①中甲法自"振摇 2 min，静置分层……"起依法操作。最后加入 2 mL 苯-乙腈混合液，此溶液每毫升相当于 4 g 试样。

⑤发酵酒类：同③酱油、醋处理方法，但不加氯化钠。

（3）测定。

①单向展开法。

薄层板的制备：称取约 39 g 硅胶 G，加相当于硅胶量 2~3 倍的水，用力研磨 1~2 min 至成糊状后立即倒于涂布器内，推成 5 cm×20 cm，厚度约 0.25 mm 的薄层板 3 块。在空气中干燥约 15 min 后，在 100℃ 活化 2 h，取出，放干燥器中保存。一般可保存 2~3 d，若放置时间较长，可再活化后使用。

点样：将薄层板边缘附着的吸附剂刮净，在距薄层板下端 3 cm 的基线上用微量注射器或血色素吸管滴加样液，一块板可滴加 4 个点，点距边缘和点间距约为 1 cm，点直径约 3 mm。在同一块板上滴加点的大小应一致，滴加时可用吹风机用冷风边吹边加。滴加样式如下：

第一点：10 μL 黄曲霉毒素 B_1 标准使用液（0.04 μg/mL）。

第二点：20 μL 样液。

第三点：20 μL 样液+10 μL、0.04 μg/mL 黄曲霉毒素 B_1 标准使用液。

第四点：20 μL 样液+10 μL、0.2 μg/mL 黄曲霉毒素 B_1 标准使用液。

展开与观察：在展开槽内加 10 mL 无水乙醚预展 12 cm，取出挥干。再于另一展开槽内加 10 mL 丙酮–三氯甲烷（8：92），展开 10~12 cm，取出，在紫外光下观察结果。方法如下：

由于样液点上加滴黄曲霉毒素 B_1 标准使用液，可使黄曲霉毒素 B_1 标准点与样液中的黄曲霉毒素 B_1 荧光点重叠。如样液为阴性，薄层板上的第三点中黄曲霉毒素 B_1 为 0.0004 μg，可用作检查在样液内黄曲霉毒素 B_1 最低检出量是否正常出现；如为阳性，则起定性作用，薄层板上的第四点中黄曲霉毒素 B_1 为 0.002 μg，主要起定位作用。

若第二点在与黄曲霉毒素 B_1 标准点的相应位置上无蓝紫色荧光点，表示试样中黄曲霉毒素 B_1 含量在 5 μg/kg 以下；如在相应位置上有蓝紫色荧光点，则需进行验证实验。

确证实验：为了证实薄层板上样液荧光是由黄曲霉毒素 B_1 产生的，加滴三氟乙酸，产生黄曲霉毒素 B_1 的衍生物，展开后此衍生物的比移值在 0.1 左右。于薄层板左边依次滴加两个点。

第一点：0.04 μg/mL 黄曲霉毒素 B_1 标准使用液 10 μL。

第二点：20 μL 样液。

于以上两点各加一小滴三氟乙酸盖于其上，反应 5 min 后，用吹风机吹热风 2 min 后，使热风吹到薄层板上的温度不高于 40℃，再于薄层板上滴加以下两个点。

第三点：0.04 μL/mL 黄曲霉毒素 B_1 标准使用液 10 μL。

第四点：20 μL 样液。

再展开（同以上展开与观察），在紫外光灯下观察样液是否产生与黄曲霉毒素 B_1 标准点相同的衍生物。未加三氟乙酸的三、四两点，可依次作为样液与标准的衍生物空白对照。

稀释定量：样液中的黄曲霉毒素 B_1 荧光点的荧光强度如与黄曲霉毒素 B_1 标准点的最低检出量（0.004 μg）的荧光强度一致，则试样中黄曲霉毒素 B_1 含量为 5 μg/kg。如样液中荧光强度比最低检出量强，则根据其强度估计减少滴加微升数或将样液稀释后再滴加不同微升数，直至样液点的荧光强度与最低检出量的荧光强度一致为止。滴加式样如下：

第一点：10 μL 黄曲霉毒素 B_1 标准使用液（0.04 μg/mL）。

第二点：根据情况滴加 10 μL 样液。

第三点：根据情况滴加 15 μL 样液。

第四点：根据情况滴加 20 μL 样液。

结果计算：试样中黄曲霉毒素 B_1 的含量按式（7-19）进行。

$$X = 0.0004 \times \frac{V \times D}{V} \times \frac{1000}{m} \qquad (7-19)$$

式中：X——试样中黄曲霉毒素 B_1 的含量，μg/kg；

V_1——加入苯–乙腈混合液的体积，mL；

V_2——出现最低荧光时滴加样液的体积，mL；

D——样液的总稀释倍数；

　　m——加入苯-乙腈混合液溶解时相当试样的质量，g；

　0.0004——黄曲霉毒素 B_1 的最低检出量，μg。

　　②双向展开法：如用单向展开法展开后，薄层色谱由于杂质干扰掩盖了黄曲霉毒素 B_1 的荧光强度，需采用双向展开法。薄层板先用无水乙醚做横向展开，将干扰的杂质展至样液点的一边而黄曲霉毒素 B_1 不动，然后再用丙酮-三氯甲烷（8∶92）做纵向展开，试样在黄曲霉毒素 B_1 相应处的杂质底色大量减少，从而提高了方法灵敏度。如用双向展开中滴加两点法展开仍有杂质干扰时，则可改用滴加一点法。具体操作步骤见 GB 5009.22—2016。

　　（二）酶联免疫法

　　1. 原理

　　试样中的黄曲霉毒素 B_1 经提取、脱脂、浓缩后与定量特异性抗体反应，多余的游离抗体则与酶标板内的包被抗原结合，加入酶标记物和底物后显色，与标准比较测定含量。本方法黄曲霉毒素 B_1 的检出限为 0.01 μg/kg。

　　2. 试剂及仪器

　　（1）试剂。

　　①三氯甲烷；甲醇；石油醚；牛血清白蛋白（BSA）；邻苯二胺（OPD）；辣根过氧化物酶（HRP）标记羊抗鼠 IgG；碳酸钠；碳酸氢钠；磷酸二氢钾；磷酸氢二钠；氯化钠；氯化钾；过氧化氢（H_2O_2）；硫酸。

　　②抗黄曲霉毒素 B_1 单克隆抗体，由卫生部食品卫生监督检验所进行质量控制。

　　③人工抗原：AFB_1-牛血清白蛋白结合物。

　　④黄曲霉毒素 B_1 标准溶液：用甲醇将黄曲霉毒素 B_1 配制成 1 mg/mL 溶液，再用甲醇-PBS 溶液（20∶80）稀释至约 10 μg/mL，紫外分光光度计测定此溶液最大吸收峰的光密度值，代入式（7-21）计算：

$$X = \frac{A \times M \times 1000 \times f}{E} \tag{7-20}$$

式中：X——该溶液中黄曲霉毒素 B_1 的浓度，μg/mL；

　　　　A——测得的光密度值；

　　　　M——黄曲霉毒素 B_1 的相对分子质量为 312；

　　　　E——摩尔消光系数 21800；

　　　　f——使用仪器的校正因素。

　　根据计算将该溶液配制成 10 μg/mL 标准溶液，检测时，用甲醇-PBS 溶液将该标准溶液稀释至所需浓度。

　　⑤ELISA 缓冲液如下：

　　a. 包被缓冲液（pH 值9.6 碳酸盐缓冲液）的制备：Na_2CO_3 1.35 g，$NaHCO_3$ 2.93 g，加蒸馏水至 1000 mL。

　　b. 磷酸盐缓冲液（pH 值 7.4 PBS）的制备：KH_2PO_4 0.2 g，$Na_2HPO_4 \cdot 12H_2O$ 2.9 g，NaCl 8.0 g，KCl 0.2 g 加蒸馏水至 1000 mL。

　　c. 洗液（PBS-T）的制备：PBS 加体积分数为 0.05% 的吐温-20。

　　d. 抗体稀释液的制备：BSA 1.0 g 加 PBS-T 至 1000 mL。

e. 底物缓冲液的制备如下：

A 液（0.1 mol/L 柠檬酸水溶液）：柠檬酸（$C_6H_8O_7 \cdot H_2O$）21.01 g，加蒸馏水至 1000 mL。

B 液（0.2 mol/L 磷酸氢二钠水溶液）：磷酸氢二钠（$NaHPO_4 \cdot 12H_2O$）71.6 g，加蒸馏水至 1000 mL。

用前按 A 液+B 液+蒸馏水为 24.3+25.7+50 的比例（体积比）配制。

f. 封闭液的制备：同抗体稀释液。

（2）仪器。小型粉碎机、电动振荡器、酶标仪（内置 490 nm 滤光片）、恒温水浴锅、恒温培养箱、酶标微孔板、微量加样器及配套吸头。

3. 操作步骤

（1）取样。试样中污染黄曲霉毒素高的霉粒一粒可以左右测定结果，而且有毒霉粒的比例小，同时分布不均匀。为避免取样带来的误差，应大量取样，并将该大量试样粉碎，混合均匀，才有可能得到确能代表一批试样的相对可靠的结果，因此采样应注意以下几点。

根据规定采取有代表性的试样。对局部发霉变质的试样检验时，应单独取样。每份分析测定用的试样应从大样中取经粗碎的试样，并且连续多次用四分法缩减至 0.5~1 kg，然后全部粉碎。粮食试样全部通过 20 目筛，混匀。花生试样全部通过 10 目筛，混匀，或将好、坏分别测定，再计算其含量。花生油和花生酱等试样不需制备，但取样时应搅拌均匀。必要时，每批试样可采取 3 份大样做试样制备及分析测定用，以观察所采试样是否具有一定的代表性。

（2）提取。

①大米和小米（脂肪含量<3.0%）：试样粉碎后过 20 目筛，称取 20.0 g，加入 250 mL 具塞锥形瓶中。准确加入 60 mL 三氯甲烷，盖塞后滴水封严。150 r/min 振荡 30 min。静置后，用快速定性滤纸过滤于 50 mL 烧杯中。立即取 12 mL 滤液（相当 4.0 g 试样）于 75 mL 蒸发皿中，65℃水浴通风挥干。用 2.0 mL、20%甲醇–PBS 分 3 次（0.8mL、0.7mL、0.5mL）溶解并彻底冲洗蒸发皿中凝结物，移至小试管，加盖振荡后静置待测。此液每毫升相当于 2.0 g 试样。

②玉米（脂肪含量 3.0%~5.0%）：试样粉碎后过 20 目筛，称取 20.0 g，加入 250 mL 具塞锥形瓶中，准确加入 50.0 mL 甲醇–水（80：20）溶液和 15.0 mL 石油醚，盖塞后滴水封严。150 r/min 振荡 30 min。用快速定性滤纸过滤于 125 mL 分液漏斗中。待分层后，放出下层甲醇–水溶液于 50 mL 烧杯中，从中取 10.0 mL（相当于 4.0 g 试样）于 75 mL 蒸发皿中。以下按①中自"65℃水浴通风挥干……"起依法操作。

③花生（脂肪含量 15.0%~45.0%）：试样去壳去皮粉碎后称取 20.0 g，加入 250 mL 具塞锥形瓶中。准确加入 100.0 mL 甲醇水（55：45）溶液和 30 mL 石油醚，盖塞后滴水封严。150 r/min 振荡 30 min。静置 15 min 后用快速定性滤纸过滤于 125 mL 分液漏斗中。待分层后，放出下层甲醇–水溶液于 100 mL 烧杯中，从中取 20.0 mL（相当于 4.0 g 试样）置于另一 125 mL 分液漏斗中，加入 20.0 mL 三氯甲烷，振摇 2 min，静置分层（如有乳化现象可滴加甲醇促使分层），放出三氯甲烷于 75 mL 蒸发皿中。再加 5.0 mL 三氯甲烷于分液漏斗中重复振摇提取后，放出三氯甲烷一并加入蒸发皿中，以下按①中自"65℃水浴通风挥干……"起依法操作。

④植物油：用小烧杯称取 4.0 g 试样，用 20.0 mL 石油醚，将试样移于 125 mL 分液漏

斗中，用 20.0 mL 甲醇-水（55∶45）溶液分次洗烧杯，溶液一并移于分液漏斗中（精炼油 4.0 g 为 4.525 mL，直接用移液器加入分液漏斗，再加溶剂后振摇），振摇 2 min。静置分层后，放出下层甲醇-水溶液于 75 mL 蒸发皿中，再用 5.0 mL 甲醇-水溶液重复振摇提取一次，提取液一并加入蒸发皿中，以下按①中自 "65℃水浴通风挥干……" 起依法操作。

（3）间接竞争性酶联免疫吸附测定（ELISA）。

①包被微孔板：用 AFB1-BSA 人工抗原包被酶标板，150 μL/孔，4℃过夜。

②抗体抗原反应：将黄曲霉毒素 B_1 纯化单克隆抗体稀释后分别做以下处理：

a. 与等量不同浓度的黄曲霉毒素 B_1 标准溶液用 2 mL 试管混合振荡后，4℃静置。此液用于制作黄曲霉毒素 B_1 标准抑制曲线。

b. 与等量试样提取液用 2 mL 试管混合振荡后，4℃静置。此液用于测定试样中黄曲霉毒素 B_1 含量。

③封闭：已包被的酶标板用洗液洗 3 次，每次 3 min，加封闭液封闭，250 μL/孔，置 37℃下 1 h。

④测定：酶标板洗 3 次，每次 3 min 后，加抗体抗原反应液（在酶标板的适当孔位加抗体稀释液或 Sp2/0 培养上清液作为阴性对照）130 μL/孔，37℃，2 h。酶标板洗 5 次，每次 3 min。加底物溶液（10 mg OPD），加 25 mL 底物缓冲液，加 37 μL、30% H_2O_2，100 μL/孔，37℃，15 min，然后加 2 mol/L H_2SO_4，40 μL/孔，以终止显色反应，酶标仪 490 nm 测出 OD 值。

4. 结果计算

黄曲霉毒素 B_1 的浓度按式（7-21）进行计算：

$$X = c \times \frac{V_1}{V_2} \times D \times \frac{1}{m} \tag{7-21}$$

式中：X——黄曲霉毒素 B_1 的浓度，ng/g；

c——黄曲霉毒素 B_1 含量，ng；

V_1——试样提取液的体积，mL；

V_2——滴加样液的体积，mL；

D——稀释倍数；

m——试样质量，g。

由于按标准曲线直接求得的黄曲霉毒素 B_1 浓度（c_1）的单位为 ng/mL，而测孔中加入的试样提取的体积为 0.065 mL，所以上式中 $c = 0.065$ mL$\times c_1$。

二、海洋毒素及其测定

海洋毒素是指来源于海洋动物、海藻及海洋细菌的毒素。常见的与食品有关的海洋毒素有河豚毒素及贝类毒素。海洋毒素的相关测定标准方法见表7-14。

河豚毒素是一种存在于河豚、蝶螺、斑足蜂等动物中的毒素。分子式 $C_{11}H_{17}O_8N_3$，无色棱柱状晶体，对热不稳定，难溶于水，可溶于弱酸的水溶液。其在碱性溶液中易分解，在低 pH 溶液中也不稳定。不同的河豚所含的毒素的量不同，体长的河豚毒性相对高些；其组织器官的毒性强弱也有差异，河豚毒素从大到小依次排列的顺序为：卵巢、肝脏、脾脏、血筋、鳃、皮、精巢。

贝类毒素是由某些赤潮生物分泌的，其实是赤潮毒素，当鱼、贝类处于有毒赤潮区域内，摄食这些有毒生物，虽不能被毒死，但生物毒素可在体内积累，其含量大大超过食用时人体可接受的水平。这些鱼虾、贝类如果不慎被人食用，就引起人体中毒，严重时可致死。由赤潮引发的赤潮毒素统称贝类毒素。这些毒素根据毒性机制可以分为麻痹性贝类毒素、腹泻性贝类毒素、神经毒性贝类毒素和失忆性贝类毒素等。一般来说贻贝（海虹）、蛤蜊、扇贝和干贝的体内容易积累麻痹性贝类毒素；神经毒性贝类毒素主要出现在佛罗里达海岸和墨西哥湾所捕捞的贝类中；腹泻性贝类毒素主要出现在贻贝、牡蛎和干贝中；而失忆性贝类毒素主要出现在贻贝中。

表 7-14　海洋毒素相关测定标准方法

标准号	标准名称
贝类中麻痹性贝类毒素的测定	GB 5009.213—2016
贝类中失忆性贝类毒素的测定	GB 5009.198—2016
贝类中神经性贝类毒素的测定	GB 5009.261—2016
贝类中腹泻性贝类毒素的测定	GB 5009.212—2016
水产品中河豚毒素的测定	GB 5009.206—2016
水产品中挥发酚残留量的测定	GB 5009.231—2016
水产品中微囊藻毒素的测定	GB 5009.273—2016
水产品中西加毒素的测定	GB 5009.274—2016

三、植物毒素及其测定

植物性食物中的毒素种类较多，主要包括以下几种。

1. 有毒植物蛋白质、氨基酸

（1）凝聚素：存在于豆类及一些豆状种子（如蓖麻）中的一种能使红细胞凝聚的蛋白质。中毒症状主要有恶心、呕吐，严重者甚至会死亡。属于这一类的主要有大豆凝聚素、菜豆属豆类凝聚素、蓖麻毒蛋白三类。

（2）蛋白酶抑制剂：存在于豆类、谷物及马铃薯等植物性食品中的一种毒蛋白，其中比较重要的有胰蛋白酶抑制剂和淀粉酶抑制剂两种，前者会引起蛋白质消化率下降，且胰腺肿大；后者造成淀粉的消化不良。

（3）毒肽：一般存在于草类中，主要包括鹅膏菌毒素和鬼笔菌毒素两类。前者的毒性较大，一棵重 50 g 的毒草所含毒素足以使一个成年人死亡。

（4）有毒氨基酸及其衍生物：主要有山黎豆毒素原、β 氢基丙氨酸、刀豆氨酸三类。此类一般都是神经毒素，中毒症状为肌肉无力、腿脚长时间的麻痹，甚至死亡。

2. 毒苷

毒苷主要有三类：氰苷类、致甲状腺肿素和皂苷。氰苷存在于某些豆类、核果和仁果的种仁中。在酸或酶的作用下可水解成氢氰酸，被有机体吸收时，氰离子与细胞色素氧化酶的铁结合，从而破坏细胞色素氧化酶递送氧的作用，最终造成不能正常呼吸，甚至窒息；致甲状腺肿素在血碘低时会妨碍甲状腺对碘的吸收，从而抑制甲状腺素的合成，造成甲状腺代谢性肿大。皂苷破坏红细胞的溶血作用，对冷血动物毒性较大，而对人、畜多数没有毒性。

3. 生物碱

生物碱主要是指存在于植物中的含氮碱性化合物。大多数都有毒性。包括以下几种：毒蝇伞菌碱、裸盖菇素剂及脱磷酸裸盖菇、蜂赊碱、马鞍菌碱、秋水仙碱等。主要症状为恶心、呕吐、上腹不适、腹痛、腹泻、头昏等。

第五节　食品加工过程中形成的有害物质的测定

一、亚硝基化合物及其测定

N-亚硝基化合物的分子结构通式 $R_1(R_2)$ =N—N =O，分 N-亚硝胺和 N-亚硝酰胺，N-亚硝胺的 R_1 和 R_2 为烷基或芳基；N-亚硝酰胺的 R_1 为烷基或芳基。R_2 为酰胺基，包括氨基甲酰基、乙氧酰基及硝米基等；两类都可有杂环化合物。N-亚硝基化合物的生产和应用并不多，但前体物亚硝酸和二级胺及酰胺广泛存在于环境中，可在生物体外或体内形成 N-亚硝基化合物。在城市大气、水体、土壤、鱼、肉、蔬菜、谷类及烟草中均发现存在多种 N-亚硝基化合物。这些化合物多为液体或固体，主要经消化道进入体内。属高毒，对实验动物经口 LD_{50} 为 $150 \sim 500$ mg/kg（体重）。

急性毒性：N-亚硝基主要引起肝小叶中心性出血坏死，还可引起肺出血及胸腔和腹腔血性渗出，对眼、皮肤及呼吸道有刺激作用；N-亚硝酰胺直接刺激作用强，对肝脏的损害作用较小，会引起肝小叶周边性损害。已发现约 200 种 N-亚硝基化合物对实验动物小鼠、大鼠、豚鼠、兔、狗、猪、猴及鱼等有致癌性，以啮齿动物最敏感。染毒方式有吸入、气管注入，经口、皮下注射及静脉注射，也有将亚硝酸盐及胺等分别混于饲料及饮水中喂养动物，经口每日剂量 1 mg/kg（体重）或更少即可致癌，如一次给以较大剂量即可于 $9 \sim 12$ 个月后诱发癌肿，并发现有经胎盘致癌作用。亚硝胺是间接致癌物，亚硝酰胺是直接致癌物，终致癌物可能是碳镓离子和偶氮烷烃。亚硝基化合物的前体物包括硝酸盐、亚硝酸盐和胺类。硝酸盐和亚硝酸盐作为一种常用食品添加剂，主要用于腌制肉食类，添加亚硝酸盐可以抑制肉毒芽孢杆菌，并使肉制品呈现鲜红色，它一方面丰富了食品的色香味，增加了人们的食欲；但另一方面，由于亚硝酸盐尤其是工业用亚硝酸盐特别便宜，易于获得，可以显著改善食品的感官性状，如肉质酥烂，亮红色泽颜色好看，增强风味和抑菌作用等，尤其在肉类加工业、豆制品、腌菜制品等中被大量滥用，直接危害了人民身体健康。在我国，重大亚硝酸盐食物中毒事件几乎每年都有发生。因此，在食品检测中硝酸盐和亚硝酸盐的检验十分重要。

现行《食品安全国家标准食品中 N-亚硝胺类化合物的测定》（GB 5009.26—2016）中规定的测定方法有两种，分别是气相色谱-质谱法（第一法）、气相色谱-热能分析仪法（第二法），适用于肉及肉制品、水产动物及其制品中 N-二甲基亚硝胺含量的测定。这部分重点介绍气相色谱-热能分析仪法。

（一）测定原理

试样中 N-亚硝胺经硅藻土吸附或真空低温蒸馏，用二氯甲烷提取，分离，气相色谱-热能分析仪（GC-TEA）测定。其原理如下：自气相色谱仪分离后的亚硝胺在热室中经特异催化裂解产生 NO 基因，后者与臭氧反应生成激发态 NO*。当激发态 NO* 返回基态时发射出近红外区光线（600~2800 nm）。产生的近红外区光线被光电倍增管检测（600~800 nm）。由于特异性催化裂解与冷阱 CTR 过滤器除去杂质，使热能分析仪仅仅能检测 NO 基团，而成为 N-亚硝胺类化合物特异性检测器。

（二）试剂及仪器

1. 试剂

（1）二氯甲烷。每批取 100 mL 在水浴中用 K-D 浓缩器浓缩至 1 mL，在热能分析仪上无阳性响应，如有阳性响应，则需经玻璃装置重蒸后再试，直至阴性。

（2）氢氧化钠（1 mol/L）。称取 40 g 氢氧化钠（NaOH），用水溶解后定容至 1 L。

（3）硅藻土：Extreiut（Merck）。

（4）氮气。

（5）盐酸（0.1 mol/L）。

（6）无水硫酸钠。

（7）N-亚硝胺标准准备液（200 mg/L）。吸取 N-亚硝胺标准溶液 10 μL（约相当于 10 mg），置于已加入 5 mL 无水乙醇并称重的 50 mL 棕色容量瓶中（准确到 0.0001 g），用无水乙醇稀释定容，混匀，分别得到 N-亚硝基二甲胺、N-亚硝基吗啉的储备液，此溶液用安瓿密封分装后避光冷藏（-30℃）保存，两年有效。

（8）N-亚硝胺标准工作液（200 μg/L）。吸取上述 N-亚硝基吗啉准备液 100 μL，置于 10 mL 棕色容瓶中，用无水乙醇定容，混匀，此溶液用安瓿瓶密封分装后避光冷藏（4℃）保存，3 个月有效。

2. 仪器。气相色谱仪、热能分析仪、玻璃层析柱（带活塞，内径 8 mm，长 400 mm）、减压蒸馏装置、K-D 浓缩器、恒温水浴锅。

（三）操作步骤

1. 提取

（1）甲法：硅藻土吸附。称取 20.00 g 预先脱二氧化碳气体的试样于 50 mL 烧杯中，加 1 mL 氢氧化钠溶液（1 mol/L）和 1 mL N-亚硝胺工作液（200 μg/L），混合后备用。将 12 gextrelut 干法填于层析柱中，用手敲实。将啤酒试样装于柱内。平衡 10~15 min 后，用 6×5 mL 二氯甲烷直接洗脱提取。

（2）乙法：真空低温蒸馏。

在双颈蒸馏瓶中加入 50.00 g 预先脱二氧化碳气体的试样和玻璃珠，4 mL 氢氧化钠溶液（1 mol/L），混匀后连接好蒸馏装置。在 53.3 kPa 真空度低温蒸馏，待试样剩余 10 mL 左右时，把真空度调节到 93.3 kPa，直至试样蒸至尽干为止。把蒸馏液移入 250 mL 分液漏斗，加 4 mL 盐酸（0.1 mol/L），用 20 mL 二氯甲烷提取 3 次，每次 3 min，合并提取液。用 10 g 无水硫酸钠脱水。

2. 浓缩

将二氯甲烷提取液转移至 K-D 浓缩器中，于 55℃水浴上浓缩至 10 mL，再以缓慢的氮气吹至 0.4~1.0 mL，备用。

3. 试样测定

（1）气相色谱条件。

①气化室温度：220℃。

②色谱柱温度：175℃，或 75℃以 5℃/min 速度升至 175℃后维持。

③色谱柱：内径 2~3 mm，长 2~3 m 玻璃柱或不锈钢柱（或分离效果相当的石英毛细管柱），内装涂以固定液，质量分数为 10%的聚乙二醇 20 mol/L 和氢氧化钠（10 g/L）或质量分数为 13%的 carbowax20M/TPA 与载体 chromosorbWAW-DMCS（80~100 目）。

④载气：流速 20~40 mL/min。

（2）热能分析条件。

①接口温度：250℃。

②热解温度：500℃。

③真空度：133~266Pa。

④冷阱：用液氮调至-150℃（可用 CTR 过滤器代替）。

（3）测定。分别注入试样浓缩液和 N-亚硝胺标准工作液 5~10 μL，利用保留时间定性，峰高或峰面积定量。

（四）结果计算

试样中 N-亚硝基二甲胺的含量按式（7-22）计算：

$$X = \frac{h_1 \times V_2 \times c \times V}{h_2 \times V_1 \times m} \qquad (7-22)$$

式中：X——试样中 N-亚硝基二丙胺的含量，μg/kg；

h_1——试样浓缩液中 N-亚硝基二丙胺的峰高（mm）或峰面积；

h_2——标准工作液中 N-亚硝基二丙胺的峰高（mm）或峰面积；

c——标准工作液中 N-亚硝基二丙胺的浓度，μg/L；

V_1——试样浓缩液的进样体积，μL；

V_2——标准工作液的进样体积，μL；

V——试样浓缩液的浓缩体积，μL；

m——试样的质量，g。

二、丙烯酰胺及其测定

丙烯酰胺（$CH_2=CH-CONH_2$）是一种白色晶体物质，相对分子质量为 70.08，是 1950年以来广泛用于生产化工产品聚丙烯酰胺的前体物质。聚丙烯酰胺主要用于水的净化处理、纸浆的加工及管道的内涂层等。人体可通过消化道、呼吸道、皮肤黏膜等多种途径接触丙烯酰胺。在食品加工过程中形成的丙烯酰胺被发现以前，人们认为饮水是接触丙烯酰胺的一种重要途径，为此 WHO 将水中丙烯酰胺的含量限定为 1 μg/L。现在，人们正确地认识到食物是人类摄入丙烯酰胺的主要来源。此外，人体还可能通过吸烟等途径接触丙烯酰胺。

急性毒性试验结果表明，丙烯酰胺属于中等毒性物质。大量的动物试验研究表明丙烯酰胺主要引起神经毒性，此外，由于生殖毒性、发育毒性、致突变毒性及致癌毒性，食品中丙烯酰胺的污染引起了国际社会和各国政府的高度关注。

食品中的丙烯酰胺，是高碳水化合物、低蛋白质的植物性食物材料经加热（120℃以上）烹调时形成的，当加工温度较低时，如用水煮，丙烯酰胺的生成量相当低，140~180℃为生成的最佳温度。此外，水含量也是影响丙烯酰胺形成的重要因素，特别是烘烤、油炸食品最后阶段水分减少、表面温度升高后，其丙烯酰胺生成量更高。丙烯酰胺的主要前体物为游离天冬氨酸（马铃薯和谷类中的代表性氨基酸）与还原糖，二者发生美拉德反应生成丙烯酰胺。食品中形成的丙烯酰胺比较稳定，但咖啡除外，随着储存时间延长，丙烯酰胺含量会降低。

丙烯酰胺的形成与加工烹调方式、温度、时间、水分等有关，因此不同食品加工方式和条件不同，其形成丙烯酰胺的量有很大不同。即使是相同的食品，不同批次产品丙烯酰胺含量也有很大差异。中国疾病预防控制中心营养与食品安全研究所提供的资料显示，在监测的100余份样品中，丙烯酰胺含量为：薯类油炸食品，平均含量为0.78 mg/kg，最高含量为3.2 mg/kg；谷物类油炸食品平均含量为0.15 mg/kg，最高含量为0.66 mg/kg；谷物类烘烤食品平均含量为0.13 mg/kg，最高含量为0.59 mg/kg；其他食品，如速溶咖啡为0.36 mg/kg、大麦茶为0.51 mg/kg、玉米茶为0.27 mg/kg。就这些少数样品的结果来看，我国的食品中的丙烯酰胺含量与其他国家的相近。

根据对世界上17个国家丙烯酰胺摄入量的评估结果显示，一般人群平均摄入量为0.3~2.0 mg/（kg体重·d），按体重计，儿童丙烯酰胺的摄入量为成人的2~3倍。其中丙烯酰胺主要来源的食品为炸马铃薯条16%~30%、炸马铃薯片6%~46%、咖啡13%~39%、饼干10%~20%、面包10%~30%，其余均小于10%。由于我国尚缺少足够数量的各类食品中丙烯酰胺含量数据，以及这些食品的摄入量数据，因此，还不能确定我国人群对于丙烯酰醇的接触水平。但由于食品中以油炸薯类食品、咖啡食品和烘烤谷类食品中的丙烯酰胺含量较高，而这些食品在我国人群中的摄入水平应该不高于其他国家，因此，我国人群丙烯酰胺的摄入水平应不高于JECFA评估的一般人群的摄入水平。

丙烯酰胺的检测方法可参见《食品安全国家标准食品中丙烯酰胺的测定》（GB 5009.204—2014）以及《食品中丙烯酰胺的检测方法同位素内标法》（SN/T 2096—2008）。

三、氯丙醇及其测定

氯丙醇是丙三醇和盐酸反应生成的产物，包括3-氯-1，2-丙二醇（3-MCPD）、2-氯-1，3丙二醇（2-MCPD）、1，3-二氯-2-丙醇（1，3-DCP）和2，3-二氯-1-丙醇（2，3-DCP）。其中，主要产物是3-氯-1，2-丙二醇（3-MCPD）。氯丙醇微溶于水，易溶于有机溶剂。不同的氯丙醇其毒性不一样，3-MCPD会影响肾脏功能及生育能力，还可引发癌症；1，3-DCP会引起肝、肾脏、甲状腺等的癌变；2，3-DCP对肾脏、肝脏和精子也有一定的毒性。

食品中的氯丙醇主要源于酸水解蛋白；焦糖色素的不合理使用和生产；食品生产用水被氯丙醇污染；食品包装材料中氯丙醇的迁移，如袋泡茶的包装袋；以含氯凝聚剂制成的净水剂等。其中，酸水解动植物蛋白时，原料的脂肪或油脂中存在的三酰甘油也被水解成丙三醇，并进一步与盐酸反应生成氯丙醇。在国外，水解植物蛋白作为风味剂在食品中大量使用，包括许多加工和预加工食品、汤、肉汁混合物、风味快餐和固体汤料中，其典型的添加水平在 0.1%~0.8%；在我国，允许用水解植物蛋白来生产配制酱油，因此，有可能导致一些酱油制品含有氯丙醇。

美国、英国、瑞士及欧盟规定食品中氯丙醇的最高限量标准分别为 1 mg/kg、0.01 mg/kg、10 mg/kg 及 1 mg/kg。我国 GB 2762—2017 规定添加酸水解植物蛋白的液态调味品限量为 0.4 mg/kg，固态调味品为 1.0 mg/kg。食品中氯丙醇残留量的测定方法为 GB 5009.191—2016。

四、甲醇及其测定

酿酒工业是我国传统食品行业，也是目前我国重要的经济产业之一，随着人们对食品安全意识的不断增强，消费者对白酒产品质量和品质有着更高的要求，白酒酿造中会产生少量甲醇，必须按照国家相关的质量标准进行测定，以确保白酒产品质量达到合格规定，因此白酒中甲醇含量的测定是生产企业质量控制的重要步骤和措施。现行对酒精、蒸馏酒、配制酒及发酵酒中甲醇的测定方法主要依据《食品安全国家标准食品中甲醇的测定》（GB 5009.266—2016）。

（一）气相色谱法

1. 原理

根据甲醇组分在 DNP 填充柱等温分离分析中，能够在乙醇峰前流出一个尖峰，其峰面积与甲醇含量具有线性关系，因此可用内标法予以定量分析。

2. 试剂及仪器

（1）试剂。

①无水乙醇。

②60%乙醇溶液：应采用毛细管气相色谱法检验，确认所含甲醇低于 1 mg/L 方可使用。

③甲醇标准溶液（3.9 g/L）：以色谱纯试剂甲醇，用 60%乙醇溶液准确配成体积比为 0.5%的标准溶液，浓度为 3.9 g/L。

④乙酸正丁酯内标溶液（17.6 g/L）：以分析纯试剂乙酸正丁酯（含量不低于 99.0%），用 60%乙醇溶液配成体积比为 2%的内标溶液，浓度为 17.6 g/L。

（2）仪器：气相色谱仪（配氢火焰离子化检测器 FID）、色谱工作站、微量进样器（10 μL）。

3. 操作步骤

（1）色谱条件：按仪器调整载气、空气、氢气的流速等色谱条件，并通过试验选择最佳操作条件，使甲醇峰形成一个单一尖峰，内标峰和异戊醇两峰的峰高分离度达到 100%，色谱柱柱温为 100℃为宜。

（2）校正因子 f 值的测定：准确吸取 1.00 mL 甲醇标准溶液（3.9 g/L）于 10 mL 容量瓶中，用 60%乙醇稀释至刻度，加入 0.20 mL 乙酸正丁酯内标溶液（17.6 g/L），待色谱仪基线稳定后，用微量进行器进样 1.0 μL，记录甲醇色谱峰的保留时间及其峰面积。以其峰面积与内标峰面积之比，计算出甲醇的相对质量校正因子 f 值。

（3）样品的测定。于 10 mL 容量瓶中倒入酒样至刻度，准确加入 0.20 mL 乙酸正丁酯内标溶液，混匀。在与 f 值测定相同的条件下进样，根据保留时间确定甲醇峰的位置，并记录甲醇峰的峰面积与内标峰的面积。分析结果由色谱工作站计算得出。

（二）品红亚硫酸比色法

1. 原理

酒中甲醇在磷酸溶液中被高锰酸钾氧化成甲醛，过量的高锰酸钾及在反应中产生的二氧化锰用硫酸-草酸溶液除去，甲醛与品红亚硫酸作用蓝紫色醌型色素，与标准系列比较定量。

2. 试剂及仪器

（1）试剂。

①高锰酸钾-磷酸溶液：称取 3 g 高锰酸钾，加入 15 mL、85%磷酸溶液及 70 mL 水的混合溶液中，待高锰酸钾溶解后用水定容至 100 mL，储于棕色瓶中备用。

②草酸-硫酸溶液：称取 5 g 无水草酸（$H_2C_2O_4$）或 7 g 含 2 个结晶水的草酸（$H_2C_2O_4 \cdot 2H_2O$），溶于 1∶1 冷硫酸定容至 100 mL，混匀后，储于棕色试剂瓶中备用。

③品红亚硫酸溶液：称取 0.1 g 研细的碱性品红，分次加水（80℃）共 50 mL，边加水边研磨使其溶解，待其充分溶解后滤于 100 mL 容量瓶中，冷却后加 10 mL（10%）亚硫酸钠溶液，1 mL 盐酸，再加水至刻度，充分混匀，放置过夜，如溶液有颜色，可加少量活性炭搅拌后过滤，储于棕色瓶中，置暗处保存，溶液呈红色时应弃去重新配制。

④甲醇标准溶液：准确称取 1.000 g 甲醇（相当于 1.27 mL）置于预先装有少量蒸馏水的 100 mL 容量瓶中，加水稀释至刻度，混匀，此溶液每毫升相当于 10 mg 甲醇，低温保存。甲醇标准应用液：吸取 10.0 mL 甲醇标准溶液置于 100 mL 容量瓶中，加水稀释至刻度，混匀，此溶液每毫升相当于 1 mg 甲醇。无甲醇无甲醛的乙醇制备：取 300 mL 无水乙醇，加高锰酸钾少许，振摇后放置 24 h，蒸馏，最初和最后的 1/10 蒸馏液弃去，收集中间的蒸馏部分即可。

⑤10%亚硫酸钠溶液。

（2）仪器：分光光度计。

3. 操作步骤

根据待测白酒中含乙醇多少适当取样（含乙醇 30%取 1.0 mL、40%取 0.8 mL、50%取 0.6 mL、60%取 0.5 mL）于 25 mL 具塞比色管中。精确吸取 0.0、0.20 mL、0.40 mL、0.60 mL、0.80 mL、1.00 mL 甲醇标准应用液（相当于 0、0.2 mg、0.4 mg、0.6 mg、0.8 mg、1.0 mg 甲醇）分别置于 25 mL 具塞比色管中，各加入 0.3 mL 无甲醇无甲醛的乙醛。于样品管及标准管中各加水至 5 mL，混匀，各管加入 2 mL 高锰酸钾-磷酸溶液，混匀，放置 10 min。各管加 2 mL 草酸-硫酸溶液，混匀后静置，使溶液褪色。各管再加 5 mL 品红亚硫酸溶液，混匀，于 20℃以上静置 0.5 h。以 0 管调零点，于 590 nm 波长处测吸光度，与标准曲线比较定量。

4. 结果计算

样品中甲醇含量按式（7-23）计算：

$$X = \frac{m}{V \times 1000} \times 100 \tag{7-23}$$

式中：*X*——样品中甲醇的含量，g/100 mL；

  m——测定样品中所含的甲醇相当于标准的毫克数，mg；

  V——样品取样体积，mL。

5. 注意事项

亚硫酸品红溶液呈红色时应重新配制，新配制的亚硫酸品红溶液放冰箱中 24~48 h 后再用为好。

白酒中其他醛类以及经高锰酸钾氧化后由醇类变成的醛类（如乙醛、丙醛等），与品红亚硫酸作用也显色，但在一定浓度的硫酸酸性溶液中，除甲醛可形成经久不褪的紫色外，其他醛类则历时不久即行消退或不显色，故无干扰，因此操作中时间条件必须严格控制。

酒样和标准溶液中的乙醇浓度对比色有一定的影响，故样品与标准管中乙醇含量要大致相等。

课程思政案例

课程思政案例 6

本章思考题

（1）简述食品中常见的有毒有害物质的种类与来源。

（2）食品中多环芳烃污染物的测定方法有哪些？

（3）食品中生物毒素有哪些？简述海洋毒素常用的测定方法。

（4）什么是亚硝基化合物？如何测定食品中 *N*-亚硝基化合物含量？

（5）食品加工是推动我国食品工业发展的关键因素之一，同时也会带来一些有害物质的产生，威胁人类健康，请问该如何看待食品加工对我国食品工业的影响？